普通高等教育“十一五”国家级规划教材
21 世纪环境类专业新编数字融合系列教材

环境微生物学

（第 3 版）

主　编　王金霞　胡肖容
副主编　杨红军　刘　丽　张　堃
主　审　杨保华　陈剑虹

武汉理工大学出版社
·武　汉·

内 容 简 介

本书从微生物对环境的污染、微生物在环境中的指示作用以及微生物治理环境污染三个角度介绍了环境中微生物主要类群的识别、水体质量的微生物监测与评价、污水中菌落总数检测、污水中大肠菌群的检测、生物处理池运转效果监测与运行管理、微生物降解污染物能力的测定、微生物实验室建设等内容。在编写过程中，适当地降低了理论知识的深度和广度，以“理实一体化”为主线，以“实用、够用”为原则，以常用的岗位技能为任务，以基于开放、互动的主题结构和问题设计来建构教材，选编围绕技能的相关知识作为理论支撑。力求创新，努力反映新知识、新技术和新标准，尽量与生产应用实践保持同步。在项目任务之间链接一些相关的知识或阅读材料，尽可能拓展学生的知识视野，增加本书的可读性。此外，本书还附有常见水生微生物图谱，以供师生在教学和实践过程中参考。

本书可供高职高专及部分职业大学环境类专业的学生使用，也可供环境保护工作者参考。

图书在版编目(CIP)数据

环境微生物学/王金霞，胡肖容主编. —3 版. —武汉：武汉理工大学出版社，2024.7
ISBN 978-7-5629-7019-4

Ⅰ. ①环… Ⅱ. ①王… ②胡… Ⅲ. ①环境微生物学-高等职业教育-教材 Ⅳ. ①X172

中国国家版本馆 CIP 数据核字(2024)第 060315 号

项目负责人：彭佳佳　徐　扬　陈军东　　**责任编辑**：彭佳佳
责任校对：张莉娟　　**封面设计**：兴和设计
出版发行：武汉理工大学出版社
地　　址：武汉市洪山区珞狮路 122 号
邮　　编：430070
网　　址：http://www.wutp.com.cn
经　　销：各地新华书店
印　　刷：武汉市洪林印务有限公司
开　　本：787×1092　1/16
印　　张：20.75
字　　数：530 千字
版　　次：2024 年 7 月第 3 版
印　　次：2024 年 7 月第 1 次印刷
定　　价：49.80 元

凡购本书，如有缺页、倒页、脱页等印装质量问题，请向出版社发行部调换。
本社购书热线：027-87391631　87664138　87523148

21世纪环境类专业新编数字融合系列教材

编审委员会

出 版 说 明

早在2002年我社就组织了全国十多所院校参与编写本套教材，时任教育部高等学校环境工程专业教学指导委员会秘书长、清华大学张晓健教授担任系列教材编审委员会名誉主任。全套教材各门课程的教学大纲、具体内容均由教学指导委员会审订，并将该系列教材确定为教学指导委员会向全国推荐的重点教材。

该系列教材正式出版后，已被众多学校选用，同时也得到了广大师生的一致好评。其中有6种教材被列为普通高等教育“十一五”国家级规划教材，它们是《大气污染控制工程》《环境工程微生物学》《环境工程基础》《噪声控制工程》《环境监测》《水污染控制工程》；在2014年推出的新1版中，《环境监测》《环境信息技术与统计分析》《环境影响评价》《噪声控制技术》被列为第一批全国环境保护优秀培训教材；还有多种教材荣获教育部全国高等学校优秀教材奖或优秀畅销书奖。这充分说明了教材编审委员会关于教材的定位、内容、结构和编写宗旨是符合专业教学需要和专业建设需要的。

随着时代的发展、科技的进步、教学的改革和知识的更新，该系列教材部分内容也渐渐变得陈旧，亟待再次修订。于是我社自2023年开始重新进行大规模调研，并整合相关资源后，组织相关院校的一些知名教授、教学名师，重新根据当前高等院校的最新教学改革要求，参考国家最新标准进行了一次较大的、全面的修订。

此次修订工作中，我们扎实推动党的二十大精神进教材，发挥课程思政在人才培养过程中的引领作用，注重思政元素在教材中的编排与体现。在技术方面，我们积极引用数字融合出版的各类新技术，使教材在课堂教学活动中以更丰富更生动的方式进行知识内容的迁移与转化。此外，我们还依据最新教学模式和教学方法，突出案例教学，牢牢把握住“理论够用、实践为重”的原则，并吸收近年来国内外环境治理工程的最新技术、最新方法，更加强调依据培养目标培养一线从事生产、服务和管理的应用型、技能型人才。

我们将切实做好为教学服务、为科研事业服务的工作，加强与行业的联系，使系列教材能及时地反映国家环保政策的变化、学术界最新的理论成果、行业应用的新设备及工艺流程，以达到提高专业人才培养质量的目的。

我们诚挚地希望使用该系列教材的师生对教材提出批评和建议，以便我们不断修订、完善、精益求精！

武汉理工大学出版社

2023年5月

第 3 版前言

自《环境微生物学》首次出版以来，得到了广大师生的充分肯定和积极反馈。为进一步提升教材质量，适应新形势下环境微生物学教学的需求，我们在广泛听取意见的基础上，对教材内容进行了全面修订和更新。

本次再版在保留原有特色的同时，进一步优化了教材结构和内容呈现方式。在内容编排上，更加注重理论知识与实践应用相结合，设置了大量微课视频、仿真实验、案例分析等丰富的数字化资源，旨在帮助学习者更好地理解和掌握环境微生物学的核心概念和重要原理；同时，将思政元素融入其中，挖掘环境微生物学中蕴含的思政教育资源，增加了生态文明、绿色发展等方面的内容，引导学生树立正确的环保意识和社会责任感；还增加了习题集、案例库等配套资源，以便教师组织教学活动和学生进行自主学习。

本版教材绪论部分由西南大学杨红军、重庆工程职业技术学院邱思远和重庆国浩环保产业有限公司肖国浩编写，项目 1 由重庆工程职业技术学院王金霞、广东轻工职业技术大学张堃编写，项目 2 由长沙环境保护职业技术学院张春艳、刘丽编写，项目 3 由长沙环境保护职业技术学院胡肖容、鲁冰花编写，项目 4 由长沙环境保护职业技术学院范美蓉、陈立伟编写，项目 5 由重庆工程职业技术学院王金霞编写，项目 6 由西南大学杨红军、广东轻工职业技术大学张堃编写，项目 7 由长沙环境保护职业技术学院胡肖容编写，水生微生物图谱由长沙环境保护职业技术学院胡肖容、鲁冰花选编。全书由重庆工程职业技术学院王金霞和长沙环境保护职业技术学院胡肖容负责最后的校订，并由王金霞负责统稿。长沙环境保护职业技术学院陈剑虹教授和杨保华教授对全书进行了最终审核。

在此，我们要感谢参与本教材编写的所有专家学者和工作人员，是他们的辛勤努力，才使本教材得以顺利完成。我们也真诚地欢迎广大师生在使用过程中提出宝贵意见，以便我们持续改进和完善教材。

编　者

2024 年 6 月 1 日

第 2 版前言

《环境微生物学》自 2015 年出版以来，被数十所院校选为环境类专业的教材，得到了广大读者的垂青。

为更好地满足读者的学习要求，我们决定对初版进行补充修订，并进行再版。本次补充修订，坚决贯彻“更新、精简、实用”的原则：吸取环境微生物研究的一些理论新认识，力求准确反映环境微生物学的革命性变化；增补微生物检验的新标准和新检验方法，力求紧密跟踪环境微生物学相关检验分析技术的发展；融入实践工作中的心得体会，力求充分展现教学改革实践探索的成果和经验；修正初版中的一些文字错漏，增补环境中常见的微生物的图谱，力求表述更为准确、精练。

此次再版由长沙环境保护职业技术学院陈剑虹和重庆工程职业技术学院王金霞负责修订，陈剑虹负责统稿。

补充修订的目的，是想提供一个更好的、对读者学习有切实帮助和指导作用的工具，但鉴于《环境微生物学》涉及环境、工业和农业中的许多实际问题，而我们的工作领域和专业水平有限，书中疏漏甚至错误在所难免，热情期待读者在使用本书的过程中提出批评和指正意见，使本书渐臻完善。

编　者
2018 年 10 月 8 日

第1版前言

环境微生物学是环境科学的一个重要分支。环境微生物学是20世纪60年代环境问题成为全球性重大问题时，由微生物学和环境科学相互渗透而形成的一门边缘学科。近几十年来，中国人口迅速增长，特别是在改革开放后，乡镇企业突飞猛进的发展在给中国人民带来经济繁荣的同时，也给中国的环境造成了严重威胁，许多江河、土壤和农田受到了严重污染，新的污染源和污染物种类不断出现。了解和掌握环境微生物学的基本知识和实用技能，是环境类专业人才认识和解决环境问题所必需的。

本书就环境微生物学在环境科学领域的应用技能设置了7个项目模块：环境中微生物主要类群的识别、水体质量的微生物监测与评价、污水中菌落总数检测、污水中大肠菌群的检测、污水生物治理中微生物的作用、微生物降解污染物能力的测定、微生物实验室建设。每个项目由数个任务构成，每个任务均包括任务目标、任务相关知识、任务所需器材、任务技能训练、讨论、复习思考题、自我评价表，旨在培养学生的操作技能和思考技能。

绪论及项目1由长沙环境保护职业技术学院陈剑虹编写，项目2由长沙环境保护职业技术学院胡肖容编写，项目3由广东轻工职业技术学院赵娜编写，项目4由广东轻工职业技术学院徐海娟编写，项目5由中国环境管理干部学院郝冬亮编写，项目6和项目7由河南水利与环境职业学院朱崇梅编写，水生微生物图谱由陈剑虹选编。全书由陈剑虹统稿，由长沙环境保护职业技术学院杨保华主审。

鉴于编写水平和时间的限制，本书可能在许多方面存在疏漏和不足之处，真诚希望有关专家及老师和同学们批评指正。

编　者
2014年7月15日

目　录

绪论 ……………………………………………………………………………… (1)

任务　发现身边的微生物 ………………………………………………………… (2)

项目1　环境中微生物主要类群的识别 ………………………………………… (12)

任务1.1　微生物形态特征及普通光学显微镜的使用 …………………………… (13)

任务1.2　藻类、真菌的形态观察 ………………………………………………… (43)

任务1.3　微型动物的形态观察 ………………………………………………… (61)

项目2　水体质量的微生物监测与评价 ………………………………………… (73)

任务2.1　水样的采集技术及微生物指示作用 ………………………………… (74)

任务2.2　水污染的生物监测与评价 …………………………………………… (88)

项目3　污水中菌落总数检测 …………………………………………………… (106)

任务3.1　菌落总数的检验物品准备工作 ……………………………………… (107)

任务3.2　微生物营养及培养基的制备 ………………………………………… (113)

任务3.3　物品的干热灭菌技术和高压蒸汽灭菌技术 ………………………… (129)

任务3.4　样品的采集、保存、送检与分离技术 ………………………………… (142)

任务3.5　微生物的培养条件与菌落总数的计数 ……………………………… (158)

任务3.6　微生物菌种的保藏技术 ……………………………………………… (164)

项目4　污水中大肠菌群的检测 ………………………………………………… (175)

任务4.1　总大肠菌群检验 ……………………………………………………… (177)

任务4.2　耐热大肠菌群的检验 ………………………………………………… (198)

任务4.3　大肠埃希氏菌检验 …………………………………………………… (203)

项目5　生物处理池运转效果监测与运行管理 ………………………………… (208)

任务5.1　好氧生物处理技术 …………………………………………………… (210)

任务 5.2　厌氧生物处理技术…………………………………………………………（223）
任务 5.3　活性污泥培养与驯化技术……………………………………………………（228）
任务 5.4　生物膜或活性污泥中微生物的观察…………………………………………（236）
任务 5.5　污水生物治理运转中活性污泥评价指标的测定……………………………（243）

项目 6　微生物降解污染物能力的测定…………………………………………………（258）

任务 6.1　有机污染物生物降解性的测定方法…………………………………………（260）
任务 6.2　酚降解菌的分离、纯化和筛选………………………………………………（286）

项目 7　微生物实验室建设………………………………………………………………（301）

任务　××食品厂微生物实验室建设策划书……………………………………………（302）

附　　录………………………………………………………………………………………（321）

附录 1　部分藻类彩图…………………………………………………………………（321）
附录 2　部分原生动物彩图……………………………………………………………（321）
附录 3　模拟试题………………………………………………………………………（321）

参考文献………………………………………………………………………………………（322）

绪论

知识目标

1. 掌握微生物的概念、微生物的特点；
2. 熟悉微生物在生态系统中的重要作用；
3. 熟悉环境微生物学所研究的基本内容。

能力目标

学会在生活中发现微生物的存在。

生命与环境:共舞与共生的哲学对话

生命的意义是一个深邃而神秘的哲学问题。微生物以其独特的生命特性为我们提供了深入思考和探索生命的契机。

生命是宇宙间最神奇和珍贵的存在之一。微生物作为生命的基本单元,通过其独特的生命特性帮助我们揭示生命的意义。

首先,微生物的多样性和适应性展示了生命的顽强。例如,地球上有一种微生物叫做极端嗜热菌,它们能够在极端的高温环境中存活和繁殖,其生命的适应能力令人惊叹!

其次,微生物的合作与共生显示了生命的互助和共同发展的意义。微生物可以构成复杂的群落或共同体,相互合作生存并共享资源。例如,根瘤菌和豆科植物之间形成共生关系,根瘤菌可以固氮以供应植物的营养,而植物则为根瘤菌提供生存环境。这种互惠共生的关系揭示了生命在互助中获得共同繁荣的重要性。

最后,微生物的基因交流和突变也提供了生命演化的范例。微生物的快速繁殖和基因突变使其具备了适应环境变化的能力。例如,抗生素耐药基因的遗传使得一些细菌能够逃过抗生素的威胁。这个例子告诉我们生命在面对压力和挑战时,具备自我保护和适应的能力,引发我们对生命的强大进化能力的思考。

综上所述,微生物作为生命的基本单元,通过其生命特性和行为揭示了生命的意义。它们的多样性和适应性、合作与共生以及基因交流和突变,都引发了我们对生命力量、互助共生和进化适应的思考。微生物世界为我们展示了生命的奇妙与意义,激发了我们对生命的敬畏和探求。

案例导入

《微生物帝国》(Micro Empire)

眼不见不一定为净！奥地利电影制片人沃斯(Clemens Wirth)透过显微镜，拍摄了由原生动物、细菌等微生物主演的短片，取名为《微生物帝国》(Micro Empire)。影片中只见各种微生物张牙舞爪、互相对抗，犹如一场战争。最令人难以置信的是，所有冲突都发生在一滴微小的水滴上！

无论你是有洁癖还是邋遢大王，你的卧室里每个角落都遍布着数以百万计的微生物。它们分布在以门把手、遥控器、鼠标等手触物品为主的房间的各个地方，伴随着你夜夜入眠。不过，即便夜夜"与菌同眠"，我们也无须过于担心，因为绝大多数微生物并不致病，而适当摄取外界微生物，对我们自身的免疫系统也是一种良性刺激。

课前思考题

1. 什么是微生物？微生物有哪些特点？
2. 我们生活的环境中常有哪些微生物？

项目工作流程

食品处理—食品存放—微生物观察

技能训练

任务　发现身边的微生物

一、任务目标

1. 了解培养微生物的简单方法；
2. 观察食品上微生物群落的形态。

二、任务相关知识

(一)微生物的定义

微生物是指形体微小、结构简单、必须借助显微镜才能看清的生物。"微生物"不是分类学的概念,只是一切微小生物的总称。微生物包括属于真核类的真菌(酵母菌和霉菌)、原生动物和微型藻类,属于原核类的细菌、放线菌、支原体、衣原体、立克次氏体和蓝细菌,以及属于非细胞类的病毒和亚病毒等,如图 0.1 所示。

- 微生物
  - 小——直径小于 0.1mm,人肉眼不能分辨,需借助分辨力达 0.2μm 的光学显微镜
  - 简单
    - 单细胞类型——细菌、原生动物、酵母菌
    - 多细胞类型——霉菌
    - 无细胞类型——病毒
  - 低等
    - 原核细胞型——细菌、放线菌、蓝细菌、支原体、衣原体、立克次氏体
    - 真核细胞型——真菌(酵母菌和霉菌)、原生动物、微型藻类
    - 非细胞型——病毒、亚病毒

图 0.1 微生物分类

在旧的两界生物分类系统中,根据生物细胞有无细胞壁、主动运动能力和合成各种细胞物质的能力等,将生物分为动物界和植物界。据此,微生物中的病毒、细菌、放线菌、真菌和藻类被划分在植物界,而原生动物被划分在动物界中。在科研实践中,发现这种分类方法具有诸多不便和矛盾之处,所以产生了三界、五界和六界分类系统。在六界分类系统中,将所有生物分为植物界、动物界、真核原生生物界、真菌界、原核生物界和病毒界。据此,根据微生物的形态结构,它们的分类地位见表 0.1。

表 0.1 微生物的分类地位

微生物类群	所属生物界
病毒	病毒界
细菌、放线菌、蓝细菌(蓝绿藻)、支原体、衣原体、立克次氏体	原核生物界
霉菌、酵母菌	真菌界
原生动物、微型藻类	真核原生生物界

(二)微生物的特点

视频

微生物的特点

1. 种类多、繁殖快

微生物种类繁多,目前已确定的微生物种类达几十万种,随着分离、培养方法的改进和研究工作的深入,微生物的新种类还在不断被发现。微生物繁殖速度快,如大肠杆菌在适宜条件下,20min 即可繁殖一代。这是其他生物望尘莫及的,这也使得它们适合用于处理各类污染物、生产单细胞蛋白质,如用酵母菌生产单细胞蛋白可以一天收获一次。

2. 体积小、分布广

微生物的直径一般小于或等于 0.1mm。如大肠杆菌大小为 $2\mu m \times 0.5\mu m$,1500 个头尾相接只有 3mm 长,120 个并肩排列只有一根直径为 $60\mu m$ 的头发粗。一个大肠杆菌只有 10^{-12}g 重。由于微生物极微小、极轻,易随风飞扬,因此,微生物分布在地球空间的

每个角落，从海洋深处(海平面下 6km)到大气高空(地平面上 74km)，从寒冷的冰川(南极冰川－293m 处的冰芯)到炎热的赤道，各种环境条件中都有它们的“足迹”。

【知识窗】

在我们身体里生活的细菌占我们体重的 10%，肠道里的细菌占我们肠道内容物质量的 50%，在我们的皮肤上，每 $1cm^2$ 上就能够找到 10 万个细菌。

3. 代谢旺盛、代谢类型多

生物表面积与体积的比值，可以正向反映生物与周围环境进行物质交换的速度、代谢活跃程度。微生物体积微小，表面积与体积之比很大，表明它们能快速地和周围环境进行物质交换，代谢活跃。例如，乳酸杆菌的表面积与体积的比值为 120000，在 1h 内产生的乳酸为其体重的 1000～10000 倍，故微生物有“活的化工厂”之称(人的表面积与体积之比仅为 0.3，与乳酸杆菌相比小很多，而每天消耗约 4kg 食物，所以，一个体重 60kg 的人，若要代谢质量为自己体重 1000 倍的糖，则需 60×1000/4＝15000d≈41 年)。这一特性，可使微生物迅速降解大量的、高浓度的污染物。

微生物代谢类型也极多，可以分解纤维素、蛋白质、淀粉、石油烃类等各种物质。可以说，凡生物圈内天然存在的有机物都能被微生物所分解、利用。例如，洋葱假单胞菌能降解 90 多种有机物，并能利用其中任何一种有机物作为唯一的碳源和能源进行代谢。

4. 容易变异，利于应用

由于大多数微生物为单细胞，无性繁殖、结构简单，整个细胞直接与环境接触，易受外界环境条件的影响，所以容易发生变异。当环境条件剧烈变化时，微生物会大批死亡，而存活下来的微生物往往已经发生了结构和生理特性等变异，以适应变化的环境。微生物变异已被人类广泛利用：特定工业废水的生物法处理都是利用微生物的优良变异株进行的；大量的人工合成物质的降解都是依靠微生物产生的适应酶来完成的。青霉素刚问世时，产量小、成本高、价格贵，经过对青霉菌的诱变育种，使其产量大大提高，价格才降低到大众能接受的水平。但变异也有不利的方面，如微生物因变异产生耐药性。1944 年，4 万单位青霉素可治好肺炎，而现在需要连续三天、每天两次、每次 80～120 万单位青霉素肌肉注射的治疗才能见效(青霉素总量达 480～720 万单位)，这是滥用抗生素的后果。

(三)微生物在生态系统中的重要作用

生态系统由生物群落与其周围环境共同组成。在生态系统中，生物亚系统由以下三部分组成：

1. 生产者

生产者指能利用光能及化学能等能源，将二氧化碳、无机盐、水等简单无机物制造成复杂有机物的自养生物。如光合细菌、藻类、水生植物、陆地上的绿色植物等。

2. 消费者

消费者指以自养生物或其他生物有机体为食料的生物。消费者有不同层次之分，摄食生产者的消费者为Ⅰ级消费者，其后依次有Ⅱ级、Ⅲ级、Ⅳ级消费者。生产者是Ⅰ级消费者的营养，前一级消费者是后一级消费者的营养，所以，生产者与各级消费者又各自成为一个营养级，级级相连，构成食物链。微生物积极参与了消费者的消费过程。

3. 分解者

分解者指能分解动植物遗体、排泄物和产生于人类活动的有机物的微生物。分解者主要是细菌、真菌。分解的结果是复杂有机物被还原成简单无机物，以供绿色植物进行光合作用，故分解者又被称为还原者。长期以来，农业生产中产生的废料，就是因此得以迅速净化、重复利用的。

综上所述，微生物在生产、消费、分解三方面都有作用，尤为重要的是，微生物是唯一真正的分解者，即由于微生物的参与，自然界的物质循环、能量流动才得以实现。所以，微生物在生态系统中起着重要的作用。

当前，人类面临因人口增长带来的一系列问题：房地产土地开发扩张导致农田面积减小、食品生产压力增大；经济发展导致矿化燃料消耗增加、能源紧缺；生产生活活动产生大量废水、废渣、废气导致环境污染等。

面临匮乏的资源、污染的环境，我们不得不考虑如何维持大量的生产，满足人们的食品、能源需求；如何处理掉越来越多的形形色色的污染物，保持良好的环境质量。

植物承担生产的主要责任，而微生物要在污染防治方面挑重担。人们设想：模仿自然界生态系统的物质循环规律，为分解者——微生物提供合适的环境条件（温度、pH值、DO值等）以强化其功能，降解转化进入环境的各类污染物，从而使污染的环境得以净化，甚至使污染物资源化。这就促使微生物学与环境工程学在环境污染防治的方向上迅速融合，形成了环境微生物学，为控制并治理污染、化污染为资源提供了有力的技术支持。

（四）环境微生物学的内容

1. 微生物学的基本知识

研究自然环境中的不同微生物群落的形态、结构、功能以及微生物的营养、生长、繁殖、呼吸、代谢、遗传变异等基本特征，以明确自然环境中的微生物资源，为保存和开发有益微生物、控制有害微生物提供科学资料。

2. 微生物对污染物的降解和转化

生物处理法是废水、废气、废渣处理的重要处理方法，而微生物是生物处理法的主体。因此，研究微生物对环境污染物的降解与转化的机理，设法发掘和提高微生物净化污染物的效率，研究并开发利用微生物降解污染物的应用技术，就成为环境微生物学的重要工作。

通过研究微生物对污染物特别是对有机污染物的降解能力、降解转化作用条件、代谢途径，测定污染物的生物降解性等，环境微生物学已经为环境污染物的净化处理提供了充分的生物学理论依据。

在发掘和提高微生物降解和转化污染物质的巨大潜力方面，环境微生物学已分离筛选出一些对污染物具有高效降解能力的菌株。特别是近年来，关于分离筛选能降解转化石油、农药、化纤原料、染料、含重金属污染物等的微生物的研究已取得了不少成果。例如，产碱杆菌和不动杆菌能转化多氯联苯，假单胞菌属、芽孢杆菌属、产碱杆菌属、黄杆菌属、节杆菌属、诺卡氏菌属、曲霉属等能降解农药，且有的已用于废水的生物处理中。

另外，环境微生物学通过吸收酶工程、遗传工程等生物工程技术，给许多难以降解的有机污染物的生物处理带来了希望，开拓了污染环境治理的新领域。从自然界分离的菌株中，已发现降解石油组分及其衍生物、降解农药、降解多氯联苯类污染物、抗有害金属等4大类30多种天然降解性质粒。到目前为止，运用质粒转移、分子育种、基因重组等遗传工程、细胞工程技术，已组建成包含多种解烃质粒的超级细菌，这类有特殊功能的基因工程菌通过固定化酶、固定化细胞等酶学工程、发酵工程技术，已成功地用于净化冶金、电镀、食品、化工等废水中的重金属、氰化物、纤维素、有害有机物等的实验研究，为环境污染的生物治理技术的发展创造了条件。

3. 检测与防治环境中微生物的污染

首先，水体富营养可以看成是水环境中的一种微生物污染，环境微生物学将研究其中的微生物类群、形成污染的影响因素，以便对其加以控制，消除危害。其次，对水体、空气、土壤等环境的卫生状况，环境微生物学可以利用细菌总数、总大肠菌群等微生物监测技术进行检测、评价，并提出针对微生物污染的防治措施。再次，环境微生物学也针对病原微生物、微生物的有害代谢产物的危害提出防治措施，从而防止、削弱、控制微生物的有害影响。

4. 微生物在治理环境污染中的应用

微生物在水处理中的净化作用原理、微生物对水处理装置运转状况的指示作用是环境微生物学的重点研究内容。

活性污泥法、生物滤池、生物转盘、氧化塘等，都是利用微生物的降解作用对污水进行处理的。以活性污泥法为代表的好氧生物处理工程，其净化作用原理与水体自净过程原理相同；而厌氧消化法或发酵法日益受到重视，是因为该类方法能在净化处理高浓度的有机污水、剩余污泥等固体废物的同时，产生清洁的生物能源——甲烷。污水处理装置中的生物种类、生物数量、生物形态、生物活性等同时也是判断污水处理装置运转正常与否的重要指标。

微生物在循环经济发展中，扮演着十分重要的角色——污水和垃圾的处理者。几乎所有的污水处理都是靠微生物的作用完成的。污水和污物处理中既需要微生物分解和除掉各种有害物质，也要靠微生物进行除臭。污水与污物的处理速度、处理效果取决于微生物的种类和功能。微生物的应用覆盖多个领域，如在市政污水系统、工业废水、餐饮废水、食品厂废水、医院废水、社区中水、淤泥、养殖业粪便处理等方面都有广泛应用。

（五）环境微生物学的发展前景

环境微生物学不仅在污染物的减量化、无害化方面发挥作用，还将在污染物资源化、建立清洁生产方面提供有力的技术支撑。

微生物作为一个生物类别，它的开发前景是不可限量的。当今和未来世界的发展中，微生物工程技术是在“生产—经济—资源—环境—社会—保健”大系统中占有极重要地位的、能快速见效的重大技术。

1.污染物资源化

酵母菌和光合细菌可将高浓度有机废水中的有机污染物转化为可用作饲料和饵料的单细胞蛋白;产甲烷菌等微生物在厌氧处理时将有机废物转化为燃料甲烷;纤维素降解菌将木材废弃物中所含的纤维素转化为燃料乙醇,将半纤维素转化为木糖及木糖醇。

2.清洁生产工艺和绿色环保产品的开发

微生物技术在少污染、无公害产品的开发、生产中有明显的优势。①生物制浆工艺是微生物用于清洁生产工艺的一个最新且醒目的例证。该工艺的原理是:造纸原料中的木质素,被生活微生物或其酶制剂降解,释放出的纤维素和半纤维素用于造纸制浆。此工艺的生产应用在一些发达国家已获得突破。该工艺避免了传统的机械制浆工艺和化学制浆工艺的两个严重问题:大量的废水排放和大量的木质素原料流失浪费。②生物脱蜡也是一项有广阔应用前景的清洁生产技术,在丝光棉生产中应用这一项技术已取得了明显的环境和经济效益。对棉花纤维的共生蜡、胶等,传统工艺用烧碱高温煮炼法去除,其工艺中添加了甲醛,所产生的废水对人体有害,现在利用生物酶处理工艺,仅加少量酸调节 pH 值,不添加其他化学物,故废水成分简单且排放量少,生产出的纺织品吸水性能好、柔软、安全。③用微生物技术生产的产品,一般都比较容易生物降解。如用微生物技术生产的聚羟基烷酸(PHA)塑料代替人工合成的难降解塑料,可以缓解“白色污染”;用微生物法生产丙烯酰胺絮凝剂来代替化学法合成有机和无机絮凝剂,除了产品具有可生物降解性的特点外,其生产过程中废水的产生量仅为化学法的 1/20。④过去以小麦为原料,用盐酸水解法生产味精;现在以薯粉为原料,用微生物发酵法生产味精,节约了大量粮食(3t 薯粉与 30t 小麦所生产的味精产量相同),符合清洁生产的“降低物耗”原则,大大降低了生产成本。

3.生物防治

微生物与其他生物之间的拮抗关系,被用来进行生物防治工作。例如,微生物农药——利用杀螟杆菌、苏云金杆菌、白僵菌、井冈霉素、春雷霉素、庆丰霉素等微生物体或微生物的代谢产物可以消灭大面积的农林害虫;噬藻体(藻类病毒)可以用于消除赤潮与水华危害;一些致病微生物可以用来控制鼠患等。微生物农药的优点是选择性强,对人、畜、作物无害,同时不污染农、畜产品和环境,对多数益虫无害。在合理使用的情况下,害虫不易产生抗药性。缺点是药效较缓慢,效果易受气候条件影响,有些品种生产费用较高。微生物农药的开发、微生物肥料的运用,可以大大减少因化学农药和化肥的使用带来的环境污染问题,为我国的绿色食品产业提供了有力的保障。

【知识窗】

微生物农药

微生物杀虫剂与化学合成杀虫剂相比,具有以下特点:一是防治对象专一,选择性高;二是药效作用较缓慢,药效易受外界因素(温度、湿度、光照等)影响;三是对生态环境影响小。我国目前开发生产的微生物农药种类及其在农业生产中的应用见表 0.2。

表 0.2　微生物农药种类及其在农业生产中的应用

类型	品种	防治对象
细菌类微生物农药	苏云金杆菌	目前应用最为广泛的品种，约占全部生物农药使用量的 90%，可用于防治小菜蛾、菜青虫、甜菜夜蛾、斜纹夜蛾、茶毛虫、茶尺蠖、棉铃虫、稻苞虫、稻纵卷叶螟、枣尺蠖、玉米螟、苹果巢蛾和天幕毛虫等多种鳞翅目害虫
	多黏类芽孢杆菌	可用于防治番茄、烟草、辣椒、茄子青枯病
	放射土壤杆菌	可用于防治桃树根癌病
	枯草芽孢杆菌	可用于防治黄瓜白粉病、草莓白粉病和灰霉病、水稻纹枯病和稻曲病、三七根腐病和烟草黑胫病等，还可用于调节水稻生长、增产
	蜡质芽孢杆菌	可用于油菜抗病、壮苗、增产，还可用于防治水稻纹枯病、稻曲病和稻瘟病、小麦纹枯病和赤霉病、姜瘟病等
	荧光假单胞杆菌	可用于防治番茄青枯病、烟草青枯病和小麦全蚀病
	类产碱假单胞菌	可用于防治草场牧草地蝗虫
真菌类微生物农药	绿僵菌	可用于防治滩涂飞蝗和一些鳞翅目害虫
	白僵菌	可用于防治白粉虱、烟粉虱、金龟子、蛴螬等多种害虫
	耳霉菌	可用于防治小麦蚜虫
	木霉菌	可用于防治黄瓜灰霉病和霜霉病、大白菜霜霉病和小麦纹枯病等
	淡紫拟青霉菌	可用于防治番茄根结线虫病
	厚孢轮枝菌	可用于防治烟草根结线虫病
病毒类微生物农药	苜蓿银纹夜蛾核型多角体病毒	可用于防治十字花科蔬菜等多种作物甜菜夜蛾
	斜纹夜蛾核型多角体病毒	可用于防治十字花科蔬菜等多种作物斜纹夜蛾
	棉铃虫核型多角体病毒	可用于防治危害多种作物的棉铃虫
	茶尺蠖核型多角体病毒	可用于防治茶树茶尺蠖
	油桐尺蠖核型多角体病毒	可用于防治茶树茶尺蠖
	小菜蛾颗粒体病毒	可用于防治十字花科蔬菜小菜蛾
	菜青虫颗粒体病毒	可用于防治十字花科蔬菜菜青虫
	草原毛虫核多角体病毒	可用于防治草原毛虫

4. 环境生物技术的应用

环境生物技术是充分利用各种环境生物的特殊功能，采用现代分子生物学和分子生态学的原理和方法，利用微生物介质，依据各类微生物的生态活动规律，从中寻找出最有效的能解决目前一些环境问题的途径，进行生物净化、生物修复、截留废物中的可循环利用资源、生物转化、生物催化、污染治理、清洁生产等，多层面、全方位地解决工业和生活污染、农业和农村面源污染、荒漠化和海水污染等问题。

我国是生物资源、生物多样性最丰富的国家之一。地跨寒温热三带，内陆海拔高差大，地形复杂、环境多变、生物资源丰富。据不完全统计，我国拥有动植物、微生物约 26 万种，其中植物约 3 万种、动物约 20 万种、微生物约 3 万种。我国有着雄厚的资源基础能发展生物技术及其相关产业。为了推动 21 世纪经济持续快速发展，我国政府十分重视生物技术研究开发与产业化。生物技术已成为我国研究开发经费投入最多的领域之一，我国的生物技术产业将迅速崛起。

发展环境生物技术是解决全球性环境和资源问题的最重要的途径之一。随着基因组技术和基因芯片技术等现代分子生物学技术的发展与渗透，环境生物技术已发展成为一种以环境资源可持续发展为目标，上中下游技术集成的系统工程技术，在重工业、日用消费品工业、石油产业、运输产业、农业、渔业、食品、污水及其他污染物处理等产业的应用中产生了深远的影响，成为全球经济发展中一个新的经济增长点。欧美等西方发达国家均把环境生物技术作为解决环境和资源问题的战略技术。

三、任务所需器材

1. 透明保鲜袋 4 个、细棉线绳 4 根；
2. 蜂蜜面包 4 片、白糖、水、柠檬汁。

四、任务技能训练

(一)食品处理(图 0.2)

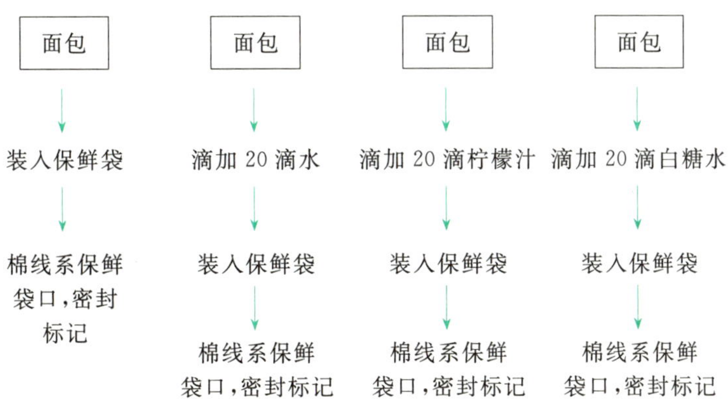

图 0.2　食品处理过程

（二）食品存放与观察

室温下存放，每天仔细观察，看保鲜袋里发生了什么变化。哪个保鲜袋里的面包最早发霉？

注意：两周后要将实验材料扔进垃圾箱里！不要吃实验过程中用到的任何材料，否则你可能会生病！

五、讨论

保鲜袋里的面包为什么发霉？

解析：所有保鲜袋里的面包发霉现象都是由微生物造成的，有的多些，有的少些。在作为参照物的袋子里，可能面包上会有很少的霉斑，也可能什么都没有发生。在滴加了水的面包上，因为没有足够多的食物供微生物直接食用，所以微生物的繁殖不是很快，发霉也就较慢！在滴加柠檬汁的面包上，虽然有食物可供微生物生长，但是其中的酸性物质对发霉有一定的阻碍，所以发霉的速度只比滴加了水的情况快一点。最后一个是糖水方案，发霉情况很严重，微生物一旦发现了糖和水，它们就开始迅速繁殖起来。

六、复习思考题

1. 什么是微生物？微生物包括哪些生物类群？
2. 微生物有哪些共同特点？
3. 微生物在环境保护中的作用与哪些主要特性有关？

七、自我评价表（表 0.3）

表 0.3　环境微生物学绪论自我评价表

评价内容	考核指标	分值
微生物的概念	共同点	15
微生物的特点	四大特点	40
微生物的发现	身边的微生物	20
微生物的作用	在物质循环中的作用	15
微生物的利用	微生物的应用价值	10
合计		100

【小结】

本章着重介绍了微生物的特点、微生物在环境中的作用、环境微生物学的内容、环境微生物学的发展。

微生物是指形体微小、结构简单、必须借助显微镜才能看清的生物。微生物包括真菌(酵母菌和霉菌),原生动物和微型藻类,原核类的细菌、放线菌、支原体、衣原体、立克次氏体和蓝细菌,以及病毒和亚病毒等。微生物具有种类多、繁殖快,体积小、分布广、代谢旺盛、代谢类型多、容易变异、利于应用等特点。

微生物在生态系统的物质循环中能够充当生产者、消费者和分解者,尤为重要的是,微生物是唯一真正的分解者。微生物对环境中的污染物具有降解和转化能力,可应用在微生物对污染环境的治理方面,通过检测环境中存在的微生物,开展微生物对环境污染的防治工作。此外,通过对微生物特点的利用可进行污染物资源化、清洁生产工艺和绿色环保产品的开发、生物防治等方面的研究。

【与工作任务相关的作业】

我们往手上挤一些红墨水颜料,握拳再打开,以确保颜料布满整个手掌,然后再用颜料涂满双手,晾干 2min。用水冲洗你的手 1s,你会发现没有多少颜料被冲洗掉。再洗 5s、15s、20s,你的双手洗干净了吗?再用肥皂和水彻底清洗一遍。你观察到了什么?现在你把刚才涂满全手的颜料想象成细菌……你会意识到只有用肥皂把手洗干净(包括手心和指缝里),才能最大限度地消灭细菌,从而避免生病。

练习

项目1 环境中微生物主要类群的识别

知识目标

1. 掌握细菌、放线菌、光合细菌、蓝细菌、酵母菌、霉菌的形态和作用；
2. 掌握水体中常见的藻类、原生动物、后生动物形态及其对环境的影响。

能力目标

1. 学会用显微镜观察微生物形态；
2. 能够识别环境中微生物的主要类群。

微生物科学的中国之光：开创人类进步之路

中国在微生物学领域的研究和应用不仅提高了医学、农业、环境保护等领域的水平，也为全球提供了有益经验和技术。中国的微生物科学研究与应用不断推动科技创新和社会进步，为人类的健康、农业发展、环境保护等方面作出了重要的贡献。

(1)人工合成酵母染色体：我国科学家完成了酿酒酵母16条染色体中4条的人工合成，这是继人工合成基因组之后的又一重要突破。该研究为定向设计改造酵母基因组提供了新的手段，有助于深入理解酵母细胞的生物学过程，并为合成有用的微生物工厂提供了潜在的基础。

(2)深海微生物研究：中国科学家参与了国际合作项目"南半球和北冰洋深海生物测序"和"东太平洋海山微生物天然产物研究"等，通过对深海微生物的采集和分析，发现了大量的新物种和新基因。这些研究有助于揭示深海微生物生态系统的多样性和功能，并为未来发现新的微生物资源和生物活性物质提供了线索。

(3)单细胞技术在微生物研究中的应用：中国科学家提出了一种高通量单细胞测序技术，可以快速分析和识别微生物细胞的基因组信息，揭示微生物群落中的物种组成和功能概况。这对于深入了解微生物的多样性、功能和进化具有重要意义。

这些研究成果在推动基础研究、应用生物技术和生物工程的发展中发挥了重要作用。

案例导入

《卡桑德拉大桥》(THE CASSANDRA CROSSING)

影片内容简介：两名恐怖分子想要炸毁位于日内瓦的世界卫生组织实验中心，但行动失败了。在追捕过程中，警员不小心将美国私藏在世界卫生组织实验室的肺鼠疫恶性传染病菌改造病毒样品打碎并溅到一名罪犯身上。结果，两名歹徒感染病毒，一名当场被擒，不久因腐烂而死，另一名恐怖分子窜到一列开往斯德哥尔摩的火车上，车上的旅客们还不知道自己随时都可能被病毒感染。这种病毒传播得非常快，很快火车上的许多人都感染上了这种病毒，并出现了不同情况的感冒症状。为确保病菌不被扩散，有关方面下令封死列车，对火车进行控制，并要将其开到已年久失修的卡桑德拉大桥给毁掉……

课前思考题

1. 我们的生活中有哪些微生物？
2. 怎样才能看到我们身边的微生物？

项目工作流程

任务1.1 微生物形态特征及普通光学显微镜的使用
↓
任务1.2 藻类、真菌的形态观察
↓
任务1.3 微型动物的形态观察

技能训练

任务1.1 微生物形态特征及普通光学显微镜的使用

一、任务目标

1. 了解光学显微镜的结构、维护和保养方法；
2. 掌握各部分的功能和使用方法；
3. 观察微生物的形态，学会生物图的绘制。

二、任务相关知识

微生物种类繁多，根据有无细胞及细胞结构的差异，可将微生物分成非细胞型微生物、原核微生物、真核微生物三大类群。原核微生物的细胞核发育不完全，既没有核仁，也没有核膜包裹核物质，核物质与细胞质没有明显的界线，细胞内其他结构的分化水平低；真核微生物细胞内具有发育完好的细胞核，有核膜包裹核物质，其他细胞器高度分化。环境工程微生物所涉及的原核微生物是指具有原始细胞核的单细胞生物，包括细菌、蓝细菌、放线菌、立克次氏体、衣原体、支原体、螺旋体等类群，以细菌为主。真核微生物以真菌、原生动物和藻类为主。

（一）非细胞型微生物

非细胞型微生物包括病毒和亚病毒，后者又包括类病毒、卫星病毒和朊病毒。

1. 病毒(Virus)

病毒是一类极微小的、专性活细胞内寄生的非细胞型微生物，广泛寄生在人、动植物、微生物细胞中。在活细胞外它具有大分子特征，而进入寄主细胞后又具有生命特征。

(1)病毒的主要特征

① 非常微小　病毒能通过细菌滤器，需借助电子显微镜才能看到它们的存在，其大小常以纳米(nm)表示($1nm=10^{-9}m$)。

② 没有细胞结构　一般情况下，病毒只由单一类型核酸(DNA 或 RNA)和蛋白质组成。

③ 专性活细胞内寄生　它既没有独立的代谢系统，也没有完整的酶系统，只能利用宿主细胞的代谢系统以核酸复制的方式进行繁殖，不能离开活的寄主细胞而生活。在活体寄主外没有生命特征。

综上所述，病毒可以概括为超显微的、不具细胞结构的、专性细胞寄生的低等生物。

(2)病毒的形态与大小

病毒的形态多样，有球状、杆状、蝌蚪状、丝状、海胆状等，以近球状的多面体和杆状为多，侵染人和动物的病毒大多为球状，侵染细菌的病毒多为蝌蚪状，称为噬菌体，如图1.1所示。

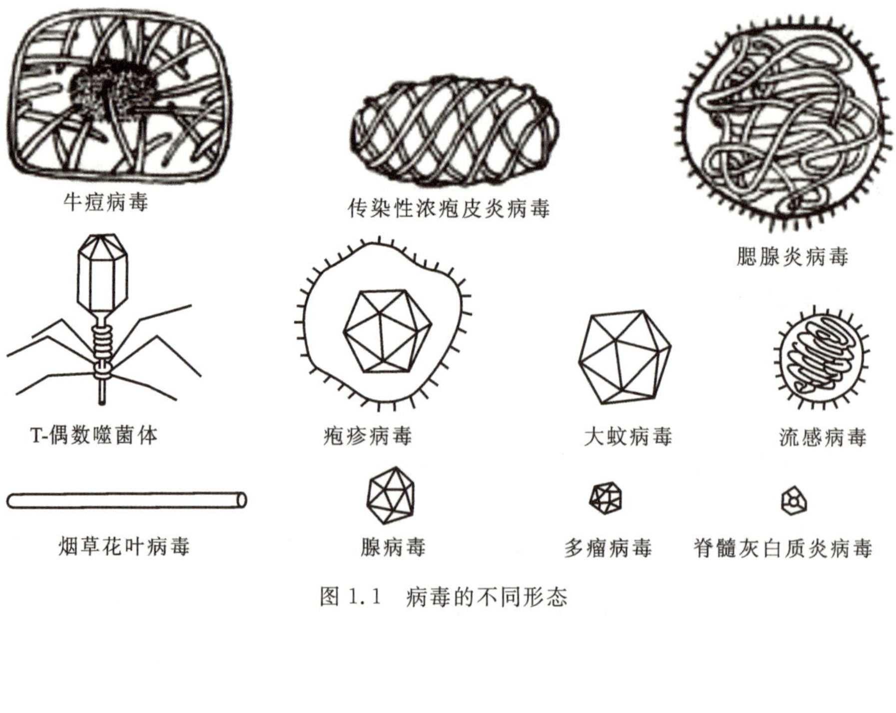

图 1.1　病毒的不同形态

病毒的形体极其微小，直径为100～300nm，能通过细菌滤器，需借助电子显微镜才能观察到，一些病毒、细菌和核酸的大小比较如图1.2所示。

(3)病毒的结构和化学组成

病毒的结构及组成如图1.3所示。

核酸是病毒繁殖、遗传变异的物质基础；衣壳和囊膜除具有保护病毒免受环境因素影响外，还与寄主细胞表面特定部位有特异亲和力，使病毒牢固地附着在寄主细胞上，能决定病毒感染的特异性以刺激机体产生相应抗体。

(4)病毒的繁殖

病毒不能在普通培养基中培养，只能在特定的活细胞内代谢和繁殖。病毒在活细胞中的繁殖方式不是二分法分裂，而是“接管”被感染的寄主细胞的生物合成机构，使其按照病毒的需要，合成病毒的核酸与蛋白质，然后再装配成新的病毒。这种繁殖方法与一般微生物不同，通常称为“复制”。各类病毒的繁殖过程基本相同，一般可分为吸附、侵入、生物合成、装配、释放等步骤。现以大肠杆菌噬菌体为例简要地说明病毒的繁殖过程，如图1.4所示。

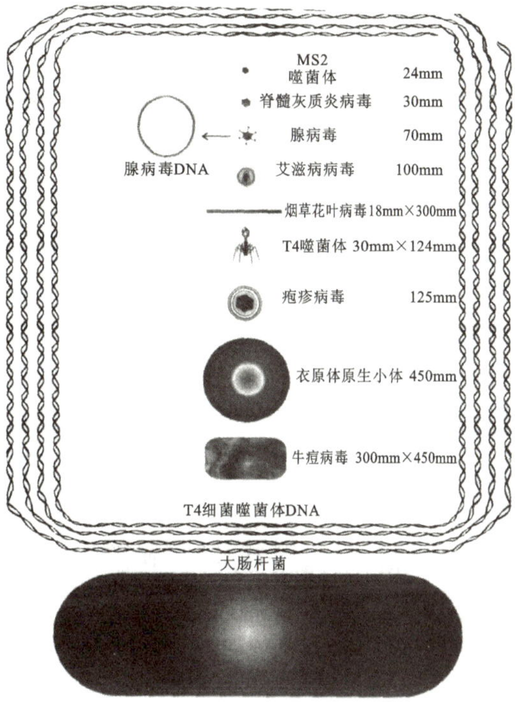

图1.2　一些细菌、病毒和核酸的大小比较

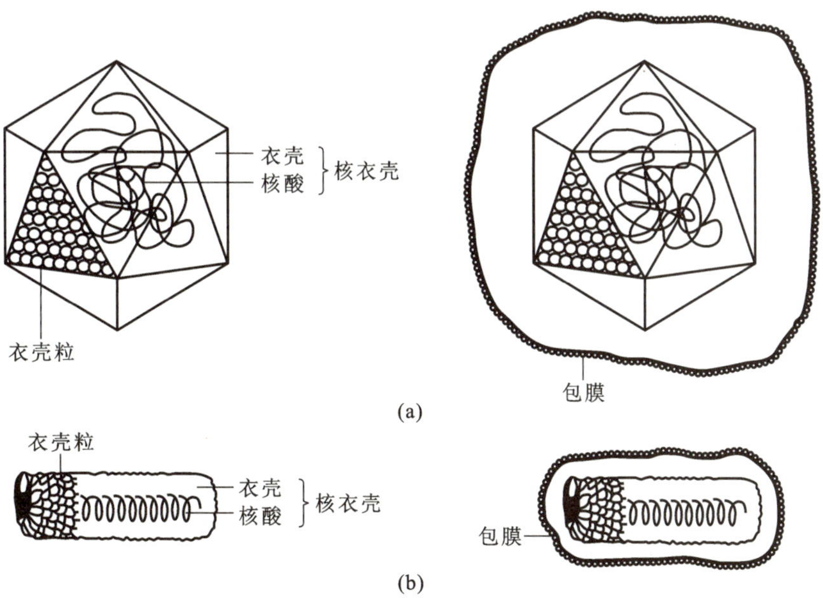

图1.3　病毒的结构和组成

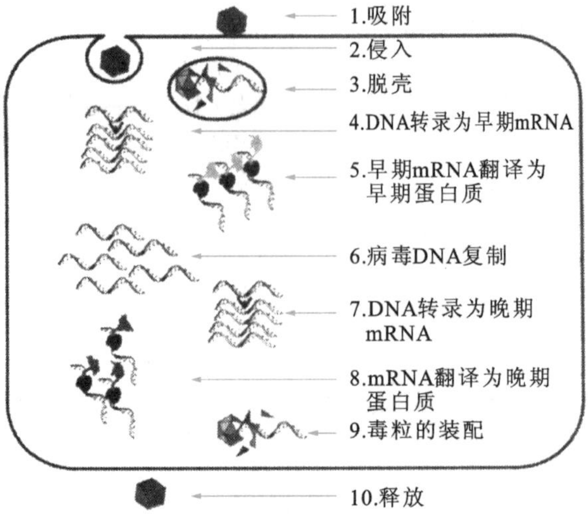

图 1.4　病毒的繁殖

① 吸附　指高度专一性地吸附于敏感细胞表面的接受部位，噬菌体是利用尾部末端的尾丝吸附在细菌壁的特定部位。吸附过程受环境因素的影响：二价和一价阳离子可以促进噬菌体的吸附，三价阳离子可以引起失活；pH 值为 7 时呈现出最大吸附速度，pH 值小于 5 或大于 10 时则很少吸附；温度对吸附也有影响。

② 侵入　当噬菌体尾端吸附在细菌细胞壁上后，依靠尾部的溶菌酶将细菌细胞壁的肽聚糖溶解，再通过尾鞘收缩将头部的 DNA 压入细胞内，而蛋白质衣壳则留在细菌体外。一个细菌细胞只能被一个噬菌体侵入。

③ 生物合成　病毒核酸进入细胞内，一方面抑制寄主细胞的正常生长，另一方面利用寄主细胞内的原料与合成系统合成自己的核酸和蛋白质。合成的病毒核酸、病毒蛋白质，在寄主细胞内组装成新的、完整的子代病毒粒子。

④ 释放　子代病毒粒子合成可溶解细胞壁的水解酶，裂解寄主细胞，让子代病毒释放出。一次可有 10～1000 个噬菌体粒子从一个寄主细胞中释放出来，这些子代病毒在适宜条件下又可感染新的寄主细胞。T40 噬菌体从吸附到释放全过程，在 37℃时只需 22min。这种使宿主细胞快速裂解的噬菌体称为烈性噬菌体。在平板培养基的菌苔表面，若大量的宿主细胞裂解后会产生许多透明圈，这些透明圈称为噬菌斑。

(5)病毒的分类

目前还没有一个公认的病毒分类系统，因此，为了实际应用和叙述的方便，人们一般根据感染的宿主和引起的宿主疾病名称对病毒分类。

根据专性宿主分为微生物病毒、植物病毒、脊椎动物病毒和昆虫病毒。

① 微生物病毒　微生物病毒广泛存在于自然界中，侵染细菌等原核微生物的病毒通常称为噬菌体，侵染真菌的病毒称噬真菌体。据报道，至今观察到的噬菌体至少有 2850 种(株)，其中 2700 种(株)是有尾的，在大肠杆菌中发现的噬菌体最多，研究也是最深入的。

② 植物病毒　目前已知的植物病毒已有 600 多种，绝大多数为种子植物，尤其是禾本科、豆科、十字花科等植物都易感染病毒。许多植物病毒虽是严格的细胞内寄生物，但是它们的专一性并不强，往往一种病毒可寄生在不同种、属，甚至不同科的植物上，例如烟草花叶病毒 TMV 就可以传染 10 多个科，100 多种草木和木本植物。

③ 脊椎动物病毒 这是一类寄生在哺乳动物、禽类、两栖类、爬行类和鱼类等各种脊椎动物细胞内的病毒。目前研究得较广泛和深入的是与人类健康、畜牧业直接相关的少数脊椎动物病毒，常见的如引起流感、麻疹、腮腺炎、肝炎、疱疹、艾滋病以及狂犬病等病的病毒。此外，家禽和其他哺乳动物中的病毒也相当普遍，如引发猪瘟、牛瘟、口蹄疫、鸡新城疫、鸡瘟等疫病的病毒以及禽流感病毒。

④ 昆虫病毒 据记载，国际上已报道的昆虫病毒有1671种(1990年统计)，我国有290多种(1990年统计)。在昆虫病毒中，80%以上是农林业中常见的鳞翅目害虫的病原体。

根据疾病名称分为脊髓灰质炎病毒、肝炎病毒、腮腺炎病毒、流行性感冒病毒、艾滋病病毒等。

2. 亚病毒

亚病毒是一类不具有完整病毒结构的侵染性因子，主要包括卫星病毒、类病毒和朊病毒三类。其中卫星病毒和类病毒只感染植物，朊病毒只存在于脊椎动物中，可导致人和动物的海绵状脑病。

(1)类病毒(Viroid)

类病毒是目前所知的最小病原体，呈棒状结构，没有蛋白质衣壳，只有一个裸露的单链环状 RNA 分子，其分子质量小，仅为最小 RNA 病毒相对分子质量的1/10，严格专性寄生，只有在宿主细胞内才表现出生命特征，可使许多植物致病或死亡。

(2)卫星病毒(Satellite Virus)

卫星病毒又称拟病毒，是一类包裹在病毒体中的有缺陷的类病毒。1981年在植物绒毛烟斑驳病毒中发现卫星病毒，其成分是环状或线状的 RNA 分子。卫星病毒所感染的对象不是细胞而是病毒，被卫星病毒感染的病毒称为辅助病毒，卫星病毒的复制必须依赖辅助病毒的协助，而卫星病毒又对辅助病毒的感染和复制起着不可缺少的作用。

卫星病毒大多存在于植物病毒中，近年在动物病毒(如丁型、乙型肝炎病毒)中也发现了卫星病毒。

3. 朊病毒(Virino)

朊病毒又称普立昂(Prion)或蛋白质侵染因子，它是一类能侵染动物并在宿主细胞内自主复制的无免疫性的蛋白质，在电镜下呈杆状颗粒，成丛排列。

现已证明朊病毒是包括人的克雅氏病、库鲁病、致死性家族失眠症，山羊或绵羊的羊瘙痒病，牛类中的疯牛病在内的致病源。由于变异后的普立昂能抗100℃高温，抗蛋白酶水解，而且不会引起生物体内的免疫反应，因此患疯牛病的牛被人食用后，其携带的病毒很可能完整进入人体，并进入脑组织，导致人患克雅氏病——传染性海绵状脑病。

【知识窗】

"非典"的祸根——冠状病毒

"非典"是21世纪伊始爆发的一场突如其来的大范围瘟疫，根据世界卫生组织2003年8月7日的最后一次公报，全球共有32个国家和地区遭到"非典"袭击，8422人感染"非典"，916人死亡，死亡率为11%。"非典"不仅对人类生命造成威胁，而且对世界范围内社会和经济发展，尤其遭到"非典"侵袭的国家和地区的航空运输业、旅游业和第三产业造成了直接的负面影响。

视频

细胞的形态及排列

(二)细菌

细菌是自然界中分布最广、数量最大的一类微生物,也是环境工程中所涉及的最重要的原核微生物。

1. 细菌的形态和大小

在正常生长条件下,细菌主要有四种形态:球状、杆状、螺旋状、丝状。据此,细菌可分别命名为球菌、杆菌、螺旋菌、丝状菌,如图 1.5 所示。

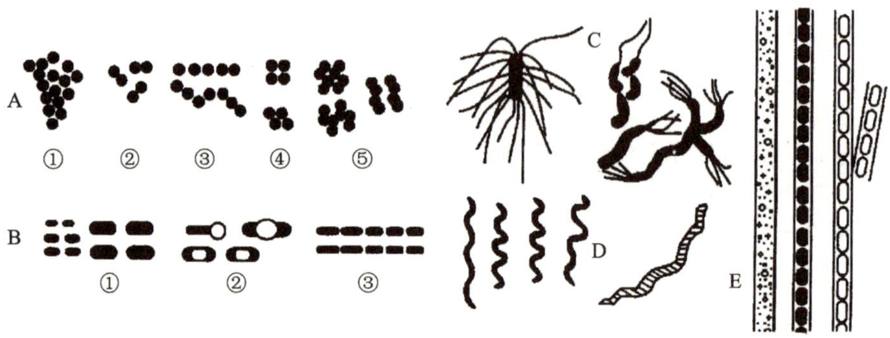

图 1.5　细菌的各种形态

A—球菌;B—杆菌;C— 弧菌;D—螺菌;E—丝状菌

(1)球菌

按分裂后细胞的排列方式不同,球菌可分为单球菌、双球菌、四联球菌、八叠球菌、链球菌、葡萄球菌。

(2)杆菌

杆菌有单杆菌(分长杆菌和短杆菌)、双杆菌和链杆菌。杆菌的两端或一端有平截状、圆弧状、分枝状、膨大呈棒槌状。

(3)螺旋菌

螺旋菌呈螺旋卷曲状。根据其弯曲程度不同可分成弧菌与螺菌,菌体弯曲呈弧形或逗号形称弧菌,而多次弯曲的称螺菌。

(4)丝状菌

丝状菌常见于水生环境、潮湿土壤中,有 30 多种,如球衣菌、泉发菌、纤发菌、发硫菌、贝日阿托氏菌等。

细菌的大小常用微米(μm)作为量度单位。1 微米(μm)$=10^{-3}$ 毫米(mm)。细菌的大小可用显微镜测微尺来测量,也可根据投影或相片的放大倍数测算。

不同类的细菌,菌体大小有很大差异。一般情况下,球菌直径为 0.5~2.0μm,杆菌大小为(0.5~1.0μm)×(1~5μm),螺旋菌大小为(0.25~1.7μm)×(2~60μm)。

不同菌龄的细菌,在不同条件的培养环境中大小和形态有很大差异。菌龄用培养时间衡量,培养环境主要指培养温度、培养基中物质的组成与浓度。一般情况下,幼龄菌在适宜的培养环境中,菌体大小划一、形态规则,即细菌表现其特异的大小形态。在有代谢废物积累的较老的培养基中,或在渗透压异常、有抗菌药物存在的培养基中,细菌菌体会缩小,常出现梨形、星形、方形等不规则形态。不适应培养环境的异常微生物,被转移到合适的新鲜培养基中又可恢复特征性的大小形态。

不同的固定和染色方法也影响细菌大小。经干燥固定的菌体，一般要比活菌体的长度短1/4～1/3；用负染色法染色的菌体，往往大于用普通染色法染色的菌体，甚至比活菌体还大。

2.细菌的细胞结构

细菌的细胞结构包括基本结构和特殊结构。基本结构是各种细菌都有的结构，包括细胞壁、细胞膜、细胞质及内含物、原核。特殊结构是某些细菌具有的结构，包括芽孢、荚膜、鞭毛等。细菌细胞的结构模式如图1.6所示。

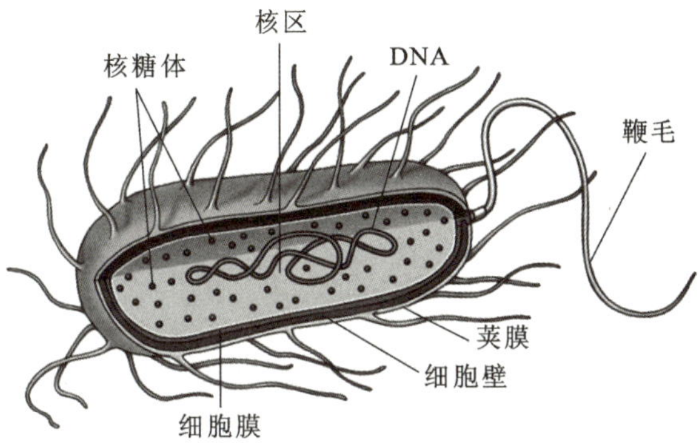

图1.6 细菌细胞的结构模式

(1)细胞壁

细胞壁是位于细胞表面的薄层结构，坚韧而富有弹性。细胞壁具有固定细胞外形、保护细胞免受外力损伤、阻拦大分子物质进入细胞、为鞭毛提供支点以协助其运动等功能。

1884年，丹麦病理学家Christain Gram创造了一种鉴别染色法，用该染色法可把细胞壁结构和化学组成不同的细菌分为革兰氏阳性菌(G^+)和革兰氏阴性菌(G^-)两大类。这种染色法用Gram命名，称为革兰氏染色法。染色过程如下：

细菌涂片 → 草酸铵结晶紫初染 → 鲁哥氏碘液媒染 → 乙醇或丙酮脱色 → 褪色 → 番红复染 → 菌体呈红色为G^-

乙醇或丙酮脱色 → 不褪色 → 番红复染 → 菌体呈紫色为G^+

经化学分析及通过电子显微镜观察发现，G^+菌和G^-菌在细胞壁的化学组成及结构上有显著差异(表1.1及图1.7)。

表1.1 G^+菌和G^-菌在细胞壁的化学组成及结构比较

细菌类群	壁厚(nm)	肽聚糖			磷壁酸	蛋白质	脂多糖	脂肪
		含量	层次	交联度				
G^+菌	20～80	40%～90%	多层	75%	+	约20%	−	1%～4%
G^-菌	10	5%～10%	单层	30%	−	约60%	+	11%～22%

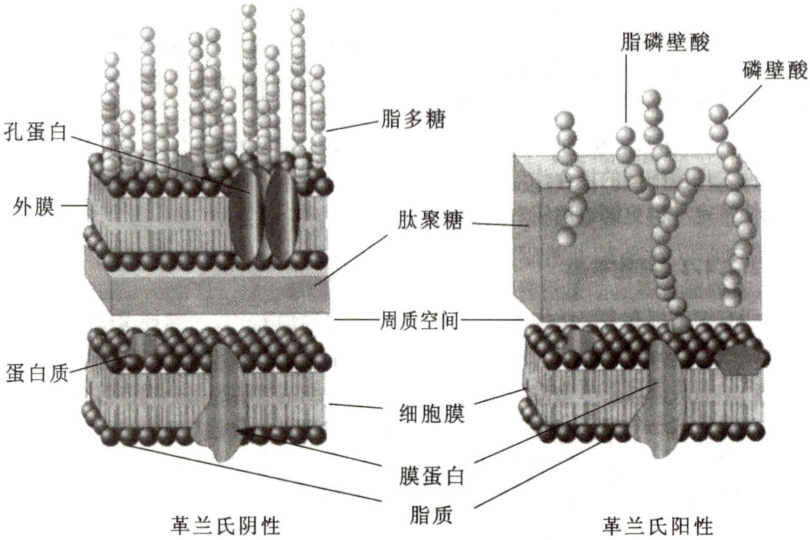

图 1.7　G^- 菌和 G^+ 菌的细胞壁的结构图

研究表明，在革兰氏染色过程中，结晶紫和碘先后进入细菌，并在细胞内形成深紫色的结晶紫-碘的复合物。对于阳性细菌而言，当用酒精(或丙酮)脱色时，一方面，细胞壁中紧密网格结构的肽聚糖脱水，使网状结构的孔径缩小，导致细胞壁通透性降低；另一方面，细胞壁含脂被溶，形成孔洞，导致细胞壁通透性上升，由于肽聚糖含量高而脂肪含量低，细胞壁通透性最终降低，从而使结晶紫-碘的复合物不易被洗脱而保留在细胞内，使菌体仍呈深紫色，经番红复染后 G^+ 菌仍呈紫色。对于革兰氏阴性菌而言，当酒精脱色时，因其细胞壁肽聚糖层薄而疏松，类脂含量高，细胞壁透性最终增大，使结晶紫-碘复合物较易被洗脱出来，经番红复染后 G^- 菌呈红色。

【知识窗】

滥用抗生素的危害

抗生素是老百姓最熟悉，也是最容易被“滥用”的药物。然而说到“滥用”，很多人其实并不清楚其中的含义。实际上，凡是超时、超量、不对症使用或未严格规范使用抗生素，都属于“滥用”。一旦发生以上情况，就可能给患者带来“四重危害”：毒副作用、过敏反应、二重感染、耐药。

大多数革兰氏阳性菌都对青霉素敏感(结核杆菌对青霉素不敏感)；而革兰氏阴性菌则对青霉素不敏感(但奈瑟氏菌中的流行性脑膜炎双球菌和淋病双球菌对青霉素敏感)，而对链霉素、氯霉素等敏感。但大量使用抗生素无疑是对致病菌抗药能力的“锻炼”，在绝大多数普通细菌被杀灭的同时，原先并不占优势的具有抗药性的致病菌却存留了下来，并大量繁衍。而且由于药物长期刺激，一部分致病菌产生变异、成为耐药菌株。这种耐药性既会被其他细菌所获得，也会遗传给下一代。“超级细菌”很大程度上就是抗菌药物滥用催生出来的。如果这种情况继续恶化下去，很可能导致人类感染时无药可用。

(2)细胞膜

细胞膜是紧贴于细胞壁内侧的一层柔软而富有弹性的半透性薄膜，厚度一般为7～8nm。经质壁分离后，细菌细胞膜可被中性或碱性染料染色而被观察到(图1.8)。

细胞膜为镶嵌蛋白质的液态磷脂双分子层，其化学组成主要是磷脂(30%～40%)和蛋白质(60%～70%)。

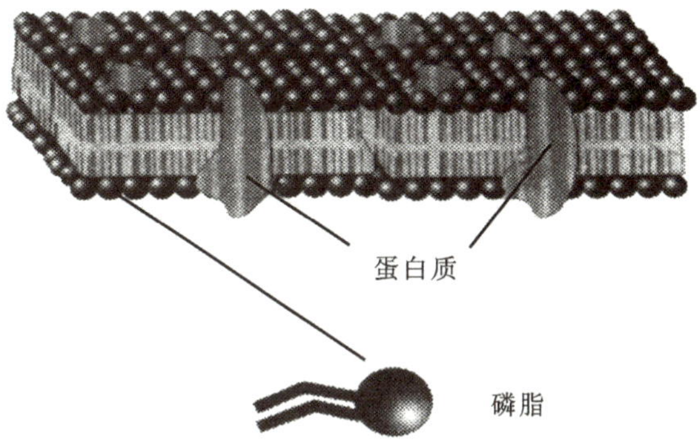

图1.8 细胞膜的结构图

细胞膜的主要功能如下：

① 运输物质 细胞膜能选择性地控制营养物质和代谢产物进出细胞，使细菌能够在各种化学环境中汲取它们所需要的营养物质，而排出过多的或废弃的物质，即维持着菌体与外界物质的交换。

② 调节细胞内外渗透压 通过吸收或排出适当数量的各种微粒，调节细胞内外渗透压。

③ 调节能量供给 细胞膜上有丰富的酶系，直接或间接地参与细菌的氧化代谢，从而调节能量供给。

(3)细胞质及其内含物

细胞质是细胞膜包裹的除细胞核以外的细胞物质，主要成分是水、蛋白质、脂类、核酸、糖、无机盐等。由于含有较多的核糖核酸(特别是在幼龄和生长期)，细胞质呈现较强的嗜碱性，易被碱性和中性染料染色。

通常情况下，细胞质为无色透明黏液，有时也会形成有形内含物。有形内含物是细胞质的一部分，也可看作是细菌的特殊结构。不同微生物含有的内含物不同，常见的内含物有：

①核糖体 核糖体是分散在细胞质中的亚微颗粒，也是细胞合成蛋白质的部位。它由核糖核酸(RNA)和蛋白质组成，其中RNA占60%，蛋白质占40%。

②气泡 在许多能进行光合作用、无鞭毛的水生细菌的细胞中，常含有为数众多的充满气体的小泡囊，称为气泡。气泡由厚仅为2nm的蛋白质膜所包围，具有调节细胞比重、使其漂浮在合适水层的作用。

③异染颗粒 分枝杆菌等含有异染颗粒。异染颗粒的主要成分为多聚偏磷酸盐、RNA、蛋白质、脂类、Mg^{2+}等，可用蓝色染料(如甲苯胺蓝、甲烯蓝)染成紫红色。幼龄细胞中的异染颗粒很小，随着菌龄的增加而变大，在生长旺盛的细胞中含量较多，在老龄细胞中可被用作碳源和磷源。

④聚β-羟基丁酸颗粒　假单胞菌、产碱菌含有聚β-羟基丁酸颗粒。该颗粒是一种聚酯类，被单层蛋白质膜包围，易被脂溶性染料苏丹黑染色而在显微镜下可见。缺乏营养时，其被用作碳源和磷源。

⑤肝糖粒与淀粉粒　大肠杆菌、产气杆菌含有肝糖粒。肝糖粒较小，只能在扫描电镜下观察到，可被稀碘液染成红褐色，使细胞质在光学显微镜下显均匀红色。巴氏醋杆菌含有淀粉粒，可被碘液染成深蓝色。肝糖粒和淀粉粒可作为碳源和能源被利用。

⑥硫粒　硫细菌如贝氏硫细菌(Beggiatoa)、丝硫细菌(Thiothrix)等利用 H_2S 作为能源，将 H_2S 氧化为硫粒积累在菌体内，在缺乏营养时又将硫粒氧化为 SO_4^{2-}，从而获得能量。硫粒具有很强的折光性，可在光学显微镜下看到。

上述各种内含物颗粒并不同时出现在一个菌体中，通常一个菌体内含一种或两种。当环境中缺氮源，而碳源和能源过剩时，细胞会积累大量内含颗粒，有时可达到细胞干重的 50%。

(4)原核与质粒

原核指原核生物所特有的原始细胞核，没有核膜、核仁，是由一条环状双链 DNA 分子高度折叠卷曲而成的一团高度凝胶化的物质，也称为细菌染色质。

原核是细菌的主要遗传物质，携带着细菌的主要遗传信息，决定细菌的主要遗传性状。细菌的遗传物质相对较少，以大肠杆菌为例，菌体长度 1～2μm，它的原核 DNA 长度约 1100μm。

细菌质粒是细菌原核之外携带遗传信息的小环状 DNA。

质粒的特点：①可转移性；②可整合性；③可消除性；④小型的环状 DNA 分子；⑤携带遗传信息较少。

因此，质粒能自我复制，稳定地遗传。质粒可单独复制、转移，也可插入细菌染色质中与其一起复制、转移，还可与特定染色质片段一起复制、转移。

目前发现的质粒有五种类型：

①抗药性质粒(R 因子)，与抗药性有关；

②接合性质粒(F 因子)，致育因子，与细菌变性或有性接合有关；

③诱癌质粒(Ti 质粒)，具有可整合性，是转基因生物的基础；

④共生固氮质粒(Sym 质粒)，与生物的固氮作用有关；

⑤降解性质粒，可编码分解化学物质的酶。降解性质粒上有一系列能降解复杂物质的酶的编码，从而使具有降解性质粒的细菌能利用一般细菌所难以分解的物质作为碳源，因而降解性质粒与环境保护关系密切，已引起众多学者的重视与研究。这些质粒以其编码出的酶所能分解的底物命名，如 CAM(樟脑)质粒、OCT(辛烷)质粒、XYL(二甲苯)质粒、SAL(水杨酸)质粒、MDL(扁桃酸)质粒、NAP(萘)质粒、TOL(甲苯)质粒等。

(5)荚膜

某些细菌在新陈代谢过程中会形成一层包裹在细胞壁外的黏液物质，当黏液达到一定的强度和形状时，就称为荚膜。荚膜能相对稳定地附着在细胞壁上，使细菌与外界环境有明显的边缘。

荚膜的主要成分为多糖、多肽或蛋白质，含水率在 90%以上。

荚膜中含水量极高，在光学显微镜下因透明而不易观察到，如使用负染色法，在暗色背景与折光性很强的菌体之间可观察到一透明区，即荚膜(图1.9)。

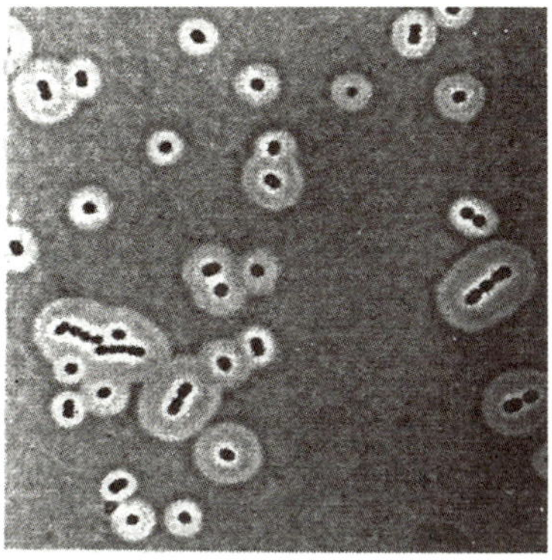

图1.9　细菌的荚膜

荚膜的主要功能有：

① 保护作用　可保护细菌免受干旱损伤，对于致病菌来说，则可保护它们免受宿主吞噬细胞的吞噬。

② 贮藏养料　缺乏营养时可作为碳(或氮)源和能源被利用。

③ 吸附作用　其多糖、多肽或蛋白质具有较强的吸附能力。

产生荚膜是微生物的一种遗传特性，因此，荚膜的有无是细菌分类鉴定的依据之一。产生荚膜的细菌形成的菌落是光滑型的，而不产生荚膜的细菌形成的菌落是粗糙型的。但形成荚膜是细菌在特定环境条件中的表现，换言之，形成荚膜的细菌并非在整个生活期内、在任何环境中都有荚膜，没有荚膜的变异菌株也能正常生长。

细菌的荚膜物质可以互相融合，组成胶状团块，这些包含着多个菌体的胶状团块称为菌胶团。图1.10所示为菌胶团常见的形态。菌胶团具有较强的吸附和氧化分解能力，能大量吸附废水中的有机物、无机固体物、胶体物，迅速氧化分解有机污染物；菌胶团具有良好的沉降性能，稍加静置即可与处理后的水分离。这些性能对废水的生物处理非常重要。

图1.10　菌胶团的几种形态

(6)芽孢

芽孢是某些细菌生长到一定时期，由细胞脱水缩合形成的一个圆形或椭圆形的休眠体。芽孢的壁厚而致密，通透性差，折光性强，不易着色，含水量低，酶含量低，代谢活力低，含有耐热物质(2,6-吡啶二羧酸)，因而芽孢对高温、干燥、毒性等不良环境有极强抵抗能力，对细菌抵抗外界不良环境，保持其生命状态，保留其遗传物质有重要意义。当条件适宜时，芽孢又可萌发成新菌体。由于一个芽孢只能萌发成一个细胞，故它无繁殖能力。

芽孢具有极强的抗热、抗辐射、抗化学药物和抗静水压等特性。如在70～80℃的环境中，一般细菌的营养细胞仅能存活10min，而在沸水中，枯草芽孢杆菌的芽孢可存活1h，破伤风芽孢杆菌的芽孢可存活3h，肉毒梭菌的芽孢可存活6h。在5%苯酚溶液中，细菌的营养细胞很快死亡，芽孢却能存活15d。芽孢抵抗紫外辐射的能力一般要比营养细胞强1倍，而巨大芽孢杆菌的芽孢的抗辐射能力要比大肠杆菌的营养细胞强36倍。

芽孢的休眠能力也是十分惊人的，一般的芽孢在普通条件下可保存几年甚至几十年的生命力。在德国一个植物园的标本上曾分离到保存了200～300年的枯草芽孢杆菌，有些湖底沉积土中的芽孢杆菌已经休眠了500～1000年，更有历经2000年甚至更长时间仍保持生命力的休眠芽孢的记载。

能否形成芽孢，芽孢的形状、大小及其在细胞中的位置，都是细菌的特征，在菌种分类鉴定上有一定意义。能形成芽孢的细菌种类不多，主要是好氧的芽孢杆菌和厌氧的梭状芽孢杆菌。不同菌种芽孢的大小、形状、位置如图1.11所示。

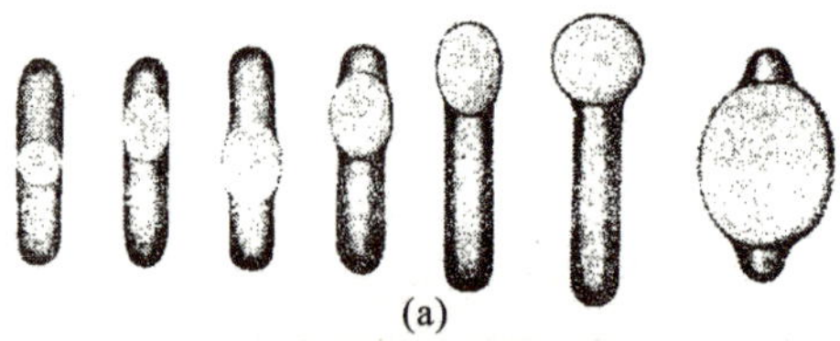

(a)

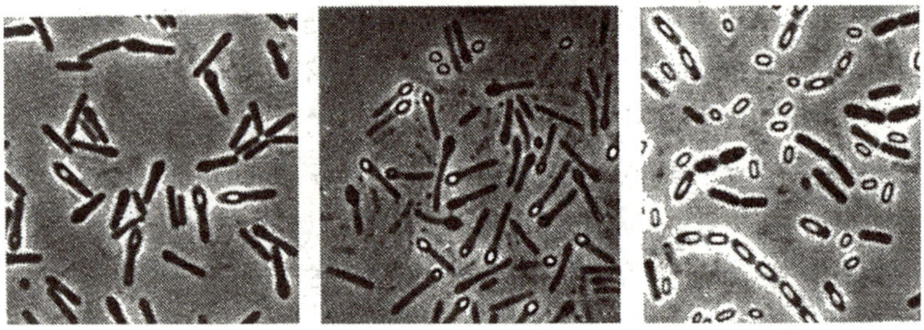

①　　②　　③

(b)

图1.11　细菌芽孢的类型及位置

(a)芽孢的模式图；(b)芽孢的位置

①近中央；②末端；③中央

【知识窗】

“白色恐怖”

据介绍，利用炭疽杆菌或疑似炭疽杆菌的“白色粉末”通过邮件进行攻击的事件时有报道。2001年“9·11”事件后，美国又发生了炭疽邮件袭击事件，导致2名邮政人员死亡，引起了极大的社会恐慌。后来威胁事件愈演愈烈，澳大利亚、德国、英国等也相继发现装有白色粉末的“细菌邮件”。真真假假，人们防不胜防，世界为之恐慌，惊呼“狼来了”。之所以有这样的恐惧，是由生物武器的危害特性所引起的。

因为炭疽芽孢杆菌在世界上分布广泛，它的生长不需要特殊培养条件，因此很容易生产。炭疽芽孢杆菌在一定条件下可形成芽孢，芽孢高度耐热，在外界环境中非常不容易死亡，因而特别容易保存。因这种细菌存活时间长、耐干燥，也极度容易释放，特别重要的是，炭疽芽孢杆菌的污染非常难以消除，它出现在什么地方，就能给这个地方不断带来麻烦，甚至是永久性的损害，这就是恐怖分子看中炭疽的原因。

炭疽杆菌的控制一般使用浓度为 1000mg/L 的万福安溶液喷洒，要先外围后中心，反复消毒 3 次，作业 30min。

(7)鞭毛

鞭毛是由蛋白质组成的细长丝状体，着生在细胞膜内侧的基粒上，穿过细胞膜和细胞壁伸出体外，是细胞的运动器官。大多数能运动的细菌都有鞭毛，鞭毛的运动能使细菌始终处于新鲜的外部环境中，这有利于增强其生存能力。

鞭毛很纤细，直径为菌体的 1/20，用光学显微镜难以观察到。当用鞭毛染色法染色后，可于光学显微镜镜下观察到因沉积染料而变粗的鞭毛。一般幼龄菌运动活跃，衰老菌常因鞭毛脱落而运动减弱。

鞭毛的有无、着生部位、数目、排列等特征，为细菌分类鉴定的依据之一。如图 1.12 所示，鞭毛的类型有五种：单端单鞭毛、两端单鞭毛、偏端丛鞭毛、两端丛鞭毛及周生鞭毛。

- 鞭毛的类型
  - 端生
    - 单端生
      - 单根：霍乱弧菌(*Vibrio cholerae*)
      - 丛生：荧光假单胞菌(*P. fluorescens*)
    - 两端生
      - 单根：鼠咬热螺旋体(*Spirochaeta morsus muris*)
      - 丛生：红色螺菌(*Spirillum rubrum*)
  - 周生
    - 肠杆菌科：大肠杆菌
    - 芽孢杆菌科：枯草芽孢杆菌

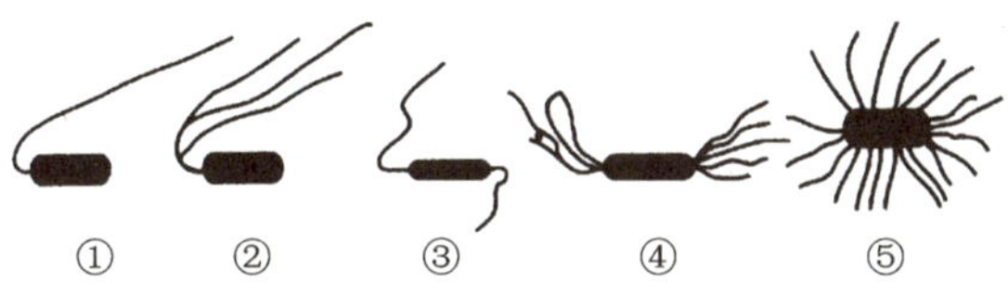

图 1.12　鞭毛的着生类型

①偏端单生；②偏端丛生；③两端单生；④两端丛生；⑤周生

3.细菌的菌落特征

所谓菌落，是由一个细菌局限于一处生长繁殖后形成的具有一定形态特征的子细菌群体。

(1)细菌在固体培养基上的培养特征

细菌在含 1.5%～2.0%琼脂的固体培养基表面的培养特征，就是通常所说的细菌菌落特征。

各种细菌在一定条件下形成的菌落具有相对稳定的形态特征，如图 1.13 所示，这是鉴定菌种和衡量菌种纯度的重要依据。

一般从以下方面用相应词语描述细菌的菌落形态：

① 大小　用“针头大”等词语描述，也可用具体数据精确量度。

② 边缘　用整齐、波状、裂叶状、火焰状、锯齿状等词语描述。

③ 颜色透明程度　用灰、白、黄、透明、不透明等词语描述。

④ 隆起度　用隆起、微隆起、扁平、脐状、扣状等词语描述。

⑤ 表面状态　用光滑、皱褶、颗粒状、龟裂状、同心环状等词语描述。

⑥ 表面光泽　用闪光、金属光泽、无光泽等词语描述。

⑦ 表面质地　用油脂状、湿润、黏稠等词语描述。

⑧ 表面形状　用圆形、不规则形、根状等词语描述。

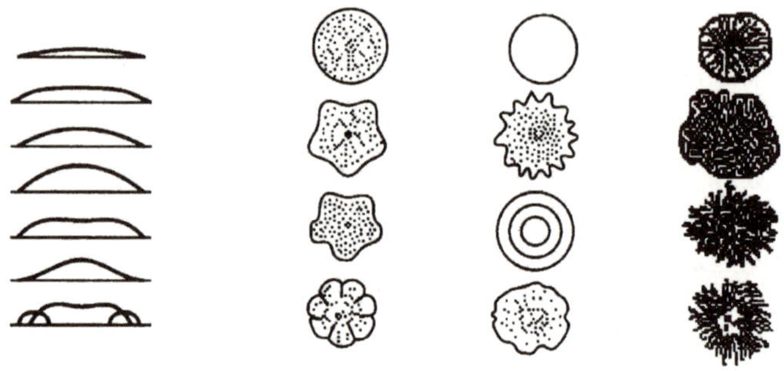

(a)　　　　(b)

图 1.13　几种细菌菌落的特征

(a)纵剖面；(b)表面结构、形状及边缘

组成菌落的细胞结构和生长行为影响菌落特征，如具荚膜的细菌菌落为光滑型，表面光滑、湿润、黏稠；不具荚膜的细菌菌落为粗糙型，表面干燥、皱褶。此外，菌落的形态、大小还受培养时间、培养条件、邻近菌落的影响。

(2)细菌在半固体培养基中的培养特征

细菌在含 0.3%～0.5%琼脂的半固体培养基内的培养特征，如图 1.14 所示。通常用穿刺接种技术将细菌接种到培养基内，根据细菌在培养基穿刺线周围及培养基表面的生长状态，判断细菌的呼吸类型、运动特点。如在穿刺线上部及培养基表面生长，则细菌为好氧菌；如沿整条穿刺线生长，则细菌为兼性厌氧菌；如在穿刺线底部生长，则细菌为厌氧菌。如只在穿刺线上生长，则为不运动或无鞭毛细菌；如在穿刺线上及穿刺线周围扩散生长，则为能运动或有鞭毛细菌。

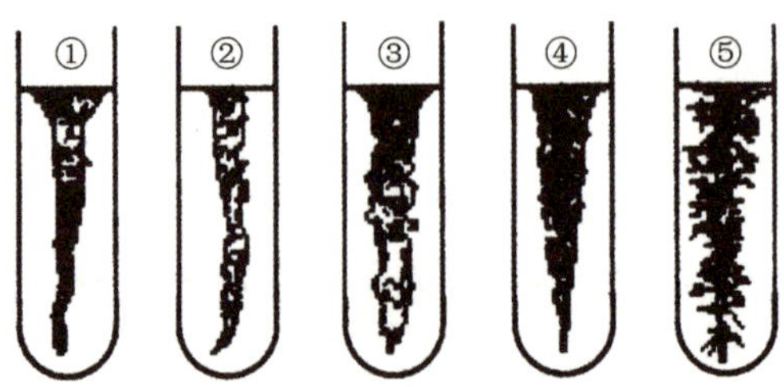

图 1.14　细菌在半固体培养基中的生长特征

①丝状；②念珠状；③乳头状；④绒毛状；⑤树状

4.废水处理中常见的细菌类群

(1)大肠杆菌

细胞呈短杆状,周生鞭毛,革兰氏阴性菌,兼性厌氧,能发酵乳糖,产酸、产气。菌落呈白色,边缘整齐,表面湿润。常作水体被粪便或病原菌污染的指示菌种,如图1.15所示。

(2)假单胞菌

细胞呈直杆或弯杆状,端生鞭毛,无芽孢,革兰氏阴性菌,专性好氧菌,是好氧处理中的常见菌。

(3)动胶菌属

细胞呈杆状,端生鞭毛,无芽孢,革兰氏阴性菌,专性好氧,具荚膜,易形成菌胶团。在活性污泥工艺中,动胶菌是重要杆菌,是对形成絮状活性污泥贡献最大的菌种。

(4)不动杆菌属

细胞呈短杆状,老龄细胞接近球状,无芽孢,革兰氏阴性菌,好氧。在好氧条件下可以在细胞内积累大量磷酸盐。在好氧处理的二沉池中大量存在不动杆菌,如在其回流前保持一段时间,可使其得到优势生长,有利于废水除磷。

(5)产碱杆菌

细胞呈杆状、短杆或球状,周生鞭毛,无芽孢,革兰氏阴性菌,好氧菌,广泛存在于有机质污染的废水中,是废水好氧处理中的主要菌。

(6)黄杆菌

细胞呈杆状,周生鞭毛,革兰氏阴性菌,好氧菌。菌落呈黄色、橘色、红色或棕色,也是好氧处理中的主要菌。

(7)梭状芽孢杆菌

多有周生鞭毛,芽孢呈卵圆至球状,细胞常因芽孢膨大成梭状或鼓槌状(图1.16),多为革兰氏阳性菌,为严格厌氧菌。其分解有机物的能力较强,可发酵碳水化合物,产酸、产气。在厌氧处理中,是常见的水解酸化菌和产乙酸菌。

(8)芽孢杆菌

多数有鞭毛,不形成荚膜,好氧或兼性厌氧。代表菌种为枯草芽孢杆菌,为革兰氏阳性菌,周生鞭毛,芽孢呈椭圆形,生于细胞中央,如图1.17所示。

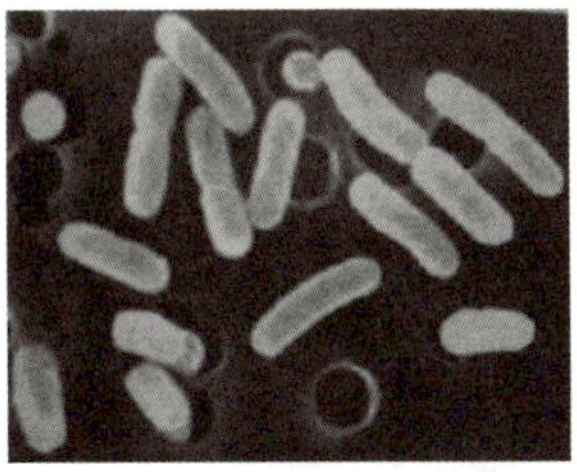

图1.15 大肠杆菌(电镜图)

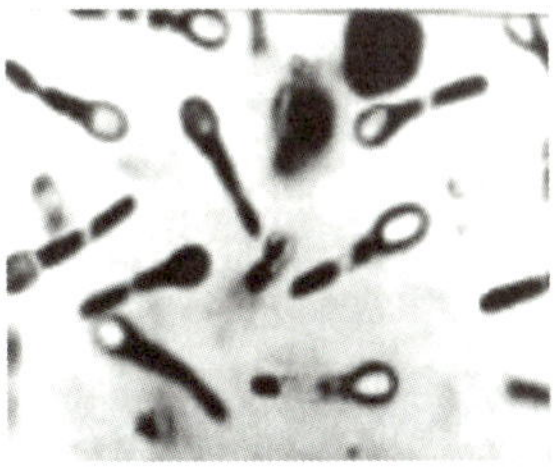

图1.16 梭状芽孢杆菌

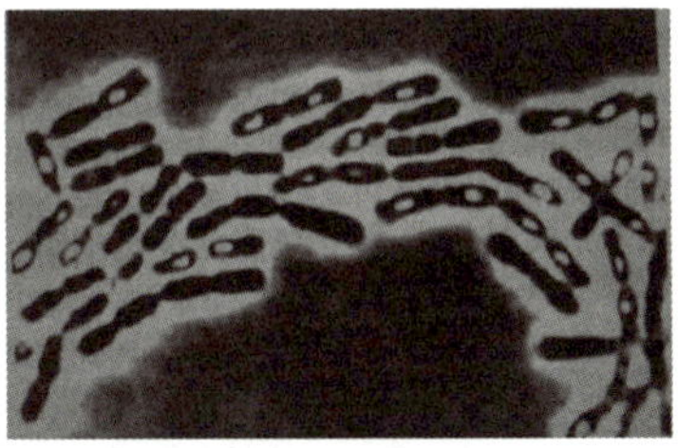

图1.17 枯草芽孢杆菌

(9)光合细菌(Photosynthetic Bacteria,简称PSB)

光合细菌是一类在厌氧、有光照条件下,进行不产氧光合作用的原核生物。光合细菌的细胞直径为0.3~6μm,形态有球状、杆状、弧状、螺旋状、丝状(单列的多细胞)等,大多具端生鞭毛。单细胞光合细菌的运动靠端生鞭毛，丝状光合细菌靠滑行运动。光合细菌的细胞悬液颜色有紫色、红色、橙褐色、黄褐色、褐色、绿色等。光合细菌分布极为广泛，在江、河、塘、库，在水田、旱地，在90℃的温泉中，在南极冰封的海岸上，在含30%盐分的盐水湖里，在深达2000m的深海中，都有光合细菌的踪迹。根据所含色素和营养类型等特征，光合细菌可被分成着色菌科、红螺菌科、绿菌科、绿丝菌科四大类群。在环境保护中起作用的主要是红螺菌科的光合细菌，也被称为紫色非硫细菌。

紫色非硫细菌的最大特点是其具有灵活的代谢途径。它既能在光照厌氧条件下，通过光合色素利用有机物进行光能异养，又能在黑暗好氧或微好氧条件下，利用有机物进行化能异养。其异养的主要碳源为低级脂肪酸、多种二羧酸、醇类、糖类、芳香族化合物等可溶性小分子有机物。这种细菌在光照厌氧和黑暗好氧条件下均能降解有机物的能力，预示着它有巨大的应用价值。紫色非硫细菌还能在黑暗好氧或微好氧条件下，利用无机物进行化能自养。紫色非硫细菌的生长繁殖，需要生物素、硫胺素、烟酸、对氨基苯甲酸、维生素 B_{12} 等生长因子。紫色非硫细菌的菌体细胞富含蛋白质、维生素等营养物质。

(10)硫黄细菌

硫黄细菌能把硫化氢、硫和其他硫化物氧化为硫酸。硫黄细菌在自然界分布广泛，大量存在于湖泊、池塘中，也常存在于含硫黄的泉水中，在污染水体中也普遍存在。它们通常能耐低pH值的环境。在生活污水和含硫工业废水的生物处理过程中，常见的硫黄细菌有贝日阿托氏菌属和发硫菌属。

①贝日阿托氏菌属　由圆柱状细胞紧密排列形成无色而均匀的丝状体，丝状体直径依种不同而异。丝状体分散不相连，无鞘、无鞭毛、无色素，柔软，菌丝不固着于物体上，能靠菌体的蠕动进行滑行(图1.18)。它能使大量硫粒聚集在细胞内，为兼性自养型细菌。

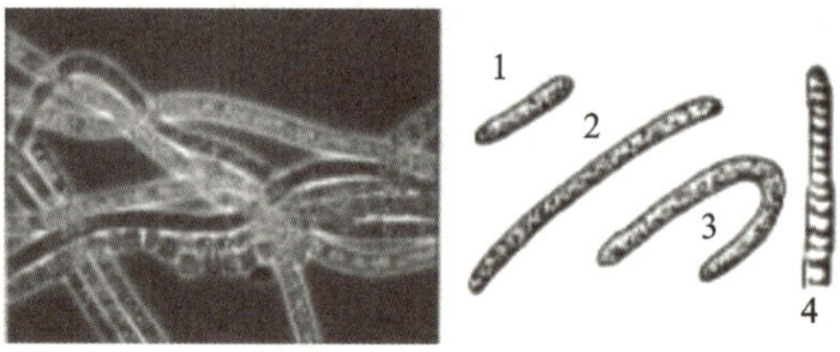

图1.18　贝日阿托氏菌属

②发硫菌属　具薄鞘的杆菌，丝状无分枝，基部直径较大，有吸盘，固着于物体表面，不运动，游离端能断裂出一节节的杆状体，能滑行。附着在固体物上的菌丝体有时呈放射状，有时左右平行伸长呈羽毛状，有时交织在一起自中心向四周伸展(图1.19)。兼性自养型，微好氧，污水中溶解氧低时大量繁殖，细胞内聚集硫粒。

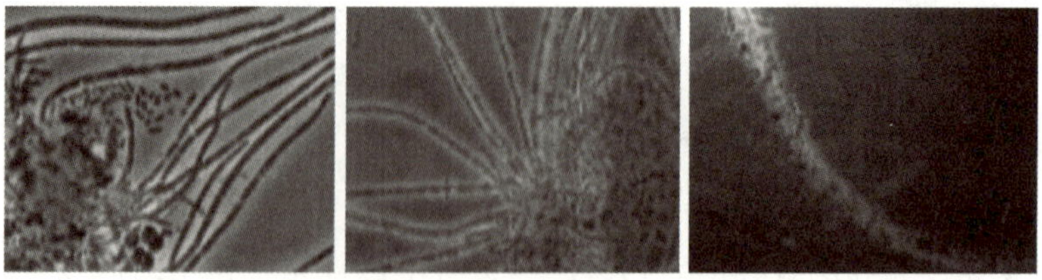

图1.19　发硫菌属

(11)铁细菌属(*Crenothrix*)

菌丝不分枝,长达1cm,基部粗大,附着于固体表面,顶端薄而无色、膨大,基部因氧化铁和氧化锰沉积显锈色,好氧(图1.20)。广泛分布于含铁的给排水管道中,可将低价铁氧化成高价铁,生成稠厚的褐色鞘套。形成的黏液使水变色,产生不良气味和味道。这类菌在自然界中广泛存在,对铁循环有重要作用,铁质水管腐蚀与堵塞常由环境中铁细菌属活动引起。

(12)球衣菌属(*Sphaerotilus*)

细胞呈杆状,两端钝圆,为单细胞串生成丝状,丝状体长500～1000μm,丝状体外包围两层由无机物或有机物组成的鞘套,大多数具有假分支,丝状体鞘的一端固着在固体表面,不运动,稍弯曲,革兰氏染色呈阴性。单个菌体可自衣鞘游离端游出,活泼运动或附着于另一丝状体鞘上发育成新菌丝,两菌丝间无内在联系,故为假分枝(图1.21)。化能异养型,分解有机物能力较强,专性需氧菌,适宜pH值为6～8,常生存于流动的、有机物污染的淡水中,在有机物污染的水域中和微好氧条件下能很好地生长,是活性污泥中常见的细菌之一,当数量过多时会引起污泥膨胀。

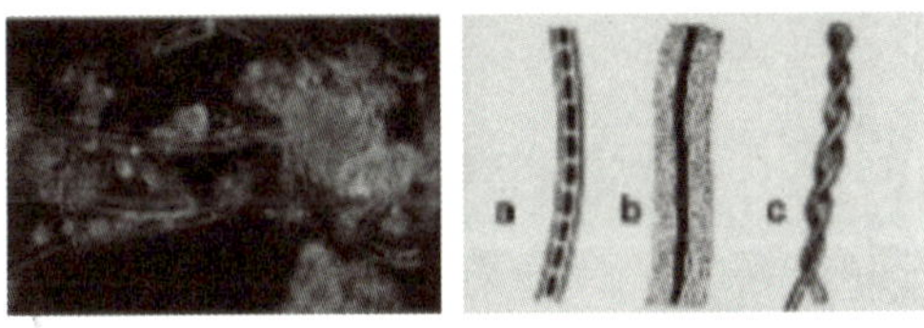

图1.20 铁细菌属

图1.21 球衣菌属

(13)产甲烷细菌

产甲烷细菌的形态有球状、八叠球状、短杆状、长杆状、丝状和盘状,为严格的厌氧菌(图1.22)。可以CO_2为碳源、NH_4^+为氮源,通过甲烷发酵或乙酸盐呼吸来获取生命活动所需的能量,利用H_2还原CO_2合成自身有机物,某些种需要氨基酸、酵母膏、酵素水解物等作为生长因子。

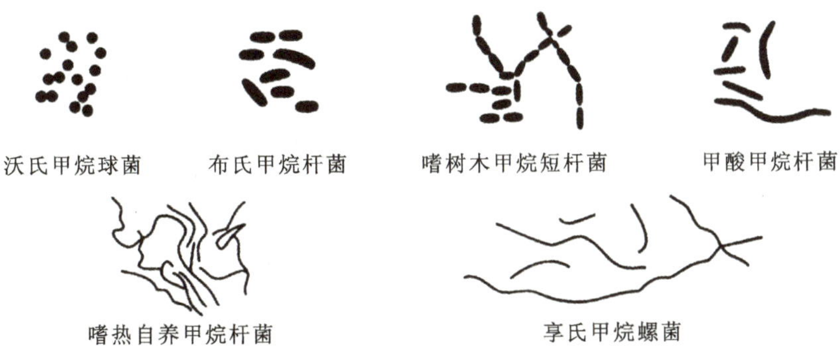

图1.22 产甲烷细菌

(三)放线菌

放线菌因在固体培养基上呈辐射状生长而得名。大多数放线菌好氧,革兰氏染色阳性。与一般细菌一样,多为腐生,少数寄生,在自然界中分布极广,主要存在于土壤中,空气、淡水、海水中亦存在。放线菌在中性或偏碱性有机质丰富的土壤中较多，它能促使土壤形成团粒结构，改良土壤。土壤特有的泥腥味也主要是由放线菌的代谢产物释放的。放线菌可以分解许多有机物，包括吡啶、甾体、芳香化合物、石蜡、橡胶、纤维素、木质素等复杂化合物和一些氰、腈类毒性强的化合物。所以，放线菌不仅在自然界物质循环中，更在污水及有机固体废物的生物处理中有积极的作用。其中的诺卡氏菌属（*Nocardia*）对腈类化合物的分解能力较强，可应用于丙烯腈废水的处理；链霉菌属（*Streptomyces*）中有很多种可产生抗生素，如链霉素、土霉素等，可用于医药和农药。

1. 放线菌的形态

放线菌为单细胞，但细胞内有为数众多的核质体。细胞向各方形成纤细而长短不一的分枝状菌丝，菌丝有或无横隔壁。按形态和功能的不同，放线菌的菌丝分为基内菌丝、气生菌丝、孢子丝，如图 1.23 所示。

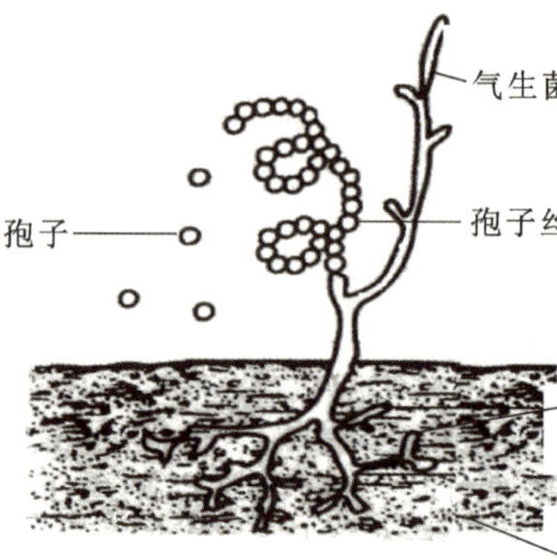

图 1.23　放线菌分化后的菌丝

(1)基内菌丝

基内菌丝又称营养菌丝或一级菌丝，生长在培养基内，主要功能是吸收营养。菌丝直径为0.2～0.8μm，长度为 50～600μm，有无色的，也有产生色素的（呈黄、橙、红、紫、蓝、绿、褐、黑等不同颜色），色素为水溶性或脂溶性，水溶性色素使培养基呈现出与菌丝一样的颜色。

(2)气生菌丝

气生菌丝也称二级菌丝，由基内菌丝长出培养基外，并向空间伸长，比基内菌丝粗，直径为 1～1.4μm，呈直形、弯曲状分枝或螺旋状，有的产生色素。

(3)孢子丝

孢子丝也称繁殖菌丝，是放线菌生长发育到一定阶段，由成熟的气生菌丝分化而成的，在气生菌丝上交替着生、丛生或轮生。其形状主要有直形、波浪弯曲形、螺旋状。孢子丝发育到一定阶段，其顶端形成分生孢子，它可产生各种色素，呈各种不同的颜色，如图 1.24所示。孢子丝在气生菌丝上的排列方式、形状，分生孢子的颜色，都是种的特征，有分类鉴定意义。

2. 放线菌的菌落形态

幼龄的放线菌菌落因气生菌丝尚未分化成孢子丝，故其表面与细菌菌落表面相似而

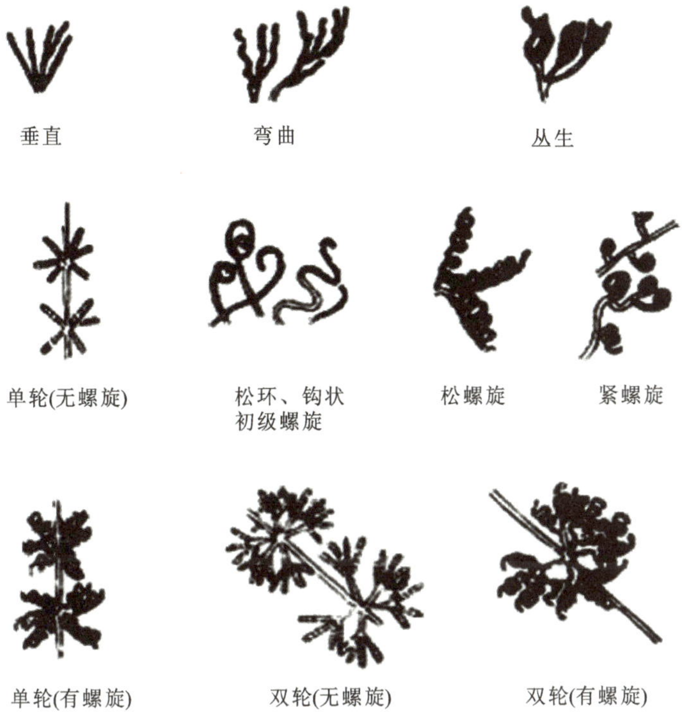

图 1.24　放线菌孢子丝的常见形态

不易区分;由于放线菌气生菌丝较细且生长缓慢,因此菌落较小而不广泛延伸;成熟放线菌菌落由许多菌丝相互交错缠绕形成,由于大量孢子布满菌落表面,就形成外观为绒状、粉末状或颗粒状的典型放线菌菌落;放线菌菌落质地致密、坚实、干燥、多皱;菌落在固体培养基上一般呈圆形(图 1.25);由于基内菌丝生长在培养基内,所以菌落和培养基结合得较紧,不易被挑起,或者整个菌落被挑起而不致破碎。也有些菌落表面呈白色粉末状,质地松散,易被挑起,如诺卡氏菌属,如图 1.26 所示。放线菌菌落的底(基内菌丝)和面(气生菌丝或孢子丝)常产生不同颜色的色素。

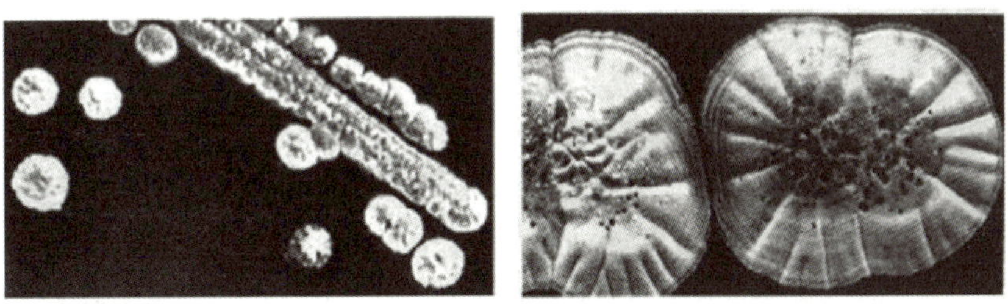

图 1.25　放线菌菌落

3.放线菌的繁殖

放线菌主要通过横隔分裂方式形成分生孢子进行繁殖(图 1.27),也可以通过菌丝片断进行繁殖,少数放线菌还能以子囊孢子进行繁殖。

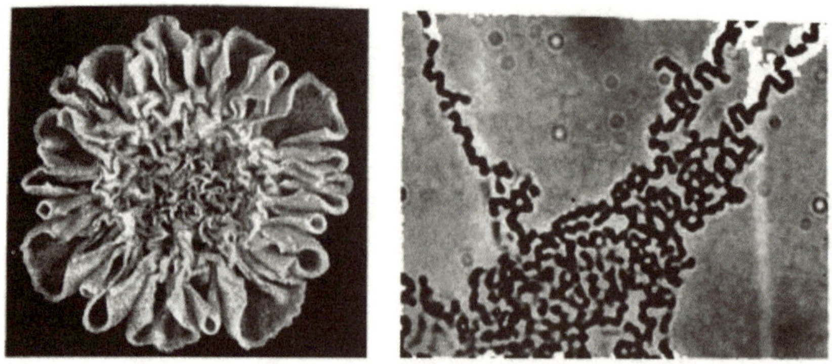

图 1.26　诺卡氏菌属与营养菌丝

分生孢子　　节孢子　　子囊孢子

图 1.27　放线菌孢子的形成类型

【知识窗】

放线菌勇闯无重力空间

放线菌是“神舟八号”的一位旅客，它们比缝衣针尖的1/100还小，70%的抗生素都是放线菌产生的。它们还是环境保卫者——难降解的塑料、化学除草剂、杀虫剂，可能都是放线菌的“美食”，只要很短的时间，它们就能消灭这些顽固有机物。通过“神舟八号”送上太空的有三种微生物，第一种是放线菌里的经典“美人”，它产生的色素像天空般蔚蓝，因此叫天蓝色链霉菌，正是出于颜色易于观察的原因，它是此次上太空的首选“模特”；第二种是放线菌里的“新人类”，它生命力旺盛，产生抗生素的能力又强又稳定，它有个暂定的名字叫卷须链霉菌C；第三种不是放线菌，叫枯草芽孢杆菌，有些洗衣粉里的酶，就是从它的分泌物中提取的。这次，它的命运是被两个同伴杀死，从而测试它们在太空环境下的抑菌能力。

放线菌被小心翼翼地放进通用生物培养箱，箱内保持23℃恒温和恒定的湿度，连空气成分都是照搬地球的，并且准备了充分的营养物。

科研人员曾在地面模拟微重力效应实验，结果发现它们产生抗生素的周期从1周缩短到4～5d，抗生素的产量也有所增加。在太空的微重力环境下，放线菌的生长和模拟微重力效应环境下相似，甚至效果更好一些。天蓝色链霉菌和卷须链霉菌C在太空中肆无忌惮地生长，杀死了更多的枯草芽孢杆菌，这说明它们释放出的抗生素浓度高于地球上的同类。

4.放线菌常见代表属

放线菌常见的代表属主要有链霉菌属、诺卡氏菌属(原放线菌)和小单孢菌属。

(1)链霉菌属

菌丝无横隔壁,在气生菌丝顶端发育出各种形态的孢子丝,主要借分生孢子繁殖(图1.28)。它是抗生素生产菌株的主要属,能分解多种有机质。

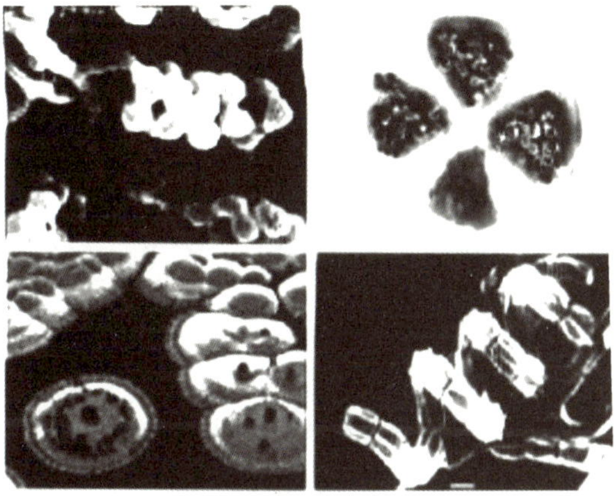

图1.28 链霉菌属菌落及菌丝

(2)诺卡氏菌属

诺卡氏菌属又称原放线菌属,在培养基上形成典型的菌丝体。其特点是在培养期内(15h~4d),菌丝产生横隔壁,分枝的菌丝体突然全部断裂成杆状、球状或带杈的杆状体,如图1.29所示,这时的菌落易挑取。它能产生抗生素,能分解石油、石蜡、纤维素等。

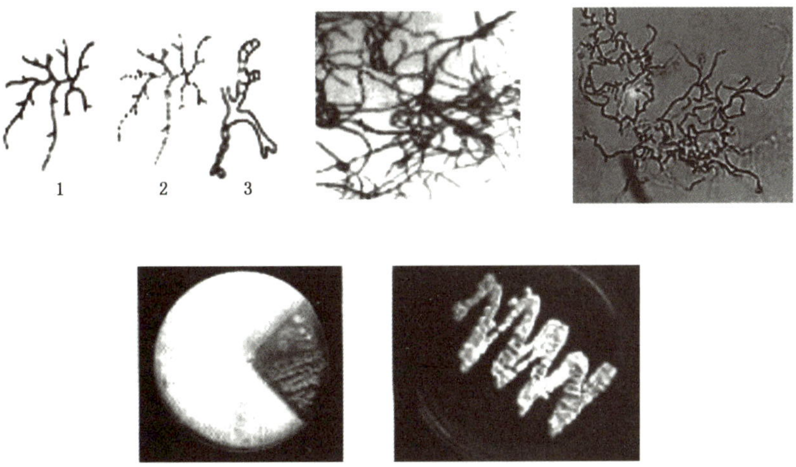

图1.29 诺卡氏菌的形态及菌落

(3)小单孢菌属

小单孢菌属菌丝较细,无横隔壁,不形成气生菌丝,只在基内培养基上长出孢子梗,顶端生一个分生孢子,如图1.30所示。菌落较小,能产生抗生素,能分解有机质。

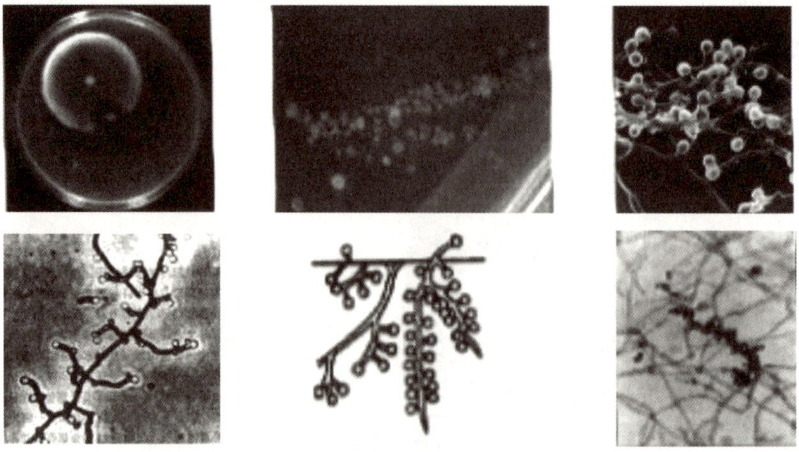

图 1.30 小单孢菌的菌落及菌丝形态

（四）蓝细菌（Cyanobacteria）

蓝细菌是一类含有色素，能进行放氧性光合作用的原核生物。过去这类微生物一直被称为蓝藻或蓝绿藻，现根据其具有原始核（无核仁和核膜）、只含有叶绿素 a 而没有叶绿体等结构特点，结合其细胞壁外层为脂多糖层、内层为肽聚糖层，革兰氏染色呈阴性等特点，将其归入原核微生物，称作蓝细菌（或称蓝绿细菌）。考虑到生物学界多年的习惯，有时仍沿用“蓝藻”或其他以藻命名的名字。

1. 蓝细菌的主要特征

（1）形态

不同种蓝细菌的细胞大小差异大，有的如一般细菌的细胞大小，直径 0.5～1μm，也有的直径达 60μm。细胞排列形式多样，有单细胞体、群体、丝状体。

（2）光合色素

有叶绿素 a、类胡萝卜素、独特的藻胆素（包括藻蓝素、藻红素、藻黄素）。藻体通常呈蓝色（藻蓝素占优势）、蓝绿色（藻蓝素与叶绿素一起作用）、红色（藻红素占优势），也有呈紫、褐、橙等颜色的，其光合作用产氧。

（3）异形胞

有些蓝藻能形成较营养细胞稍大、壁厚、色浅的异形胞，内有固氮酶，能固定大气中的游离氮。

（4）胶被

细胞壁外常有胶质胞被，有时在整个群体外还有共同的胶被，在丝状种类中称为胶鞘。胶被和胶鞘厚度不等，无色或有各种颜色。

（5）繁殖方式

繁殖方式为无性繁殖，主要为二分裂法繁殖。丝状蓝藻还可通过丝状断裂形成若干殖段体繁殖，每个殖段体可长成一个新的个体；少数种类可通过形成孢子进行繁殖。

2. 蓝细菌的代表

按形态和结构特征，蓝细菌可分为二纲：色球藻纲和藻殖段纲。

色球藻纲：为单细胞个体或群体，以二分裂方式繁殖，群体种类在细胞壁外分泌果胶类物质构成胶质鞘膜，彼此融合形成大的胶团（球状或块状）。主要有色球藻属（*Chroococcus*）、微囊藻属（*Microcystis*）、腔球藻属（*Coelosphaerium*）、管孢藻属（*Chamaesiphon*）、皮果藻属（*Dermocarpa*）。

藻殖段纲：其藻体为丝状体，可形成异形胞，以殖段体繁殖。此纲有颤藻属（*Oscillatoria*）、席藻属（*Phormidium*）、念珠藻属（*Nostoc*）、筒孢藻属（*Cylindrospermum*）、胶须藻属（*Rivularia*）、鱼腥藻属（*Anabaena*）、单歧藻属（*Tolypothrix*）。

下面介绍常见的几个属，如图 1.31 所示。

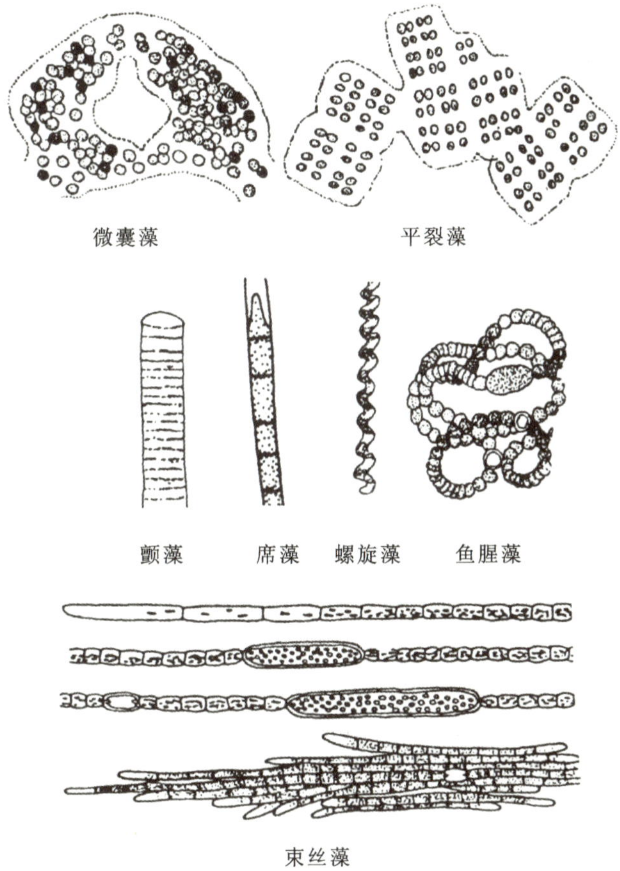

图 1.31　常见的蓝藻形态图

(1)微囊藻属

微囊藻属是池塘、湖泊中常见的种类。其细胞小，一般为球状，许多细胞密集在一起被一共同的胶质鞘包围，形成球状或不规则形多细胞群体团块，浮游在水中。细胞有浅蓝色、亮蓝绿色、橄榄绿色。有的种可产生毒素。在富营养基质的水体中，其大量繁殖并集聚在水面，使水体颜色发生变化，最终使水体缺氧、鱼虾死亡，这种现象发生在湖泊称为水华或水花，发生在海洋称为赤潮。我国湖泊中常见的种类有铜绿微囊藻。

(2)平裂藻属

平裂藻属的细胞为球状或椭圆形，内含物均匀，少数有伪空泡或微小颗粒，小型、浮游，32个或更多个细胞按“两个成一对、两对成一组、四组成小群、小群集合成平板”的规律，形成一层细胞厚的平板状群体，群体呈方形或长方形，多生活在静水水体，喜欢较营养的水质或长有水草的沿岸区。

(3)颤藻属

颤藻属因生长在水中能不断颤动而得名。藻体呈蓝绿色，饼状或圆柱状，细胞叠连成丝状体，丝状体呈直形或弯曲形，不分枝，大多等宽，有时略变狭，一般没有胶鞘。细胞横隔壁处收缢或不收缢。丝状体顶端细胞形状多样，增厚或具帽状体，细胞内含物均匀或具颗粒，少数具伪空泡。通过段殖体繁殖，分布甚广，常见于含有机质丰富的淤泥表面和浅水池塘内。

(4)席藻属

席藻属的丝状形态与颤藻属相似。细胞呈圆柱状，叠连成丝状体，丝状体不分支，直或弯曲，末端常渐尖，具薄、软、无色的鞘，彼此粘连，有时部分融合。许多丝状体组成胶块状或皮膜状，着生或漂浮。

(5)螺旋藻属

螺旋藻属是单细胞或多细胞的螺旋体，无鞘；多细胞时，横隔壁常不明显，顶细胞呈圆形，外壁不增厚。藻体营养丰富，可作食品。

(6)鱼腥藻属

鱼腥藻属细胞呈球状至桶形，叠连成丝状体，异形胞常间生，休眠孢子呈圆柱状，单生或几个成串。藻丝大多等宽，极少数末端狭窄，呈直形或不规则(规则)的螺旋状弯曲形；丝状体单生或聚集成群体。本属中有不少为固氮种类，有的种可产生毒素，大量繁殖能形成水华。

(7)束丝藻属

束丝藻属藻体为丝状体，不分枝，藻丝末端细胞延长成为无色细胞，异形胞间生，孢子远离异形胞；丝状体单生或聚集成束，大量繁殖导致水华发生。

3. 蓝细菌的作用

蓝细菌又称蓝藻，约有2000种，在自然界分布很广，无论在淡水、海水、潮湿土壤、树皮和岩石表面，还是在沙漠的石缝隙里、温泉(70～73℃)、盐湖等极端环境中都能生长。

(1)蓝藻是在地球空气从无氧变成有氧的过程中，最早发挥作用的生物。

(2)固氮蓝藻能保持对水体的营养状况和维持土壤氮素营养，目前已知的固氮蓝藻达120多种。

(3)蓝藻营养丰富，具有重要的经济价值，如螺旋藻富含蛋白、维生素，被称为人类未来食品。

(4)蓝藻是指示水体营养状况的生物之一。

蓝藻既是水生态系统的重要组成成员，在水体自净、污水处理中起积极作用，也是水体营养的指示生物。如微囊藻、腔球藻、鱼腥藻、颤藻、束丝藻，喜欢生活在有机质丰富的水体中，当它们大量繁殖形成淡水湖泊水华、海洋赤潮时，就表明水质已富营养化。

(5)它们中有些种如微囊藻能产生毒素，危害其他水生生物，最终危害人类健康，严重的会导致水生生物和人死亡。

（五）显微镜的构造

普通光学显微镜由机械和光学两大部分组成。机械部分包括镜座、镜臂、载物台、物镜转换器、镜筒和调节器等；光学部分包括目镜、物镜、聚光器、虹彩光圈及反光镜。显微镜结构的各部分如图 1.32 所示。

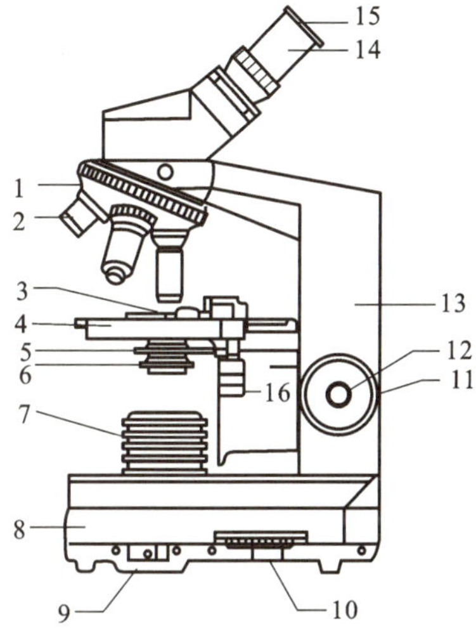

图 1.32　普通光学显微镜

1—物镜转换器；2—物镜；3—游标卡尺；4—载物台；5—聚光器；6—虹彩光圈；7—光源；8—镜座；9—电源开关；10—光源滑动变阻器；11—粗调螺旋；12—微调螺旋；13—镜臂；14—镜筒；15—目镜；16—标本移动螺旋

1. 镜筒

镜筒上端装目镜，下端接转换器。镜筒有单筒和双筒两种。单筒有直立式和后倾式两种。双筒是倾斜式的，其中一个筒有屈光度调节装置，以备两眼视力不同者调节使用，两筒之间可调节距离，以适应两眼宽度不同者调节使用。

2. 物镜转换器

转换器装在镜筒的下方，其上有 3 个孔，有的有 4 个孔或 5 个孔，用于安装不同规格的物镜。

3. 载物台

载物台又称镜台，是放置标本的地方，多数为方形和圆形的平台，中央有一通光孔；载物台上有移动器，作用是夹住和移动标本，转动螺旋可使标本前后、左右移动，其上的刻度标尺可指明标本所在位置。

4. 镜臂

镜臂支撑镜筒、载物台、聚光器和调节器，有固定式和活动式（可改变倾斜度）两种。

5. 镜座

镜座连接镜臂，支撑整台显微镜，其上有反光镜。

6. 调焦装置

调焦装置是调节物镜和被观察物体之间距离的机件，有镜臂调节器和镜台调节器两种。前者通过升降镜臂来调焦距，后者通过升降载物台来调焦距。包括大、小螺旋调节器各一个，前者又称粗调节器，后者也叫微调节器，通过调节器调焦，可清晰地观察到标本。

7. 物镜

物镜是接近被观察物品(标本)的镜头，亦称接物镜。根据物镜的放大倍数和使用方法的不同，分为低倍物镜、高倍物镜和油镜三种，低倍物镜有 4×、10×、20×；高倍物镜有 40×和 45×；油镜有 90×、95×和 100×等。数字越大，放大倍数越高。

在显微镜的光学系统中，物镜的性能最为关键，它直接影响着显微镜的分辨率。而普通光学显微镜通常配置的几种物镜中，油镜的放大倍数最大，对微生物学研究最为重要。与其他物镜相比，油镜的使用比较特殊，需在载玻片与镜头之间加滴镜油，主要有如下两方面的原因：

① 增加照明亮度　油镜放大倍数可达 100 倍，放大倍数大的镜头，焦距很短，直径很小，但所需要的光照强度却很大。

从承载标本的玻片透过来的光线因介质密度不同(从玻片进入空气，再进入镜头)，有些光线会因折射或全反射而不能进入镜头，致使在使用油镜时会因射入的光线较少，物像显现不清。故为了减少通过光线的损失，在使用油镜时，须在油镜与玻片之间加入与玻璃的折射率($n=1.55$)相仿的镜油(通常用香柏油，其折射率 $n=1.52$)。

② 增大显微镜的分辨率　显微镜的分辨率是指显微镜能辨别出的最小两点间距离的能力。据物理学知识有：

$$\text{分辨率} = \frac{\lambda}{2NA} \tag{1.1}$$

式中，λ 为光波波长，光学显微镜的光源为可见光的波长范围(0.4～0.7μm)；NA 为物镜的数值孔径值，$NA=n\cdot\sin\alpha$，即 NA 取决于玻片与镜头间介质的折射率和物镜的镜口角，α 为光线最大入射角的半数，由物镜的直径与焦距来确定，实际应用中最大只能达到 120°，n 为介质折射率。

因香柏油折射率达 1.52，比空气折射率(1.0)和水折射率(1.33)要高，因此以香柏油作为镜头与玻片间介质的油镜所达到的数值孔径值(一般在 1.2～1.4)要高于低倍镜、高倍镜等物镜(NA 都低于 1.0)。现以可见光的平均波长 0.55μm 来计算，比较高倍镜与油镜的分辨率，高倍镜的数值孔径通常在 0.65 左右，按式(1.1)可知，高倍镜的分辨率不小于 0.4μm，而油镜分辨率却可达 0.2μm 左右。

8. 目镜

目镜是接近观察者眼睛的镜头，亦称接目镜。把经物镜放大的实像再放大一次，并映入观察者的眼中。目镜通常有 5×、10×、16×等规格。

9. 聚光器

聚光器安装在载物台下，能将平行的光线聚焦于标本，增强照明度。聚光器可以升降，升高时增强聚光，下降时减弱聚光。聚光器内部附有虹彩光圈，可开放或缩小，以调节进入镜头的光线强弱。光圈大小应适当，能得到更清晰的物像。

10. 反光镜

反光镜是普通光学显微镜的取光设备，使光线射向聚光镜，分平、凹两面。用低倍镜和高倍镜观察或光源光较强时，应使用平面镜；用油镜观察或光源光线较弱时，使用凹面镜。

11. 内光源

内光源是较好的光学显微镜自身带的照明装置，安装在镜座内部，由强光灯泡发出光线，通过安装在镜座的集光镜射入聚光镜。

三、任务所需器材

1. 仪器：显微镜、载玻片、盖玻片等。
2. 擦镜纸、香柏油、吸水纸等。
3. 微生物菌种等。

四、任务技能训练

(一)显微镜的取用和放置

从显微镜箱或柜内取出显微镜时，应一手提镜臂，另一手托镜座，让显微镜直立，防止目镜从镜筒中脱落。显微镜应直立放置在桌上，离桌缘 3cm，检查各部件是否完好，镜身、镜头必须清洁。

(二)显微镜的使用

1. 标本放置

下降载物台或升高镜筒，使物镜远离载物台。将低倍镜转至正下方，把标本玻片置于载物台上，用标本夹夹住，移动推进器，使观察对象处在物镜的正下方。

2. 低倍镜观察

将低倍镜对正下方，侧面注视，用粗调节器调节，上升载物台或下降镜筒，使物镜与玻片接近，距离约 0.5cm 处开放光圈，下降聚光器。如有内置光源灯，可通过调节电压以获取适当的照明亮度；如使用反光镜采集自然光或灯光作为照明光源时，应根据光源的强度及所用物镜的放大倍数，选用凹面或平面反光镜并调节其角度，使视野内光线均匀，亮度适宜。

再由目镜观察，同时转动粗调节器，下降载物台或升高镜筒，使物镜缓缓远离玻片，标本在视野中显现后，再使用微调节器调节至图像清晰。通过玻片夹推进器慢慢移动玻片，认真观察标本各部位，找到合适的目的物，仔细观察并记录所观察到的结果。

3. 高倍镜观察

在低倍镜下找到合适的目标并将其移至视野中心后，侧面注视，轻轻转动物镜转换器，将高倍镜移至正下方。对聚光器光圈及视野亮度进行适当调节后，用微调节器使物像清晰，利用推进器移动标本，仔细观察并记录所观察到的结果。

在一般情况下，当物像在一种物镜中已清晰聚焦后，转动物镜转换器，将其他物镜转到工作位置进行观察时，物像将保持基本准焦状态，这种现象称为物镜的同焦。利用这种同焦现象，可以保证在使用高倍镜或油镜等放大倍数高、工作距离短的物镜时仅用微调节器即可对物像清晰聚焦，从而避免由于使用粗调节器时可能的误操作而损坏镜头或载玻片。

4. 油镜观察

使用同焦显微镜时，在高倍镜或低倍镜下找到要观察的区域后移开镜头，在待观察的区域滴加 1～2 滴镜油，将油镜转至油中，调节光源强度，使视野的亮度合适，用细调节器调节物像至清晰为止。

对于不等焦的显微镜，转动粗调节器，下降载物台或升高镜筒，使物镜逐渐远离玻片，在标本观察区滴加镜油，然后将油镜转至镜筒下方，须在侧面注视下用粗调节器调节，上升载物台或下降镜筒，使物镜与玻片接近，将油镜前端浸入镜油中，并几乎与标本相接。将聚光器升到最高位置并开足光圈，调节照明，使视野的亮度合适，转动粗调节器，上升镜筒或下降载物台，使物镜缓慢离开玻片，直至视野中出现物像，并转动细调节器，直到使其清晰准焦为止。

有时按上述操作还找不到目的物，则可能是油镜头下降或载物台提升还未到位，或因油镜上升或载物台下降得太快，以至于眼睛捕捉不到一闪而过的物像。遇此情况，应重新操作。另外应特别注意，不要在下降镜头时或提升载物台时（或调焦时）用力过猛，误将粗调节器向反方向转动而损坏镜头及载玻片。

5. 显微镜用毕后的处理

用粗调节器使物镜远离玻片，取下载玻片。

用擦镜纸拭去镜头上的镜油，然后用擦镜纸蘸少许镜头清洗液擦去镜头上残留的油迹，最后再用干净的擦镜纸擦去残留的镜头清洗液。

切忌用手或其他纸擦拭镜头，以免使镜头沾上污渍或产生划痕，影响观察。

用擦镜纸清洁其他物镜及目镜，用绸布清洁显微镜的金属部件。

放平反光镜，把聚光镜降下，将物镜转成“八”字形，将各部分还原，放置镜箱中。

（三）显微镜的维护和保养

显微镜是贵重精密的光学仪器，若正确地使用、维护与保养，不但能清晰地观察物体，而且能延长显微镜的使用寿命。

① 显微镜应放置在通风干燥，灰尘少，不受阳光直接暴晒的地方。不使用时，用有机玻璃或塑料布防尘罩罩起来。也可套上布罩后放入显微镜箱内或显微镜柜内，并在箱或柜内放置干燥剂。

② 显微镜要避免与酸、碱及易挥发的具腐蚀性的化学物品放在一起，以免受损。

③ 显微镜应防止震动和暴力。粗（细）调节螺旋、聚光器螺旋和标本移动器等机械部分要灵活而不松动，如不灵活可在滑动部位滴加少许润滑油。

④ 显微镜的目镜、物镜、聚光器和反光镜等光学部件必须保持清洁，防止长霉。镜检时通过转动目镜、物镜及调整焦距等措施判断灰尘或污脏所在部位。如附有灰尘，则先用洗耳球吹去灰尘，或用擦镜纸轻轻擦去。若有污脏，用擦镜纸蘸镜头清洗液轻轻擦拭，然后用擦镜纸擦干。显微镜的金属油漆部件和塑料部件可用软布蘸中性洗涤剂进行擦拭，不要使用有机溶剂。

⑤ 用油镜观察后，先用擦镜纸擦去镜头上的油，然后用擦镜纸蘸少许镜头清洗液擦

拭，最后用干净的擦镜纸擦干。

⑥ 当显微镜以灯泡为光源，且需要更换时，可将仪器底部翻转，抓住灯座逆时针旋转 90°，取下灯座，拔下灯泡换上新的灯泡（灯泡玻壳不能有手指印，用清洁纱布包裹住灯泡，插上后用酒精把玻壳擦拭干净），然后把接插件卡脚对准底座上两槽口，顺时针转 90°即可。

⑦ 换保险丝时，握住保险丝座，逆时针旋下保险丝座，换上好的保险丝，顺时针旋上保险丝座即可。

⑧ 仪器长期使用后应注意在各转动部分加些润滑脂，油脂黏度宜适当，应避免酸性油脂。

⑨ 显微镜结构精密，零件不宜随意拆卸。遇故障时可送厂家或有关仪器厂修理。

五、讨论

1969 年，美国航空航天局已经就登月做好一切准备，而唯一的难题是一个看起来很简单的问题：宇航员吃什么？真可谓万事俱备，只欠东风。太空中所有的物品将处于完全失重状态，到处飘扬，好像断线的气球在空中飞翔。宇航员根本不能轻松地嚼咽，或者会因食物不能下咽而卡在食道中间，危及生命。太空船极其狭窄，不可能储藏很多食物。另外，普通食物消化吸收率很低，排泄也是一个大问题。宇航员体力消耗很大，因此，食品营养的要求必须非常丰富，而且还要求这种食品必须有非常均衡的营养构成。太空食品的研制成为一道难题，阻碍着载人登月计划的实施。

解析：航天员对食品要求很严格。第一，要营养丰富、含量高而且均衡；第二，易于吸收；第三，要食用安全；第四，要易于保存，在太空条件和平常条件下不易变质；最后，要质量轻、体积小，因上太空 1kg 的负荷要耗费几百万元。螺旋藻的发现，使这个难题迎刃而解。1969 年 7 月 16 日，美国“农神”火箭把太空船送上太空，三名宇航员经过四天的飞行，降落到月球上。1969 年 7 月 20 日晚 10 时 56 分（美国东部时间），美国宇航员阿姆斯特朗走出太空船，伸出穿了靴子的左脚，在月球上踏下人类第一个足印。接着，他说了一句著名的话：“这是我个人的一小步，却是人类的一大步”。在阿姆斯特朗的这一小步，人类的这一大步后面，螺旋藻扮演着一个重要角色，因为他们在太空中的食品就是螺旋藻。

那么为什么螺旋藻能作为太空食品呢？首先，螺旋藻营养极其丰富，是人类迄今为止所发现的最优秀的纯天然蛋白质，蛋白质含量最高达 60%～70%。其特有的藻蓝蛋白，能够提高淋巴细胞活性，增强人体免疫力，因此，对胃肠疾病及肝病患者康复具有特殊意义。其中维生素及矿物质含量极为丰富，包括维生素 B_1、维生素 B_2、维生素 B_6、维生素 B_{12}、维生素 E、维生素 K 等，并含有锌、铁、钾、钙、镁、磷、硒、碘等微量元素。其次，螺旋藻中蛋白质、维生素、微量元素都非常容易被人体吸收，吸收消化率可达到 95%。再次，“21 世纪最理想的食品”“未来的超级营养食品”“超级营养食品”“21 世纪最理想的营养源”等好评足以说明螺旋藻本身的安全性能。最后，螺旋藻便于保存，压成片剂或者制成胶囊在密封、干燥的环境下很容易贮藏。螺旋藻生产过程中不加其他辅料，所以质量轻、体积小。

六、复习思考题

1. 什么是病毒？它有何特点？

2. 病毒具有怎样的化学组成和结构？

3. 简述大肠杆菌噬菌体的繁殖特点及过程。

4. 细菌的形态主要有哪几种？请举例说明。

5. 细菌有哪些基本结构和特殊结构？

6. 细菌的形态和大小是否会因培养条件（如培养浓度、温度、pH 值）等变化而发生改变？

7. 革兰氏阳性菌和革兰氏阴性菌的细胞壁结构有什么异同？各有哪些化学组成？

8. 试述革兰氏染色的步骤和作用原理。

9. 什么叫荚膜？其化学成分如何？有何生理功能？

10. 什么是芽孢？为什么芽孢具有极强的抗逆性？

11. 细菌鞭毛有何特点？其着生的方式有几类？请举例说明。鞭毛不经特殊染色能否在显微镜下看见？

12. 什么是质粒？它分为哪几种？其中哪种质粒在环境污染物的降解中起重要作用？

13. 如何区别微囊藻、颤藻、平裂藻、鱼腥藻和束丝藻？其中哪些种类易导致水体发生水华？

14. 放线菌基内菌丝、气生菌丝和孢子丝在结构上有何区别？

七、自我评价表（表 1.2）

表 1.2　环境中微生物主要类群的识别自我评价表 1

评价内容	考核指标	分值
病毒	结构与化学组成	10
	繁殖方式	
细菌	形态和特殊结构作用	40
	革兰氏染色法对细菌的分类	
	质粒的特点与分类	
放线菌	形态和作用	5
光合细菌	形态和作用	5
蓝细菌	不同属的形态特征和作用	10
显微镜使用	结构及功能	30
	油镜使用	
	镜头的清洁	
合计		100

任务1.2 藻类、真菌的形态观察

一、任务目标

1. 进一步熟悉和掌握显微镜的操作方法；
2. 识别水体中几种常见的蓝细菌和藻类的形态；
3. 学习生物图的绘制方法。

二、任务相关知识

凡细胞核具核仁和核膜，能进行有丝分裂，细胞质中存在线粒体等细胞器的微小生物，都称为真核微生物。污水环境中的真核微生物主要有以下几类：

- 真核微生物
  - 真菌
    - 单细胞真菌——酵母菌
    - 丝状真菌——霉菌
  - 微型藻类：绿藻门、硅藻门、裸藻门、甲藻门、隐藻门、黄藻门、金藻门
  - 原生动物：肉足虫类、鞭毛虫类、纤毛虫类、吸管虫类
  - 微型后生动物：轮虫类、线虫类、颤蚓类、枝角类、桡足类

(一)真菌

真菌种类繁多，包括酵母菌、霉菌及各种伞菌。真菌的形态、大小各异，菌体比细菌大，光学显微镜下可直接观察到(图1.33)。大多数真菌是多细胞的，形成分枝状菌丝，少数真菌是单细胞的，不形成菌丝。真菌，特别是酵母菌和霉菌，具有很强的分解复杂有机物的能力，与细菌、放线菌一样是自然界物质循环中的重要分解者，也在有机污水和有机固体废物的生物处理中发挥着积极的作用。

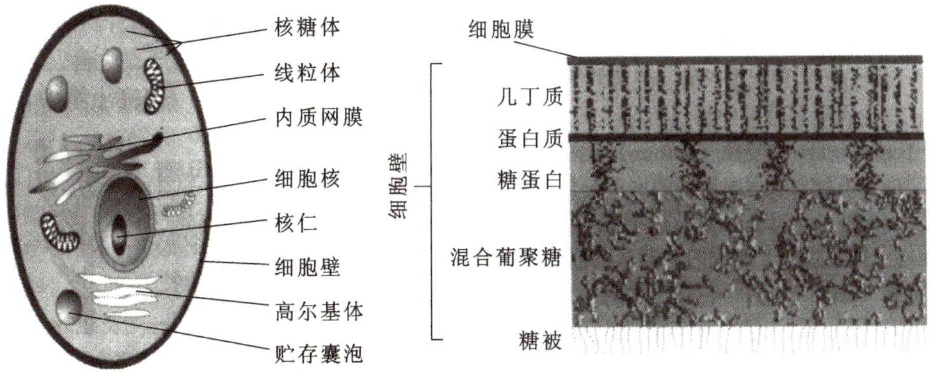

图1.33 典型真菌的细胞结构和细胞壁结构

1. 酵母菌

酵母菌是指以出芽繁殖为主的单细胞真菌，主要分布在含糖较高的偏酸环境中，如果品、蔬菜、花蜜、植物叶子的表面，葡萄园和果园的土壤中。此外，在油田和炼油厂附近的土层中也生长着能分解利用烃类的酵母菌。在食品酿造、医药、石油工业、环境保护等方面，酵母菌都占有重要地位。酵母菌可用来制造美味可口的酒类和食品(面包、馒头)；生产多种药品和药剂(核酸、辅酶 A、细胞色素 C、维生素 B、酶制剂等)；给石油脱蜡，降低石油的凝固点，生产有机酸。利用酵母菌(如拟酵母、热带假丝酵母、白色假丝酵母、黏红酵母等)，可在处理淀粉废水、柠檬酸残糖废水、油脂废水、味精废水的同时获得良好的菌体蛋白。此外，酵母菌还可用于监测重金属。

(1)酵母菌的形态结构

① 形态　酵母菌的形态有卵圆形、圆形、圆柱状或假丝状。细胞直径 1～5μm，长 5～30μm或更长。假丝酵母呈假丝状，是因为它在繁殖时子细胞不与母细胞脱离，互相连成链状所致。

② 结构　由细胞壁、细胞膜、细胞质以及各种细胞器构成。细胞壁的组成成分主要是葡聚糖和甘露聚糖。细胞器有线粒体(能量代谢的中心)、中心体、核糖体、内质网膜、液泡、细胞核等。细胞核有核膜和核仁。如图 1.34 所示。

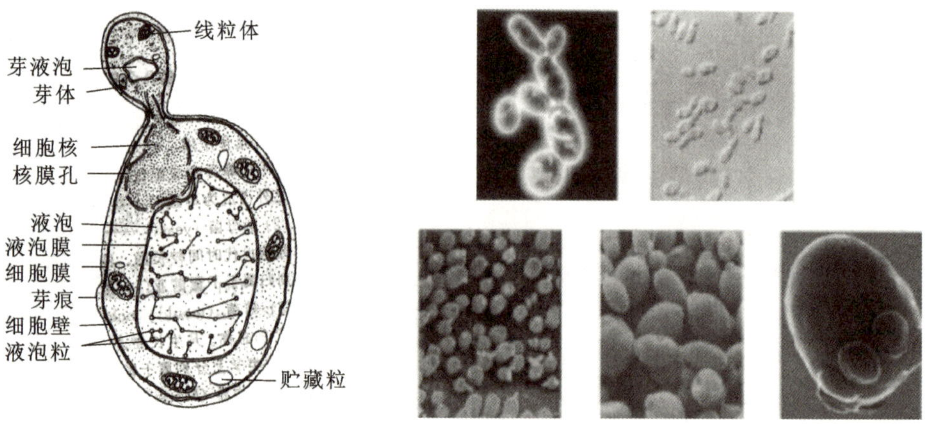

图 1.34　酵母菌细胞的结构及形态

(2)繁殖方式

酵母菌的繁殖方式有以下几种：

- 繁殖方式
  - 无性繁殖
    - 芽殖　主要繁殖方式
    - 裂殖　仅限裂殖酵母属
  - 有性繁殖：产生子囊孢子

① 芽殖　是酵母菌无性繁殖的主要方式。成熟的酵母菌细胞表面向外凸出形成一个小芽体，部分核物质和细胞质进入芽体，使芽体得到一套和母细胞相同的核、线粒体等细胞器，当芽体生长到一定程度时，在芽体与母细胞之间形成横隔壁，新个体诞生。新个体既可脱离母细胞独立生活，也可暂时与母细胞连在一起生活。

② 裂殖　裂殖酵母属的酵母菌像细菌一样以细胞分裂方式繁殖。

③ 有性繁殖　酵母菌以形成子囊孢子的方式进行有性繁殖，如图 1.35 所示。

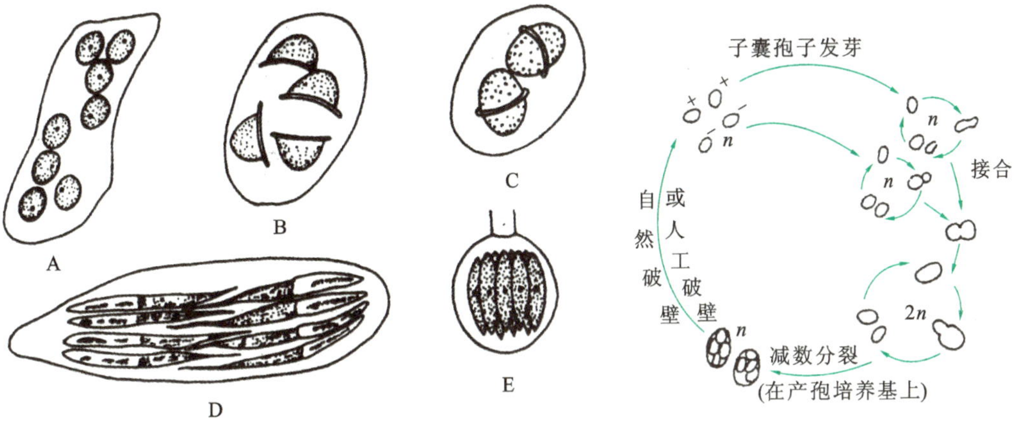

图 1.35 酵母菌不同类型的子囊孢子及有性繁殖过程

A—八孢裂殖酵母；B—汉逊酵母；C—土星汉逊酵母；

D—菜豆壳针孢酵母；E—蚀精霉

(3)菌落特征

酵母菌在固体培养基上形成的菌落与细菌的菌落相似，较大且厚实，表面光滑、湿润、黏稠，易挑起。菌落颜色多为乳白色，少量呈红色或黑色。若培养时间长，则菌落表面由湿润转为干燥，呈皱缩状(图 1.36)。

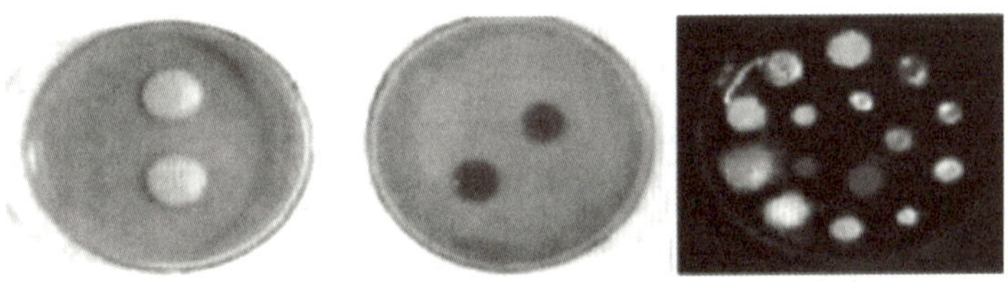

图 1.36 酵母菌菌落

(4)酵母菌代表

① 酵母菌属 细胞呈圆形、卵圆形或柱状，多为单细胞，有时形成假丝。菌体大小为(1～5μm)×(5～30μm)，繁殖方式主要为出芽生殖、产生子囊孢子(图 1.37)，可引起水果、蔬菜发酵，用于酿酒、发酵面包等。

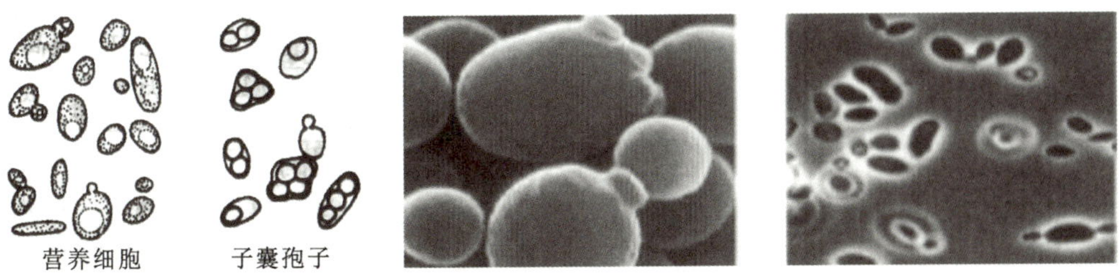

图 1.37 酿酒酵母形态图

② 汉逊酵母属 细胞呈圆形、卵圆形或柱状，不形成假菌丝，多为出芽繁殖(图 1.38)。此属可产生乙酸乙酯，不合成淀粉，为含酒精类饮料常见的污染菌。

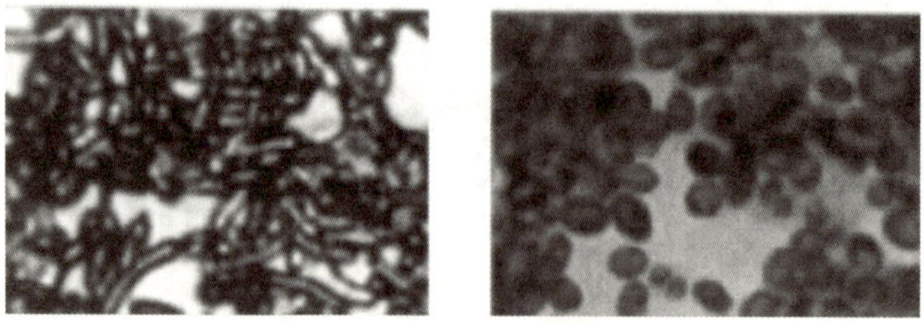

图 1.38　汉逊酵母属酵母形态图

③ 假丝酵母属　酵母细胞呈圆形或卵圆形，出芽生殖后芽体细胞不脱落，形成假分枝的丝状体(图 1.39)，对糖类、烃类等具有很强的分解作用。菌体含有大量的蛋白质(约 60%)、维生素和多种微量元素等，可作食品、饲料。假丝酵母在炼油厂含油、含酚废水的生物处理中有重要作用。

(a)　(b)

图 1.39　热带假丝酵母的形态
(a)营养细胞；(b)假菌丝

视频

常见霉菌的形态特征

2. 霉菌

霉菌是丝状真菌的统称。霉菌在自然界分布极广，土壤、水域、空气、动植物体内外均有它们的踪迹。在自然界，霉菌作为分解者，分解环境中复杂的大分子有机物，从而维持生态系统的物质循环。霉菌与人类生产、生活关系密切，既有有利的一面，如制酱、制曲，生产酒精、有机酸、抗生素、酶制剂、维生素，处理污水和固体废弃物；也有有害的一面，如使粮食霉变。据统计，每年因霉变造成的粮食损失达粮食总产量的 2%；使纤维制品腐烂，还产生 100 多种毒素，其中一些毒素的毒性很大，致癌力很强。

(1)霉菌的形态结构

霉菌菌体均由分枝或不分枝的菌丝构成，许多菌丝交织在一起，称为菌丝体。菌丝直径 2～10μm，是细菌和放线菌菌丝的几倍到几十倍，与酵母菌差不多。

根据有无隔膜，菌丝分成两类，如图 1.40 所示。

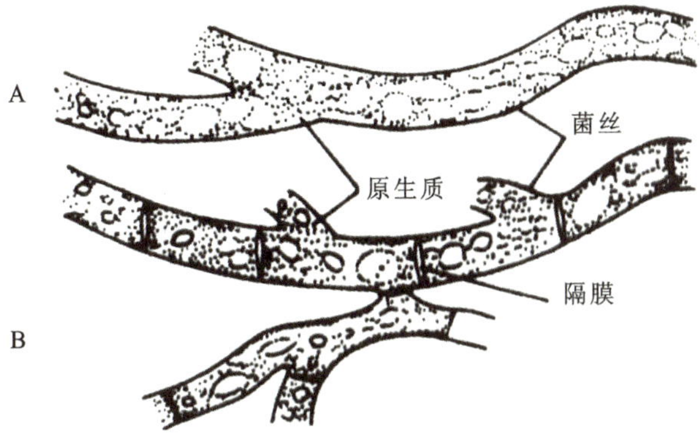

图 1.40 霉菌的菌丝

A—无隔膜菌丝；B—有隔膜菌丝

① 无隔膜菌丝 长管状单细胞，细胞内含多个核。

② 有隔膜菌丝 由隔膜分隔成多细胞，细胞内含有一个或多个细胞核。

根据分化程度，菌丝又分为两类：

① 营养菌丝 伸入培养基内汲取营养物质；

② 气生菌丝 伸展到空气中，顶端可形成各种孢子，故又称繁殖菌丝。

霉菌细胞的结构与酵母菌相似，不同的是，霉菌细胞壁成分中有几丁质，少数种还含有纤维素。

(2)繁殖

霉菌的繁殖方式复杂多样，既能无性生殖，也能有性生殖，还可借助菌丝的片断繁殖，因此霉菌的繁殖能力极强。

霉菌繁殖
- 菌丝片断
- 无性孢子：孢囊孢子、分生孢子、节孢子、厚垣孢子（图 1.41）
- 有性孢子：卵孢子、接合孢子、子囊孢子、担孢子（图 1.42）

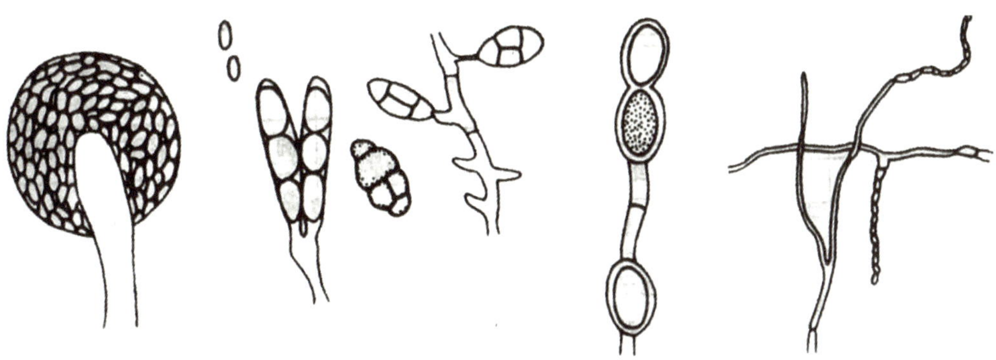

(a) (b) (c) (d)

图 1.41 霉菌的无性孢子类型

(a)孢囊孢子；(b)分生孢子；(c)厚垣孢子；(d)白地霉的节孢子

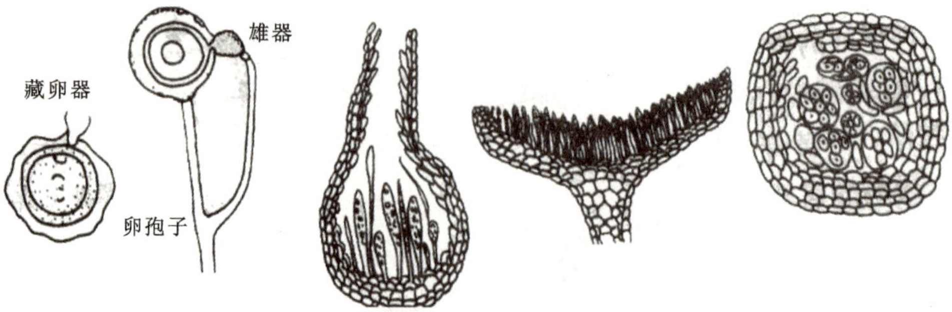

图 1.42　真菌的卵孢子及子囊果类型

(3)菌落特征

霉菌菌落是由分枝状菌丝组成的。由于霉菌菌丝较粗且长,故形成的菌落较疏松,呈绒毛状、絮状或蜘蛛网状,比细菌和放线菌菌落大几倍到几十倍。有些霉菌生长得很快,其菌丝可在固体培养基表面蔓延,以至于菌落没有固定大小。

霉菌菌落表面的结构和色泽,因孢子的形状、构造、颜色的不同而不同,也因培养基不同而变化,但特定霉菌在特定培养基上形成的菌落,其形状、大小、颜色等是相对稳定的,可成为鉴定微生物的重要形态指标。

细菌、放线菌、酵母菌、霉菌的菌落特征比较见表 1.3。

表 1.3　细菌、放线菌、酵母菌、霉菌的菌落比较

菌落特征	微生物类别			
	单细胞微生物		菌丝状微生物	
	细菌	酵母菌	放线菌	霉菌
含水状态	较湿	较湿	干燥	干燥
外观形状	小而凸起或 大而平坦	大而凸起	小而紧密	大而疏松或 大而致密
菌落透明度	透明或不透明	稍透明	不透明	不透明
与培养基结合程度	不结合 (易挑取)	不结合 (易挑取)	牢固结合 (难挑取)	较牢固结合 (较难挑取)
菌落颜色	多样	单调,多乳白色, 少数红色或黑色	十分多样	十分多样
正反面颜色差别	相同	相同	一般不同	一般不同
菌落边缘	看不到细胞	可见球状、卵圆形 或丝状细胞	可见丝状细胞, 分枝不分隔	可见粗丝状细胞
细胞生长速度	一般很快	较快	慢	一般较快
气味	一般有臭味	多带酒香味	常有泥腥味	往往有霉味

(4)霉菌的常见代表属

①毛霉属(*Mucor*)　菌丝无隔膜。菌丝体生出孢囊梗,一般单生,分枝较少或不分枝,孢囊梗顶端有球状孢子囊,内生孢囊孢子(图 1.43)。

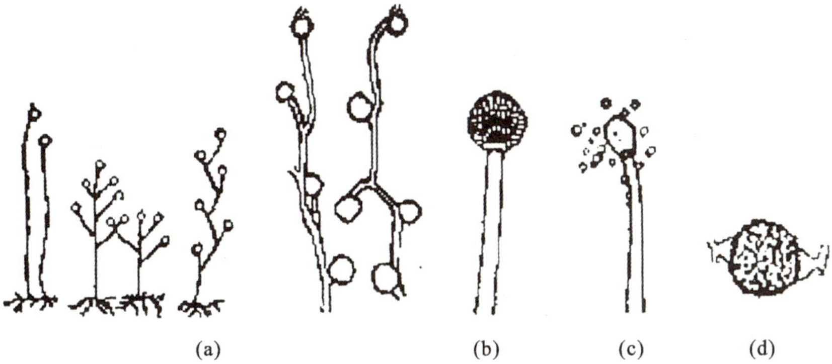

图1.43　毛霉

(a)孢子梗;(b)孢囊梗和幼孢子囊;(c)孢子囊破裂;(d)接合孢子

毛霉分解蛋白质和淀粉的能力强,是生产腐乳、豆豉的重要菌属。有些种可生产有机酸、转化甾体物质。

②根霉属(*Rhizopus*)　菌丝无隔膜,有匍匐菌丝和假根。在假根处的匍匐菌丝上着生成群的孢囊梗,孢囊梗顶端着生孢子囊,呈竖球状或近似球状,内生孢囊孢子(图1.44)。根霉分解淀粉能力强,是酿酒的重要菌属。有些种可产生有机酸、转化甾体物质。

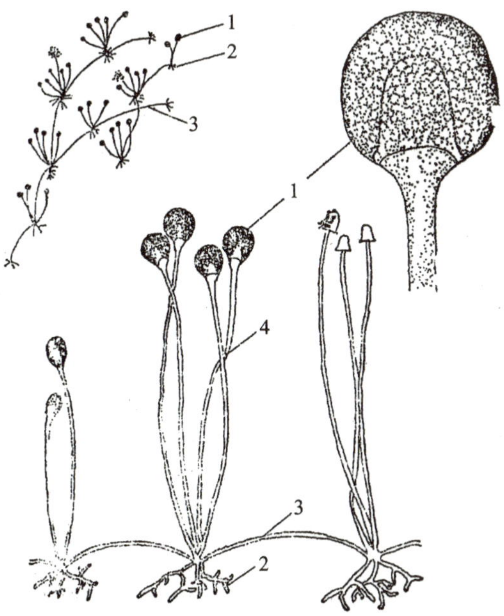

图1.44　根霉属形态

1—孢子囊;2—假根;3—匍匐枝;4—孢囊梗

③ 青霉属(*Penicillium*)　菌丝有隔膜,分生孢子梗顶端多次分枝产生几轮小梗,小梗顶端产生成串的分生孢子,孢子穗形似扫帚(图1.45)。青霉因产生青霉素而著名,有些种可产生有机酸(如柠檬酸、延胡索酸)、酶制剂。

④ 曲霉属(*Aspergillus*)　菌丝有隔膜,菌丝分化出厚壁的足细胞,在足细胞上长出分生孢子梗,梗顶端膨大成球状顶囊,顶囊表面长满一层或两层辐射状小梗,小梗末端着生成串分生孢子,孢子呈绿、黄、橙、褐、黑等颜色(图 1.45)。曲霉可产生酶制剂(如淀粉酶、蛋白酶等)、有机酸,有些曲霉能产生黄曲霉毒素,被确认为致癌物。

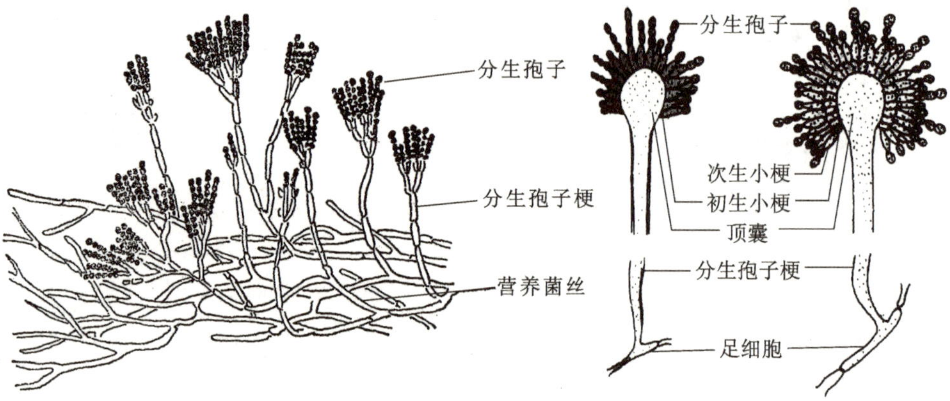

图 1.45　青霉和曲霉形态图

⑤ 交链孢霉属(*Alternaria*)　菌丝有隔膜,分生孢子梗较短,单生或丛生,大多不分枝。分生孢子呈纺锤状或倒棒状,顶端延长成喙状,多细胞,有壁砖状分隔,分生孢子常数个成链,一般为褐色[图 1.46(a)]。交链孢霉可用于生产蛋白酶,有些种可转化成甾体物质。

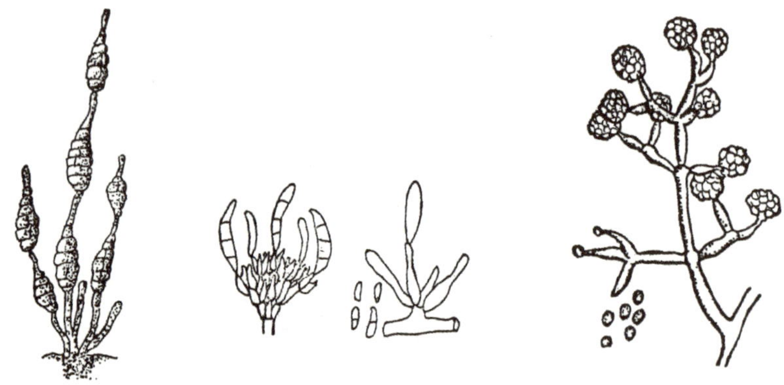

图 1.46　交链孢霉、镰刀霉和木霉形态图

(a)交链孢霉;(b)镰孢霉(镰刀霉);(c)木霉

⑥ 镰刀霉(*Fusarium*)　又称镰孢霉,菌丝有隔膜、分枝。分生孢子梗分枝或不分枝。分生孢子有大小两种类型,大型的是多细胞,呈长柱形或镰刀形,有 3～9 个平行隔膜;小型的呈卵圆形、球状、梨形或纺锤形,多为单细胞,少数是多细胞(有 1～2 个隔膜)。镰刀霉的菌落呈圆形,平坦、绒毛状,有白色、粉红色、红色、紫色和黄色等[图 1.46(b)]。镰刀霉对氰化物的分解能力强,可用于处理含氰废水。有些种可产生酶制剂(纤维素酶、脂肪酶等),还有些种可产生毒素,污染粮食、蔬菜、饲料,致使人畜中毒。

⑦ 木霉属(*Trichoderma*) 菌丝有隔膜,多分枝,分生孢子梗有对生或互生分枝,分枝上可再分枝,分枝顶端有瓶状小梗,束生、对生、互生或单生,由小梗长出成簇的孢子。孢子呈圆形或椭圆形[图 1.46(c)]。木霉分解纤维素和木质素的能力较强。

⑧ 白地霉(*Geotrichum Candidum*) 白地霉是地霉属的一个种,菌丝有隔膜。在营养菌丝的顶端长节孢子,节孢子呈单个或连接成链,孢子形状为长筒形、方形、椭圆形(图 1.47)。白地霉的菌体蛋白营养价值高,可食用或作饲料,用白地霉转化制糖、酿酒、淀粉加工、豆制品加工等食品饮料业中的有机废水,已取得较好的经济效益。

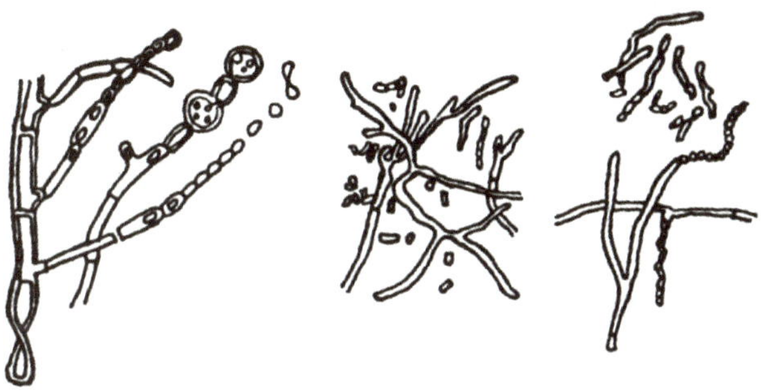

(a) (b)

图 1.47 地霉属和白地霉

(a)地霉属;(b)白地霉

(二)微型藻类

藻类是一类光能自养型真核微生物,藻类的分类依据是色素体颜色及构造,有无淀粉核及其位置,游动孢子有无鞭毛、眼点及收缩泡等。藻类常见于各种水域中,淡水水体中常见的有绿藻门、硅藻门、裸藻门、金藻门、黄藻门、甲藻门和隐藻门等。

藻类在自然界分布极广,喜生长在碱性、含氮磷量高、有机质多的淡水中,一些种类可导致湖泊发生"水华"。

微型藻类种类繁多、形态各异,但具有以下共同特征:

①个体微小,需借助显微镜观察,结构简单,无根、茎、叶的分化。

②含光合色素,有专门的色素载体,简称载色体或色素体,能利用光能把无机物合成有机物,产生氧气。

③生殖方式低级,生殖器官多数为单细胞,合子(受精卵)发育不形成多细胞的胚。

④主要生活在水中。

根据光合色素的种类、个体形态、细胞结构、生殖方式等差异,将藻类分成 10 个门(可参见附录 1 部分藻类彩图):裸藻门、绿藻门、硅藻门、甲藻门、隐藻门、黄藻门、金藻门、轮藻门、红藻门、褐藻门。水生环境和污水生物处理中常见的浮游种类(主要存在于水的上层、浮游于水体中)简介如下:

1. 裸藻门

单细胞,细胞呈椭圆形、卵形、纺锤形或长带形,一般末端尖细。细胞裸露无壁,仅具有由原生质特化形成的表质膜,表质膜较软的细胞可变形,表质膜较硬的细胞不变形,有少数种类在表质膜外具囊壳,囊壳无色或呈黄、棕、橙色。

细胞前端有胞口，口下依次连胞咽、储蓄泡，周围为伸缩泡；红色眼点一个，具 1 条鞭毛（少数种有 2～3 条），借助鞭毛运动。

载色体形状多样，有盘状、星状、带状等，藻体多呈鲜绿色，可进行光合作用，少数种为红色或无色（无载色体）。

多为自养生物，也可兼养，无色种类可营异养，吞食有机碎屑或渗透营养。

裸藻约有 1000 种，分布广泛，在湖泊、河流的沿岸地带，沼泽、稻田、沟渠、潮湿土壤上均可生长，在有机质丰富的小型水体中数量多，常作为生活污水污染的指示生物，在氧化塘的生物自净初期可起较大作用。夏季有时大量繁殖，可形成水华。

常见的裸藻形态如图 1.48 所示。

（1）裸藻属（*Euglena*）

单细胞、单鞭毛。大多数表质膜有线纹或颗粒，柔软，细胞可变形。体形长，呈纺锤形、椭圆形、圆柱形等。载色体有一个至多个，多周生（沿细胞表膜着生），少数为无色。

本属种类多生活在浅水且有机质丰富的水体中，大量繁殖可形成绿色、黄褐色、棕红色的水华。

（2）扁裸藻属（*Phacus*）

单细胞、单鞭毛，细胞固定不变形，扁平，正面一般呈圆形、卵形、椭圆形，有时呈螺旋形扭转，后端多呈尾状。表膜上有各种花纹，载色体也呈圆盘形，多数，周生。

（3）囊裸藻属（*Trachelomonas*）

单细胞、单鞭毛，细胞外有囊壳，囊壳形状多样，表面光滑或有花纹或刺，呈无色或黄、橙、褐色。囊壳前端有鞭毛孔，有领或无领。

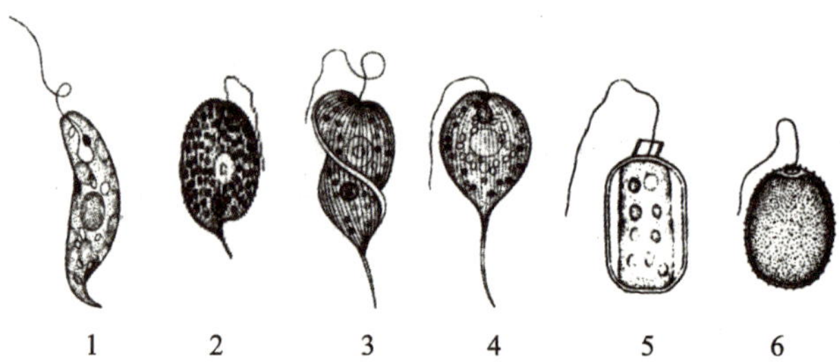

图 1.48　裸藻形态

1—衣裸藻；2—宽扁裸藻；3—扭曲扁裸藻；4—长尾扁裸藻；5—暗绿囊裸藻；6—棘刺囊裸藻

2. 绿藻门

绿藻形体极为多样，有单细胞体、群体、丝状体。运动的个体多具 2～4 根顶生、等长的鞭毛。藻体呈草绿色，色素体的形状有杯状、芽状、板状、网状、星芒状，数目为一个至多个，如图 1.49 所示。

绿藻有 35 属，5000～8000 种，广泛分布在各类水体、土壤表面和树干上。

绿藻门常见代表属如下：

（1）衣藻属

单细胞，细胞呈球状、椭球状等，细胞前端常有乳头状凸起，2 根等长鞭毛，能运动，红色眼点 1 个，色素体多为杯状。

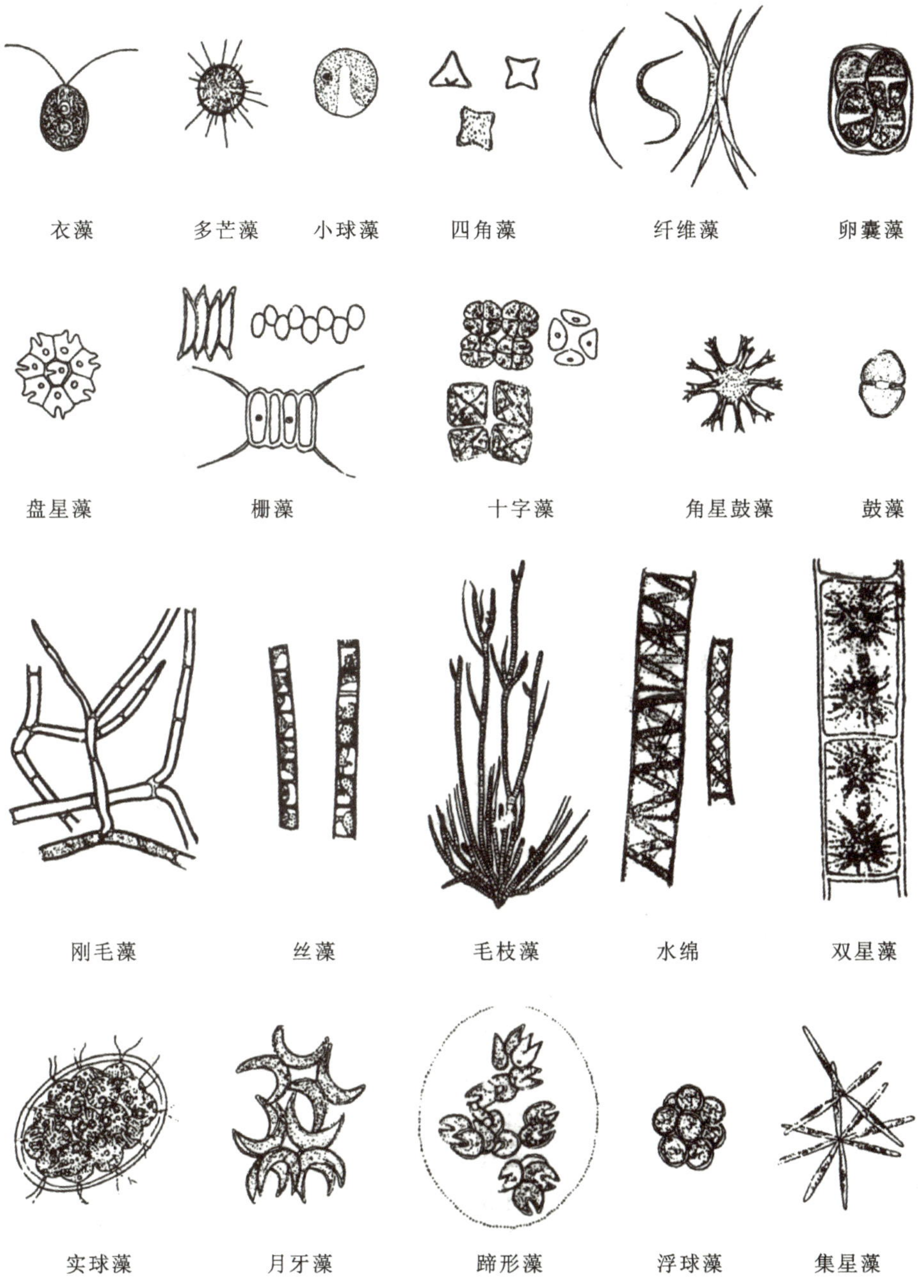

图 1.49 绿藻门的常见种类

(2)多芒藻

单细胞,细胞呈球状,细胞四周具许多不规则排列的纤细短刺,有时单细胞聚集成群。

(3)小球藻

单细胞或群体,细胞呈球状或椭圆形,色素体呈杯状或片状。

(4)四角藻

单细胞,细胞呈扁平或角锥形,具 3～5 个角,角分叉或不分叉,角延长成凸起或无。

(5)纤维藻属

单细胞或聚集成群，细胞呈针形至纺锤形，末端呈尖、直或弯曲。

(6)卵囊藻属

单细胞或群体，群体由2、4、8或16个细胞组成，包被于胶化膨大的母细胞壁内。细胞呈椭圆形，两端增厚呈圆锥状。

(7)盘星藻

由2～128个细胞排列成单层细胞的定型群体，呈盘状、星状，群体边缘细胞常具凸起。

(8)栅藻属

群体，多由4～8个(少数由2、16、32个)细胞呈栅列状排列。

(9)十字藻属

定型群体，由4个细胞排列成方形或长方形，细胞呈三角形、半圆形或椭圆形。

(10)角星鼓藻

单细胞，多数呈辐射对称，少数两侧对称及侧扁，半细胞的顶角或侧角多形成长短不等的凸起，细胞壁光滑或具花纹或刺。

(11)鼓藻

单细胞，细胞侧扁，中部收缩，缢缝深凹，半细胞侧面大多呈圆形。

(12)刚毛藻属

圆柱形细胞叠连成丝状体，具顶端和基部的分化，分枝丰富，有互生型、对生型等。

(13)丝藻属

简单的不分枝丝状体，以长形的基细胞附着于基质上，细胞壁薄或厚而分层，色素体周生，带状，环绕细胞周壁一半以上。

(14)毛枝藻属

分枝丝状体，有匍匐枝和直立枝，常具厚胶质，直立枝常有互生型或对生型分枝，藻丝顶部逐渐尖细，色素体周生、带状。

(15)水绵属

不分枝丝状体，细胞呈圆柱形，色素体1～16条，呈带状，周生，沿细胞壁作螺旋盘绕。

3.硅藻门

硅藻形态多样，有单细胞体、聚集成群体、由单列细胞构成丝状体等。细胞形体像小盒，有上壳和下壳之分。上、下壳套合的地方，环绕一周，称为环带。细胞壁由硅质和果胶质组成。硅质在外层，较厚；果胶质在内层，较薄。细胞内有1个核和1个至多个色素体，呈小盘状或片状。硅藻呈黄绿色或黄褐色。繁殖方式为纵分裂和有性生殖。

上壳面(壳面)和下壳面(瓣面)上的花纹是分类的依据。根据壳面花纹排列的方式不同，硅藻分成两大类：一类称中心硅藻，这类硅藻多为圆形至卵圆形，壳面上的花纹自中央一点向四周呈辐射状排列，如小环藻属、圆筛藻属、直链藻属等，多数是海产种；另一类称羽纹硅藻，这类硅藻多为长形，壳面花纹排列呈两侧对称，壳面有纵裂缝(壳缝)，缝中央加厚成中央节，两端加厚成极节，如图1.50所示。

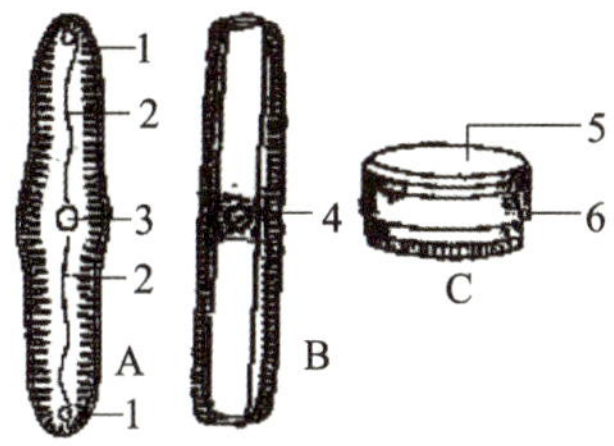

羽纹硅藻和圆筛硅藻的细胞壁
A—羽纹硅藻的瓣面；
B—羽纹硅藻的环带面；
C—圆筛硅藻的上下壳；
1—极节；
2—脊缝；
3—中央节；
4—细胞核；
5—圆筛硅藻的壳面；
6—圆筛硅藻的环带面

(a)

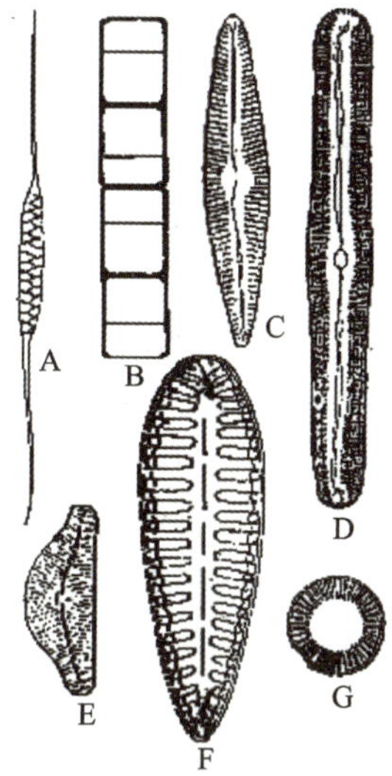

硅藻的各种类型
A—根管藻属；B—直链藻属；
C—舟形藻属；D—羽纹藻属；
E—桥弯藻属；F—双菱藻属；
G—小环藻属

(b)

图 1.50　硅藻结构图及常见类型

硅藻约有 16000 种，广泛分布在各类水体中，受气候、盐度和碱度的制约，有明显的区域种类。有的种可作为土壤和水体盐度、腐殖质含量、酸碱度的指示生物。一般在春秋两季大量繁殖，是鱼、贝等水中动物的食料，少数种类可形成海洋赤潮，如图 1.51 所示。

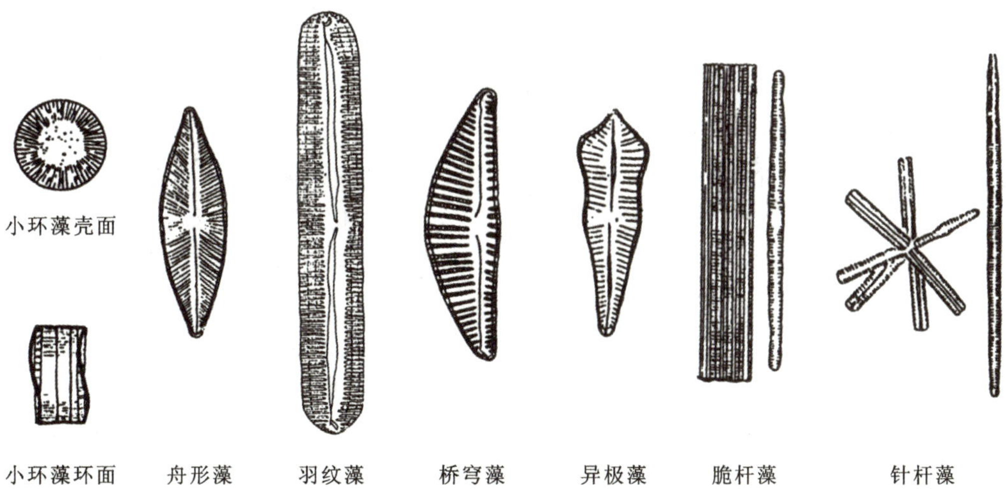

图 1.51　硅藻门代表属

硅藻门常见代表属如下：

(1)小环藻

单细胞，细胞呈短柱状体，壳面圆形，边缘具有放射状排列的孔纹或线纹，带面平滑。

少数种的壳面互相连接成链丝。

(2)舟形藻属

单细胞,壳面多呈线形、披针形,末端多呈圆形、喙形、头形,壳缝明显,具中央节和极节,带面呈长方形。

(3)羽纹藻属

单细胞,壳面多线形、椭圆形、披针形,末端常为头状或喙状,壳面花纹为肋纹,壳缝明显,带面呈长方形,少数为带状群体。

(4)桥弯藻属

单细胞,壳面两侧不对称,有背腹之分,背侧凸出,腹侧平直或中部略凸出,呈半月形、半椭圆形等,壳缝略弯曲,常偏近腹侧,有清晰的中央节和极节,带面长方形。

(5)异极藻属

单细胞或叉状分枝群体,浮游或用胶质柄着生。壳面两端不对称,呈棒状或披针状,上端宽、下端窄,有时有收缢,带面多为楔形,末端截形。

(6)辐节藻属

单细胞,少数,带状群体。壳面呈狭椭圆形或线形、披针形,壳面中心区有“辐节”(增厚呈宽带状)。

(7)脆杆藻属

细胞常互相连接成长带状群体,少数呈“乙”状群体。壳面多呈长披针形至细长线形,中部膨大或收缢,带面呈长方形。群体形状特征因固定和制片而丧失。

(8)针杆藻属

单细胞或呈放射状、扇状群体,壳面为线形或长披针形,中间到两端略渐变狭或等宽,带面为长方形。

(9)等片藻

细胞常连接成带状或锯齿状群体,壳面呈椭圆形至宽披针形或线形,有些两端略膨大,假壳缝狭窄,带面为长方形。

4. 甲藻门

甲藻多为单细胞个体,呈三角形、球状、针形;前后或左右略扁;有纵沟和横沟;前、后端常有凸出的角;有或无细胞壁;有两条鞭毛(横鞭毛和纵鞭毛)的细胞能运动;色素体数目多,呈盘状、片状、棒状、带状,多周生。藻体有棕黄色、黄绿色、灰色、红色,少数种类无色。

甲藻大多是海生种类,淡水种类很少。多数甲藻对光照强度和水温范围要求严格,在适宜的光照和较暖水温中,甲藻在短期内可大量繁殖,形成湖泊水华和海洋赤潮。

甲藻的代表属有角甲藻属(*Ceratium*)、裸甲藻属(*Gymnodinium*)、多甲藻属(*Peridinium*),如图 1.52 所示。

5. 隐藻门

隐藻为单细胞,有卵形、椭圆形、豆形;前端宽、钝圆或斜向平截;有明显的背腹之分,背侧凸出,腹侧平直或略凹,在腹侧有一向后延伸的纵沟;鞭毛两条,略不等长,自前端和腹侧长出;色素体大型、呈叶状,1～2 个,藻体呈黄绿色或黄褐色。

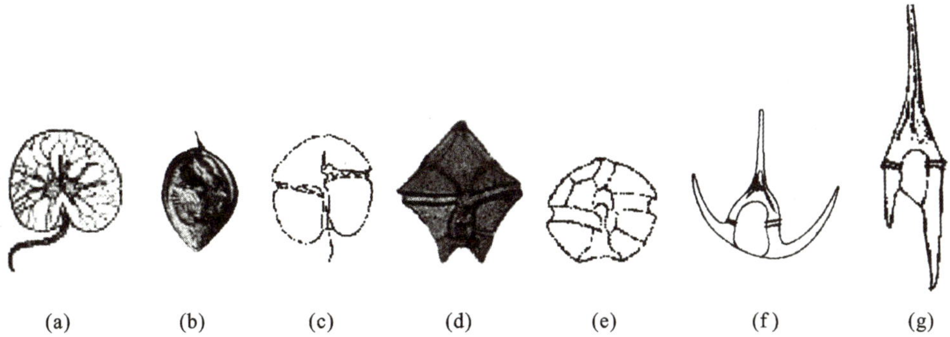

图 1.52　甲藻门代表种

(a)夜光藻；(b)原甲藻；(c)长崎裸甲藻；(d)锥形多甲藻；(e)亚历山大藻；(f)三角角藻；(g)叉状角甲藻

隐藻广泛分布在淡水水体中，在有机质较丰富的较肥水体、浅水区、沿岸地区数量较多，是水生动物的重要食料，也是水质污染的指示生物，大量繁殖形成水华时可指示水质污染。其常见代表属有蓝隐藻属(*Chroomonas*)、隐藻属(*Cryptomonas*)、蓝胞藻属(*Cyanomonas*)，如图 1.53 所示。

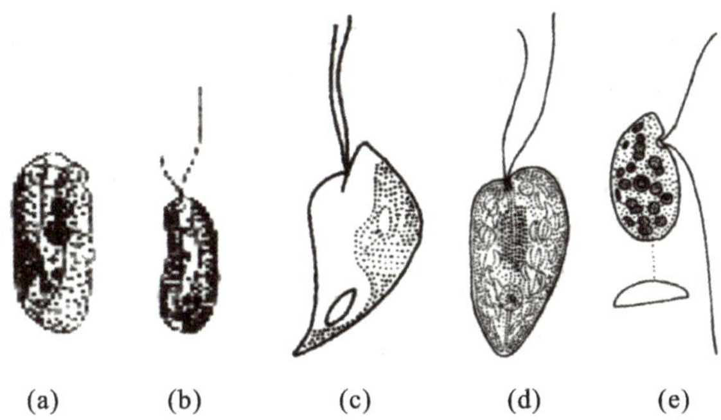

图 1.53　隐藻门代表种

(a)长形蓝隐藻；(b)尖尾蓝隐藻；(c)啮蚀隐藻；(d)天蓝胞藻

6. 黄藻门

黄藻的细胞大多数由两个半片套合组成，细胞壁含大量的果胶质，体内含叶绿素 a、叶绿素 c、β-胡萝卜素、叶黄素，附着或浮游生活，游动细胞具有不等长的略偏于腹侧的两根鞭毛，少数只有一根鞭毛。常见代表属有黄丝藻属(*Tribonema*)、黄群藻属(*Synura*)、拟黄群藻属(*Synuropsis*)，如图 1.54 所示。

7. 金藻门

藻体为单细胞体、群体、分枝丝状体，细胞壁有或无，有的具囊壳或覆盖硅质化的鳞片、刺，大多数种类具鞭毛，多条或 2 条，少数 3 条，等长或不等长，色素体 1 个、2 个或几个，多周生，呈弯曲片状或带状，藻体呈黄绿色或金棕色。

金藻约有 1000 种，对环境变化敏感，在寒冷季节数量较多，多生长在透明度较高的洁净淡水水体中，浮游或固着生活，故此种类常作为较洁净水的指示生物。金藻细胞营养丰富，是鱼类和其他水生动物的良好食料，少数种类(如小三毛金藻)大量繁殖时可引起鱼类死亡。常见代表属有鱼鳞藻属(*Mallomonas*)、合尾藻属(*Synura*)、钟罩藻属(*Di-

nobryon)，如图 1.54 所示。

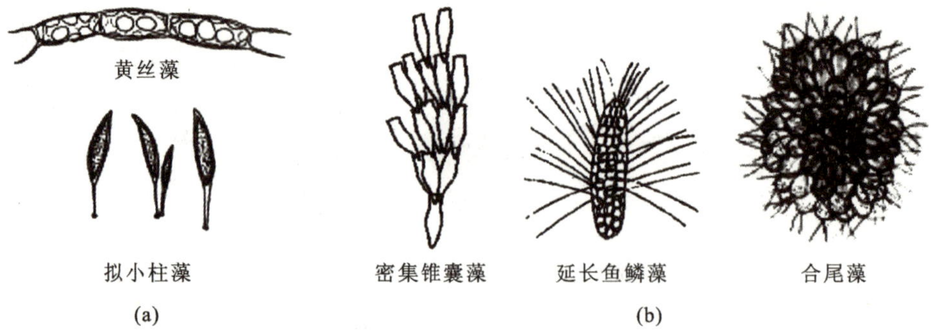

图 1.54　黄藻门和金藻门代表种

(a)黄藻门代表种；(b)金藻门代表种

8. 藻类的作用

(1)藻类植物在自然界中的作用

藻类植物是有机物和氧气的重要来源。

无论是在淡水中还是在海水中，藻类都是水生生态系统中生产者的重要成员。据估计，自然界光合作用制造的有机物中，有近一半是由藻类等微生物所生产的，这些有机物就是浮游动物和高等水生动物的食料。因此，藻类植物是水生食物链中的关键环节，是水体保持高层次生态平衡的基础。

在生产有机物的同时，藻类植物也是自然界中早期的、重要的氧气来源。

(2)藻类植物在环境保护中的作用

①藻类植物是监测水体环境的指示生物。由于一些藻类对环境变化(包括污染物消长)非常敏感或具有耐受力，从 20 世纪初开始，人们就根据水体中藻类的种类及数量变化，判断水质是否受到污染及污染的程度。人们归纳的水体清洁状况与水生藻类的对应关系如下：

- 较清洁的水体
  - 金藻门：金藻、鱼鳞藻
  - 绿藻门：毛枝藻
- 有机质污染的水体
  - 隐藻门：隐藻
  - 硅藻门：舟形硅藻、异极藻、针杆藻
  - 裸藻门：裸藻、扁裸藻、囊裸藻
  - 绿藻门：衣藻、团藻、顶棘藻、纤维藻、栅藻、角星鼓藻、小球藻等
- 富营养化水体
  - 淡水：裸藻、绿藻、隐藻、硅藻
  - 海水：甲藻

②藻类植物是污染水体的净化生物。藻类植物对水体环境净化作用的表现是多方面的。其一，吸收和积累有害元素。研究表明，有些藻类吸收积累的有害元素高出外界环境数千倍至数万倍。其二，降解转化有害物质。许多水生藻类可以在体内外转化有害物质，减少有害物质对其他生物的危害。其三，在水体中进行光合作用放出氧气。这既有助于全球的 O_2-CO_2 平衡，也能促进好氧细菌对水中有机污染物的分解。

当然，在特定条件下，藻类会造成水体污染，给人类生产与生活带来危害。最普遍的

藻类污染发生在富营养化的水体中，即当水中有大量的氮、磷等无机盐时，藻类就异常增殖，导致湖泊发生水华、海洋发生赤潮，水质恶化，最终使鱼、虾大量死亡。此外，有些藻还会产生毒素，普遍危害水生动物、禽鸟、人类，或专一危害某一类生物，如甲藻毒素可通过鱼、虾、贝而使人中毒，严重时可致人死亡。

三、任务所需器材

1. 材料：采集自然界各种水域样品，米酒和不同的霉变食品。

2. 仪器及其他用具：显微镜、载玻片、盖玻片、小烧杯、滴管、吸水纸等。

3. 各种染液：乳酸石炭酸棉蓝、美蓝等。

四、任务技能训练

（一）真菌简单染色方法与镜检

1. 霉菌的观察

在干净的载玻片上，滴加一滴乳酸石炭酸棉蓝染色液，用解剖针从菌落的边缘处取少量带有孢子的菌丝于染液中，再仔细将菌丝挑开，然后盖上盖玻片，在显微镜下观察菌丝的形态。

2. 酵母菌的观察

在载玻片中央滴加一滴美蓝染色液，按无菌操作法从培养基上挑取少量酵母菌，放在美蓝染色液中，使菌体与染色液充分混匀，加上盖玻片。在显微镜下观察酵母菌的形态和出芽情况。

（二）藻类水浸片制作与镜检

1. 制片：用滴管吸取水样，置载玻片中央，滴加1滴碘液或无菌水，盖上盖玻片。注意不要产生气泡，用吸水纸吸去盖玻片周围多余的水分。

2. 镜检：先在低倍镜下观察，后在高倍镜下观察，识别水样中出现的蓝细菌（可按微型生物分类图谱查对识别），绘出所观察到的蓝细菌的形态图，并注明分类地位。

3. 通过观察，掌握区分蓝细菌、绿藻、裸藻、硅藻、隐藻、甲藻等生物形态的要点。

五、讨论

市面上的一次性筷子细菌超标情况如何？用开水、茶水或温水冲洗后能有效降低细菌含量吗？

解析：不少市民在吃面时喜欢将筷子放在煮面的汤里烫一烫，认为可以起到彻底杀菌的作用，其实这样杀菌的效果是很有限的。开水温度虽高，但是处理时间太短，不能很好地灭菌；茶水和温水的温度偏低，难以杀灭筷子上的微生物。

一次性筷子放置时间长了会滋生各种霉菌，如果长期使用霉变的一次性筷子，可能导致感染性腹泻、呕吐等消化系统疾病，严重发霉的筷子还会滋生黄曲霉素，该物质已经被广泛认定为可诱发肝癌。

温度在10～35℃、湿度达15%时，霉变竹签上的霉菌成倍增长。黄曲霉素在等量的情况下，它的毒性是化学剧毒物氰化钾的10倍，比眼镜蛇、金环蛇毒汁还要毒，致癌作用要比二甲基亚硝胺强7.5倍，比致肝癌化合物“奶油黄”强900倍。筷子只有在沸水里煮5min以上，才能达到理想的杀菌效果，较理想的杀菌方式是使用高温消毒柜。

六、复习思考题

1. 如何区分细菌与酵母菌的菌体和菌落，以及放线菌与霉菌的菌体和菌落？
2. 在显微镜下怎样区分毛霉与根霉，青霉与曲霉、镰刀霉、木霉和交链孢霉？
3. 如何区分裸藻、扁裸藻和囊裸藻？
4. 如何区分绿藻门中的衣藻、小球藻、团藻、栅藻、纤维藻、盘星藻、角星鼓藻和鼓藻？
5. 如何区分甲藻门中的裸甲藻和角甲藻？
6. 哪些藻类易导致水体发生水华？哪些藻类是水体清洁的指示生物？

七、自我评价表（表1.4）

表1.4 环境中微生物主要类群的识别自我评价表2

评价内容	考核指标	分值
酵母菌	形态	20
	繁殖方式	
	作用	
霉菌	根霉的形态特征和作用	20
	毛霉的形态特征和作用	
	曲霉的形态特征和作用	
	青霉的形态特征和作用	
藻类	绿藻门的特征识别	40
	裸藻门的特征识别	
	硅藻门的特征识别	
	隐藻门的特征识别	
	甲藻门的特征识别	
	清洁水体的指示类群	
	导致水体富营养化的主要类群	
显微镜使用	显微镜维护	20
合计		100

任务 1.3 微型动物的形态观察

一、任务目标

通过对水体中原生动物和微型后生动物的形态观察，识别水体中几种常见的原生动物和微型后生动物。

二、任务相关知识

（一）原生动物

1. 原生动物的主要特征

原生动物是单细胞真核动物，是最原始、最低等、结构最简单的动物。在细胞内可分化出具有各种生理功能的胞器，根据其运动胞器和摄食方式的不同主要分成四大类，即肉足虫类、鞭毛虫类、纤毛虫类和吸管虫类。

视频

活性污泥类主要原生动物种类

原生动物具有以下主要特征：

（1）体型微小

原生动物大小在 10～300μm 之间，需在光学显微镜下才可看见。

（2）功能强大

虽然是单细胞生物，但细胞内已分化出能执行各种生理功能的胞器。例如，胞口、胞咽、食物泡、吸管是负责摄食、消化的胞器，收集管、伸缩胞、胞肛是负责排泄的胞器，鞭毛、纤毛、伪足是负责运动和捕食的胞器，眼点是感觉胞器。有的胞器执行多种功能，如伪足、鞭毛、纤毛既能执行运动功能，又能执行摄食功能，甚至还有感觉功能。

（3）摄取营养方式多样

原生动物摄取营养的方式有以下三种：

①动物性营养　通过吞食其他生物（如细菌、放线菌、酵母菌、霉菌、藻类）、比自身小的原生动物、有机颗粒的摄取营养的方式，称为动物性营养。绝大多数原生动物为动物性营养动物。

②植物性营养　和植物一样，在有阳光的条件下，吸收 CO_2 和无机盐进行光合作用，合成有机物供自身营养的摄取营养方式，称为植物性营养。有色素的鞭毛虫，如绿眼虫、衣滴虫等是植物性营养动物。

③腐生性营养　借助体表的细胞膜吸收环境和寄生生物中的可溶性有机物供自身营养的摄取营养方式，称为腐生性营养。某些无色素体的鞭毛虫和寄生的原生动物是腐生性营养动物。

（4）生殖方式多样

原生动物的生殖方式归纳如下：

- 生殖方式
  - 无性生殖
    - 二分裂式（纵分裂、横分裂）为原生动物的主要繁殖方式
    - 出芽生殖，如吸管虫
  - 有性生殖：多分裂式，如寄生的孢子虫

2.原生动物的主要类群

原生动物种类繁多，目前已鉴定了万余种。根据运动胞器和摄食方式不同，原生动物可分成五个纲：鞭毛纲、肉足纲、纤毛纲、吸管纲、孢子纲。鞭毛纲、肉足纲、纤毛纲、吸管纲生活在水体中，在污水生物处理中起重要作用。

（1）鞭毛纲

鞭毛纲的原生动物俗称鞭毛虫，以鞭毛为运动胞器是鞭毛虫的主要特征。根据有无色素体，鞭毛虫又分成两类，一类为植鞭毛虫，即既有鞭毛又有色素体，另一类为动鞭毛虫，即无色素体，只进行动物性或腐生性营养。

动鞭毛虫常见代表有屋滴虫属（*Oikomonas*）、波豆虫属（*Bodo*）、异鞭虫属（*Anisonema*）、袋鞭虫属（*Peranema*），如图1.55所示。

① 屋滴虫属　一般为单细胞，少有群体，细胞多呈卵形、球状、倒卵形，多数种的前端有外缘或唇状凸起，少数种前端浑圆或呈喙状弯曲，后端有时延伸为柄；鞭毛1根，约等于体长或是体长两倍；自由或固着于各种污水。

② 波豆虫属　单细胞，多呈卵形、倒卵形、长圆柱形、豆形，鞭毛2根，1根为游泳鞭毛，1根为舵鞭毛；虫体大小为（19～25μm）×（7～13μm）；见于各种污水。

③ 异鞭虫属　单细胞，呈卵圆形，多有背腹之分，背侧隆起，腹侧近于平直或略凹，有纵沟，表质较硬而形态较固定；具不等长双鞭毛，向前的鞭毛细而短，向后的鞭毛粗而长，为体长的2～3倍；多生活在腐殖质丰富的淡水中。

④ 袋鞭虫属　单细胞，表质柔软，形态易变，一般呈圆柱形、纺锤形；不等长双鞭毛，

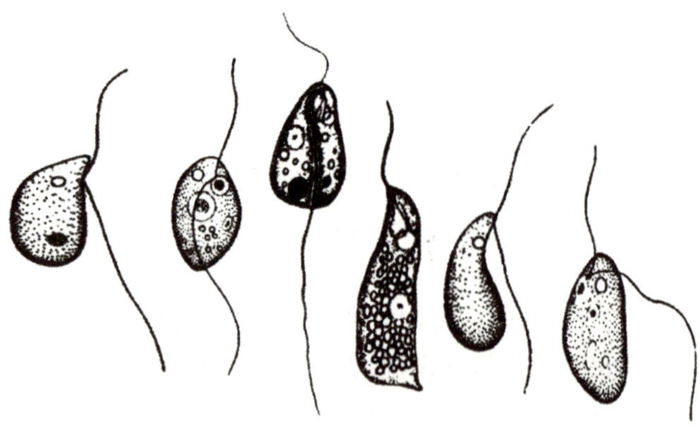

(a)　(b)　(c)　(d)　(e)　(f)

图1.55　常见的鞭毛虫形态

（a）屋滴虫；（b）小波豆虫；（c）卵异鞭虫；（d）楔形袋鞭虫；（e）急游波豆虫；（f）尾波豆虫

向前的鞭毛粗壮而长，运动时笔直指向前方，向后的一根鞭毛细而短，紧贴体表，不易见到；多生活在腐殖质丰富的小水体中。

在自然水体中，鞭毛虫喜在多污带、α-中污带生活。在污水生物处理过程中，在活性污泥培养初期或处理效果差时大量出现，可作污水处理的指示生物。

(2)肉足纲

肉足纲的原生动物俗称肉足虫。这是一类以伪足为运动和摄食胞器，没有胞口和胞咽的原生动物。因细胞膜形态不同，肉足虫的形态多样化。肉足虫广泛分布在各类水体中。有些种类喜欢生活在有机质较丰富的自然水体中，如在污水处理系统中，则在活性污泥培养中期出现。污水处理中的常见代表类型有变形虫属(Amoeba)、螺足虫属(*Cochliopodium*)、表壳虫属(*Arcella*)、鳞壳虫属(*Euglypha*)、砂壳虫属(*Difflugia*)，如图1.56所示。

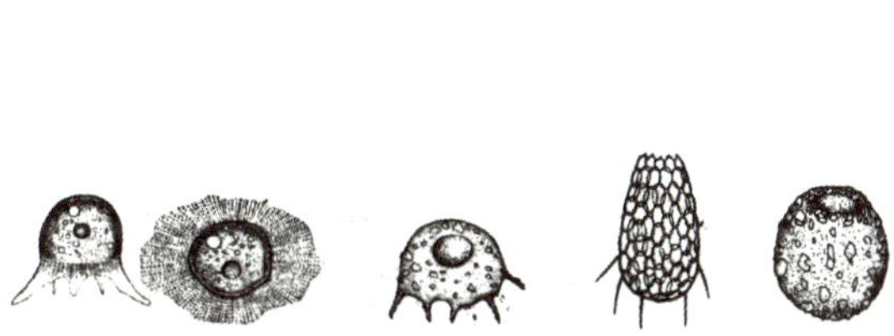

(a)　(b)　(c)　(d)　(e)　(f)

图1.56　常见的肉足虫形态

(a)大变形虫；(b)普通有壳虫；(c)透明螺足虫；(d)针棘匣壳虫；(e)有棘鳞壳虫；(f)砂壳虫

①变形虫　细胞质膜薄而柔软，虫体能变形，使其内细胞质不定向地流动而呈现出千姿百态，整体透明性较好。主要生活在清水池塘或在水流较缓慢、藻类较多的浅水中，一般泥土中也可找到，亦可成为寄生虫寄生在其他生物里面。能在全身各处伸出伪足，主要功能为运动和摄食。一般是以单细胞藻类、小型单细胞动物作为食物，变形虫主要靠有丝分裂繁殖，移动极其缓慢，常深入菌胶团捕食。在培养活性污泥的初期阶段，活性污泥很少或基本没用，这时存在大量的变形虫。另外，当入流污水量增大对系统造成水力冲击负荷，或污泥处理区的上清液、滤液大量回流对系统造成污染冲击负荷时，变形虫也会大量出现。当变形虫占优势时，对废水有很小或基本没有处理效果。

②匣壳虫、表壳虫、砂壳虫　细胞质膜含有铁、镁、硅等无机成分，特化成坚固的外壳、披甲、骨针等。

(3)纤毛纲

纤毛纲中的原生动物俗称纤毛虫，是一类以纤毛作为运动和摄食胞器的原生动物。因为有稳定的结构、细致的摄食细胞器，所以，纤毛虫是原生动物中最高级的一类，如细胞核有大核(营养核)和小核(生殖核)之分、游泳型纤毛虫中的草履虫有肛门点、固着型纤毛虫大多有肌原纤维等。纤毛虫为动物性营养动物，以分裂生殖和结合生殖方式生殖。纤毛虫在自然水体和污水生物处理装置中经常出现，根据运动和营养方式不同，纤毛虫可分为游泳型、固着型、匍匐型三类。

① 游泳型纤毛虫

常见游泳型纤毛虫有十余属，如图1.57所示。

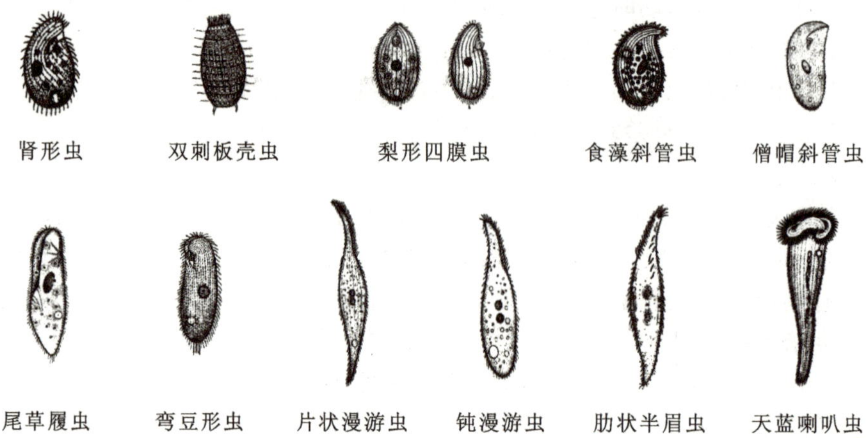

图 1.57　常见的游动型纤毛虫

a. 草履虫(*Paramecium*)　身体呈鞋底形或雪茄形，纤毛分布全身，有十分发达的口沟。口沟内浓密的纤毛摆动时，能把水里的细菌和有机碎屑作为食物摆进口沟内，再进入草履虫体内，供其慢慢消化吸收。草履虫的生殖方式是多种多样的，可分无性、接合、内合、自配、质配等。草履虫自身没有呼吸系统，通过表膜和外界直接进行气体交换。膜上密集地长着近万根纤毛，靠纤毛的划动在水中旋转，慢速游动，活动于菌胶团周围。在活性污泥培养中期会作为优势原生生物出现，日常运营中工况良好时，也会出现少量草履虫。

b. 肾形虫(*Colpoda*)　身体呈肾形，背腹扁平，右缘呈半圆形均匀弯曲，左缘平直，后端比较圆，在饥饿时后端比较细，口位于身体中间偏前的左缘中部，口前庭呈一个较浅的洼窝；全身纤毛均匀，分布较稀，体内有分散的食物泡。肾形虫的食物来源以细菌为主，喜好食大肠杆菌、锯杆菌。在 BOD 负荷为 0.7kg 左右的高负荷条件下最常出现，系统正常运行情况下出现较少。污泥恶化时作为优势原生动物出现。

c. 豆形虫(*Colpidium*)　身体呈长卵圆形或近似长豆形，后半部往往比前半部要宽阔，前端的腹面弯转并使腹面前部 1/3 处略形成一凹陷，后端浑圆；分布在全身的纤毛相当密且均匀，内质比较透明。以细菌为主要食物，同时也兼食微型鞭毛虫。在自然环境中存在于中污性水体，在寡污性水体中很少发现；在活性污泥中，经常在高 BOD 负荷且低溶解氧的情况下出现，与此同时，也能观察到波动虫、滴虫等，是非活性污泥类原生动物中具有代表性的一种。

d. 斜管虫(*Chilodonella*)　身体常呈椭圆形，前端左缘有“吻”突，背腹平，仅腹面有纤毛，胞口位于腹面前半部，呈裂缝状。以藻类和细菌为食物，环境适应能力很强，主要在活性污泥由恶化到恢复的过程中出现。

e. 半眉虫(*Hemiophrya*)　身体呈矛形或柳叶刀状，左面“躯干”部分较平，无明显削细的“颈部”及尾部，体前端有刺丝泡束形成的钉针，胞口在“颈”的腹侧，呈裂缝状，大核两个，中间共 1 小核。

f. 漫游虫(*Litonotus*)　身体呈矛形，侧面在形态上与半眉虫相似，但左面“躯干”部分向外凸起，有削细的颈部和尾部，体前端无“钉针”。

g. 四膜虫(*Tetrahymena*) 身体小,呈梨形,口位于腹面中部,与身体纵轴一致。

h. 喇叭虫(*Stebtor*) 身体呈喇叭形,能高度收缩,口缘区纤毛沿身体前端向右旋转约300°,大核呈带状或念珠状,体长0.5～2mm。

i. 板壳虫(*Colepshirtus*) 身体呈榴弹形,中间少许膨大,体长和体宽的比例约为2∶1,形态固定不变,个体大致呈棕褐色。由外质形成的板壳有15～20行,板壳由横沟分成六段,每段形成一定形式和数量的"窗格"。纤毛均匀地分布在全身,胞口位于最前端,被纤毛围裹而不易看到。游动速度快,因不能爬行,不适应在菌胶团内移动,常在菌胶团外围活动。板壳虫能捕食藻类、小型鞭毛虫以及小的纤毛虫,也吸食已经死亡的轮虫。经常在BOD负荷较低、溶解氧浓度高,所处理的水中BOD值较低的情况下出现。

j. 管叶虫(*Trachelophyllum*) 身体呈矛形,十分扁平,前端有明显的颈状延伸,前端不平截。

注:将口部移到视野的前方,并从腹面(有口一面)观察,观察者视野的右方就是虫体的左侧。

②匍匐型纤毛虫

匍匐型纤毛虫的体纤毛融合为棘毛,又称触毛。触毛排列于虫体腹面,起支撑虫体在污泥絮体表面爬行或游动的作用,以游离细菌或污泥碎屑为食。

污水生物处理装置中常见五属,如图1.58所示。

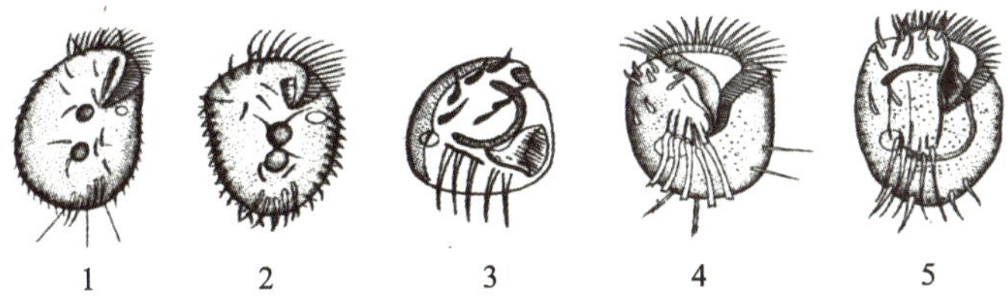

图1.58 匍匐型纤毛虫的形态图

1—贝棘尾虫;2—腐生尖毛虫;3—有肋楯纤虫;4—阔口游仆虫;5—盘状游仆虫

a. 楯纤虫属(*Aspidisca*) 身体小,坚硬,常有肋条隆起,前端最狭小,后端最宽阔且平直,少许钝圆,背面凸出;前触毛4根,倾斜地排成一行;腹触毛3根,位于前半部;臀触毛5～12根,相当长且细,倾斜地排列在后部。以细菌为食物,生态范围较广,但对化学物质极为敏感,可作为判定有毒物质的指标生物。楯纤虫也可作为水质处理良好的指示生物,大量出现时,处理的水的BOD值大多在15mg/L以下。但楯纤虫过多时(2000个/mL以上),会不断地在活性污泥中翻来翻去,影响污泥的沉降效果。

b. 尖毛虫属(*Oxytricha*) 身体呈椭圆形,后端纯圆,柔软,可弯曲,胞口的右缘唇微向左弯,远离小膜口缘区,体纤毛融合为粗触毛,仅分布在腹面,前触毛8根,腹触毛和臀触毛各5根,左右缘触毛体不汇合。

c. 棘尾虫属(*Stylonychia*) 身体呈长椭圆形,但两侧差不多平行,坚硬,不弯曲变形,小膜口缘区发达,在口缘处有凹陷。纤毛系统有8根前触毛,5根腹触毛,5根臀触毛,缘触毛在体末不汇合,臀触毛的两根明显凸出在体外,非常强直,后面3根尾触毛长而坚硬,背部有短的刚毛。行动不灵活,时而觅食时而停留,体内充满吸入的藻类。主要以藻类、鞭毛虫为食物来源,在活性污泥中不常见,如果出现则所处理的水中BOD值通常较低。

d. 游仆虫属(*Euplotes*)　虫体纵长，坚硬，不弯曲，小膜口缘区非常宽阔，背面常有凸出，腹面扁平，后半部比前半部稍狭一些，后部浑圆，口缘区大而长。前触毛有 7 根，臀触毛 5 根，尾触毛 4 根，无缘触毛。伸缩泡位于后半部右侧，大核 1 个，呈很长的带形。主要以鞭毛虫和纤毛虫为食料，有时也吞食单细胞藻类。因其具备纤毛和刚毛的动能，具有匍匐爬行能力，可在菌胶团爬行。经常在较低 BOD 负荷时出现，此时处理出水 BOD 值通常在 10mg/L 左右。

e. 弹跳虫属(*Halteria*)　虫体呈球状或宽梨形，体中部有一圆形刚毛束，跳跃运动。大核 1 个，呈卵形。

③固着型纤毛虫

固着型纤毛虫分单体型和群体型。

单体固着型纤毛虫：钟虫，因虫体呈倒置钟形而得名，口缘向外扩大形成围口唇，钟口朝上，下方有钟柄，具有伸缩性。有柄不分枝，柄具有肌丝，且肌丝呈波形扭曲，螺旋状收缩，如图 1.59 所示。

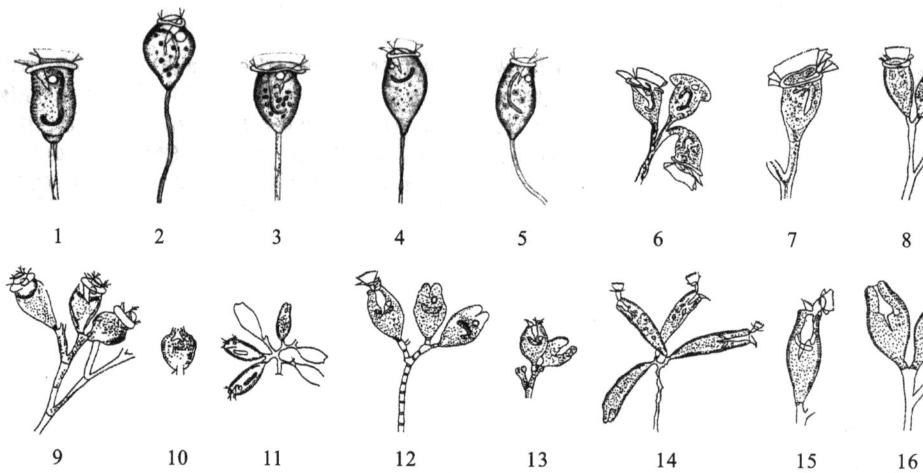

图 1.59　固着型纤毛虫常见形态

1—领钟虫；2—小口钟虫；3—沟钟虫；4—八钟虫；5—污钟虫；
6—螅状独缩虫；7—树状聚缩虫；8,9,10—湖累枝虫；11—圆筒盖纤虫；
12—节盖纤虫；13—小盖纤虫；14—长盖纤虫；15,16—彩盖纤虫

群体固着型纤毛虫：根据尾柄肌丝、围口唇等的结构特点，以及虫体的运动特点，分为湖累枝虫属(*Epistylis*)、盖纤虫属(*Opercularia*)、聚缩虫属(*Zoothamnium*)、独缩虫属(*Carchesium*)等。

无论是单个的或是群体的固着型纤毛虫种类，固着生长于菌胶团。在废水生物处理厂的曝气池和滤池中生长得十分旺盛，能促进活性污泥的絮凝作用，并能大量捕食游离细菌而使出水澄清。固着型纤毛虫类作为优势原生生物时，出水水质良好，清澈透明。而在生活污水中湖累枝虫大量出现则是污泥膨胀、解絮的征兆。

(4)吸管纲

这类原生动物幼体有纤毛，成虫纤毛消失，具吸管和柄，有长短不一的吸管分布于全身或局部。虫体呈球状、倒圆锥形、三角形等，没有胞口，以吸管为捕食细胞器，末端膨大

或修尖，呈放射状排列于虫体上，并与虫体细胞质相通。当吸管碰上纤毛虫、轮虫等微型动物时，就黏住它们，并分泌毒素麻醉它们，然后溶化它们的细胞膜，吸干它们的体液而致其死亡。水质由差逐渐变好的情况下可见。常见种类有足吸管虫(*Podophrya*)、壳吸管虫(*Acineta*)、锤吸管虫(*Tokophrya*)等，如图 1.60 所示。

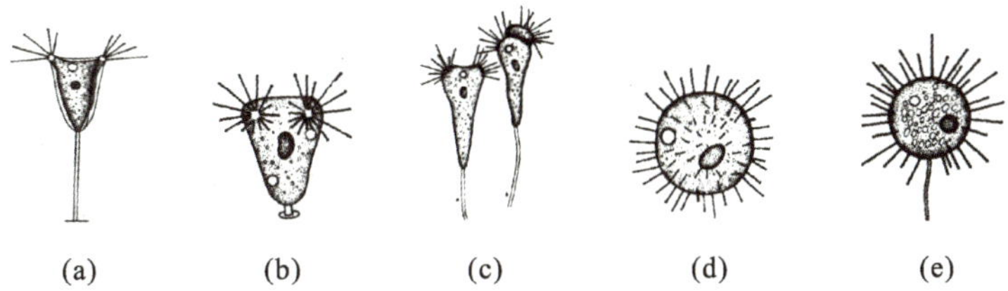

图 1.60　常见的吸管虫

(a)结节壳吸管虫；(b)浸渍锤吸管虫；(c)浮游锤吸管虫；(d)太阳球吸管虫；(e)固着足吸管虫

(二)微型后生动物

微型后生动物是一类多细胞、形体微小的低等动物，需借助光学显微镜才能看清楚的多细胞动物的统称。水体中常见的类群有轮虫类、线虫、寡毛虫(颗体虫、颤蚓、水丝蚓)、浮游甲壳动物(枝角类、桡足类)等。这些动物在天然水体、潮湿土壤、水体底泥和污水生物处理系统中均有存在，对水质有一定的净化和指示作用。

1. 轮虫

轮虫是多细胞动物中较简单的一类，形体微小，长 0.04～2mm，大多数不超过 0.5mm，虫体一般分成头部、躯干部和尾部(足部)。主要特征如下：

(1)头部

头部即身体前端，有 1～2 圈纤毛组成左右两个纤毛环，称为头冠。纤毛经常摆动，犹如旋转的车轮，故称轮虫。轮虫头部的左右两个纤毛环向相对方向拨动，形成向中轴水流，使游离细菌、悬浮的有机颗粒、污泥碎屑随水流由两纤毛环之间的口部经咽入咀嚼器被咀嚼，再经食道进入胃和肠被消化吸收。头冠是轮虫的标志，而咀嚼器有不同类型，常是鉴定的依据之一。

(2)躯干部

躯干部是虫体最长、最大的部分，一般背腹扁宽，外面具有透明的壳，两侧对称，有些种类的躯干部表皮薄而软，且具许多环形皱褶，称假节；有些种类的躯干部表皮高度硬化，形成坚硬的被甲，被甲上常有刻纹、刺或棘等。假节和被甲也是鉴定的依据。

(3)尾部

尾部又称足部，大多呈柄状，有假节的能自由收缩，末端常有分叉的足，足内有腺体分泌黏液，以利于虫体固着在其他物体上。

轮虫雌雄异体，一般看到的都是雌体，进行的是孤雌生殖。当环境不利时，可形成胞囊，以耐受不良环境。

大多数轮虫以细菌、藻类、微小的原生动物、有机颗粒为食，动物学上称为杂食性；轮虫有个体生存的，也有群体生存的，生活方式分自由生活和固着生活两种；底栖轮虫的种类居多。自然条件下，轮虫栖息在沼泽、池塘、浅水湖泊、深水湖的沿岸带，是高等水生动物的食料。在污水生物处理系统中，常在运行正常而有机物含量较低、水质较好时出现，故是水体寡污带和污水生物处理效果好的指示生物；但当污泥老化解絮、松散上浮、碎屑较多时，也会刺激轮虫大量增殖，可多至 1mL 中近万个，这时，轮虫为污泥老化解絮的标志。值得注意的是，若活性污泥中轮虫数量过多，则会破坏污泥的结构，如大量猪吻轮虫出现时，会将活性污泥蚕食光。常见轮虫有红眼旋轮虫、水轮虫、龟甲轮虫、臂尾轮虫、转轮虫等，如图 1.61 所示。

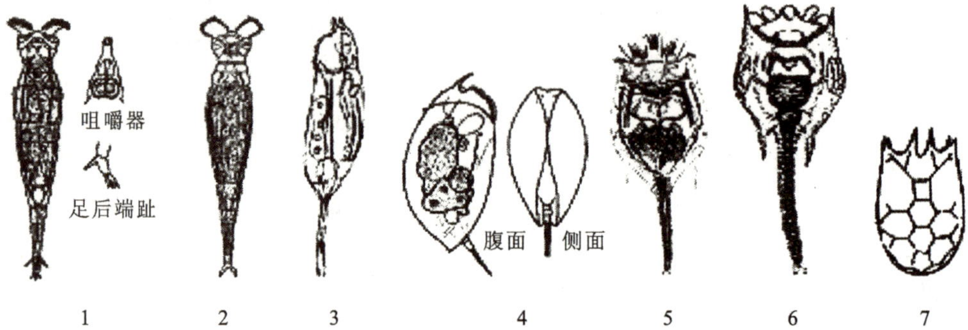

图 1.61　常见的轮虫

1—转轮虫；2—红眼旋轮虫；3—猪吻轮虫；4—钩状狭甲轮虫；
5—萼花臂尾轮虫；6—剪形臂尾轮虫；7—龟甲轮虫

2. 线虫

线虫属于线形动物门的线形纲，虫体为长线形，活体长度一般为 0.25～2mm，显微镜下清晰可见。线虫前端口上有感觉器官，体内有神经系统，消化道为直管，食道由辐射肌组成，如图 1.62 所示。线虫有寄生的和自由生活的，自由生活的线虫体两侧的纵肌可交替收缩，使虫体作蛇状运动，活动剧烈。在污水生物处理中的线虫多是自由生活的，常生活在水中有机淤泥和生物膜上，它们以细菌、藻类、轮虫和其他线虫为食。污泥培养后期可见少量线虫；在缺氧时会大量繁殖，是有机物负荷高、生物处理净化程度差的指示生物。水力负荷突然增大时，往往会出现大量线虫（增加曝气量，减小水力负荷，配合剩余污泥排放可以抑制线虫生长）。

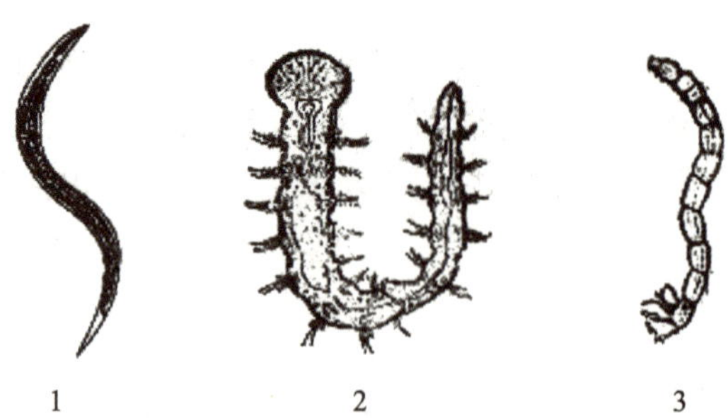

图 1.62　线虫和颗体虫形态

1—线虫；2—红斑颗体虫；3—摇蚊幼虫

3. 环节动物

环节动物是比轮虫和线虫体形大、分化高级的多细胞动物，细长分节，每节两侧长有刚毛，靠刚毛爬行运动。污水生物处理系统中的环节动物，主要是寡毛类的颗体虫、颤蚓、水丝蚓。当BOD负荷低时，表壳虫、鳞壳虫、轮虫、寡毛虫等成为优势生物，这些生物多时也是硝化进行的指标。

(1)颗体虫

不耐低温，多在夏、秋两季出现于温度20℃左右的污水生物处理系统中。在活性污泥中出现较多的为红斑颗体虫，虫口前圆而宽，口在腹侧有吸盘，上有纤毛，是捕食器官，以污泥中的细菌和有机碎片为食料；身体分节不明显，每体节背腹有4束刚毛；体表有绿色或黄色的油点(图1.62)。

(2)颤蚓和水丝蚓

以土壤有机物为食，是河流、湖底泥有机污染的指示生物。在好氧生物处理中，它们和轮虫、线虫等一起充当滤池扫除生物，去除滤池内的污泥，防止污泥积聚和堵塞。

4.浮游甲壳动物

在地表水中，还广泛分布着一些微型浮游甲壳动物，它们是水生生物，具有坚硬的外壳，浮游生活，以细菌、藻类为食，同时又是鱼类的基本食料。微型甲壳动物也是水体污染和水体自净的指示生物。浮游甲壳动物包括枝角类和桡足类。

(1)枝角类

枝角类通称水蚤，俗称红虫，是一类小型甲壳动物，一般体长为0.2～3.0mm。身体左右侧扁，分节不明显，具有1块由两片合成的甲壳，包被于躯干部的两侧。头部有显著的黑色复眼，复眼的周围有许多水晶体，第二触角十分发达，呈枝角状，在身体后腹部末端有一对尾爪，如图1.63所示。水蚤的血液中含血红素，血红素的含量与水体中溶解氧含量呈反向变化，即水体中溶解氧含量低时血红素的含量高，水体中溶解氧的含量高时血红素的含量低，所以在污染水体中生存的水蚤比清洁水体中的颜色红些。利用水蚤的这个特点可判断水体的清洁程度。

(a)　　(b)　　(c)

图1.63　枝角类常见形态

(a)大型蚤；(b)多刺秀体蚤；(c)矩形尖额蚤

(2)桡足类

桡足类也是一类小型甲壳动物，虫体窄长，体长在0.3～3.0mm之间，一般小于2mm；虫体分节明显，体节数目不超过11节；虫体可分为头胸部和腹部，头胸部较宽，腹部较窄。头部有1个眼点、2对触角、3对口器，胸部具5对胸足，腹部无附肢，身体末端具1对尾叉。雌性腹部两侧或腹面常带1对或1个卵囊。

根据触角的特征可将桡足类分成哲水蚤、剑水蚤、猛水蚤三类，如图1.64所示。

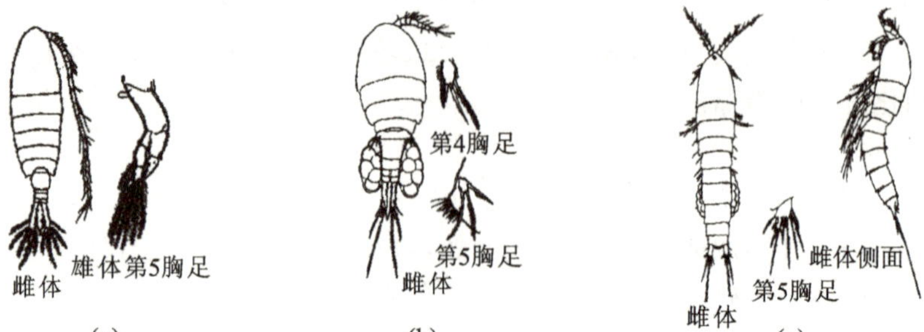

图 1.64 桡足类常见形态

(a)哲水蚤;(b)剑水蚤;(c)猛水蚤

三、任务所需器材

1. 微型动物样品:采集自然界各种水域样品。

2. 试剂:鲁哥氏碘液。对枝角类和桡足类,可用4%的福尔马林(福尔马林4mL、甘油10mL、水86mL)或70%酒精固定,一般100mL水样加4～5mL福尔马林溶液。如先用福尔马林溶液固定48h,再转入70%酒精中保存,效果更好。

3. 仪器及其他用具:显微镜、载玻片、盖玻片、滴管、吸水纸等。

四、任务技能训练

(一)原生动物水浸片制作技巧

1. 水样采集。

2. 制片:用滴管吸取水样,置载玻片中央,盖上盖玻片,注意不要产生气泡,用吸水纸吸去盖玻片周围多余的水分。

(二)镜检观察

1. 镜检:一般用低倍镜进行观察,识别水样中出现的微型后生动物,用高倍镜观察和识别水样中出现的原生动物(可按微型生物分类图谱查对识别)。

2. 绘出所观察的微型动物形态构造简图,并注明分类地位(门、属、种)。

3. 掌握区分轮虫、枝角类与桡足类以及水蚯蚓与线虫的要点。

五、讨论

《生活饮用水卫生标准》(GB 5749—2006)与(GB 5749—1985)相比,微生物指标由2项增至6项,增加了大肠埃希氏菌、耐热大肠菌群、贾第鞭毛虫和隐孢子虫,这意味着什么?

解析:贾第鞭毛虫和隐孢子虫是一类寄生于人和动物体内的肠道原虫,它们的孢囊和卵囊在受生活污水污染的地表水、处理不良的自来水中均可检出。它们可引起人的消化道感染,症状与腹泻相似。

生活饮用水是指供人生活的饮水和生活用水。其卫生微生物检测项目及参考标准见表1.5。

表1.5　生活饮用水卫生微生物检测项目及参考标准

指标	检验方法	限值(参考GB 5749—2006)
总大肠菌群	GB/T 5750.12—2006	不得检出(MPN/100mL或CFU/100mL)
耐热大肠菌群	GB/T 5750.12—2006	不得检出(MPN/100mL或CFU/100mL)
大肠埃希氏菌	GB/T 5750.12—2006	不得检出(MPN/100mL或CFU/100mL)
菌落总数	GB/T 5750.12—2006	100(CFU/mL)
贾第鞭毛虫	GB/T 5750.12—2006	<1(个/10L)
隐孢子虫	GB/T 5750.12—2006	<1(个/10L)

六、复习思考题

1.纤毛虫中包括哪些固着型纤毛虫(钟虫类)？如何区分各种固着型纤毛虫？
2.原生动物在水体自净和污水生物处理中如何起指示作用？
3.如何区分原生动物肉足虫类的变形虫、螺足虫、表壳虫、磷壳虫和太阳虫？
4.如何区分纤毛虫类的草履虫、肾形虫、斜管虫、四膜虫、漫游虫、板壳虫和喇叭虫？
5.纤毛虫中匍匐型纤毛虫与游泳型纤毛虫有何区别？
6.微型后生动物主要包括哪几类？

七、自我评价表(表1.6)

表1.6　环境中微生物主要类群的识别自我评价表3

评价内容	考核指标	分值
原生动物	肉足虫纲形态及其对环境的影响	50
	鞭毛虫纲形态及其对环境的影响	
	游泳型纤毛虫形态及其对环境的影响	
	匍匐型纤毛虫形态及其对环境的影响	
	固着型纤毛虫形态及其对环境的影响	
后生动物	轮虫形态和作用	20
	线虫形态和作用	
水浸片制作与观察	是否产生气泡	30
	显微镜熟练使用	
合计		100

【小结】

本章着重介绍了各类微生物的形态特点以及其在环境中的作用。

病毒是一类个体极其微小、无细胞结构、专性活细胞寄生生物，主要化学成分是核酸(DNA 或 RNA)与蛋白质，繁殖过程分为吸附、侵入、增殖、装配、释放五个阶段。

根据细菌细胞的基本形态，可把细菌分为球菌、杆菌、螺旋菌和丝状菌等；细菌细胞有细胞壁、细胞膜、核质体(原始核)和细胞质等基本结构，以及荚膜、鞭毛、芽孢等特殊结构；通过革兰氏染色法可把细菌分成革兰氏阳性菌和革兰氏阴性菌两大类。

放线菌是具有分枝的丝状菌，菌丝可分为营养菌丝、气生菌丝和孢子丝三种。菌丝无隔膜。蓝细菌能进行光合作用，产生氧气，菌体一般呈蓝绿色。

酵母菌的主要繁殖方式为芽殖。常见霉菌主要有毛霉、根霉、曲霉、青霉、镰刀霉、木霉、地霉等。

藻类主要包括裸藻门、绿藻门、金藻门、黄藻门、硅藻门和隐藻门。

原生动物在自然水体和污水生物处理中常见的类群有肉足虫类、鞭毛虫类、纤毛虫类和吸管虫类。微型后生动物主要包括轮虫、线虫和寡毛类等。

【与工作任务相关的作业】

自制酸奶：

1.选择比较新鲜的纯牛奶(1000mL)和一种自己喜欢的酸奶(60～100mL)；

2.将纯牛奶加热煮沸后(加入白糖 10～20g 搅匀，或不加)，冷却到 40～50℃，倒入经沸水消毒过的广口瓶中；

3.将酸奶也倒入广口瓶中，用消毒过的搅拌棒搅匀，盖上保鲜膜，拧紧瓶口；

4.在水桶里放入保温材料(如海绵或毛巾)、热水袋(装有沸水)、广口瓶，最后用毛巾把空隙填满，盖上桶盖，压上重物；

5.等待 6～10h，拿出广口瓶，看到牛奶已经成豆腐脑状，说明制作成功。把广口瓶放置于冰箱冷藏 2～4h，口味更佳。

练习

项目 2　水体质量的微生物监测与评价

知识目标

1. 掌握河流、湖泊的水样采集布点的原则、方法及水样的保存技术等；
2. 掌握水体采集、样品固定浓缩、分类识别技术；
3. 掌握水体指示微生物的指示作用与应用方法；
4. 掌握水污染的微生物评价方法；
5. 熟悉水体富营养化的形成原因、危害及防治方法；
6. 掌握微生物监测水体污染的定性及定量方法。

能力目标

1. 能独立进行各种环境水体的水样采集工作，并能科学地进行保存和运输；
2. 能全面利用各种信息对水体污染情况进行监测与评价。

水体质量的微生物监测与评价

生机勃勃的地球自然生态系统以及生生不息的人类社会文明，离不开适宜的天气、气候和水资源。人类活动对气候系统的影响，已从大气圈扩展到海洋圈、冰冻圈和陆地生物圈，全球正经历着以气候变暖为突出标志的气候变化，带来极端天气、气候事件频发、海洋酸化、海平面上升、冰川融化速度加快、水资源短缺等问题。应对气候变化日益成为全人类面临的共同挑战，成为共建人与自然生命共同体，共建清洁、美丽世界的关键。

党的二十大报告提出："我们坚持可持续发展，坚持节约优先、保护优先、自然恢复为主的方针，像保护眼睛一样保护自然和生态环境，坚定不移走生产发展、生活富裕、生态良好的文明发展道路，实现中华民族永续发展。"中国积极应对气候变化的努力和贡献，令世界瞩目。

尊重自然、顺应自然、保护自然，是全面建设社会主义现代化国家的内在要求。人与自然和谐共生是中国式现代化的重要特征，是推动高质量发展的应有之义。新征程上，坚持人与自然和谐共生，必须统筹好发展和安全的关系，进一步促进经济社会发展全面绿色转型，开创中国生态文明建设实践新局面，积极参与全球生态治理，加快建设人与自然和谐共生现代化。

案例导入

2007年5月29日开始，江苏省无锡市城区的大批市民家中自来水水质突然发生变化，并伴有难闻的气味，无法正常饮用。无锡市民饮用水水源来自太湖，造成这次水质突然变化的原因是：入夏以来，无锡市区域内的太湖水位出现50年以来最低值，再加上天气连续高温少雨，太湖水富营养化较重，从而引发了太湖蓝藻的提前暴发，影响了自来水水质。无锡市民纷纷抢购超市纯净水，街头零售的桶装纯净水也出现了较大的价格波动。

2007年6月，巢湖、滇池也不同程度地出现蓝藻。安徽巢湖西半湖出现了5km^{2}左右的大面积蓝藻，由于西半湖不作为饮用水源，所以对当地影响不大，但随着持续高温，巢湖东半湖也出现蓝藻。滇池也因连日天气闷热，导致蓝藻大量繁殖。在昆明滇池海埂一线的岸边，湖水如绿油漆一般，并伴随着阵阵腥臭。太湖、巢湖、滇池蓝藻的连续暴发，为"三湖"流域水污染综合治理敲响了警钟。

课前思考题

如何对污染水体进行监测和评价？

项目工作流程

前期学习　微生物种类及识别

↓

任务2.1　水样的采集技术及微生物指示作用

↓

任务2.2　污染水体的微生物监测和评价

技能训练

任务2.1　水样的采集技术及微生物指示作用

一、任务目标

视频

水质生物监测的采样技术

1. 掌握河流、湖泊的水样采集布点的原则、方法及水样的保存技术等；

2. 掌握水体采集、样品固定浓缩、分类识别技术；

3. 掌握水体指示微生物的指示作用与应用方法。

二、任务相关知识

(一)水体生物监测的断面布设

1. 监测断面的布设原则

① 在断面布设前,应首先查清监测河段内生产和生活取水口的位置、取水量;废水排放口的位置及污染物排放情况;河段水文及河床情况;支流汇入、水工建筑物情况;其他影响水质及其均匀程度的因素。

② 应有代表性,能较真实、全面地反映水体水质及污染物的空间分布和变化规律。

③ 断面数量应根据掌握水环境质量状况的实际需要,考虑对污染物时空分布和变化规律的控制,力求以较少的断面、垂线和测点取得代表性最好的样品。

④ 位置应避开死水区,尽量选择顺直河段、河床稳定、水流平缓、无急流湍滩处。

2. 河流断面的设置

(1)流经大、中城市或工业区等污染较重的河段,一般应设置下列三种断面:对照断面、控制断面、消减断面,如图 2.1 所示。

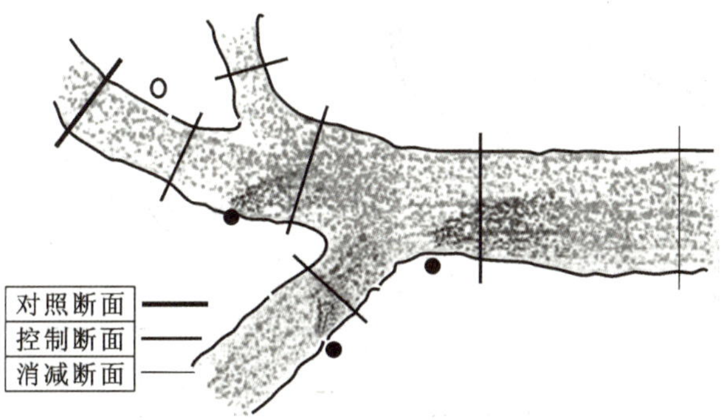

图 2.1 河流断面设置

① 对照断面 反映初始情况,设置在上游,基本不受本地区污染影响处。

② 控制断面 反映本地区排放的废水对河段水质的影响,设置在排污区(口)的下游,污染物与河水能较充分地混合处。可设置数个控制断面,距离应根据主要污染物的迁移、转化规律,河水流量及河道水力特征确定。监测河流的较大交流汇入前的河口处,湖泊、水库的出、入河口及重要河流入海口处应设置监测断面。

③ 消减断面 是指河流收纳废水和污水后经稀释扩散和自净作用,使污染物浓度显著降低的断面,通常设置在城市或工业园最后一个排污口下游 1500m 以外的河段上。

(2)国际河流出、入国境的交界处应设置监测断面。

(3)对水质变化很小或沿污染源排放的废水对水质影响很小的长距离河段(如两城市间的长距离河段),根据需要适当设置控制断面。

(4)有特殊要求地区,如城市饮用水源地、水产资源丰富的地区、主要风景游览区、自然保护区、与水源有关的地方病发病区、严重水土流失区及地球化学异常区等的河段均应设置监测断面。

(5)为取得水系或河流水质的背景值,应设置背景断面。背景断面位置应符合下列要求:基本不受人类活动的影响,远离城市、居民稠密区、工业区、农药及化肥施放区、主要交通线等,一般设置在河流上游不受污染的河段或接近源头处。在水文地球化学异常的河段,应在上下游分别设置断面。

(6)断面位置确定后,应在岸边设立明显的固定标志物。

河流断面垂线和采样点的设置见表2.1。

表2.1 河流断面垂线和采样点的设置

水面宽	垂线数	说明
≤50m	一条(中泓)	断面上垂线的布设,应避开岸边的污染带,对于有必要进行监测的污染带,可在污染带内酌情增加垂线
50~100m	二条(左、右近岸有明显水流处)	对无排污河段或有充分数据证明断面上水质均匀时,可只设一条中泓垂线
>100m	三条(左、中、右)	凡布设于河口,要计算污染物排放通量的断面,必须按本规定设置垂线

3.湖泊、水库监测垂线的布设

① 湖(库)区的不同水域,如进水区、出水区、深水区、浅水区、湖心区、岸边区,按水体功能分别设置监测垂线。

② 湖(库)区若无明显功能分区,可用网格法均匀设置监测垂线。

③ 监测垂线采样点的设置一般与河流的规定相同,见表2.2。但对有可能出现温度分层现象者,应先做水温、溶解氧的探索性实验再定。

表2.2 湖泊、水库监测垂线的布设

水面宽	垂线数	说明
≤5m	一条(水面下0.5m处)	不足1m时,在1/2水深处
5~10m	二条(水面下0.5m处,河底以上0.5m)	封冻时,在冰下0.5m处
>10m	三条(水面下0.5m处,1/2水深,河底以上0.5m)	若有充分数据证明垂线上水质均匀,可酌情减少采样点数

4.潮汐河流监测断面的布设

① 潮汐河流监测断面的布设原则与其他河流相同。设有防潮桥闸的潮汐河流,应根据需要在桥闸的上下游分别设置断面。

② 根据潮汐河流的水文特征,潮汐河流的对照断面一般应设在潮区界以上。若潮河段潮波上溯的距离很长,以至于远超出城市管辖河段的上游,其对照断面应设在潮流界以上;若潮流界在该城市管辖的区域之外,则应在城市河段的上游设置一个对照断面。

③ 在管辖河段内,按需要设置控制断面。

④ 潮汐河流的消减断面,一般应设在入海口处。若入海口处于城市管辖区域外,则设在城市河段的下游。

⑤ 潮汐河流的断面位置,尽可能与水文断面一致或靠近,以便取得有关的水文数据。

⑥ 潮汐河流监测垂线及采样点的设置与其他河流相同。

(二)水质生物监测的采样技术

1. 采样额数的确定原则

① 力求以最低的采样额数,取得最有时间代表性的样品。

② 充分考虑水体功能、影响范围以及有关水文要素。

③ 既要满足反映水质状况的需要,又要实际可行。

2. 水样的分类

根据研究目的不同,分为综合水样、瞬时水样、混合水样、平均污水样(图 2.2)。

①综合水样　把从不同采样点采集的各个瞬时水样混合起来所得到的样品称综合水样,是获得平均浓度的重要方式。

②瞬时水样　对于组成较为稳定的水样,或水体的组成在相当长的时间内和相当大的空间范围内变化不大,采集瞬时水样即具有很好的代表性。

③混合水样　指在同一采样点上于不同时间所采集的瞬时水样的混合样品,有时也叫时间混合水样。

④ 平均污水样　对于排放污水的企业,生产的周期性影响着排污的规律性,为了得到代表性的污水样,应根据排污情况进行周期性采样。

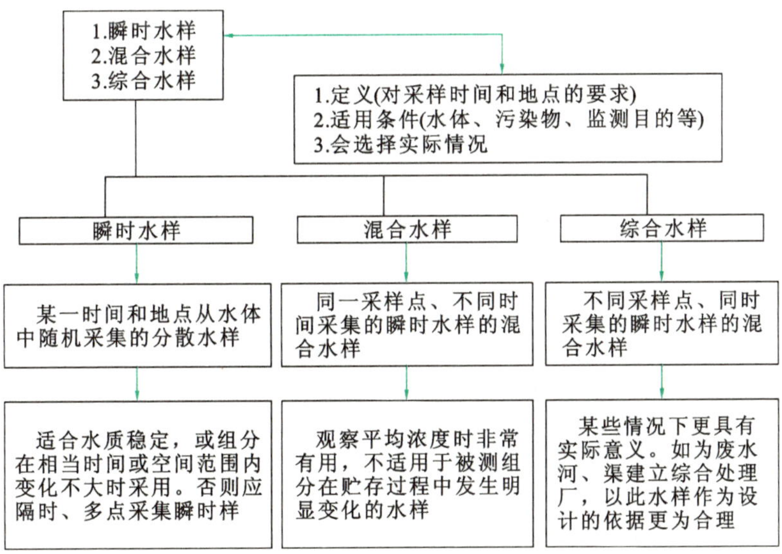

图 2.2　水样的类型

3. 水样采集

(1)采样前的准备

① 采样计划的制订

采样前应提出采样计划,确定采样断面、垂线和采样点,采样时间和路线,人员分工,采样器材和交通工具等。

② 采样器的准备

采样器与水样接触部分的材质应采用聚乙烯、有机玻璃塑料或硬质玻璃。应先用洗涤剂除去油污，用自来水冲净，再用10%的硝酸或盐酸溶液洗刷，自来水冲净后备用。

容器的准备：采用聚乙烯塑料或硬质玻璃容器。装测金属类水样的容器，先用洗涤剂清洗，自来水冲净，再用10%的硝酸或盐酸溶液浸泡8h，用自来水冲净，然后用蒸馏水清洗干净。装测有机物水样的容器，先用洗涤剂清洗，再用自来水冲净，然后用蒸馏水清洗干净。贴好标签备用。

(2)采样

可用适当的容器从上方直接采集河流、湖泊等表层水，注意不能混入浮于水面上的物质。一定深度的水可用直立式或有机玻璃采水器；泉水、井水可在涌口处采集，有停滞水的必须等新水更替后采集；自来水或抽水设备的水应排放数分钟后不规则采集。

(3)采样注意事项

采样时不应搅动底部沉积物。采样时应保证采样点位置准确，必要时可用GPS定位。洁净的容器在装入水样前，应先用该采样点的水冲洗3次，然后装入水样，并按要求加入相应的固定剂，填写标签。待测溶解氧的水样应严禁接触空气，其他水样也应尽量少接触空气。认真填写《水样采样记录表》，用硬质铅笔在现场记录，字迹应端正、清晰，项目应完整。应保证采样按时、准确、完全。

采样结束前，应仔细检查采样记录和水样，若有漏采或不符合规定者，应立即补采或重采。

(4)水样现场测定与描述

水样现场测定与描述包括水温、pH值、溶解氧、透明度、电导率、水样感观指标、水的颜色、水的气味、水文参数、气象参数等的测定及描述。

4. 水样的保存及运输

(1)水样保存

为得到准确的实验结果，水样采集后应尽快进行分析，为尽量避免水样发生变化，在尽可能缩短运输时间的同时，必须采用相应的保存方法，以控制物理、化学、生物因素的影响。因此，往往采取冷藏或冷冻保存、加入化学保存剂保存等。水样允许保存的时间，与水样的性质、分析的项目、溶液的酸度、贮存容器、存放温度等多种因素有关。一般以清洁水样保存时间不超过72h，轻度污染水样不超过48h，严重污染水样不超过12h为宜。

① 保存水样的基本要求：

a. 减缓生物作用；

b. 减缓化合物或者络合物的水解及氧化还原作用；

c. 减少组分的挥发和吸附损失。

② 保存措施：

a. 选择适当材料的容器；

b. 控制溶液的pH值；

c. 加入化学试剂抑制氧化还原反应和生化作用；

d. 冷藏或冷冻以降低细菌活性和化学反应速率。

(2)水样的运输

水样运输前应将样品容器内、外盖盖紧。装箱时应用泡沫塑料或波纹纸板间隔，以防运输途中破损，运输时应有押运人员。水样交化验室时，双方应在送样单上签名。

（三）指示微生物

1. 指示微生物的定义与种类

（1）定义

指示微生物（或称指示菌）是在常规环境监测中，用以指示环境样品污染性质与程度，并评价环境卫生状况的具有代表性的微生物。

（2）种类

① 一般污染指示微生物

细菌总数　是指环境中被检样品在一定条件下培养后所得的 1mL 或 1g 检样中所含的细菌总数。

霉菌和酵母菌数　是指环境中被检样品经过处理，在一定条件下培养后所得的 1mL 或 1g 检样中所含的霉菌和酵母菌菌落总数。

通过检测环境中的细菌总数与霉菌和酵母菌菌落总数指标，并与《公共场所卫生指标及限值要求》（GB 37488—2019）相比较，即可评判被检测环境是否达标。例如，我国公共场所空气细菌总数标准规定 3～5 星级以下宾馆、饭店通过撞击法测得的细菌总数不得大于 1000 个。

② 粪便污染指示微生物

总大肠菌群　在饮用水的微生物安全检测中，普遍采用正常的肠道细菌作为粪便污染指标，而不是直接测定肠道致病菌。总大肠菌是指一群需氧及兼性厌氧的，在 37℃ 生长时能使乳糖发酵，在 24h 内产酸产气的革兰氏阴性无芽孢杆菌。总大肠菌群是指每升水样中所含有的总大肠菌群数目。总大肠菌群可用多管发酵法或滤膜法检验。

粪大肠菌群　粪大肠菌群是大肠菌群的一种，又名耐热大肠菌群，粪大肠菌群是生长于人和温血动物肠道中的一组肠道细菌，随粪便排出体外，占粪便干重的 1/3 以上，故称为粪大肠菌群。受粪便污染的水、食品、化妆品和土壤等物质均含有大量的这类菌群。若检出粪大肠菌群即表明已被粪便污染。粪大肠菌群由于占总大肠菌群的 94%，而且在环境中不宜繁殖，因此，粪大肠菌群较总大肠菌群作为粪便污染指示菌意义更大。

粪链球菌　是短链状的革兰氏阳性球菌。其作为粪便污染指示菌的优点是在水中不会自行繁殖，但抵抗力弱于病菌。由于人粪便中大肠菌群数多于粪链球菌，动物粪便中则相反，因此，在水质检测中可根据两菌菌数比值不同来推测粪便污染的来源。粪大肠菌群/粪链球菌的比值大于或等于 4，则认为污染主要来自人类的粪便；如果小于或等于0.7，则认为污染主要来自温血动物的粪便；如比值小于 4 而大于 2，则为混合污染，但以人类粪便为主；如比值小于 1 而大于 0.7，则为混合污染，但以动物粪便为主。

③ 微型动物指示微生物

要了解污水处理过程的变化或处理水的好坏，最好直接研究分析细菌的生长情况。但是对于细菌的观察、分类、鉴定的时间很长，不能及时起指导生产的指示和预报作用。原生动物与细菌之间存在相互依存的功能关系。原生动物个体大，便于观察，对于环境变化比细菌敏感，更早更容易反映环境的变化。直接观察原生动物的种类组成、数量、生长和变化状况，也能反映出细菌的生长和变化情况，即间接地评价污水处理过程和处理效果的好坏，起指导生产的作用。

④ 其他指示微生物

其他指示微生物还有沙门氏菌、志贺氏菌、铜绿假单胞杆菌、金黄色葡萄球菌、破伤风杆菌等。

2. 指示微生物的应用实例

(1)指示水体的病原污染

作为指示病原微生物的指示微生物应具有以下特征：① 在未被污染的水中不存在，而存在于受病原体污染的水体中；② 数量上高于待测定的病原体；③ 与病原菌对自然条件和污染处理过程的抗性相似；④ 易于通过简单、经济的方法来分离、鉴定和计数。由于水体病原微生物污染主要来自人畜的粪便，鉴定水体病原微生物污染的指示微生物可选用存在于人体和动物肠道的易于检测的微生物(表 2.3)。最早使用的指示微生物是总大肠菌群和粪大肠菌群。

表 2.3 各种污染指示微生物检测方法及适用范围

指示微生物	适应范围		检测方法	
	优点	缺点	培养法	分子生物学方法
大肠菌群	应用广泛	在很多方面和指示的病原微生物存在差异	多管发酵法，滤膜法，选择性底物实验等	聚合酶链反应(PCR)、荧光原位杂交等
肠球菌属	能在极端环境下生长，能用于海水检测	指示能力有限，应用不多	滤膜过滤法、选择性底物实验法	实时 PCR 等
产气荚膜梭菌	能指示寄生虫和过去的污染；能用于海水检测	在环境中具有持久性，可能污染环境	最大可能数法(MPN 法)、倾注法、滤膜过滤法	DNA 探针检测、PCR 扩增等
双歧杆菌属	对指示人类污染较专一	不稳定，未很好地建立培养方法	HBSA 法	165DNA 序列的扩增和比较、PCR 技术、分子标记技术等
脆弱拟杆菌 HSP40 噬菌体	对人类污染源专一性很强	在一些地区的污水中不存在	噬菌体测定和计数的标准方法、双层琼脂平板法	巢式 PCR 等
F+RNA 大肠杆菌噬菌体	各组和不同的污染源之间有很好的相关性，操作简单	因为存活率易变，不能可靠地指示海水和热带地区的水体污染	噬菌体测定和计数的标准方法、双层琼脂平板法等	寡核苷酸探针杂交等
人类肠道病毒	对人体污染源专一性强；直接监测病原体的存在，不需要指示菌	在环境中的数量很少；工作强度大；需要更灵敏的方法	蚀斑实验法	反转录 PCR(RT-PCR)等

(2)指示活性污泥法运行情况

视频

微生物指示活性污泥法运行情况

① 活性污泥净化性能良好时出现的微生物有钟虫、累枝虫、楯纤虫、盖纤虫、聚缩虫，以及各种后生动物和吸管虫类等固着型生物或匍匐型生物，当这些生物的数量达到 1000 个/mL 以上，占整个生物个体数 80%以上时，可以断定这种活性污泥具有较高的净化效果。

② 活性污泥净化性能恶化时出现的生物有多波虫、侧滴虫、屋滴虫、豆形虫等快速游泳型生物，这时絮体很碎，直径约 100μm。严重恶化时只出现多波虫、屋滴虫。极端恶化时原生动物和后生动物都不出现。

③ 活性污泥由恶化状态逐渐恢复时出现的生物为漫泳虫、斜叶虫、斜管虫、尖毛虫等缓慢游泳型或匍匐型生物。

④ 活性污泥分散解体时出现的生物为蛞蝓简变虫、辐射变形虫等肉足类。这些生物出现数万个以上时絮体变小，使处理水浑浊。当发现这些生物剧增时可通过减小回流污泥量和送气量，在某种程度上抑制这种现象。

⑤ 活性污泥膨胀时出现的微生物为球衣菌、各种霉菌等，这些丝状微生物引起污泥膨胀，当 SVI 在 200 以上时，这些丝状微生物呈丝屑状。膨胀污泥中的微型动物比正常污泥的少。

⑥ 溶解氧不足时出现的微生物有贝氏硫黄细菌等。这些微生物适宜在溶解氧浓度低时生存。这些微生物出现时，活性污泥呈黑色，腐败发臭。

⑦ 曝气过量时出现的微生物。若过曝气时间持续很长时，各种变形虫和轮虫为优势生物。

⑧ 废水浓度过低时大量出现的微生物为游仆虫等。

⑨ BOD 负荷低时出现的微生物。表壳虫、鳞壳虫、轮虫、寡毛虫等为优势生物，这些生物多时也是硝化进行的指标。

⑩ 冲击负荷和毒物流入时出现的生物。因为原生动物对环境条件的变化反应比细菌快，所以可通过观察原生动物的变化情况来判断冲击负荷和毒物对活性污泥的影响。原生动物中对冲击负荷和毒物反映最灵敏的是楯纤虫，当楯纤虫急剧减少时，说明发生了冲击负荷和流入少量毒物。

(3)指示污水处理系统运行情况

① 着生的缘毛目多时(如小口钟虫、八钟虫、沟钟虫、褶钟虫、瓶累枝虫、微盘盖虫、独缩虫)，处理效果良好，出水 BOD 和浊度低。这些缘毛目的种类都固定在絮状物上，并随之翻动，其中还夹杂着一些爬行的楯纤虫、游仆虫、尖毛虫、卑怯管叶虫等，这说明污泥是优质而成熟的活性污泥。

② 小口钟虫在生活污水和工业废水处理得很好时往往就是优势菌种。

③ 如果大量鞭毛虫出现，而着生的缘毛目很少时，表明净化作用较差。

④ 大量的自由游泳的纤毛虫出现，指示净化作用不太好，出水浊度上升。

⑤ 如出现的主要有柄纤毛虫，如钟虫、累枝虫、盖虫、轮虫、寡毛类时，则水质澄清良好，出水清澈透明，酚类去除率在 90%以上。

⑥ 根足虫的大量出现时，往往是污泥中毒的表现。

⑦ 如在生活污水处理中，累枝虫大量出现，则是污泥膨胀、解絮的征兆。

⑧ 在印染废水中，累枝虫则作为污泥正常或改善的指示生物。

⑨ 在石油废水处理中，钟虫出现是理想的效果。

⑩ 过量的轮虫出现，则是污泥膨胀的预兆。

另在一些对原生动物不宜生长的污泥中，主要根据菌胶团的大小用数量来判断处理效果。

【知识窗】

轮虫的隐生特性

轮虫有隐生的特性。环境条件恶化，如水体干涸，温度不适宜时，某些种类可以停止活动，代谢几乎无法测量，当环境适宜时又复苏，称为隐生。进入隐生后必须缓慢干燥若干天。隐生动物可抗 150～200℃ 高温达数天，短时间接近绝对零度仍能复苏。已知甘油和海藻糖对于其生物大分子的晶体化和保存是必要的，甘油可以保护组织免于氧化，取代水结合到生物大分子上；海藻糖则能取代膜上的水分子。

三、任务所需器材

1. 浮游生物网（定性网和定量网）；
2. 透明度盘；
3. 玻璃采水器。

四、任务技能训练

浮游微生物中的某些种类对有机污染或化学污染非常敏感，长期被用作指示生物，但由于浮游微生物的不稳定性且常常集群分布，因而其作为水质指示生物的可靠性和准确性受到了限制。

浮游微生物包括浮游植物和浮游动物，如藻类、原生动物、轮虫、枝角类等。

浮游植物是生态学范畴上的类群，包括所有生活在水中的浮游微小植物。通常所说的浮游植物就是指浮游藻类，而不包括细菌和其他植物。浮游植物中常见的有蓝藻门、隐藻门、甲藻门、金藻门、黄藻门、硅藻门、裸藻门和绿藻门，如图 2.3 所示。

浮游动物是悬浮于水中，缺乏自主游泳能力的动物。浮游动物的组成十分复杂，但在淡水水域中主要由原生动物、轮虫、甲壳动物中的枝角类和桡足类这四大类水生无脊椎动物组成，如图 2.4 所示。

（一）采样设备使用方法

1. 采样工具

（1）浮游生物网有两种类型，即定性网和定量网（图 2.5、表 2.4、表 2.5）。

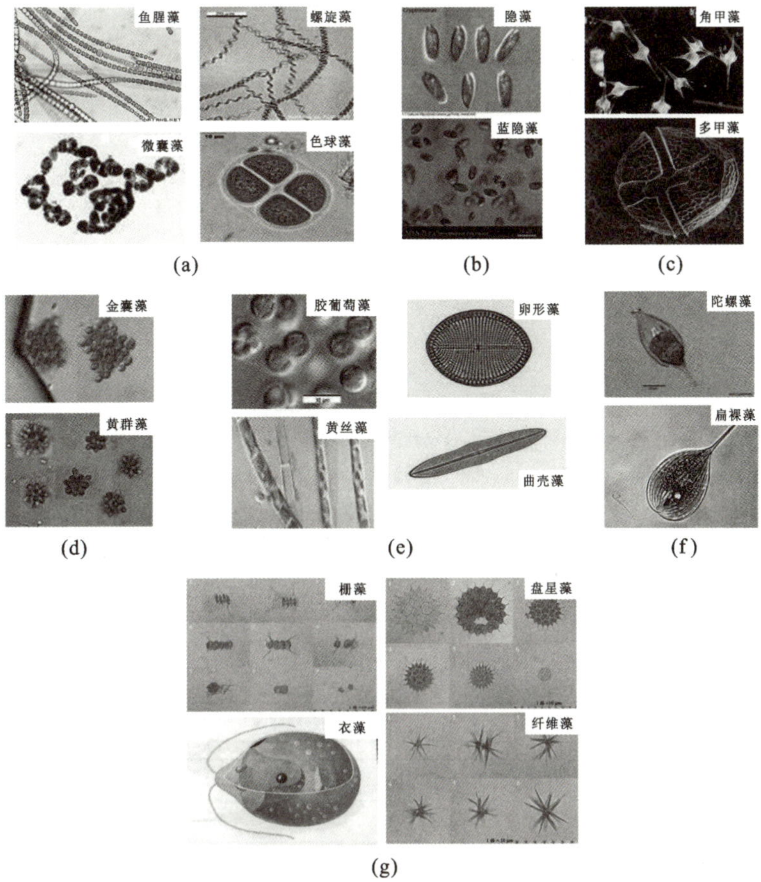

图 2.3　浮游藻类

(*a*)蓝藻门(*Cyanophyta*);(*b*)隐藻门(*Cryptophyta*);(*c*)甲藻门(*Pyrrophyta*);(*d*)金藻门(*Chrysophyta*);(*e*)硅藻门(*Bacillariophyta*);(*f*)裸藻门(*Euglenophyta*);(*g*)绿藻门(*Chlorophyta*)

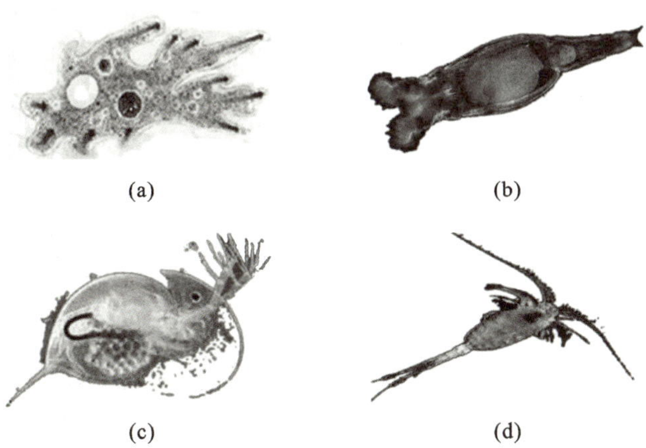

图 2.4　浮游动物

(a)变形虫(原生动物);(b)轮虫;(c)枝角类;(d)水蚤(桡足类)

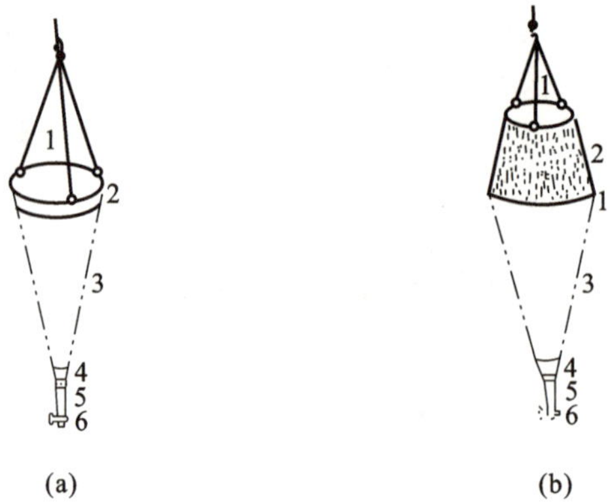

图 2.5 浮游生物采集网

(a)定性网;(b)定量网

1—金属环;2,4—帆布;3—筛绢;5—浮游生物集中环;6—活栓

表 2.4 定性网的类型

型号	网孔大小(mm)	网孔数	采集目的
25	0.064	200	较小浮游植物
20	0.076	193	一般浮游植物及中小型浮游动物
13	0.112	130	大型浮游动物

表 2.5 定量网的类型

定量网型号	小型	中型
网口(上环)直径(cm)	10.8	20
附加套圆锥体侧面动线长(cm)	15	38～40
圆锥体侧面动线长(cm)	40	100
大环直径(cm)	25	40
集中杯直径(mm)	4	6

(2)采水器:是由金属、塑料或有机玻璃制成的盛水器,具有一定的容积,有的可自动关闭。采水器种类很多,而且也没有统一起来。常用的有以下几种:①瓶式采水器;②透明度盘(图 2.6);③水生-81 型有机玻璃采水器(图 2.7)。

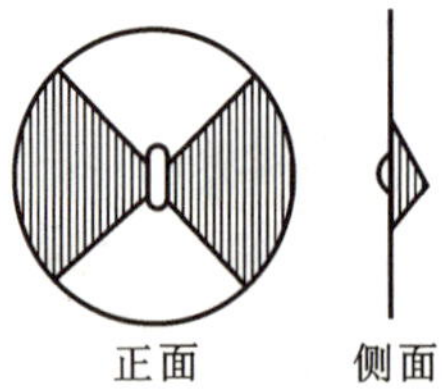

图 2.6 透明度盘

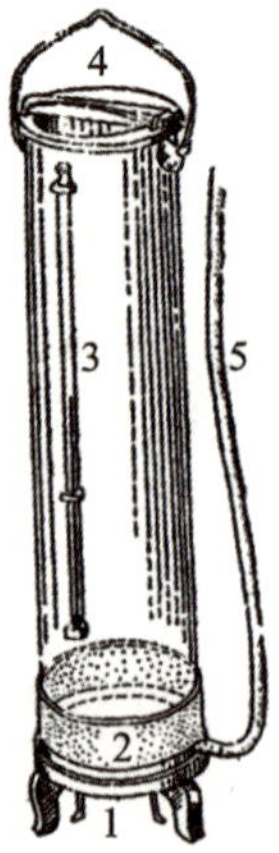

图 2.7 水生-81 型有机玻璃采水器

1—进水阀门;2—压重铅图;3—温度计;4—滤水门;5—橡皮管

2. 采样点设置

应根据水体的面积、形态特征、工作的条件和要求、浮游植物的生态分布特点等设置采样点和确定采样频率。在水体的中心、沿岸区、主要进出水口附近必须设有代表性的采样点。

3. 采样频率

一般常规生物监测，每年采样应不少于两次，一般在春秋两季进行。若要了解浮游生物周年的变化，则一年四季都要采样，如还有特殊需要，则根据具体情况增加采样次数。采样要尽量在晴朗无风的天气进行。

4. 采样层次

当水深小于 2m，可只采表层(0.5m)水样；

当水深为 3～10m，至少分别取表层(0.5m)和底层(离底 0.5m)两处的混合样；

当水深大于 10m，在上层或温跃层以下，可每隔 2～5m 各采一样。

5. 采样时间

应尽量在一天的相近时间采样，比如上午 8:00—10:00。一般采水样 1000mL，同时用网孔为 64μm 的浮游生物网再采一次样，专门用于观察鉴定浮游植物种类。

6. 采样方法及采样量

(1)定性样的采集方法

用浮游生物定性网在选定的采样点于水面和 0.5m 深处以每秒 20～30cm 的速度作“∞”形循回缓慢拖动，时间为 5～10min(视生物多寡而定)。较大的水体(如湖泊、水库)采样时，可把浮游生物网拴在船尾，以慢速拖动，时间一般为 10～20min。水样采好后，将网从水中提出，待水滤去后轻轻打开集中环的活栓，放入贴有标签的标本瓶中，以备室内分类鉴定使用。

(2)定量样的采集方法

采集定量样可用采水器和定量网，常用的是采水器。

① 采水器：一般来说，浮游生物密度低，采水量就多。对于藻类，一般采水 1～2L；对原生动物、轮虫及未成熟的微小甲壳动物，采水 1～5L；成熟的甲壳动物则要 10～50L。

② 定量网：可选择适当型号的网，放入距水底 0.5m 处，然后垂直上拖，以 0.5m/s 的均匀速度拖取，所采水样的体积可按下列公式推算出来：

$$\text{水样体积} = \pi r^2 \times H \tag{2.1}$$

式中 r——网口半径；

H——拖取的深度。

浮游生物网及采水器的采集方法如图 2.8 所示。

(二)样品的固定、浓缩和保存方法

1. 固定

水样采集后，除进行活体观察的样品外，应马上用固定液固定，以免标本变质。① 对藻类、原生动物和轮虫可用鲁哥氏碘液(碘化钾 60g 溶于 200mL 蒸馏水中，加碘 40g，溶解后，加蒸馏水至 1000mL)固定，一般 1000mL 水样加 15mL 鲁哥氏碘液。② 对枝角类和桡足类，可用 4%的福尔马林(福尔马林 4mL、甘油 10mL、水 86mL)或 70%的酒精固

(a)

(b)　(c)

图 2.8　采集方法

(a)浮游生物网采样;(b)浮游生物采样器岸边采样;(c)浮游生物采样器采样

定,一般 100mL 水样加 4～5mL 的福尔马林溶液。如先用福尔马林固定 48h,再转入 70% 酒精中保存,效果更好。

2. 浓缩

定量样品经固定后,还要进行浓缩,浓缩常用的方法是沉淀法。即将固定好的定量样品倒入沉淀器中,如无沉淀器,可用烧杯或大体积(1000mL)分液漏斗代替,沉淀 24～48h。沉淀过程中可轻轻摇动沉淀器一次,使粘在器壁上的生物脱落下沉,然后用虹吸管(橡皮管,内径 3～5mm)小心缓慢地抽掉上层清液,一般以吸完 980mL 上清液需 20～30min 为宜。虹吸管最好用 25 号筛绢扎在管口,以防止水样中的生物流失。

3. 保存

将余下 20mL 左右的沉淀物摇均匀,转入 30mL 容量瓶或量筒中。为减少样品损失,再用少量上清液冲洗沉淀器两次,冲洗液加到容量瓶中,最后加到 30mL。为使样品能较长时间保存,可补加 1mL 4%左右的福尔马林,贴好标签,密封保存。另外,也将定量样品用滤纸、筛绢或滤器过滤浓缩,然后定容至 30mL。还可以通过过滤或离心的方法浓缩水样。

五、讨论

讨论一下环境指示微生物的研究方向可以往哪些方面发展。

1. 双歧杆菌属

双歧杆菌是严格厌氧、革兰氏阴性、不能运动、无芽孢的不规则杆状菌,是人体肠道的主要组成菌,很少存在于动物中。尽管双歧杆菌的存活率变化非常大,在环境中仅 2 周就会减少 3～4 个数量级,利用双歧杆菌还是能比较可靠地指示人类的粪便污染。另一方面,双歧杆菌是厌氧微生物,在环境中不易生长繁殖,所以通过它们可以检测出最新的粪便污染。

2.脆弱拟杆菌噬菌体

脆弱拟杆菌是一种严格厌氧、革兰氏阴性的杆状菌，在人类和动物的肠道中大量存在，但菌株却有明显的差别：脆弱拟杆菌的 HSP40 菌株在 10%的人粪样品中被发现，而在其他动物粪样品中却检测不到；RYC4023 和 HSP40 的表型特征几乎相同且受噬菌体侵染的敏感程度相近，但其噬菌体比 HSP40 的噬菌体有更强的检测能力。感染脆弱拟杆菌这些菌株的特定噬菌体不会在环境中复制，而且其存在与人类肠道病毒的存在高度相关，所以利用这些噬菌体可以指示一些地区的人粪污染。

3.人类的肠道病毒

有 100 多种不同的肠道病毒和人类肠胃有关，通过直接检测人类肠道病毒可以避免粪便指示菌预测污染的不确定性。利用巢式聚合酶链反应、细胞培养和 PCR 扩增技术对加利福尼亚海滨和韩国的饮用水水样进行检测，发现了腺病毒和传染性的肠道病毒，直接反映了水体受人类病原微生物污染的情况。

六、复习思考题

1.水样采集的布点原则及方法是什么?

2.水样采集应注意哪些问题?

3.不同环境水样采集的布点原则是什么?

4.指示微生物的指示作用有哪些?

七、自我评价表(表 2.6)

表 2.6 水样采集自我评价表

评价内容	考核指标	分值
采样前的准备	采水器的洗涤	20
	装样容器验漏与洗涤	
	标签及其他物品的准备	
采样	采样深度符合要求	40
	采水器及胶皮管头的润洗	
	装样容器的润洗	
	装样容器的装样要求	
	采样方法:采集水量或采水时间充足	
	水样水温测定	
	水样 pH 值检测	
采样记录	现场描述:水深、颜色、水温、天气、采样深度	40
	数据记录:水温、气温、采样深度	
	采样依据、采样时间、采样地点、采样人、记录、校核	
	标签粘贴及时:样品编号、信息内容清楚和清晰	
合计		100

任务 2.2　水污染的生物监测与评价

一、任务目标

1. 掌握水污染的微生物评价方法；
2. 熟悉水体富营养化的形成原因、危害及防治方法；
3. 掌握微生物监测水体污染的定性及定量方法。

二、任务相关知识

生物监测法：受到污染的生物，在生态、生理和生化指标以及污染物在体内的行为等方面会发生变化，出现不同的症状或反应，利用这些变化来反映和度量环境污染程度的方法称为生物监测法。它通过生物（动、植物及微生物）在环境中的分布、生长、发育状况及生理、生化指标和生态系统的变化情况来研究环境污染情况，测定污染物毒性。

生物监测的方法包括：① 生态监测（生物群落生态和个体生态）；② 生物监测（毒性测定、致突变测定等）；③ 生物的生理、生化指标测定；④ 生物体内污染物残留量的测定等。

生物监测法与物理、化学监测方法（理化监测法）相比，其优点是：① 能更确切地反映污染因子对人和生物的危害及环境污染综合影响。② 环境污染程度比较低的情况下，可以利用有些生物对特定污染物很敏感的特点，在危害人体之前进行“早期诊断”。其局限性是：不能像理化监测那样获得准确数据；对污染因子的敏感性随生活在污染环境中的时间延长而降低，专一性差。

要全面、准确地评价环境质量，必须将理化监测和生物监测结合起来，生物监测作为理化监测的补充，用理化监测数据说明生物反应现象。

指示生物是指能够对环境中污染物作出定性、定量反应的生物，它包括：①敏感生物：环境中污染物浓度含量很低时（甚至低至化学方法测不出来），指示生物就表现出某些灵敏的反应，根据症状及反应程度进行定性、定量分析，如牵牛花对光化学烟雾很敏感。②耐性（抗性）生物：这类生物在不良的环境中却表现出良好的生长态势。也就是说，污染了的环境反而促进了这类生物的生长，如水体富营养化，蓝藻大量出现。

（一）水污染的微生物的评价方法

水环境中存在着大量的水生生物群落，各类水生生物之间及水生生物与其赖以生存的环境之间存在着互相依存又互相制约的密切关系。当水体受到污染而使水环境条件改变时，各种不同的水生生物由于对环境的要求和适应能力不同而产生不同的反应，因此，可用水生生物来了解和判断水体污染的类型、程度，为制定控制污染措施提供依据。

利用水生生物来监测研究水体污染状况的方法较多，如生物群落法、生产力测定法、残毒测定法、急性毒性试验、细菌学检验等。

1.生物群落监测方法

未污染的环境水体中生物群落种类多、生态系统相对稳定，当水体受到污染后，水生生物的群落结构和个体数量就会发生变化，使自然生态平衡受到破坏，最终结果是敏感生物消亡，抗性生物旺盛生长，群落结构单一。

水污染指示生物主要有浮游生物、着生生物、底栖动物、鱼类和微生物等。利用它们的群落结构、种类和数量的变化能反映水质状况。

① 浮游微型生物　是指浮游在水体中的生物，可分为浮游动物和浮游植物两大类，其特点是个体小、游泳能力差，是水生食物链的基础，对环境变化反应敏感。

浮游微型动物：原生动物、轮虫、枝角类、桡足类等。

浮游微型植物：藻类（以单细胞、群体或丝状体的形式存在）。

②着生生物　是指附着在长期浸没于水中的各种基质（植物、动物、石头、人工）表面上的有机体群落。着生生物包括许多生物类别，如细菌、真菌、藻类、原生动物、轮虫、甲壳动物、线虫、寡毛虫类、软体动物、昆虫幼虫、鱼卵和幼鱼等。

③底栖动物（亦称底栖大型无脊椎动物）　是指栖息在水体底部淤泥内、石块或砾石表面的间隙中，以及附着在水生植物之间的肉眼可见的水生无脊椎动物，体长超过 2mm，包括水生昆虫、大型甲壳虫类、软体动物、环节动物、圆形动物、扁形动物等。其特点是移动能力差，故在比较稳定的水体环境中种类比较多，每个种的数量适当，群落结构稳定，当水体受到污染后，其群落结构便发生变化，污染较重时，多数敏感种和好氧种逐渐消失，而耐污染种成为优势种。

④鱼类　代表最高营养水平。凡能影响浮游生物和大型无脊椎动物的水质因素，也能改变鱼类的种群。某些污染物对低等生物可能不会引起明显变化，但对鱼类影响明显。鱼类能够全面反映水体的总体水平。

⑤微生物　微生物对水体有机污染非常敏感，清洁水体中微生物的数量较少，有机污染物浓度增加，微生物的数量会成倍增加。

（1）生物指数监测法

生物指数是指运用数学公式计算出的反应生物种群或群落结构的变化，以评价环境质量的数值，主要有以下四种。

① 贝克生物指数

由贝克于 1955 年首次提出。他将从采样点采到的底栖大型无脊椎动物分成两类，一类是不耐有机污染物的敏感种，另一类为耐有机污染物的耐污种，可通过公式进行简单计算。

$$\text{生物指数}(BI) = 2A + B \tag{2.2}$$

式中　A——敏感底栖动物种类数；

B——耐污底栖动物种类数。

计算数值与水质的关系为：

$BI > 10$　　清洁水

$BI=1\sim6$　　中等污染水

$BI=0$　　严重污染水域

② 贝克-津田生物指数

这是日本津田松苗于1974年在贝克的基础上发展起来的用生物多样性评价水质的方法。其方法是将评价区或评价河段的所有底栖大型无脊椎动物尽量采到，再用贝克公式进行计算，所得数值与水质的关系为：

$BI\geqslant20$　　清洁水

$BI=10\sim20$　　轻度污染水

$BI=6\sim10$　　中等污染水

$BI=0\sim6$　　严重污染水域

③ 生物种类多样性指数

该指数由马格利夫、沙农、威尔姆等人提出。该指数的特点是能够定量反映群落中生物的种类、数量及种类组成比例变化的信息。

$$d=-\sum_{i=1}^{S}\frac{n_i}{N}\log_2\frac{n_i}{N} \tag{2.3}$$

式中　d——种类多样性指数；

N——单位面积样品中收集到的各类动物的总个数；

n_i——单位面积样品中第 i 种动物的个数；

S——收集到的动物种类数；

d——值越大，水质越好。

$d>3.0$　　清洁水

$d=1.0\sim3.0$　　中等污染水

$d<1.0$　　严重污染水域

④ 硅藻生物指数

利用水中浮游藻类不同种类的相对多少来评价水质的好坏，如硅藻指数。

$$\text{硅藻指数}=\frac{2A+B-2C}{A+B-C}\times100 \tag{2.4}$$

式中　A——不耐污染藻类种类数；

B——光谱性藻类种类数；

C——仅在污染水域中才出现的藻类种类数。

硅藻指数在0～50为多污带，50～150为中污带，150～200为寡污带。

(2)污水生物系统法

1902年，德国植物学家Kolwilz和微生物学家Marsson首次提出污水生物系统法来监测水体有机污染的程度或测定有机污染物的生物降解。其原理是：在一条河流受到有机污染后，可产生自然净化过程，表现出污染程度的逐级递减，并且能够反映在相应的化学指标和生物类群的组成和数量上。据此可以把河段分成若干连续的区带。Kolwilz把受有机物污染的河流从排污口至下游划分成一系列在污染程度上逐渐下降的连续带，即多污带、中污带(α-中污带和β-中污带)和寡污带，这一系列的带称为污水生物系统，见表2.7。

① 多污带　是严重污染的水体，是多污水生物生存的地带。它多在污水、废水入口处，其水呈暗灰色，极浑浊，水中所含大量的有机物在分解过程中产生大量的硫化氢、二氧化碳及甲烷。其具有还原性，生物化学需氧量(BOD)很高，氧气极缺，水底沉积大量的悬浮物质。水中还可能存在有毒成分及不正常的 pH 值，这种不良环境决定了可生存的生物种类是有限的，而且均是消费性生物。底部淤泥中生活着寡毛目蠕虫。

表 2.7　污水生物系统

项目	多污带	α-中污带	β-中污带	寡污带
化学过程	因还原和分解显著而产生腐败现象	水和底泥里出现氧化过程	氧化过程更剧烈	因氧化使无机化达到矿化阶段
溶解氧	没有或极微量	少量	较多	很多
BOD	很高	高	较低	低
硫化氢的生成	具有强烈的硫化氢臭味	没有强烈硫化氢臭味	无	无
水中有机物	蛋白质、多肽等高分子物质大量存在	高分子化合物分解产生氨基酸、氨等	大部分有机物已完成无机化过程	有机物分解
底泥	常有黑色硫化铁存在	硫化铁氧化成氢氧化铁，底泥不呈黑色	有三氧化二铁存在	大部分氧化
水中细菌	大量存在，每毫升可达 100 万个以上	细菌较多，每毫升在 10 万个以上	数量较少，每毫升在 10 万个以下	数量少，每毫升在 100 个以下
栖息生物的生态学特征	动物都是细菌摄食者且耐受 pH 值强烈变化，对硫化氢、氨等有强烈的抗性	摄食细菌动物占优势，肉食性动物增加，对溶解氧和 pH 值变化表现出高度适应性，对氨大体上有抗性，对硫化氢耐受较弱	对溶解氧和 pH 值的变化耐受较差，并且不能长时间耐腐败性毒物	对溶解氧和 pH 值的变化耐受弱，特别对腐败性毒物如硫化氢的耐性很差
微型植物	硅藻、绿藻、接合藻及高等植物没有出现	出现蓝藻、硅藻、绿藻、接合藻等	出现多种类的硅藻、绿藻、接合藻，是鼓藻的主要分布区	水中藻类少，但着生藻类多
微型动物	以微型生物为主，原生动物占优势	仍以微型动物占大多数	多种多样	多种多样
原生动物	有变形虫、纤毛虫，但无太阳虫、双鞭毛虫、吸管虫等出现	仍然没有双鞭毛虫，但逐渐出现太阳虫、吸管虫等	太阳虫、吸管虫耐污性差的种类出现，双鞭毛虫也出现	鞭毛虫、纤毛虫有少量出现
后生动物	有轮虫、蠕形动物、昆虫幼虫出现，水螅、淡水海绵、苔藓、动物、小型甲壳、鱼类没有出现	没有淡水海绵、苔藓、动物，有贝类、甲壳类、昆虫出现	淡水海绵、苔藓、水螅、小型甲壳类、两栖类、鱼类均有出现	昆虫幼虫很多，其他各种动物逐渐出现

② α-中污带　α-中污带水体的特点与严重污染水体近似，水体呈灰色，BOD 值仍相当高。但是，除了还原作用之外，还有氧化作用，有机物分解形成氨和氨基酸。氧气仍然缺乏，为半厌氧条件，并有硫化氢存在。生活在这一带的生物种数虽然不多，但比严重污染的水体多了一些。主要生活的污水生物还是水细菌（1mL 水中有几十万个）。

③ β-中污带　β-中污带水体的特点是氧化作用占优势，绿色植物大量出现。水中含氧量增高，氮的化合物为铵盐、亚硝酸盐或硝酸盐，相反有机物及硫化氢等含量减少。水生生物种类多，主要是各种藻类、轮虫类、贝类和昆虫。β-中污带水体不利于水细菌的生存，因此细菌的数量显著减少至 1mL 水仅存几万个。已有泥鳅、鲤鱼等鱼类出现。

④ 寡污带　寡污带自净作用已经完成，有机物已被完全氧化或矿化，为清洁水体。溶解氧丰富，硫化氢几乎不存在，水的 pH 值适于生物生存。污泥沉淀已矿质化，蛋白质达到矿质化最后阶段，形成了硝酸盐态氮，水中有机物浓度很低。寡污带的生物种类极为丰富，而且均是需氧型生物。

(3)PFU 微型生物群落监测法（聚氨酯泡沫塑料）

微型生物群落是指水生态系统中在显微镜下才能看到的微小生物，包括细菌、真菌、原生动物和小型后生动物等。它们彼此间有复杂的相互作用，在一定的生物环境中构成特定的群落，当水体环境受到污染后，群落的平衡被破坏，种类减少，多样性指数下降，结构和功能参数发生变化。

将 PFU 塑料块作为人工基质放入水体，经一定时间后，水体中大部分微型生物均可群集到 PFU 内，达到种数平衡，通过观察和测定 PFU 内的生物群落结构和功能参数来评价水质状况。

① PFU 的工作方法

研究表明，泡沫塑料孔的大小、颜色对微型生物的生长无影响。但在做同一批实验时，最好用同一批材料，在用之前先用蒸馏水浸泡 12～24h。

实验时，将一定数量的 PFU 悬挂在水中，分别于第 1 天、第 3 天、第 5 天、第 7 天、第 12 天、第 15 天、第 21 天、第 28 天进行检查，每个点每次取两块，剪下后放在塑料袋中，用吸管滴在载玻片上，在显微镜下检查，把每天的新见种、复见种、消失种都记录下来。一般一块 PFU 至少要做两个装片，要求全片检查，以免遗漏。

在室内，利用 PFU 还可以做毒性实验。把一块 PFU 放在微型生物种类很多的清洁水中，接近平衡期后取下，把它作为种源固定在大盘中央，盘子边缘固定 8～10 块空白 PFU，每块均需与中间的种源 PFU 距离相等。盘的大小一般为 54cm×25cm，放入测试水的量要求能浸没 PFU，一般为 6～10L，每个浓度 2～3 个盘。室内实验需要人工光源，可在盘上安一架子，安装日光灯。对照盘中放清洁水（可用稀释水），通过种源上的生物在空白 PFU 上群集的情况了解污染物的毒性。

② PFU 法的优点

a. 由于 PFU 孔径小，为 100～150μm，大型浮游生物不易入侵，可以采集到以微型生物占绝对优势的群落；

b. 容易群集，体积小，便于携带和置放；

c. 它所群集的微型生物代表了食物链上的几个营养级，可以模拟天然群落，并且在最高级——群落级水平上做出对环境压迫的反应；

d. 野外工作证明周围水体中大多数的微型生物种类最后均可群集在 PFU 上；

e. 可用许多块 PFU 进行同步实验，重复性强；

f. 在同一块 PFU 上，是室内、室外随机采样所得，可测定群落结构与功能的各种参数；

g. 用 PFU 采集水体中的微型生物作种源，可在室内做各种毒物的生物测试，预报水体的污染程度。

2. 生物测试法——发光细菌法

利用污染物对革兰氏阴性兼性厌氧微生物所发射出的蓝绿光强度的影响，来判断水质受污染的情况。

发光细菌是一种非致病性的普通细菌，具有发光能力，正常条件下，经培养后能发出肉眼可见绿色光，波长 490nm。凡是干扰或损害细菌呼吸或生理过程的任何因素都能使细菌的发光强度立即发生改变，并随毒物浓度增加，发光强度减弱。

这一特性可用于污水和地面水中污染物毒性的测定，具有较高的灵敏度和重现性，特别是测定综合毒性。如重金属、氰化物、农药、酚类化合物、抗生素等对其发光过程具有毒害作用。

发光细菌法的测定方法如下：

① 新鲜发光细菌培养物测定法

发光细菌液体在发光培养基中培养(至对数生长期)，稀释至适当浓度后，加入测试管中，再加入试液，作用 10～20min 后，读出并记录对照管和样品管发光强度的变化数据。

② 发光细菌与海藻混合测定法

利用有毒物质对发光细菌没有直接毒害作用，而对藻类有毒害作用的特点，把培养好的发光细菌悬浮液和培养好的藻类悬浮液混合后加入测试管，光照一段时间后再测定其发光强度的变化。因为毒物的作用使藻类放氧能力下降，发光细菌发光能力也下降。

③ 冷冻干燥发光细菌制剂测定法

将已培养至对数生长期的发光细菌制成干燥粉剂，在冰箱中冷藏，使用时取出，加入缓冲液保温平衡 10～15min，恢复到干燥前的生理状态进行试验。

3. 细菌学监测法

在实际工作中，经常以检验细菌总数，特别是检验作为粪便污染的指示细菌，如总大肠菌群、粪大肠菌群、粪链球菌、肠道病毒等，来间接判断水的卫生学质量。

(1)水样采集

采集细菌学检验用水样，必须严格按照无菌操作要求进行；防止在运输过程中被污染，并应迅速进行检验。一般从采样到检验不宜超过 2h；在 10℃以下冷藏保存不得超过 6h。

采集江、河、湖、库等水样，可将采样瓶沉入水面下 10～15cm 处，瓶口朝水流上游方向，使水样灌入瓶内。需要采集一定深度的水样时，用采水器采集。采集自来水样时，首先用酒精灯灼烧水龙头灭菌或用 70％的酒精消毒，然后放水 3min，再采集约为采样瓶容积 80％的水量。

(2)细菌学监测法

水污染的细菌学监测指标有以下两个：

① 细菌总数　细菌总数指 1mL 水样在营养琼脂培养基中，于 37℃、24h 培养后所生长的细菌菌落总数。它可反映水体微生物污染的程度，如每 1mL 自来水中细菌总数不得超过 100 个(具体检测方法见项目三)。

② 大肠菌群数　大肠杆菌是一群需氧和兼性厌氧的、能发酵乳糖、产酸、产气的革兰氏阴性无芽孢杆状细菌。主要来源于人畜粪便中，在肠道中普遍存在并且是数量最多的一种。故大肠菌群被当作监测水体是否受粪便污染的指标。总大肠菌群是指那些能在 35℃、48h 之内使乳糖发酵产酸、产气，需氧及兼性厌氧的革兰氏阴性无芽孢杆菌，以每升水样中所含有的大肠菌群的数目表示。大肠菌群数指每升水样中含有的大肠菌群的数量，如每升饮用水中大肠菌群数不得超过 3 个。大肠菌群数量的测定：多管发酵法和滤膜法(具体检测方法见项目四)。

【知识窗】

水质安全检测项目

水资源是生命之源、万物之源，水资源与我们的日常生活、工业的发展、农业的发展等一系列人类生活都息息相关。社会发展的加速，也加速了水资源的浪费和水资源的污染，水质检测以及水资源净化技术可以让人类最大限度地利用水资源。为此，国家制定了一系列旨在保护水资源的水质检测标准以及水资源的净化处理方法，为水质检测以及充分利用水资源提供了依据以及相关方法。

水质安全检测主要包括以下项目：生活饮用水检测、纯水水质检测、渔业水水质检测、瓶装纯净水水质检测、饮用天然矿泉水检测、农田灌溉水水质检测、地下水检测、地表水水质检测、实验用水检测、污水水质检测、海水水质检测、游泳池用水水质检测、中水检测、冷却水水质检测、景观用水水质检测、锅炉水水质检测、工业用水检测等。

(二)水体富营养化及其防治

水体富营养化是指大量氮、磷等营养物质进入水体，使藻类及其他浮游生物异常增殖，引起水体透明度和溶解氧变化，造成水质恶化，鱼类及其他好氧生物大量死亡的现象。水体出现富营养化现象时，因浮游生物大量繁殖，往往使水体呈现蓝色、红色、棕色、乳白色等。这种现象在江河湖泊中称为水华，在海洋中则称为赤潮。

在自然条件下，贫营养湖会演变为富营养湖，进而演变为沼泽和陆地，其进程极为缓慢。而人为的富营养化，可在短期内实现，从而加速湖泊向陆地的演替。1999 年，联合国环境规划署的全球水质监测报告显示，全世界有 30%～40%的湖泊、水库出现富营养化。我国渤海 1998 年、1999 年连续两年发生严重的赤潮，面积达 6500km^2，持续时间超过一个月，严重影响海产养殖，造成重大经济损失。2000 年我国海域共记录有赤潮 28 起，比 1999 年增加了 13 起，累积面积超过 104km^2。我国湖泊、水库星罗棋布、类型繁多，随着工业化、城市化，各大淡水湖泊和城市湖泊均已被中度污染，水体富营养化日趋严重，杭州西湖、南京玄武湖、安徽巢湖、无锡太湖、天津于桥水库等均遭此劫，已严重危及供水、旅游以及经济发展。沿海河口地区和城市附近海域污染也很严重，赤潮发生频次增加，面积扩大。

1.富营养化的形成及影响因素

(1)营养

限制藻类生产量的物质是磷、氮及碳。内陆湖泊中磷是限制藻类增殖的最重要的因素;而在海洋中,氮和磷同等重要。当氮达到 0.3mg/L 以上、磷达到 0.02mg/L 以上时,最适合藻类的繁殖。水体中氮、磷的主要来源是含丰富氮、磷的农田径流;未经处理的生活污水、工业废水;经过二级处理后仍含大量氮、磷的出水;含氮、磷的养殖饵料。

目前,农业偏施化学氮肥,使氮、磷、钾比例严重失调,而化肥的利用率只有 30%,大量氮肥流失,成为水体污染的主要来源。如太湖流域每年进入水体的氮肥量约为 2.5×10^4 t,导致流域内总氮含量超标严重。由于农业污染得不到控制,而湖泊水体交换能力差,污染加剧的趋势将难以缓解。同时,养殖业和种植业脱节,即农村畜禽业的集约化程度提高而畜禽粪便的农业利用却减少,使大部分未经处理的畜禽粪便直接排入江河湖海。1998 年,全国畜禽粪便产生量是全国工业固体废物产生量的 3.4 倍,但畜禽粪便的还田率只有 30%,使得畜禽养殖行业废水 COD 排放量接近全国工业废水 COD 排放总量。江苏省苏州、无锡、常州三市畜禽养殖粪便排放量已超过 1500 万人口的生活污水排放总量,大大超过其工业排污量。养殖业已成为我国新的污染大户。这些废水排入水体给水中藻类带来了充足的养料,一旦其他条件适宜,藻类便将旺盛繁殖。

(2)形成场所

较浅的、水流缓慢的水体,如较浅的湖泊、河口、港湾、内海等处为易发生富营养化的场所。

(3)季节与气温

藻类为中温型微生物,在夏季气温较高、无风的日子较容易发生富营养化。在夏季,由于热力学的作用,水体可呈现分层现象,即上层水暖密度小,下层水冷密度大,无风时两层水不搅动也不发生混层。此种情况尤以深水湖为甚,水体上下层营养状况及氧气供应不同而导致上层藻类活动旺盛,发生富营养化。

(4)光线

充足的阳光照射是藻类旺盛繁殖的必要条件。在富营养的水体中,水的上层有阳光照射,为富光区,藻类的光合作用极强,其所产生的氧气甚至可使该层水中溶解氧达到饱和程度;由于上层藻类密度大,使光线不易透过,下层水为弱光区甚至无光区,主要进行藻类的呼吸作用,加上异养菌对有机物的旺盛分解作用,消耗掉大量的氧而处于缺氧状态。

(5)溶解氧和 pH 值

厌氧性的富营养湖泊在夏季很容易发生水华。

适宜藻类生长的 pH 值范围为 7～9。一般藻类生长旺盛的水域,水体 pH 值比较高,这主要由于光合作用吸收水中的 CO_2,释放出 O_2。这种 pH 值的增高又促进了一些藻类的生长。

2.富营养化的危害

富营养化水体中的藻类暴发性增殖,会导致一系列恶果,主要表现如下:

(1)水质恶化

水体中蓝藻和绿藻或甲藻大量繁殖,浮游植物剧增;悬浮物(浮游生物、细菌等)增加;产生有异味的有机物;水体 pH 值上升;深层溶解氧降低,形成水华或赤潮。

(2)影响水厂的供水

面对藻类大量繁殖的水源水,自来水厂处理的难度加大,费用也增多。藻体不断堵塞滤池,过滤效率降低,影响水厂生产,而且水中的气味以及毒素有时难以除尽,会严重影响水厂出水质量。此外,某些藻类代谢产物经加氯消毒后可形成致突变物质。

(3)影响水产养殖

大量藻类的夜间呼吸及死亡藻体的分解,消耗了水中的溶解氧,致使水体缺氧,使鱼、贝类等水生生物不能正常发育和生长,甚至窒息而死。水中藻类过度繁殖也会堵塞鱼鳃和贝类的进出水孔,使之不能呼吸而死亡,水产渔业遭受经济损失。有的藻类能生产毒素,危及水生生物和人体健康。如在形成赤潮时某些甲藻产生石房蛤毒素,此类毒素可被贝类富积于体内,虽对贝类无致死作用,但人食用这些贝类后会中毒甚至死亡。

(4)对旅游业的影响

藻类大量繁殖后,湖水变浊、透明度降低,甚至有大量的藻类团块漂浮在水面;水中藻类及厌氧菌可产生各种有气味的化合物,如土腥素及硫醇、吲哚、胺类、酮等物,使水体臭味弥漫。总之,湖泊感观性状明显下降,使湖泊的旅游观赏价值大减,甚至丧失其功能。在被污染海域,某些含红色素的藻类繁殖,数天内使海水变成红色。

3.优势藻种

引起赤潮的主要藻种是甲藻纲的裸甲藻属、膝沟藻属、多甲藻属等;引起水华的主要藻种是蓝藻中的微囊藻、鱼腥藻、束丝藻、颤藻等属中的某些种。在富营养化阶段,水中藻的种类减少而个体数猛增,如水华铜绿微囊藻及水华束丝藻数曾高达 1.36×10^6 个/L。由于占优势的浮游藻类所含色素不同,使水体呈现蓝、绿、红、棕、乳白等不同颜色。表2.8比较了富营养化湖与贫营养化湖中藻类的不同情况。

表 2.8　富营养化湖与贫营养化湖中藻类比较

	富营养化湖	贫营养化湖
品种	较少	很多
数量	多	少
分布	主要生长在水体表层	可生长至深层
昼夜间的转移	有限	频繁
水华现象	经常发生	少出现
主要的藻类	蓝藻:鱼腥藻属 束丝藻属 微囊藻属 硅藻:直链藻属 脆杆藻属 星杆藻属 冠盘藻属	绿藻:角星鼓藻属 硅藻:平板藻属 小环藻属 金藻:锥囊藻属

4. 水体富营养化的监测

(1)监测指标

由于国情不同，国内外无统一的监测标准，目前一般采用的富营养化的判断标准如下：

水体含氮量＞0.2～0.3mg/L；

水体含磷量＞0.01～0.02mg/L；

BOD＞10mg/L；

细菌总数(淡水中)＞10^5 个/mL；

叶绿素 a(藻类生长量的标志)＞10g/L。

考虑到既满足不危害游览水体的水质要求，还要兼顾水产养殖的需要，我国在实际监测评价时，一般湖泊限制磷＜0.04mg/L，以游览为重点的湖泊限制磷＜0.02mg/L。日本学者提出用下列计算公式来判断水体是否富营养化：

$$\frac{\text{耗氧量(mg/L)} \times \text{无机氮(g/L)} \times \text{无机磷(mg/L)}}{1500}$$

若结果不小于 1，则为富营养化。

(2)卡尔森指数法

目前我国湖泊富营养化评价的基本方法主要有营养状态指数法[卡尔森营养状态指数(*TSI*)、修正的营养状态指数、综合营养状态指数(*TLI*)]、营养度指数法和评分法。

卡尔森指数法是美国科学家卡尔森在 1977 年提出来的，这一评价方法克服了单一因子评价富营养化的片面性，而是综合各项参数，力图将单变量的简易性与多变量综合判断的准确性相结合。卡尔森指数是以湖水透明度(*SD*)为基准的营养状态评价指数。其表达式为：

$$TSI(SD) = 10 \times \left(6 - \frac{\ln SD}{\ln 2}\right) \tag{2.5}$$

$$TSI(Chla) = 10 \times \left(6 - \frac{2.04 - 0.68\ln Chla}{\ln 2}\right) \tag{2.6}$$

$$TSI(TP) = 10 \times \left(6 - \frac{\ln 48/TP}{\ln 2}\right) \tag{2.7}$$

式中　TSI——卡尔森营养状态指数；

SD——湖水透明度值，m；

$Chla$——湖水中叶绿素 a 含量，mg/m^3；

TP——湖水中总磷浓度，mg/m^3。

综合营养状态指数公式为：

$$TLI(\sum) = \sum_{j=1}^{m} w_j \cdot TLI(j) \tag{2.8}$$

式中　$TLI(\sum)$——综合营养状态指数；

$TLI(j)$——第 j 种参数的营养状态指数；

m——评价参数的个数；

w_j——第 j 种参数的营养状态指数的相关权重。

以 $Chla$ 作为基准参数，则第 j 种参数的归一化相关权重计算公式为：

$$w_j = \frac{r_{ij}^2}{\sum_{j=1}^{m} r_{ij}^2}$$

式中　r_{ij}——第 j 种参数与基准参数 $Chla$ 的相关系数；

m——评价参数的个数。

中国湖泊的部分参数与 $Chla$ 之间的相关关系 r_{ij} 及 r^2 见表 2.9。

表 2.9　中国湖泊部分参数与 $Chla$ 的相关关系

参数	$Chla$	TP	TN	SD	COD_{Mn}
r_{ij}	1	0.84	0.82	−0.83	0.83
r_{ij}^2	1	0.7056	0.6724	0.6889	0.6889

为了说明湖泊富营养状态，采用 0～100 的一系列连续数字对湖泊营养状态进行分级：

$TLI(\sum) < 30$　　贫营养(Oligotropher)

$30 \leqslant TLI(\sum) \leqslant 50$　　中营养(Mesotropher)

$TLI(\sum) > 50$　　富营养(Eutropher)

$50 < TLI(\sum) \leqslant 60$　　轻度富营养(Light Eutropher)

$60 < TLI(\sum) \leqslant 70$　　中度富营养(Middle Eutropher)

$TLI(\sum) > 70$　　重度富营养(Hyper Eutropher)

在同一营养状态下，指数值越高，其营养程度越重。

(3)其他方法

此外，还可以通过光合作用(P)与呼吸作用(R)的强度比(即 P/R)来作为评价水体健康与否的指标。

在贫营养湖中，$P/R=1$，光合作用与呼吸作用达到平衡，水质清澈透明，阳光可透至下层，湖内上下均可进行藻类的光合作用及对藻类的分解作用，此时的水体健康、无污染。

在富营养湖中，P/R 变化较大。当营养丰富、日暖光足时，过度繁殖的藻类光合作用使 P/R 大于1。当营养逐渐减少、光照不足时，光合作用变弱，大量藻体死亡，为异养微生物提供了丰富的有机营养，水中分解作用旺盛，使 P/R 下降至小于 1，造成水体时而缺氧、时而溶解氧含量过饱和。富营养化湖的最终趋势是藻死氧缺，水生生物大量死亡，厌氧微生物活动释出大量的 H_2S、NH_3、N_2、CH_4 及其他还原性有机化合物。

5. 水体富营养化的防治

(1)外环境控制措施(截外源)

工业：加强排污总量控制；将污水进行深度处理(硝化-反硝化脱氮，化学混凝沉淀除磷，氧化塘除氮、磷)。

农业：减少化肥使用量，加强农家肥使用的宣传力度，并做好肥料的贮存和施用工作(在农作物生长期间施肥，肥料能被作物很快吸收)；建立农村污水处理设施。

生活：实行合成洗衣粉含磷量的限制。

水体周围：建立良性生态平衡，包括建立水体周围的缓冲林带；保护水体周围及上游的森林植被，防止营养物质的过多流失。如湖边应保证有 2～5km 的湖滨保护带，带内严禁新建污染企业或从事有污染的活动。带内土地应当退地还湖。

(2)内环境控制(除内源)

生物法：细菌、真菌、噬藻体等杀藻剂每月投入 1～2 次；养殖藻类和水生植物并定期收获；养殖食草性鱼类、贝类。

药物除藻法：$CuSO_4$ 0.1～0.5mg/L(杀藻而不能除气味)、漂白粉 0.5～1mg/L(既杀藻又除气味)、明矾(主要除蓝藻)。适用于小范围水体，用于藻类刚开始繁殖时，装袋拖挂于船后或直接喷洒。药剂用量最好经实验确定。

充氧曝气法：利用机械搅拌或强力通气破坏湖中的分层现象，使湖水混合，可收到较显著效果。常用于较深的水体。

凝集沉淀法：加铁盐、铝盐及黏土矿物，与磷结合成不溶物沉淀。

底泥挖掘法：将沉淀于底泥中的磷除去，消除二次污染机会。

稀释冲刷法：加贫营养水稀释或用贫营养水进行换水冲刷，这是最快速的手段。

深层排水法：一般深层的营养盐比表层的多，排掉深层的水可带走很多营养盐类。

三、任务所需器材

1. 目镜测微尺、镜台测微尺；
2. 塞奇威克-拉夫脱计数框、网格计数框。

四、任务技能训练

(一)测微尺使用技术

通常的目镜测微尺是一块圆形玻片，在玻片中央把 5mm 长度刻成 50 等分、把10mm 长度刻成 100 等分，或将 1mm 长度刻成 100 等分。测量时，将其放在接目镜中的隔板上(此处正好与物镜放大的中间像重叠)来测量经显微镜放大后的细胞物像。由于不同目镜、物镜组合后放大倍数不相同，目镜测微尺每格实际表示的长度也不一样，因此目镜测微尺测量微生物大小时须先用置于镜台上的镜台测微尺校正，以求出在一定放大倍数下目镜测微尺每小格所代表的相对长度。通常的镜台测微尺是中央部分刻有精确等分线的载玻片，一般将 1mm 等分为 100 格，每格长 10μm(即 0.01mm)，是专门用来校正目镜测微尺的。校正时，将镜台测微尺放在载物台上，由于镜台测微尺与细胞标本处于同一位置，都要经过物镜和目镜的两次放大成像进入视野，即镜台测微尺随着显微镜总放大倍数的放大而放大，因此从镜台测微尺上得到的读数就是细胞的真实大小，所以用镜台测微尺的已知长度在一定放大倍数下校正目镜测微尺，即可求出目镜测微尺每格所代表的长度，然后移去镜台测微尺，换上待测标本片，用校正好的目镜测微尺在同样的放大倍数下测量微生物大小。如图 2.9 所示。

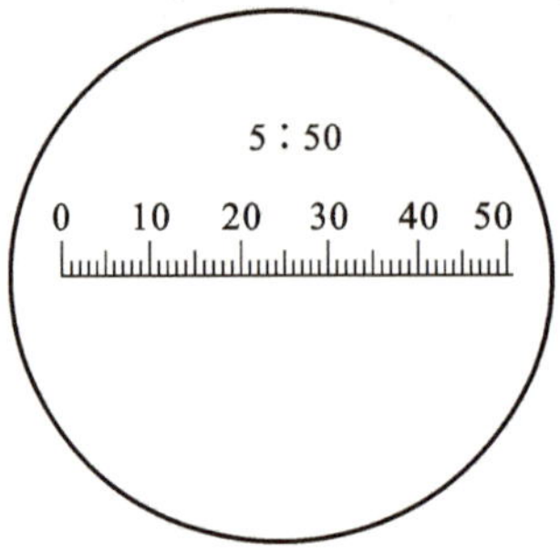

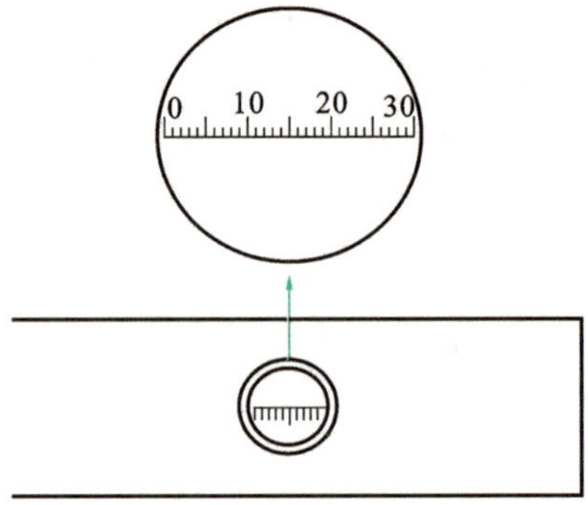

图 2.9　目镜测微尺和镜台测微尺

1. 目镜测微尺的校正

将目镜测微尺装入目镜的隔板上，使刻度朝下（已安装到位）。把镜台测微尺置于载物台上，使刻度朝上，并对准光源。先用低倍镜找到镜台测微尺的刻度，改用高倍镜观察，当看清镜台测微尺的刻度后，转动目镜，使目镜测微尺与镜台测微尺的刻度平行，移动推动器，使目镜测微尺的"0"点与镜台测微尺的某一刻度重合，然后仔细寻找两尺第二个完全重合的刻度。计数两重合刻度之间目镜测微尺的格数和镜台测微尺的格数。因为镜台测微尺的刻度每格长 10μm，所以由下列公式就可以算出所校正的目镜测微尺每格所代表的长度。

$$\text{目镜测微尺的每格长度}(\mu\text{m}) = \frac{\text{镜台测微尺格数} \times 10}{\text{目镜测微尺格数}} \tag{2.9}$$

例如，目镜测微尺 20 小格等于镜台测微尺 3 小格，已知镜台测微尺每格 10μm，则 3 小格的宽度为 $3\times 10\mu m=30\mu m$，那么相应地在目镜测微尺上每小格为 $3\times 10\mu m\div 20=1.5\mu m$。

由于不同显微镜及附件的放大倍数不同，因此校正目镜测微尺必须针对特定的显微镜和附件（特定的物镜、目镜、镜筒长度）进行，而且只能在特定的情况下重复使用，当更换不同放大倍数的目镜或物镜时，必须重新校正目镜测微尺每一格所代表的长度。

2. 细胞大小的测定

取下镜台测微尺，将细胞标本片置于载物台上，先在低倍镜和高倍镜下找到目的物。然后在高倍镜下用目镜测微尺测量细胞的长和宽。

例如，目镜测微尺在显微镜下经过校正，当使用高倍镜时，每格相当于 1.5μm。如果测量细胞的长度相当于目镜测微尺的两格，则细胞长度应为 $1.5\mu m\times 2=3.0\mu m$。一般测定细胞大小时，通常测量 10 个细胞左右，用最大和最小的数值来表示细胞大小的范围。例如：长为 3～5μm，宽为 1～2μm，则其大小为(1～2μm)×(3～5μm)。

（二）结果计算与评价

1. 定性测定

浮游生物的定性测定就是将采集来的样品进行分类鉴定，以确定其中的种类组成。分类鉴定最好用活体观察，也可用固定的样品进行鉴定。鉴定时，吸取一滴样品放在载玻片上，置显微镜下进行观察。某些生物活动过快，可在载玻片上加适量的低浓度麻醉剂，如1%硫酸镉、水合氯醛、酒精等，也可在载玻片上加少许棉花纤维，以阻止其活动。最后将所观察到的种类分门别类地记录下来。一个样品要多做几张装片进行观察，以确保样品中的种类都能观察到。

2.定量测定

定量测定主要是计数所采集的定量样品中浮游生物的数量，也可进行容量(体积)或质量的测定，这里仅介绍计数方法。

(1)计数框及其使用

容量有0.1mL、1mL、5mL和8mL四种。常用的有如下两种：

塞奇威克-拉夫脱计数框(S-R计数框)：长50mm、宽20mm、深1mm，总面积为$1000mm^2$，总体积为1mL。

网格计数框：长20mm、宽20mm、深0.25mm，总面积为$400mm^2$，总体积为0.1mL，计数框的底部刻有100个等分的方格。

在计数时，均先将盖玻片斜放在计数框上，把样品摇匀后用定量吸管慢慢注入样品，注满后把盖玻片移正，静置10min左右再计数。计数单位是每个分离的细胞或每个自然的群体。

(2)显微镜的校准

将目(测微)尺放入10倍目镜内，应使刻度清晰成像(一般刻度面朝下)，将台(测微)尺当作显微玻片标本，用10～40倍物镜进行观察，使台尺刻度清晰成像。台尺的刻度代表标本上的实际长度，一般每小格0.01mm。转动目镜并移动载物台上的移动尺，使目尺与台尺平行，并且目尺的边沿刻度与台尺的0点刻度重合，然后向右找出目尺与台尺重合得最好的刻度，分别数出两条重合线之间台尺和目尺的格数，然后用公式计算目尺长度：

$$\text{目尺长度(mm)} = \frac{\text{两重合线之间尺台格数}}{\text{两重合线之间目尺格数}} \tag{2.10}$$

(3)计数

个体计数仍是目前常用的浮游生物定量方法。浮游生物计数时，要将样品充分摇匀，将样品置入计数框内，在显微镜或解剖镜下进行计数。用定量加样管在水样中部吸液移入计数框内。加样之前要将盖玻片斜盖在计数框上(图2.10)，将样品定量注入，在计数框中一边进样，另一边出气，这样可避免气泡产生，注满后把盖玻片移正。每个样品均计数两片取其平均值。如两片计数结果相差15%以上，则进行第三片计数，取其中个数相近的两片的平均值。

(4)计数方法(三种方法)

① 长条计数法

首先将目测微尺放入目镜中，然后用台测微尺去校目测微尺的长度，再用S-R计数框计数，以目测微尺的长度作为一个长条的宽度，从计数框的左边一直计数到计数框的右边，称为一个长条。计数的长条数取决于浮游生物的多少，浮游生物越少，计数的长条就越多，一般计数2～4个长条。计数时，浮游植物和浮游动物要分开计数，然后分别计算单位体积中的浮游植物数和浮游动物数。

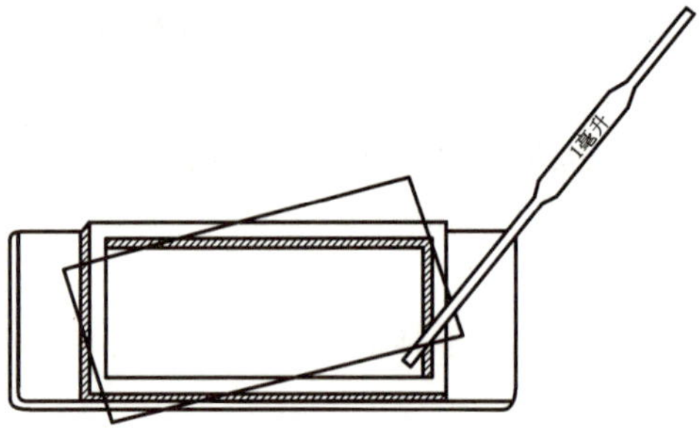

图 2.10　计数框盖玻片示意图

计算公式为：

$$浮游生物个数/\mathrm{mL}=\frac{C\times 1000}{LWDS} \tag{2.11}$$

式中　C——计数的浮游生物数；

L——一个长条的长度，也就是计数框的长度，mm；

W——一个长条的宽度，即目尺的长度，mm；

D——一个长条的深度，即计数框的深度，mm；

S——计数的长条数。

② 视野计数法

先用台测微尺测出显微镜视野的直径，然后算出视野的面积，再用S-R计数框或网格计数框计数。计数时以视野为单位，其计算公式为：

$$浮游生物个数/\mathrm{mL}=\frac{C\times 1000}{ADF} \tag{2.12}$$

式中　A——一个视野的面积，mm^2；

D——视野的深度，mm；

F——计数的视野数，一般至少 10 个；

C——计数的生物个数。

③ 网格计数法

如用网格计数框，可采用网格计数法。如浮游生物密度不大，可将框内生物全部数出，密度大时可利用计数框上的刻度，计数其中的几行(如 2、5、8 行)。其计算公式为：

$$浮游生物数/\mathrm{L}=\frac{CV_1}{V_2} \tag{2.13}$$

式中　C——计数的生物个数；

V_1——由 1L 水浓缩的样品水量；

V_2——计数的样品水量。

3. 结果报告

浮游生物调查后，整理出各类群的种类和数量的数据。如何利用这些数据来说明水体受污染的程度或污染消除的状况，目前尚无统一的表达方式，常用的有以下指标：

(1)定性测定报告

① 利用指示生物进行评价

由于各种污染程度不同的水体有其特有生物存在，因此，可以利用各种水体中特有生物和敏感生物在水体中的出现情况来反映水质状况。

② 利用多样性指数和各种生物指数进行评价

生物多样性指数反映了群落的种类组成、数量和群落中种类组成比例变化等信息。在一般情况下，自然生物群落往往由较多个体数的少数种和较少个体数的多数种组成，但水环境受到污染后，群落中生物种类减少，相应耐污种类个体数增多，生物多样性指数下降。

③ 利用藻类进行水质评价

应用实例 1——利用水中藻类的种类变化判断水质状况。

清洁水体：有鱼鳞藻、簇生竹枝藻等。

中等污染水体：有被甲栅藻、四角盘星藻、短荆盘星藻、纤维藻、角星鼓藻和角甲藻等。

严重污染水体：有绿色裸藻、静裸藻和囊裸藻、素衣藻。

应用实例 2——利用藻类各类群在群落中所占比例进行评价。

藻类各类群在群落中所占比例也往往作为污染的指标。如果绿藻和蓝藻数量多，甲藻、黄藻和金藻数量少，往往是污染的象征；而绿藻和蓝藻数量下降，甲藻、黄藻和金藻数量增加，则反映了水质的好转。

应用实例 3——利用藻类总污染指数判断水质污染程度。Palmer 对能耐受污染的 20 属藻类分别给予不同的污染指数值（表 2.10），根据水样中出现的藻类，计算总污染指数，由总污染指数判断水质污染程度。

表 2.10　藻类污染指数值

属　　名	污染指数值	属　　名	污染指数值
组囊藻	1	微芒藻	1
纤维藻	2	舟形藻	3
衣　藻	4	菱形藻	3
小球藻	3	颤　藻	5
新月藻	1	实球藻	1
小环藻	1	席　藻	1
裸　藻	5	扁裸藻	2
异极藻	1	栅　藻	4
鳞孔藻	1	毛枝藻	2
直链藻	1	针杆藻	2

总污染指数：20 为重污染；15～19 为中污染；小于 15 为轻污染。

(2)定量测定报告

定量评价方法见表 2.11。

表 2.11　定量评价方法

浮游植物数量(个/L)	营养类型
$<3\times10^5$	贫营养
$3\times10^5\sim5\times10^5$(或 1×10^6)	中营养
$>5\times10^5$(或 $>1\times10^6$)	富营养
$>1\times10^6$(或 $\geqslant10\times10^6$)	重富营养

五、讨论

PCR 技术应用于污水生物处理过程的监测与评价。

由于污水生物处理过程是多菌种共同作用的结果,因而研究污水生物处理工艺中微生物的种群结构,了解其种类和数量,认识群落的稳定性和研究一些功能菌在降解有毒有害物质过程中的作用,可为改进水处理工艺、实现其自动控制提供重要依据。由 PCR 技术发展而带动的以 16SrDNA 为基础的分子生物学技术,利用不同微生物遗传信息 16SrDNA 的保守性和差异性来进行微生物种类的鉴定及定量分析,使废水生物处理过程中的微生态研究取得了迅速进展。

Emilie 等采用 PCR-DGGE(PCR-Denaturing Gradient Gel Electrophoresis,PCR-变性梯度凝胶电泳)方法检测了河流中附着于生物膜上的微生物种群多样性。通过测序,生物膜上所附着的微生物种类得到了准确而全面的反映,为监测河流生态环境提供了重要依据。反复实验表明,通过关键步骤(如生物膜的采样量、模板 DNA 的数量、PCR 产物的数量以及 DGGE 操作参数等)的控制可增强实验的可重复性。

采用 PCR 技术分析活性污泥中微生物种群的多样性,是了解活性污泥系统中微生物种群结构及其变化的有效手段。对于生活污水、造纸厂等高含碳量的工业废水、食品厂等富含脂类物质的工业废水以及纺织厂工业废水,Nico 等运用 PCR-DGGE 技术分析处理这四种废水的活性污泥中微生物种群,此方法比较不同处理工艺活性污泥中的微生物结构,对工艺运行中微生物种群的监测、改进处理不同种类废水的活性污泥工艺具有重要指导意义。

采用 PCR 技术进行环境微生物分析,还可以为新工艺的运行控制提供合理的依据。张丹等考察了 OLAND 工艺中生物脱氮系统中硝化菌群(氨氧化菌和亚硝酸氧化菌)的种群多样性及硝化菌群随溶解氧降低的种群变化规律,并建立了一套行之有效的用于限氧自养硝化反硝化生物脱氮工艺中功能微生物菌群的快速分子检测技术。通过 PCR-DGGE 分析,对氨氧化细菌的识别为 OLAND 系统中在限制氧阶段获得稳定的亚硝酸盐积累提供了有力的依据。通过对不同阶段氨氧化细菌数量的分析,对该工艺各个步骤的控制提供了合理依据。Alina 等对好氧膜生物反应器与活性污泥系统进行了比较研究。结果表明,膜生物反应器比常规活性污泥系统有更丰富的微生物种群,且对于去除废水中的含氮、含碳有机物有巨大潜能。

六、复习思考题

1. 分别求出使用低倍镜(10×)、高倍镜(40×)时目镜测微尺每格代表的长度。

低倍镜:目镜测微尺每格代表的长度=________×10(μm)=________μm

高倍镜:目镜测微尺每格代表的长度=________×10(μm)=________μm

2. 测量10个细胞及细胞核的大小并记录。

编号	1	2	3	4	5	6	7	8	9	10
细胞大小										
核大小										

3. 计算细胞的核质比例。

计算细胞、细胞核体积的公式:

圆形 $V=4/3\pi r^3$(r 为半径)

椭圆形 $V=4/3\pi ab^2$(a、b 分别为长、短半径)

核质比 $N/D=V_n/(V_c-V_n)$(V_n 为核的体积,V_c 是细胞的体积)

七、自我评价表(表2.12)

表2.12 水污染的生物监测与评价自我评价表

评价内容	考核指标	分值
水污染监测	生物监测方法	20
水污染评价	评价方法	20
测微尺	使用方法	20
计数框	使用方法	20
	计算方法	20
合计		100

【小结】

本项目通过学习水样采集技术、微生物指示作用等来监测和评价水污染情况。本项目学习内容与生物监测内容相互穿插,使知识体系更完整。

【与工作任务相关的作业】

1. 采集学院周围水体的样品,进行微生物观察监测,评价水体情况,并写出监测报告,分析污染原因以及提出防治办法。

2. 采集富营养化的水域(池塘、景观水、河流)样品,对其微生物进行观察评价,列出种类,查找水体富营养化的原因并给出自己的建议。

练习

项目3　污水中菌落总数检测

知识目标

1. 掌握微生物营养物质种类及微生物营养类型；
2. 掌握培养基配制方法和综合利用原则；
3. 掌握实验设备和器皿的灭菌、消毒技术；
4. 掌握环境影响因素对微生物的影响；
5. 掌握微生物菌种的转接技术及保藏技术；
6. 掌握环境卫生细菌学检测的意义及监测方法。

能力目标

1. 能独立进行细菌菌落总数的测定并正确评价；
2. 在项目完成过程中，提高实验设计、实验自主准备、实验组织、实验开展、数据处理的能力。

案例导入

暴发甲肝事件

1988年1月18日，上海×××医院收治了43例上吐下泻的病人。一天后，人数迅速上升，达到134例，速度之快超出人们的想象。和×××医院一样，上海的其他医院里也有大量市民涌进，他们大多伴有身体发热、呕吐、厌食、乏力，脸色发黄等典型的症状。在短短一个月的时间里，有30多万人感染，其中11人死亡。这种病后来被证实是急性病毒性甲型肝炎（甲肝），病原甲肝病毒主要通过饮食和饮用水传播，食用被污染的食物也会感染。感染甲肝后，人体症状主要有发热、恶心、呕吐、肝区痛、全身乏力、肝肿大等临床表现，可伴有黄疸症状。上海市卫生局组织的临床调查显示，毛蚶是罪魁祸首。

课前思考题

如何判断水源水受污染情况？

项目工作流程

任务3.1　菌落总数的检验物品准备工作
↓
任务3.2　微生物营养及培养基的制备
↓
任务3.3　物品的干热灭菌技术和高压蒸汽灭菌技术
↓
任务3.4　样品的采集、保存、送检与分离技术
↓
任务3.5　微生物的培养条件与菌落总数的计数
↓
任务3.6　微生物菌种的保藏技术

技能训练

任务3.1　菌落总数的检验物品准备工作

一、任务目标

学会玻璃器皿(包括培养皿、试管、移液管、三角瓶等)的无害化处理、洗涤、包扎等准备工作。

二、任务相关知识

正确掌握棉塞的制作、玻璃器皿的洗涤和包装技巧是从事微生物学实验工作的重要基础。由于微生物分布广泛,在进行环境中的微生物监测时,必须排除监测工作各环节使用的器皿和溶液所含微生物对监测结果的干扰。在微生物实验之前要求把实验器材清洗干净,保证灭菌后呈无菌的状态。所以,要对培养皿、移液管、三角瓶、试管(统称为玻璃器皿)进行妥善包扎。玻璃器皿一般要求硬质玻璃,这样才能承受高温和短暂灼烧而不被破坏。试管、三角瓶还要做棉塞或者直接用硅胶塞。这些工作虽然简单,但是如

果操作不当或者不按照规定要求去做，就会导致实验失败。

(一)微生物实验室常用的玻璃器皿

培养皿(平皿)：用于盛放固体培养基，是培养微生物和观察微生物的主要器皿，一般直径为 9cm。

试管：用于盛放斜面培养基(固体)，是接种微生物的主要器皿。常用的有两种：较大的长 220mm，直径 20mm；较小的长 150mm，直径 15mm。

锥形瓶：用于盛放液体培养基，是用液体培养基培养微生物的主要器皿。一般容量为 50mL、100mL、250mL、300mL、500mL、1000mL。

量筒、量杯：用于定量量取各种液体。

移液管(吸管)：一般容量为 0.5mL、1mL、5mL、10mL 等，可根据需要选择和准备。

载玻片与盖玻片：普通载玻片大小为 75mm×25mm，用于微生物涂片、染色，作形态观察等。盖玻片大小为 18mm×18mm。凹玻片是在一块厚玻片当中有一圆形凹窝，作悬滴观察活细菌以及微室培养之用。

其他：滴瓶(用来装各种染料、生理盐水等)、烧杯、漏斗等。

(二)玻璃器皿的清洗

1. 玻璃器皿的循环使用过程(图 3.1)

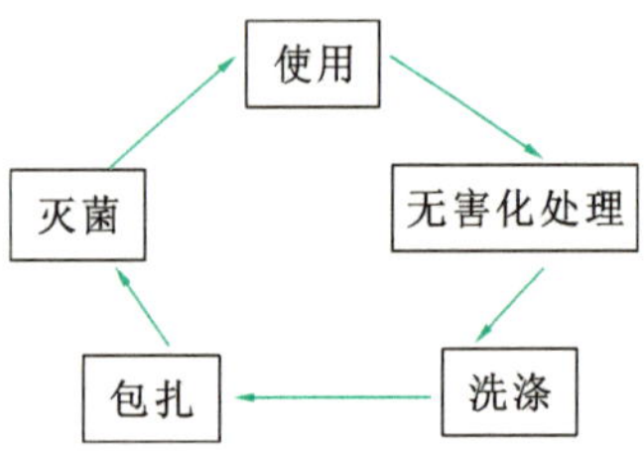

图 3.1　玻璃器皿的循环使用

2. 玻璃器皿的无害化处理及洗涤

任何洗涤方法都不能对玻璃器皿有所损伤，所以不能使用对玻璃有腐蚀作用的化学药品或者硬度比玻璃高的物品擦拭玻璃器皿。用过的器皿应该立即洗涤以免放置太久增加洗涤难度。难洗涤的器皿不要和易洗涤的器皿放在一起，有油污的器皿不要与无油污的器皿放置在一起，否则会浪费药剂和清洗时间。强酸、强碱等腐蚀性强的药品不能直接倒在洗涤槽内，必须倒在废液缸内。

(1)新购置的玻璃器皿

新购置的玻璃器皿含有游离碱，会影响培养基的酸碱度。对玻璃器皿的洗涤一般在 2%的盐酸溶液中浸泡数小时后再用清水洗净，也可在洗衣粉水中煮 30～60min，取出用清水洗净。

(2)常用玻璃器皿

洗涤时可用鬃刷蘸取洗衣粉刷洗，然后用自来水冲洗干净。

(3)带油污玻璃器皿

先将倒空的玻璃器皿用 10%的氢氧化钠溶液浸泡半小时，或放在 5%的苏打液内煮两次，去掉油污，再用洗衣粉和热水刷洗。

(4)带菌玻璃器皿

经 121℃高压蒸汽灭菌 20min 后，趁热倒去内容物，如果内容物含有琼脂不可直接倒入水槽，因为琼脂遇冷会转变成固态从而堵塞管道。含有琼脂培养基的器皿可以先用小刀、铁丝或者玻璃棒将琼脂培养基挑出扔进垃圾桶，再用洗衣粉水刷洗干净，以水在内壁均匀分布成一薄层而不出现水珠为油垢除尽的标准。

(5)吸管的清洗

吸管的清洗可先用细铁丝将管口的棉塞捅出，或者将吸管尖头插入细头水龙头中，轻轻打开水龙头，棉塞即可被冲出，棉塞冲出后扔进垃圾桶。接着将其浸泡于5%热肥皂水中，在细铁丝的一端缠上少许棉花或纱布，在管中来回移动，以除去管内的油渍和污垢，然后用吸球一吸一挤，反复冲洗数次，最后用清水和蒸馏水反复冲洗数次，倒立于垫有纱布的金属丝篓中干燥。

吸过微生物培养物的吸管应立即浸泡在盛有2%的煤酚皂溶液或者0.25%新洁尔灭消毒液内，24h后方可取出冲洗。

经以上处理的玻璃器皿，可满足一般实验用。少数实验对玻璃器皿清洁度要求较高，除用上述方法外，还应先用2%的HCl溶液浸泡数十分钟，再用自来水冲洗，蒸馏水淋洗2～3次。有的还需超纯水淋洗后烘干备用。

(6)载玻片和盖玻片的清洗

若滴加有香柏油，先用蘸取二甲苯的擦镜纸擦拭，再在肥皂水中煮沸5～15min，然后立即以自来水冲洗，如果未洗干净，在稀洗涤液中浸泡0.5～2h，用自来水冲洗，最后用蒸馏水洗几次，干燥后浸泡在95%的乙醇中保存。使用前在火焰上烧去乙醇。

(三)菌落总数及实验前的准备

菌落总数：指水样在营养琼脂上有氧条件下37℃培养48h后，所得1mL水样所含菌落的总数。

菌落总数平皿计数法是根据每个细菌细胞体都可以在固体培养基上形成一个可见的单独菌落，计数时先将待测样品作一系列的稀释，再取一定量的稀释菌液接种到培养皿中，使其均匀分布于平皿中的培养基内，经过37℃培养24h后，由单个细菌细胞体繁殖形成菌落，统计菌落数目，换算成样品中含细菌的总数。

检测水样中的菌落总数，实际上是指1mL水样在营养琼脂培养基中，在有氧条件下37℃培养24h后所生长的细菌菌落总数。水中的细菌种类多，个体差异大，对营养、氧气、温度等生长条件的要求差别很大。营养琼脂培养基并不能满足所有细菌的营养需求，37℃也不一定是所有细菌生长的最适温度，比如厌氧菌、嗜冷菌在此条件下难以生存。所以该方法所得结果是一群在普通营养琼脂培养基中发育、嗜中温的、好氧和兼性好氧的细菌菌落总数，计算出来的值是近似值。但是，营养琼脂培养基37℃培养24h后生长良好的细菌可以代表人体温度下能繁殖的细菌，所以此法测定的细菌总数可以作为判定饮用水、水源水等污染程度的标志，指示该饮用水是否可以饮用。采用的营养琼脂培养基是牛肉膏蛋白胨琼脂培养基。由于细菌细胞形态结构以单个、成双、链状、葡萄状等形式存在，因而在营养琼脂平板上出现的菌落可以来源于细胞块，也可以来源于单个细胞。因此，平板上所得的菌落总数不应报告活细菌数，而应以单位质量、容量或表面积内的菌落数或菌落形成的“单位数”(Colony-Forming Units，CFU)报告。

三、任务所需器材

1. 玻璃器皿：三角瓶、移液管、培养皿、试管。

2.其他器材:牛皮纸、脱脂棉花、棉线、记号笔等。

四、任务技能训练

微生物检验中的各种玻璃器皿常常需要灭菌处理,为了使灭菌后仍能保持无菌状态,在灭菌之前必须对需灭菌的器皿进行包扎。

视频
玻璃器皿的包扎

1.培养皿的包扎

培养皿由一底一盖组成一套,洗净、干燥后,每 8~10 个为 1 套(也可少一些,但不要太多,以免不好放入烘箱或包扎不便)叠放在一起,最后一个培养皿可反置,用报纸(或牛皮纸)包好,如图 3.2 所示。包装后的培养皿须经过灭菌后才能使用,灭菌后的培养皿一定要在使用时才能打开牛皮纸,以免微生物再次污染。培养皿也可以直接用金属桶包装灭菌。

图 3.2　平皿包扎示意

2.吸管的包扎

洗净烘干后的吸管,用尖头镊子或者拉直的曲别针将少许脱脂棉花塞入吸管的吸端,在距管口 0.5cm 处构成 1~1.5cm 疏松的棉塞(避免外界杂菌吸入管内),棉塞的松紧程度以吸气时通气顺畅且不下滑为准。管口外露的棉花纤维统一通过火焰烧掉。

将吸管的尖端放在 4~5cm 宽的长纸条的一端,使管与纸条呈 30°~45°的夹角,用折叠包装纸包住尖端,并将左端多余的部分覆折在吸管上,左手压紧吸管,在桌面上向前搓转,以螺旋式包扎起来,余下的纸条折叠打结,准备灭菌,如图 3.3 所示。若干支包扎好的吸管扎成一束,灭菌后同样要在使用时才从吸管中间拧断纸条,抽取吸管。

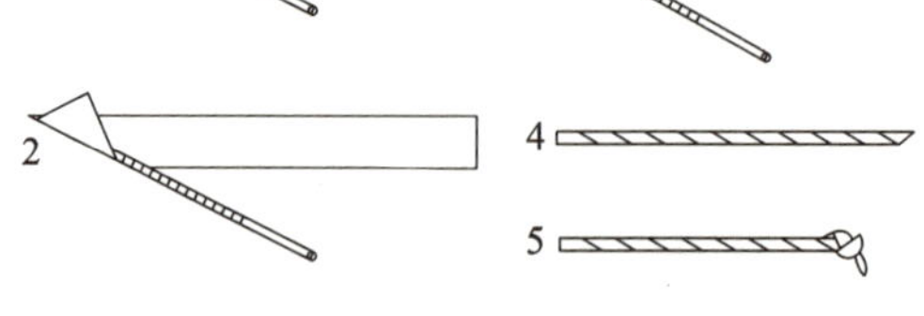

图 3.3　吸管包扎方法示意

纸条包装好的多支吸管可以装入金属筒中干热灭菌,若以此方法灭菌的吸管可一次用完,可将玻璃吸管直接放入金属筒内,管尖朝筒底,粗端在筒口,干热灭菌后使用时,筒横卧，手持粗端取用。

3.棉塞制作

为了培养好气性微生物，需提供优良的通气条件，同时防止杂菌污染，还必须对通入试管或锥形瓶内的空气预先进行过滤除菌。通常方法是在试管及锥形瓶口加上棉塞等。

制作棉塞时，应选用大小、厚薄适中的棉花一块，用折叠卷塞法制作棉塞，如图3.4所示。

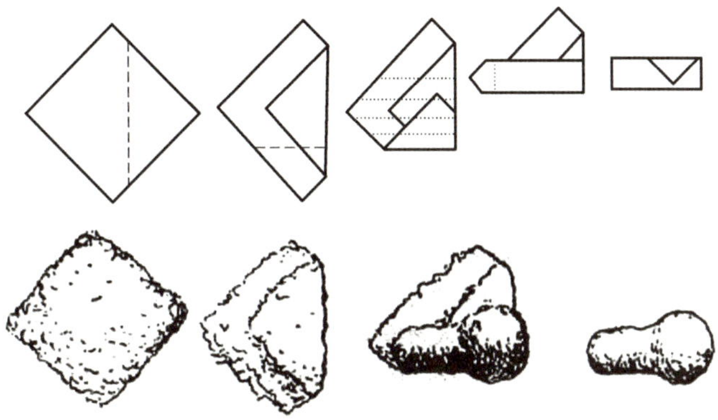

图3.4 棉塞制作过程

按管口及瓶口大小制作的棉塞，应紧贴管壁和瓶壁，不留缝隙，以防空气中的微生物沿缝隙侵入。棉塞塞得不宜过松或过紧，过松达不到滤菌的目的，过紧则阻碍空气流通，操作不便。

制作比较好的棉塞的检测：以手提棉塞，器皿不掉为准。棉花塞的长度不小于管口直径的两倍，棉塞的2/3应在管内或瓶内，1/3露在管口外，以便拔塞。

塞好棉塞后，在棉塞外包一层报纸或牛皮纸（这是为了避免灭菌时冷凝水淋湿棉塞），并用细棉线捆扎好。

也可采用硅胶塞代替棉塞，直接盖在试管口上，灭菌待用。

4.试管的包扎

将洗净、干燥的试管塞上合适的、松紧适宜的棉塞，或者硅胶塞。同规格的数支试管用棉绳捆扎在一起，试管上半部分外包双层报纸或者牛皮纸（牛皮纸效果更好，而且可以再次利用）。试管较多时，一般以7个或者10个为一组，再用棉绳捆扎紧后准备灭菌，灭菌后用时再开扎。如果试管中添加了蒸馏水用来做无菌水，在包扎的过程中不能保持直立，棉塞不能被蒸馏水打湿。

5.采样瓶的包扎

将几粒玻璃珠置于广口试剂瓶内，盖上瓶盖，用报纸包住瓶盖连同瓶上部，灭菌待用。

6.标记

包扎后，每种玻璃器皿上用记号笔标注好实验小组、包扎人。

五、讨论

根据实验过程，计算菌落总数检测所需的器材数量，并填入表3.1中。

表 3.1 所需器材数量

器材名称	规格	数量	用途
锥形瓶	250mL	个	采样瓶
		个	盛放培养基
培养皿	ϕ90mm	个	倒平板
移液管	1mL	支	吸取不同稀释度的菌液
试管	180mm×18mm	支	每支盛 9mL 无菌水，用来稀释样品
无菌水		mL	稀释样品
培养基	营养琼脂	mL	倒平板
牛皮纸			包扎
脱脂棉花			棉塞或直接用硅胶塞
棉线			包扎
记号笔			标记

六、复习思考题

1. 平皿包扎的要求和要点是什么？不同的方法其包扎原则是什么？
2. 移液管如何进行浸泡和灭菌？移液管顶端塞入棉花的作用是什么？
3. 试管包扎的捆扎原则是什么？要点是什么？

七、自我评价表（表 3.2）

表 3.2 器皿包扎技术自我评价表

名称	考核点	评分标准	配分
检测员的基本素质	符合岗位工作规范和要求	准时到岗、装备符合要求	20
		准备齐全、遵守规章	
玻璃器皿的包扎	玻璃器皿的包扎	移液管包扎	60
		培养皿包扎	
		试管包扎	
		三角瓶包扎	
文明操作	符合 6S 工作规范和要求	台面整洁	20
		废物处理	
	熟练程度	操作时间控制	
合计			100

任务3.2 微生物营养及培养基的制备

一、任务目标

掌握微生物的营养物质及营养类型;掌握培养基的分类、配制原则及方法。

二、任务相关知识

培养基是供微生物生长、繁殖、代谢的混合养料。由于微生物具有不同的营养类型,对营养物质的要求也各不相同,加之实验和研究的目的不同,所以培养基的种类很多,使用的原料也各有差异,但从营养角度分析,培养基中一般含有微生物所必需的碳源、氮源、无机盐、生长素以及水分等。正确掌握培养基的配制方法是从事微生物学实验工作的重要基础。微生物种类及代谢类型具有多样性,因而用于培养微生物培养基的种类也很多,它们的配方各有差异。

(一)微生物的营养物质

微生物食谱广,胃口大。微生物的营养是微生物生理学的重要研究领域,阐明了营养物质在微生物生命活动过程中的生理功能以及微生物细胞从外界环境摄取营养物质的具体机制。

想了解微生物吃什么,就要首先了解微生物细胞的化学组成。微生物与动物、植物之间存在营养上的统一性,也就是说,它们细胞的化学组成是相似的。微生物细胞有大量化学元素碳、氢、氧、氮、磷、硫、钾、镁、钙、铁,微量元素锌、锰、钠、氯、钼、硒、钴、铜、钨、镍、硼。微生物细胞的化学元素并不是绝对不变的,也常因微生物的种类、菌龄及培养条件的不同而在一定范围内发生变化。

根据营养物质在微生物细胞中生理功能的不同分为碳源、氮源、能源、生长因子、无机盐和水。

1.碳源

碳在细胞的干物质中约占50%,所以微生物对碳的需求最大。凡是作为微生物细胞结构或代谢产物中碳骨架来源的营养物质,称为碳源。碳源构成微生物自身的细胞物质,比如糖类、蛋白质、脂类等,或者代谢产物,比如抗生素、维生素等。

(1)碳源的种类

作为微生物营养的碳源物质种类很多,从简单的无机物(CO_2、碳酸盐)到复杂的有机含碳化合物(糖、糖的衍生物、脂类、醇类、有机酸、芳香化合物及各种含碳化合物等)。但不同微生物利用碳源的能力不同,假单孢菌属可利用90种以上的碳源,甲烷氧化菌仅能利用两种有机物(甲烷和甲醇),某些纤维素分解菌只能利用纤维素。

(2)微生物对碳源的利用特点

大多数微生物是异养微生物,以有机化合物为碳源。能够利用的碳源种类很多,其中糖类是最好的碳源,特别是单糖(葡萄糖、果糖)、双糖(蔗糖、麦芽糖、乳糖),绝大多数微生物都能利用。此外,简单的有机酸、氨基酸、醇类、醛、酚等含碳化合物也能被许多微生物利用。

异养微生物体内碳源经一系列复杂的化学反应,最终用于构成细胞物质,或为机体提供生理活动所需的能量。所以,碳源往往也是能源物质。异养微生物最喜欢利用的碳源就是葡萄糖。

自养菌以 CO_2、碳酸盐为唯一或主要的碳源。CO_2 是被彻底氧化的物质,其转化成细胞成分是一个还原过程。因此,这类微生物同时需要从光或通过其他无机物氧化获得能量。这类微生物的碳源和能源分别属于不同物质。

微生物利用碳源具有选择性。单糖优于双糖、己糖优于戊糖、淀粉优于纤维素、纯多糖优于杂多糖。以葡萄糖和半乳糖为碳源的培养基中,大肠杆菌首先利用葡萄糖,然后利用半乳糖,前者称为大肠杆菌的速效碳源,后者称为迟效碳源。

所以,在制作培养基时加入葡萄糖、蔗糖作为碳源。淀粉、果胶、纤维素等,这些有机物质除在细胞内分解代谢提供小分子碳骨架外,还能产生供合成代谢需要的能量。所以,部分碳源既是碳源物质,又是能源物质。

(3)常见的碳源

实验室常用的几种碳源:葡萄糖、蔗糖、乳糖、可溶性淀粉等。

发酵工业中常利用的碳源:单糖、饴糖、糖蜜(制糖工业副产品)、淀粉(玉米粉、山芋粉、野生植物淀粉)、麸皮、米糠、酒糟、马铃薯等。这些物质比较廉价,可以节省成本。

【知识窗】

糖的分类

糖与蛋白质、脂类和核酸一样,是组成细胞的重要成分。从分子生物学可知,糖不但是细胞能量的主要来源,而且在细胞的构建、细胞的生物合成和细胞生命活动的调控中,均扮演着重要的角色。大多数糖类物质由碳、氢、氧三种元素组成,化学式为 $(CH_2O)_n$。糖都有一个碳骨架,所以被视为碳源。

糖类物质可以根据其水解情况分为单糖、寡糖和多糖;单糖是不能被水解成更小分子的糖类,如葡萄糖、果糖、核糖。葡萄糖和果糖含有 6 个碳原子,所以被称为己糖,核糖含有 5 个碳原子,所以被称为戊糖。寡糖包括双糖、三糖、四糖、五糖等。双糖是水解时生成两分子单糖,如麦芽糖、蔗糖等。麦芽糖由两分子的葡萄糖通过 α-1,4糖苷键结合形成的,蔗糖由一分子的葡萄糖和一分子的果糖通过 α,β-(1,2)糖苷键结合形成的。多糖是水解时产生 20 个以上单糖分子的糖类,多糖的功能其一是构成细胞的结构,例如构成植物细胞壁的纤维素、半纤维素,在细菌中构成细胞壁的肽聚糖;其二是储藏功能,例如植物中的淀粉和动物体内的糖原。

(4)微生物分类

根据生长所需要的碳源,可将微生物分成两种基本的营养类型:自养微生物和异养微生物。自养微生物在生长时能以简单的无机物质作为营养物质。异养微生物在生长时需要以复杂的有机物质作为营养物质。动物属于异养型生物，植物既有异养型的也有自养型的，大多数微生物属于异养型生物，少数微生物属于自养型生物。

2. 能源

能源是为微生物的生命活动提供最初能量来源的营养物或辐射能。能源分为两类：化学物质和辐射能。化学物质包括有机物和无机物。化能异养微生物利用有机物(同碳源)，化能自养微生物利用 NH_4^+、NO_2^-、S、H_2S、H_2 和 Fe^{2+} 等无机物获得能量。光能自养型微生物和光能异养型微生物利用辐射能作为能量来源。

根据生长时能量的来源不同，又可将生物分成两种类型：化能营养型生物和光能营养型生物。化能营养型生物依靠化合物氧化释放的能量进行生长。光能营养型生物依靠光能进行生长。动物和大部分微生物属于化能营养型生物，它们从物质的氧化过程中获得能量。植物和少部分微生物属于光能营养型生物。

根据微生物生长时能量、碳源的来源不同，微生物分类见表 3.3。

表 3.3 能源、碳源不同的微生物分类

营养类型	能源	电子供体	碳源	实例
光能无机营养型(光能自养型)	光能	H_2、H_2S、S 或 H_2O	CO_2	蓝细菌、紫硫细菌、绿硫细菌、藻类
光能有机营养型(光能异养型)	光能	有机物	CO_2 以及简单有机物	红螺菌属的细菌
化能无机营养型(化能自养型)	无机物	H_2、H_2S、Fe^{2+}、NH_4^+ 或 NO_2^-	CO_2	硝化细菌、硫化细菌、铁细菌、氢细菌、硫黄细菌
化能有机营养型(化能异养型)	有机物	有机物	有机物	绝大多数原核微生物和全部真核微生物

(1)光能无机营养型(光能自养型)

光能无机营养型微生物以 CO_2 为唯一或主要碳源；进行光合作用获取生长所需能量；以无机物 H_2、H_2S、S、H_2O 等作为供氢体或电子供体，使 CO_2 还原为细胞物质。光合作用又可以进一步分为放氧性光合作用和非放氧性光合作用。例如，藻类及蓝细菌等和植物一样，以水为电子供体(供氢体)，进行放氧性的光合作用，合成细胞物质，反应如下：

$$CO_2 + H_2O \xrightarrow[\text{叶绿素}]{\text{光能}} [CH_2O] + O_2$$

紫硫细菌和绿硫细菌含细菌叶绿素，以 H_2S、S、$Na_2S_2O_3$ 为电子供体进行不放氧的光合作用，产生细胞物质，并伴随着硫元素的产生。利用 H_2S 的反应如下：

$$CO_2 + 2H_2S \xrightarrow[\text{光合色素}]{\text{光能}} [CH_2O] + 2S + H_2O$$

产生的元素硫或是积累到细胞内，或是分泌到细胞外。

(2)光能有机营养型(光能异养型)

紫色无硫细菌不能以 CO_2 为唯一或主要碳源，以有机物作为供氢体，利用光能将 CO_2 还原为细胞物质，在生长的时候大多数需要外源性的生长因子。

特点：具有光合色素，能利用光能。不能以 CO_2 作为主要或唯一的碳源，以有机物作为碳源和供氢体，利用光能将 CO_2 还原为细胞物质；在生长时大多数需要外源的生长因子。

例如，红螺菌属中的一些细菌能利用异丙醇作为供氢体，将 CO_2 还原成细胞物质，同时积累丙酮。

$$2\ (H_3C)_2CHOH + CO_2 \xrightarrow[\text{光合色素}]{\text{光}} 2CH_3COCH_3 + [CH_2O] + H_2O$$

光能自养型和光能异养型微生物的主要区别在于供氢体和电子供体来源不同，光能异养型虽然能利用 CO_2，但必须在有机物存在的情况下才能生长，它们都能利用光能生长。

(3)化能无机营养型(化能自养型)

化能无机营养型只存在于微生物中，比如氢氧化细菌、铁氧化细菌、亚硝化细菌、硝化细菌、硫化细菌等利用无机物氧化时释放出的化学能作为能源，以 CO_2 或碳酸盐作为唯一碳源或主要碳源，以 H_2、H_2S、NH_4^+、Fe^{2+} 或 NO_2^- 等作为电子供体，使 CO_2 还原为细胞物质。这类微生物可以在完全无机无光的环境中生长，广泛分布在土壤、水体中，参与地球物质循环。

特点：生长所需要的能量来自无机物氧化过程中释放出的化学能；以 CO_2 或碳酸盐作为唯一或主要碳源进行生长时，利用 H_2、H_2S、Fe^{2+}、NH_4^+ 或 NO^{2-} 等作为电子供体使 CO_2 还原成细胞物质。这类细菌包括硫化细菌、硝化细菌、氢细菌、铁细菌等，硫化细菌和硝化细菌与生产密切相关。

如 FeO 硫杆菌可把硫或硫代硫酸盐氧化成硫酸，氧化率达 95%～100%，并放出能量。生成的 $Fe_2(SO_4)_3$ 是强氧化剂，可溶解矿石。如溶解铜矿(CuS)，从中浸出铜元素。在溶出的 $CuSO_4$ 溶液中再加入铁屑、废铁等便可将铜置换出来。生成的 $FeSO_4$ 和 S 还可在这类细菌作用下再次氧化成 H_2SO_4 和 $Fe_2(SO_4)_3$，循环使用。

用这类微生物来开矿冶金称为细菌冶金，是开采贫矿和尾矿的有效办法，用细菌浸出 Fe 的速度比完全氧化快 56～60 倍。

(4)化能有机营养型(化能异养型)

所有的真菌、原生动物和绝大多数原核微生物都属于此种类型。

大多数细菌、真菌、原生动物都是化能有机异养型微生物；所有致病微生物均为化能有机异养型微生物。

特点：生长所需要的能量均来自有机物氧化过程中放出的化学能；生长所需要的碳源主要是一些有机化合物，如淀粉、糖类、纤维素、有机酸等。有机物通常既是碳源也是能源，以有机或无机含氮化合物为氮源，合成细胞物质。

四种营养类型之间的界限并不是绝对的，有些微生物在不同生长条件下生长时，其营养类型也会改变。比如没有有机物时紫色非硫细菌可以同化 CO_2，为自养型微生物；有机物存在时，利用有机物进行生长，为异养型微生物。红螺菌在光照和厌氧条件下可利用光能生长，为光能营养型微生物；黑暗与好氧条件下，依靠有机物氧化产能生长，则为化能营养型微生物。微生物营养类型之间的可变性有利于提高其对环境条件变化的适应能力。

红螺菌既可利用光能，也可利用化能；氢单胞菌是异养和自养的过渡型（称兼性自养型）；自养与异养的区别不在于能否利用 CO_2，而在于是否以 CO_2 式碳酸盐为唯一的碳源。自养型以无机碳化物为碳源，异养型虽然也可利用 CO_2，但必须是在有机碳存在的情况下。

由于栖息场所和摄取养料不同，可将异养微生物分为腐生型和寄生型两大类。腐生型：利用无生命的有机物获得营养物质。寄生型：从活的寄生体内获取营养物质，如病毒。中间类型（兼性腐生或兼性寄生）如结核杆菌、痢疾杆菌就是兼性寄生菌。

3. 氮源

凡是构成微生物细胞的物质或代谢产物中氮元素来源的营养物质，称为氮源。细胞干物质中氮的含量仅次于碳和氧。氮是组成核酸和蛋白质的重要元素，氮对微生物的生长发育有着重要作用。从分子态的 N_2 到复杂的含氮化合物都能够被不同微生物所利用，而不同类型的微生物能够利用的氮源差异较大。氮源包括分子氮和含氮物质，如 NH_3、尿素、$(NH_4)_2SO_4$、NH_4NO_3、KNO_3、$NaNO_3$、氨基酸、蛋白质等。实验室常用的有机氮源有蛋白胨、牛肉膏、酵母膏、玉米浆等。蛋白胨是蛋白类物质的消化产物，可以用酶法或者酸法水解制备。牛肉膏就是牛肉浸液通过离心、过滤除去脂肪和不溶性物质，再经过低温浓缩而成的。酵母膏是从酵母细胞中获得的一种类似于蛋白胨的物质，采用自溶、离心或压滤、浓缩等工艺制成。工业上有机氮源有黄豆饼粉、花生饼粉和鱼粉、玉米浆、酵母粉、蚕蛹粉等。有机氮源中的氮往往是蛋白质或其降解产物。氮源利用具有选择性，比如土霉素产生菌利用玉米浆比利用黄豆饼粉和花生饼粉的速度快。玉米浆作为速效氮源，有利于菌体生长，黄豆饼粉和花生饼粉作为迟效氮源，有利于代谢产物的形成。

一般情况下，大部分微生物首先利用氨基酸这样的简单化合物作为氮源，然后再利用蛋白质这样的高分子化合物。

氮源功能：为微生物提供合成细胞物质代谢产物的原料，氮源一般不作能源，只有少数细菌（如硝化细菌）利用铵盐、硝酸盐作氮源和能源（通过氧化生产代谢能）。

固氮微生物既能利用分子态 N_2 合成自己需要的氨基酸和蛋白质，也能利用无机氮和有机氮化物，但在这种情况下它们便失去了固氮能力。此外，有些光合细菌、蓝藻和真菌也有固氮作用。

许多腐生细菌和动植物的病原菌不能固氮，一般利用铵盐或其他含氮盐作氮源。硝酸盐必须先还原为 NH_4^+ 后才能用于生物合成。以无机氮化物为唯一氮源的微生物都能利用铵盐，但它们并不都能利用硝酸盐。

微生物依据氮源谱的分类：

(1)氨基酸自养型微生物：一部分微生物不需要氨基酸作氮源，它们能把尿素、铵盐、硝酸盐甚至氮气等简单氮源自行合成所需要的一切氨基酸。这样的微生物叫作氨基酸自养型微生物。人们可利用氨基酸自养型微生物将尿素、铵盐、硝酸盐甚至氮气等廉价氮源转化成菌体蛋白（SCP 或食用菌等）或含氮的代谢产物。

(2)氨基酸异养型微生物：凡需要从外界吸收现成的氨基酸作氮源的微生物叫作氨基酸异养型微生物。

4. 无机盐

无机盐也是微生物生长所不可缺少的营养物质。其主要功能是：①构成细胞的组成成分;②作为酶的组成成分;③维持酶的活性;④调节细胞的渗透压、氢离子浓度和氧化还原电位;⑤作为某些自养菌的能源。

磷、硫、钾、钠、钙、镁等盐参与细胞结构组成,并与能量转移、细胞透性调节功能有关。微生物对它们的需求量较大(10^{-3}～10^{-1} mol/L),称为“大量元素”,没有它们,微生物就无法生长。铁、锰、铜、钴、锌、钼等盐一般是酶的辅因子,需求量不大(10^{-8}～10^{-6} mol/L),所以称为“微量元素”。微量元素一般参与酶蛋白的组成,或者使酶活化,其存在可大大提高机体的代谢能力,如果缺乏可导致微生物生理活性降低或生长过程停止,但过量也会引起中毒。不同微生物对以上各种元素的需求量各不相同。

在配制培养基时,可通过添加有关化学试剂来补充大量元素,其中首选是 K_2HPO_4 和 $MgSO_4$,它们可提供大量 K、P、S 和 Mg 元素,此外还可以选择 NaCl、$CaCO_3$、NaH_2PO_4。微量元素在一些化学试剂、天然水和天然培养基组分中都以杂质等状态存在,在玻璃器皿等实验用品上也有少量存在,所以,不必另行加入。

5. 生长因子

一些异养微生物在一般碳源、氮源和无机盐的培养基中不能生长或生长得较差。当在培养基中加入某些组织(或细胞)提取液时,这些微生物就生长良好,说明这些组织或细胞中含有这些微生物生长所必需的营养因子。

生长因子可定义为某些微生物生长所必需的而且需要量很小,但是微生物本身不能合成或合成不足,需要额外少量加入才能满足需要的有机物质。根据它们的化学结构及其生理作用可分为氨基酸、维生素、嘌呤、嘧啶及其衍生物,有时也包括一些脂肪酸及其他膜成分。

各种微生物所需的生长因子互不相同,有的需要多种,有的仅需一种,有的不需要。一种微生物所需的生长因子也会随培养条件的变化而变化。如在培养基中有无前体物质、通气条件、pH 值和温度等条件都会影响微生物对生长因子的需求。多数异养微生物及自养微生物有合成生长因子的能力。酵母浸出液、动物肝浸出液、麦芽浸出液含各种生长因子。

【知识窗】

维生素

微生物对维生素需要量虽然很少,但需从外界吸收,因为微生物自身不能合成或者合成量不足,所以在制作培养基的时候必须添加维生素。但是也有一些微生物可以合成某些维生素,比如大肠杆菌能合成维生素 K,核黄菌能合成维生素 B_2。一般来说,植物体内能够合成维生素,高等动物不能合成维生素不是绝对的,比如人体能够合成维生素 D,人体皮肤在阳光中的紫外线作用下可以合成维生素 D,而维生素 D 可以促进钙的吸收,可以预防软骨病和佝偻病。当然,人体也可以通过食物(肝、奶、蛋黄、鱼肝油)来摄取维生素 D。维生素在生物体内的作用不同于糖类、脂肪和蛋白质,它不作为碳源、氮源或者能源物质,并不供能或构成生物体的组成部分,但却是代谢过程中必需的,它作为酶的辅酶或者辅基的组成成分,也就是说,如果没有维生素参与,很多酶会失去活性或生理功能。

6. 水

水是一切生物生存的基本条件，微生物的生命活动离不开水，微生物细胞含水量占细胞鲜重的70%～90%，水的作用是多方面的。

水的功能：水是细胞中生化反应的良好介质，营养物质和代谢产物都必须溶解在水里，才能被吸收或排出体(细胞)外。水的比热高，能有效吸收代谢过程中放出的热量，不致使细胞的温度骤然上升或下降，维持细胞的膨压(控制细胞形态)。水是微生物机体的重要组成，直接参加各种代谢反应，是微生物代谢反应的中间介质。

水活度(aw)可定量表示环境中微生物可实际利用的自由水(游离水)的含量。各种微生物生长繁殖的aw范围在0.60～0.998之间。除少数真菌外，多数微生物在$aw<0.70$的干燥条件下不能生长。细菌最适水的活度为0.93～0.99；酵母菌最适水的活度为0.88～0.91；霉菌最适水的活度为0.80。

水的活度小于0.70时多数微生物休眠、部分出现细胞脱水、蛋白质变性。利用干燥来保存食品、衣物等的原理：低水活度可防止微生物生长。各种微生物对干燥的抵抗力不同。如醋酸菌失水后很快会死亡，但酵母菌可保存数月；产生荚膜的细菌的抗干燥能力较强；细胞形小、壁厚的细菌抗干燥能力较强；细菌芽孢、放线菌孢子、酵母菌子囊孢子、霉菌孢子抗干燥能力强，在干燥条件下可长期不死，用于菌种保藏，所以可以用沙土保藏法进行保藏。

(二)营养物质进入细胞的方式

微生物没有嘴巴，怎么吃东西呢？原来食物可以通过细胞壁和细胞膜到达细胞内。有些微生物还有荚膜和黏液层，食物也需要穿透它们。荚膜和黏液层的结构疏松，对物质进出细胞内外影响较小，细胞壁主要阻挡分子过大的溶质进入，而细胞膜就是主要屏障，对于小分子的物质可以直接被吸收利用，大分子的物质需要先在细胞外进行降解，然后才能被吸收利用。营养物质通过细胞膜的方式主要有以下四种：

1. 单纯扩散

扩散并不是微生物细胞吸收营养物质的主要方式，水是唯一可以通过自由扩散进出原生质膜的分子，脂肪酸、乙醇、甘油、苯、一些气体分子(O_2、CO_2)及某些氨基酸在一定程度上也可通过扩散进出细胞。特点是不消耗能量，扩散的动力就是细胞膜内外物质的浓度梯度；没有载体蛋白的参与，不可以逆浓度运输，运输速率和浓度梯度差成正比，被运输物质的结构在运输工程中不改变。

2. 促进扩散

促进扩散虽然不消耗能量，但是依赖载体蛋白的帮助。物质在运输过程中不发生化学变化。物质不能逆浓度运输，运输速率与浓度梯度差成正比，被运输的物质通常是氨基酸、单糖、维生素和无机盐。载体蛋白的功能是每种载体蛋白用于相应物质的运输，具有较高的专一性；只影响物质运输速率，不改变物质在细胞膜内外形成的动态平衡状态；只有环境中存在相应物质的时候，载体蛋白才能被诱导产生。促进扩散的运输方式多见于真核微生物中。

3. 主动运输

主动运输是微生物吸收营养物质的主要运输方式，物质在运输过程中需要消耗能量，可以通过细胞膜上特异性载体蛋白构象的改变被逆浓度运输，运输的物质具有特异性。比如大肠杆菌对乳糖的吸收通过载体蛋白（半乳糖苷渗透酶）构象发生变化，消耗能量，将乳糖从细胞外运输到细胞内。如果加入抑制能量产生的物质，如叠氮化钠（NaN_3），细胞对乳糖的吸收就会停止。

主动运输分为简单主动运输和协同运输，协同运输又分为同向运输和逆向运输。简单主动运输只运送一种物质，同向运输是两种物质同时从细胞外运输到细胞内，逆向运输是将细胞外的营养物质运输进来的同时将细胞内代谢的产物给运输出去。

4. 基团转位（磷酸转移酶系统）

这种吸收营养物质的方式需要四种蛋白质组成：酶Ⅰ、酶Ⅱ（a、b、c）、酶Ⅲ和 HPr，分为两步进行，以大肠杆菌对葡萄糖的吸收为例。

第一步：酶Ⅰ把一个磷酸基团传给 HPr，HPr 被激活，因为磷酸基团相当于能量，然后磷酸基团被 HPr、酶Ⅱa 和酶Ⅱb 像击鼓传花那样传递。磷酸基团由 ATP 供应。这个反应发生在细胞内部的质膜上。

第二步：被运输的葡萄糖先与位于细胞膜外表面的酶Ⅱc 结合，然后被酶Ⅱb 传来的磷酸基团激活，激活的过程就是磷酸基团和糖相结合形成葡萄糖 6-磷酸。然后酶Ⅱc 再把这个磷酸化的葡萄糖（葡萄糖-6-磷酸）释放到细胞质中。在运输的过程中运输物质的机构发生了变化。每输入一分子的葡萄糖都需要消耗一个 ATP 的能量。基团转位主要存在于厌氧型和兼性厌氧型细菌中，主要用于糖的运输。脂肪酸、核苷、碱基等也可通过这种方式运输。

除此之外，还有膜泡运输，如胞吞作用和胞饮作用。主要存在于原生动物特别是变形虫中。

（三）培养基类型及应用

视频

培养基类型及应用

1. 根据培养基成分划分

（1）天然培养基

天然培养基指利用动、植物或微生物体及其提取物制成的培养基，其成分复杂且难以确定。常用的天然有机物有牛肉膏、蛋白胨、酵母膏、麦芽汁、玉米粉、血清、稻草浸汁、羽毛浸汁、胡萝卜汁、椰子汁和牛奶等。天然培养基的优点是取材方便、营养丰富、种类多样、配制方便、价格便宜，可工业化生产；缺点是成分不稳定也不确定，因而在做精细的科学实验时难以控制，会引起数据的不稳定。因此，天然培养基只适合配制实验室用的各种基本培养基及大生产中的种子培养基或发酵培养基。

（2）合成培养基

合成培养基是指用多种高纯度化学试剂配制而成的、各成分（包括微量元素）的量都确定的培养基，例如葡萄糖铵盐培养基、高氏一号培养基和蔡氏培养基。合成培养基的优点是成分精确、重复性高；缺点是价格较贵、配制较麻烦。因此，一般仅用于营养、代谢、生理、生化、遗传、育种、菌种鉴定和生物测定等定量要求较高的研究工作上。

（3）复合培养基

复合培养基是既含有天然成分又含有高纯度化学试剂的培养基。例如，培养真菌用的马铃薯蔗糖培养基等。严格地说，凡是含有未经特殊处理的任何琼脂合成培养基，实质上都只能看作是一种复合培养基。

2. 根据培养基外观的物理状态划分

根据培养基外观的物理状态，可将培养基分为固体培养基、半固体培养基和液体培养基三种类型。

(1)固体培养基

在培养液中加入一定量的凝固剂，使之凝固成固体状态即为固体培养基。目前实验室用的凝固剂种类有琼脂、明胶和硅胶。

硅胶是指由无机的硅酸钠(Na_2SiO_3)及硅酸钾(K_2SiO_3)被盐酸及硫酸中和时凝聚而成的胶体。硅胶因不含有机物，适用于配制培养自养型微生物的培养基。

明胶是最早用来作为凝固剂的物质，但由于其凝固点太低，且易被一些细菌和许多真菌液化，目前已较少作为凝固剂。

对绝大多数微生物而言，琼脂是最理想的凝固剂。琼脂是海藻的提取物，其主要化学成分为聚半乳糖硫酸酯，熔点为 96℃，凝固点为 40℃，绝大多数微生物不能分解琼脂，但在 pH 值小于 4 时能被水解，具很强的耐加压灭菌能力，常用浓度为 1.5%～2%。

固体培养基常用来进行菌种的分离、鉴定、菌落计数与菌种保藏等。

此外，麸皮、米糠、木屑、纤维、稻草等天然固体状基质也可以直接制成培养基。

(2)半固体培养基

在液体培养基中加入少量琼脂(一般为 0.2%～0.7%)的培养基为半固体培养基。半固体培养基常用来观察细菌的运动能力、鉴定微生物呼吸方式以及菌种保藏等。

(3)液体培养基

液体培养基是指常温下呈液体状态的培养基，未加任何凝固剂。在用液体培养基培养微生物时，通过振荡或搅拌可以增加培养基的通气量，同时使营养物质分布均匀。其主要用来进行各种生理、代谢研究和获取大量菌体，在生产实践上，绝大多数发酵培养基都采用液体培养基。

3. 按培养基用途划分

(1)基础培养基

尽管不同生物的营养需求各不相同，但大多数微生物所需的基本营养物质是相同的，基础培养基是含有一般微生物生长繁殖所需的基本营养物质的培养基，牛肉膏蛋白胨培养基是最常用的基础培养基。

(2)加富培养基

加富培养基指在基础培养基中加入某些特殊营养物质，以促使一些对营养要求苛刻的微生物快速生长而配制的培养基。这些特殊营养物质包括血液、血清、酵母浸膏、动植物提取液、土壤浸出液等。如培养百日咳博德特氏菌(Bordetella Pertussis)需要含有血液的加富培养基。

(3)选择培养基

选择培养基是根据某种微生物的特殊营养要求或其对某化学、物理因素的抗性而设计的培养基，其功能是使混合菌样中的劣势菌变成优势菌，抑制不需要的微生物生长，从而提高该菌的筛选效率。例如，以纤维素作为唯一碳源的培养基，可以从混杂的微生物群体中分离出分解纤维素的微生物；用缺乏氮源的培养基，可分离固氮微生物；用加入青霉素、四环素的培养基（抑制细菌、放线菌）可分离出酵母菌和霉菌等，加入几滴10%酚液（抑制细菌和霉菌）可分离放线菌。

加富培养基与选择培养基的区别：加富培养基的目的微生物在这种培养基中较其他微生物生长速度快，并逐渐富集而占优势，从而容易达到分离该种微生物的目的。选择培养基的原则是抑制不需要的微生物生长，使所需要的微生物增殖，从而达到分离所需微生物的目的。

（4）鉴别培养基

鉴别培养基是用于鉴别不同类型微生物的培养基。微生物在培养基中生长所产生的某种代谢物，可与加入培养基中的特定试剂或药品反应，产生明显的特征性变化，根据这种特征性变化，可将该种微生物与其他微生物区分开来。鉴别培养基主要用于微生物的快速分类鉴定，以及分离和筛选某种代谢物的微生物菌种。

例如，最常见的鉴别培养基是伊红美蓝琼脂（EMB）培养基，其中的伊红和美蓝两种苯胺染料可抑制革兰氏阳性细菌和一些难培养的革兰氏阴性细菌。在低酸度时，这两种染料结合形成沉淀，起着产酸指示剂的作用。多种肠道菌会在伊红美蓝琼脂培养基上产生易区分的特征菌落，因而易于辨认。尤其是大肠杆菌，可分解乳糖产生大量的混合酸，使菌体带酸性，故可染上酸性染料伊红，又因伊红与美蓝结合，所以菌落呈深紫红色，从菌落表面的反射光中还可看到绿色金属光泽；肠杆菌属、沙雷氏菌属、克雷伯氏菌属虽能发酵乳糖，但产酸力弱，菌落呈棕色；变形杆菌、沙门氏菌属、志贺氏菌属不能发酵乳糖、不产酸，菌落为无色透明。

以上关于选择培养基和鉴别培养基的方法也只是人为的、理论上的。在实际应用时，这两种功能常结合在一种培养基中。例如，上述EMB培养基除有鉴别不同菌落的作用外，同时还有抑制革兰氏阳性细菌和选择革兰氏阴性细菌的作用。

（四）培养基的配制原则

培养基是人工配制的适合微生物生长繁殖或生产代谢产物的营养基质。培养基几乎是一切对微生物进行研究和利用的工作基础。任何培养基都应该具备微生物生长所需要的六大营养要素：碳源、氮源、能源、无机盐、生长因子和水。

1. 根据不同微生物的营养需要，配制不同的培养基

如配制自养型微生物的培养基完全可以由简单的无机物组成。而配制异养型微生物的培养基则至少有一种有机物。例如，培养化能异养型细菌可采用牛肉膏蛋白胨培养基，培养放线菌可采用高氏一号合成培养基，培养酵母菌可采用麦芽汁培养基，培养霉菌可采用蔡氏合成培养基。

如果要判断某物质能否成为微生物的碳源，可以进行生长谱实验。其基本操作：先准备一个不加碳源的琼脂培养基，待融化并冷却至45℃左右时，混入微生物的菌悬液，摇匀后倒成琼脂平板，凝固后将待试碳源用小镊子夹取少许均匀放在平板上。经培养箱培养适当时间后，凡在待试碳源周围出现微生物的“生长圈”者，即为该微生物可利用的碳源。利用同样的原理也可寻找合适氮源和生长因子。

在实验室配制培养基不应计较成本，强调的是重复性好，而在发酵工业生产中要考虑生产成本。

2. 营养物质浓度及配比合适

培养基中营养物质浓度合适时微生物才能生长良好，营养物质浓度过低时不能满足微生物正常生长所需，浓度过高时则可能对微生物生长起抑制作用。例如，高浓度糖类物质、无机盐、重金属离子等不仅不能维持和促进微生物的生长，反而起到抑菌或杀菌作用。一般细菌和酵母菌细胞 C∶N≈5∶1，霉菌细胞 C∶N≈10∶1。另外，培养基中营养物质间的浓度配比特别是碳与氮或碳、氮、磷比例要恰当。如利用微生物进行谷氨酸发酵，C∶N＝4∶1时菌体大量增殖；C∶N＝3∶1 时菌体繁殖受抑制，而谷氨酸大量增加。

在污水生物处理中，好氧微生物群体（活性污泥）要求的碳、氮、磷之比为 BOD_5∶N∶P＝100∶5∶1（BOD_5 表示微生物 5 日内在利用碳源时所消耗的氧量）；在厌氧消化中的厌氧微生物群体所需碳、氮、磷之比为 BOD_5∶N∶P＝100∶6∶1；有机固体废物、堆肥发酵要求 C∶N＝30∶1，C∶P＝(75～100)∶1。

为了保证污水生物处理和有机固体废物生物处理的效果，要按碳、氮、磷的合适比例配给营养。有的工业废水（如酒精废水）通常缺氮；洗涤剂废水则磷过剩，也缺氮，可用粪便污水或尿素补充氮源。若有的废水缺磷，则可用磷酸氢二钾补充。但如果工业废水不缺营养，就切勿添加上述物质，否则会影响处理效果。在生物处理构筑物暂停运行时，可适当补充葡萄糖、尿素和磷酸氢二钾，以维持其中微生物生存的基本需求。

3. 控制 pH 值条件

各类微生物一般都有它们适合的生长 pH 值范围，故培养基的 pH 值必须控制在一定的范围内。培养细菌的 pH 值在 7.0～8.0，放线菌的 pH 值在 7.5～8.5，培养酵母菌的 pH 值则在 3.6～6.0，培养霉菌的 pH 值在 4.0～5.8。由于在培养微生物的过程中会产生有机酸、CO_2 和 NH_3，前两者为酸性物质，后者为碱性物质，它们会改变培养基的 pH 值。所以，在连续培养中需加入缓冲剂，如 K_2HPO_4、KH_2PO_4、$CaCO_3$、Na_2CO_3、$NaHCO_3$ 等，或者不溶性的碳酸盐，它们可在培养过程中调整 pH 值。

4. 调节氧化还原电位

如同微生物与 pH 值的关系一样，不同类型微生物生长对氧化还原电位的要求不同，氧化还原电位又称为氧化还原电势，是度量某氧化还原系统中的还原剂释放电子或氧化剂接受电子趋势的一种指标，其单位是 V（伏）或 mV（毫伏）。

好氧微生物的 E_h（氧化还原电势）为＋0.3～＋0.4V，在＋0.1V 以上均能生长；兼性厌氧微生物在 E_h＞＋0.1V 时呈好氧呼吸，当 E_h＜＋0.1V 时呈厌氧发酵；厌氧微生物只能在 E_h＜＋0.1V 时生长。

增加 E_h 值可以通过增加通气量（如振荡培养、搅拌）或加入氧化剂达到；而降低 E_h 值需加入还原性物质，如抗坏血酸、Na_2S、半胱氨酸、谷胱甘肽和铁屑等。

5. 经济节约

配制培养基时应尽量利用廉价且易于获得的原料作为培养基成分，特别是在发酵工业中，以降低生产成本。经济节约主要指在设计、生产实践中需使用大量培养基时应遵循的原则。这方面的潜力是极大的，综合各方面的实际经验，经济节约的原则大体可分为以下八个方面：

(1)以粗代精

精营养料(如白糖)对微生物往往是一种不完全的养料，而粗营养料(如红糖)对微生物反而是一种营养更加完全的养料，效果更好，而且在经济上也节约。

(2)以“野”代“家”

用野生植物养料代替栽培植物养料。如利用富含淀粉质的野生植物取代粮食，如木薯、橡子、薯芋等都是富含淀粉质的野生植物，可以部分取代粮食用于工业发酵的碳源。许多含纤维素、半纤维素和木质素等的植物秸秆，可以作为栽培食用菌的良好养料。

(3)以废代好

以工、农业生产中的废弃物作为微生物的养料，既可以消除环境污染，又可以生产微生物蛋白质。例如，糖蜜(制糖工业中含有蔗糖的废液)、乳清(乳制品工业中含有乳糖的废液)、豆制品工业废液及黑废液(造纸工业中含有戊糖和已糖的亚硫酸纸浆)等都可作为培养基的原料。工业上的甲烷发酵主要利用废水、废渣作原料，在我国农村，已推广利用粪便及禾草为原料发酵生产甲烷作为燃料。另外，大量的农副产品或制品，如麸皮、米糠、玉米浆、酵母膏、酒糟、豆饼、花生饼、蛋白胨等都是常用的发酵工业原料。

(4)以简代繁

可使用稀薄的培养基或成分较少的培养基来代替营养丰富、含量高的培养基，有时也能达到很好的效果。某制药厂改进链霉素发酵液中的原有配方，设法减去 30%～50% 的黄豆饼粉、25%的葡萄糖和 20%硫酸铵，结果反而提高了产量。

(5)以烃代粮

以石油或天然气代替糖质原料来培养微生物，不仅能获取石油蛋白，还能将石油产品转化成一些产值更高的高级醇、脂肪酸、环烷酸等化工产品和若干合成物。

(6)以纤代糖

我国每年有大量的稻草、麦秆、玉米芯、稻壳、棉籽壳等含纤维素丰富的资源，如果能充分利用，将是一个巨大的生物资源库。微生物可以利用纤维素来代替淀粉生产葡萄糖、乙醇、有机酸等。开发利用纤维素这种世界上含量最丰富的可再生资源，可将大量的纤维素农副产品转变为优质饲料、工业发酵原料、燃料及食品和饮料。

(7)以氮代朊

以大气氮、铵盐、硝酸盐或尿素等非蛋白质或非氨基酸原料作为发酵培养基中的氮源，让微生物转化成菌体蛋白或含氮的发酵产物供人们利用。

(8)以“国”代“进”

以国产原料代替进口原料。

三、任务所需器材

1. 试剂：待配制各种培养基的组成成分，如 10% HCl、10% NaOH、蒸馏水等，测定细菌总数用营养琼脂培养基。

营养琼脂培养基成分：蛋白胨 10g，牛肉膏 3g，氯化钠 5g，琼脂 10～20g，蒸馏水 1000mL。

2. 仪器：天平、电炉等。

3. 玻璃器皿：试管(180mm×18mm)、锥形瓶(250mL)、量杯(1000mL)、量筒、玻璃漏斗等。

4. 其他物品：药匙、称量纸、pH 试纸(6.4～8.4)、记号笔、纱布、棉塞、报纸(或牛皮纸)、试管架等。

四、任务技能训练

(一)培养基的制备方法

1. 选定培养基配方，建立培养基制备记录

首先查阅资料，确定培养基的配方，同一种培养基的配方在不同资料中常会有些差别。因此，除所用的是标准方法，应严格按其规定进行配制外，一般均应尽量搜集有关资料，加以比较核对，再依据自己的使用目的加以选用，记录其来源。检查配制培养基所用的材料、试剂是否齐全，数量及质量(纯度、生产日期)是否合格；同时还要准备好配制培养基所用的各种设备和装置。微生物检验实验室需要经常配制不同种类的培养基，有必要建立培养基的制备记录。记录主要包括培养基名称、配方、试剂来源及批号、培养基最终 pH 值、灭菌条件、制备的日期、制备者等内容，原始记录保存备查，还应复制一份记录随制好的培养基一同存放，以防发生混乱。

2. 培养基成分的称取

配制培养基所用的化学药品均应该是化学纯，一般可用 1/100 的天平称量，根据培养基的配方计算出各成分用量，进行准确称量。培养基的各种成分必须注意防止错乱，最好一次完成，不要中断。可将配方置于旁侧，每称完一种成分即在配方处做出记号，并将所需称取的药品一次取齐，置于左侧，每种称取完毕后，即移放于右侧。完全称取完毕后，还应进行一次检查。将称量好的药品放入适当大小的烧杯中，不要加入琼脂。蛋白胨极易吸潮，故称量时要迅速。加入的一般培养基配方用 1000 mL 培养基中所含各种成分的质量(g)来表示。配制时应先估计实际需要培养基的用量，然后按比例计算各种药品的用量。

3. 加热溶化培养基

用量筒取一定量(占总量的 1/2～2/3)的蒸馏水，倒入盛有药品的容器(搪瓷缸、不锈钢锅或烧杯)中，不得使用铁锅、铜锅，以防微量铜或者铁混入培养基中，使细菌不能生长。把容器放在有石棉网的电炉上加热，并用玻棒搅拌，以防液体溢出或者焦化，如果发生焦化现象则需要重新配制培养基。待各种药品完全溶解后，停止加热，补足水分。如果配方中有淀粉，则先将淀粉用少量冷水调成糊状，并在火上加热搅拌，然后加足水分及其他原料，待完全溶化后，补足水分。

熔化琼脂时如需制成固体培养基，应在已配好的液体培养基呈沸腾状态下加入 1.5%～2.0%琼脂条(用剪刀切碎)或琼脂粉，并用玻棒不断搅拌，同时注意控制火力，以

免糊底烧焦及防止溢出。继续加热至琼脂全部熔化，最后补充因蒸发而失去的水分。或者将琼脂单独熔化 30min，用一部分水溶化其他成分，然后将两溶液充分混合。在加热熔化过程中，因蒸发而丢失的水分，最后必须补足。

在制备用三角瓶盛固体培养基时，一般也可先将一定量的液体培养基分装于三角瓶中，然后按 1.5%～2.0%的量将琼脂直接加入各三角瓶中，不必加热熔化，而是灭菌和加热熔化同步进行，以节省时间。

4. 调节 pH 值

因培养基在加热消毒过程中 pH 值会有所改变，培养基各成分充分溶解后，应进行 pH 值的初步调整。例如，牛肉浸液约可降低 pH 值 0.2，而肠浸液 pH 值却会有显著的升高。因此，对这个步骤，操作者应随时注意探索经验，掌握培养基的最终 pH 值，保证培养基的质量。

取适当范围的精密 pH 值试纸一小条，用玻璃棒蘸取少许待测培养基滴在试纸上，与比色板对照颜色，测定所配培养基的 pH 值。如培养基偏酸或偏碱时，可用 1mol/L NaOH 溶液或 1mol/L HCl 溶液逐滴缓慢加入，边加边搅拌，并随时用 pH 试纸检测，直至达到所需 pH 值范围为止。pH 值的调节通常放在加琼脂之前，pH 值调整后，还应将培养基煮沸数分钟，以利于培养基沉淀物的析出。另外，调节 pH 值时应注意以下几点问题：

① 培养基必须冷却至室温时才可调节 pH 值。

② 加酸或碱溶液时，要缓慢少量加入，并多加搅拌，防止局部过酸或过碱而破坏培养基中的营养成分。

③ pH 值最好一次调节成功，否则回调会影响培养基内各离子的浓度。

④ 配制 pH 值低的琼脂培养基时，若预先调好 pH 值并在高压蒸汽下灭菌，则琼脂因水解而不能凝固。因此，应将培养基的成分和琼脂分开灭菌后再混合，或在中性 pH 值条件下灭菌，再调整 pH 值。

⑤ 有些微生物要求 pH 值较精确，可用酸度计调节培养基的 pH 值。

5. 过滤

液体培养基必须绝对澄清，琼脂培养基也应透明无显著沉淀，因此，需要采用过滤或其他澄清方法以达到此项要求。先将过滤分装装置安装好，如果是液体培养基可用滤纸过滤法。滤纸应折叠成折扇或漏斗形，以避免因液压不均匀而引起滤纸破裂。如果是固体或半固体培养基，则需在漏斗中放多层(4 层)纱布，或两层纱布夹一层薄薄的脱脂棉趁热进行过滤，使培养基清澈透明，以利于某些实验结果的观察。一般无特殊要求，此步可省略。新制肉、肝、血和土豆等浸液时，则须先用绒布将碎渣滤去，再用滤纸反复过滤。如过滤法不能达到澄清要求，则需用蛋清澄清法，即将冷却至 55～60℃的培养基放入大的三角瓶内，装入量不得超过烧瓶容量的 1/2，每 1000mL 培养基加入 1～2 个鸡蛋的蛋清，强力振摇 3～5min，置高压蒸汽灭菌器中，121℃ 加热 20min，取出趁热用绒布过滤即可。

6. 分装

培养基应按使用目的和要求分装于试管、三角瓶等适当容器内，分装量不得超过容器容量的 2/3。容器口可用垫有防湿纸的棉塞封堵，其外还须用防水纸包扎(试管一般多用螺旋盖)。分装时最好能使用半自动或电动的定量分装器。分装琼脂斜面培养基时，分装量应以能形成 2/3 底层和 1/3 斜面的量为宜。分装容器应预先清洗干净并经干烤消毒，以利于培养基的彻底灭菌。每批培养基应分装 20mL 于小玻璃瓶中，随该批培养基同时灭菌，为测定该批培养基最终 pH 值之用。

7.包扎标记

分装完毕后，在试管口或三角瓶口塞上用普通棉花(非脱脂棉)制作的棉塞，棉塞的形状、大小和松紧度要合适，四周紧贴管壁，不留缝隙，起到通气和过滤细菌的作用，并有 2/3 的长度塞入试管口或瓶口内，以防棉塞脱落，从而过滤进入试管或三角瓶内的空气中的杂菌，并保证有良好的通气性能，能减缓培养基水分的蒸发，有利于培养好气性微生物。有时也可用试管帽或塑料塞、硅胶试管塞代替棉塞。

包扎时，将 7～15 支中试管用线绳捆扎好，再在棉塞外包一层牛皮纸，以防止灭菌时冷凝水润湿棉塞，其外再用一根线绳扎紧，并用记号笔注明培养基名称、配制日期、组别和姓名等。三角瓶加塞后，每只单独用牛皮纸包好，用线绳以活结形式扎紧，使用时容易解开，并用记号笔注明培养基名称、配制日期、组别和姓名等。

8.灭菌

将上述包好的培养基放入高压蒸汽灭菌锅内，按各种培养基规定的灭菌时间和温度进行灭菌，以保证灭菌效果和不破坏培养基的营养成分。一般培养基可采用 121℃高压蒸汽灭菌 15min 的方法。在各种培养基制备方法中，如无特殊规定，即可用此法灭菌。如因特殊情况不能及时灭菌，则应暂存于冰箱中。琼脂斜面培养基应在灭菌后立即取出，待其自然凝固。

9.斜面和平板培养基的制作

(1)摆斜面

将灭菌或熔化琼脂培养基的试管冷至 55～60℃时(以防产生大量冷凝水)，将试管口端斜置于玻璃试管(或长木条)上，使之凝固成斜面，即为斜面培养基。斜面长度一般以不超过试管长度的 1/2 为宜。如制作半固体或固体高层培养基时，灭菌后则应垂直放置至冷凝。

(2)倒平板

将灭菌的三角瓶琼脂培养基冷却至 50℃左右，立刻倒平板。在酒精灯火焰旁，先左手持三角瓶，右手反转手掌，用中指和无名指拔出棉塞(或不翻转手掌，用小拇指和手掌拔出棉塞)，同时将三角瓶转换至右手，而后左手拿平皿，以大拇指和中指将皿盖打开一条稍大于瓶口的缝隙，至瓶口刚好伸入。三角瓶口经火焰烧灼后，倾入培养基约 15mL(勿使瓶口靠在平皿壁上，以免沾染皿壁)，迅速盖好皿盖，置于桌上轻轻旋转平皿，使培养基均匀分布于整个平皿底部，等待平板冷却凝固，需要 5～10min。然后将平板倒过来放置，使皿盖在下，皿底在上，如图 3.5 所示。

注意：培养基要冷却至 45℃左右，温度太低培养基将凝固，温度太高培养基很烫，而且倒平板后皿盖上会产生大量水蒸气。培养基要一次性全部倒完，不能未倒完时就塞回棉塞，因为三角瓶口残留培养基会污染棉塞和培养基。

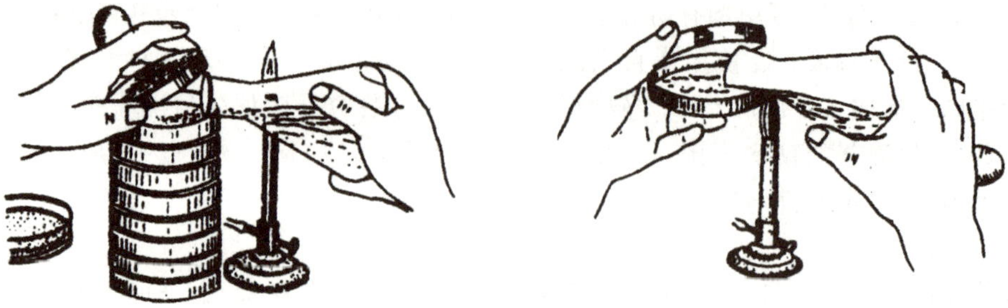

(a) (b)

图 3.5 培养基倾倒方法

(二)培养基的无菌检验

为了检查培养基灭菌是否彻底，抽取制备好的培养基 1～2 管，放于 37℃ 培养箱中培养，经 24h 培养无菌生长，可保存备用。

每批培养基制备好后，应该仔细检查一遍，液体培养基应基本澄清，固体培养基应无絮状物或沉淀，凝胶强度适宜，用接种针划线时以培养基不被划破为宜。如果发现培养基不凝固、水分浸出、色泽异常、棉塞被培养基沾染等，均应挑出弃去。

固体培养基分装后有时会出现不凝固的现象，有多种可能原因：①培养基 pH 值没调对，偏酸；②琼脂质量有问题或琼脂添加浓度不够，或由于琼脂粉在培养基中没有充分熔化就分装，导致局部浓度过低；③灭菌时间过长，或温度过高，破坏了琼脂的凝固；④培养基在凝固的过程中被摇晃，破坏了琼脂的结构，从而使其不能凝固。

(三)培养基的存放

每批培养基均应附有该批培养基制备记录副页或明显标签。培养基应存放于冷暗处，最好能放于普通冰箱内。平板和试管斜面凝固冷却后装入密封袋中，存放在暗处或放在 4℃ 冰箱中的，最多存 1 周。普通的琼脂培养基可存放在三角瓶内，使用时重新熔化。能发生化学反应或含有不稳定成分的固体培养基不能批量制备及再次熔化使用。倾注的平板培养基不宜超过 3d。

五、讨论

化能自养菌氧化硫杆菌的培养基配方：粉末状硫 10g；KH_2PO_4 4g；$MgSO_4$ 0.5g；$CaCl_2$ 0.5g；$(NH_4)_2SO_4$ 0.4g；$FeSO_4$ 0.01g；水 1000mL(自来水即可)。请大家讨论培养基里面各成分的作用是什么？碳源又是什么？

六、复习思考题

1. 微生物营养类型主要分类有哪些？

2. 培养基的配制原则是什么？在制备培养基时，将各成分溶解时要注意哪些问题？加入培养基中的抑制剂有什么作用？常用的抑制剂有哪些？

3. 在制备培养基时，如何进行培养基 pH 值的初步调节？

4.如何选择培养基的灭菌条件？如何检验培养基的灭菌效果？培养基配制后该如何保存？

七、自我评价表(表3.4)

表3.4　培养基配制技能自我评价表

考核内容	考核指标	分值
称量	托盘洁净、天平平衡	25
	称量准确、读数正确、记录及时	
	称量后砝码归位、托盘清洁	
加热熔化	加水量准确	40
	加热过程搅拌	
	火力调整	
	补水	
pH值调节	pH值调节及判断准确	15
	加1%NaOH或1%HCl过量	
分装	引流分装	10
	瓶口清洁	
包装	瓶口棉塞及包扎	10
	培养基名称及相关信息标记	
合计		100

任务3.3　物品的干热灭菌技术和高压蒸汽灭菌技术

一、任务目标

了解灭菌分为物理灭菌、化学灭菌和生物灭菌三种方式；掌握干热灭菌和湿热灭菌的原理与方法；掌握无菌室的消毒方法；掌握超净工作台的使用方法。

二、任务相关知识

自然界中的微生物同其他生物一样受到周围环境中各种因素的影响。当环境条件改变过于剧烈时，微生物的生长减缓，甚至发生变异或死亡。如果是有益微生物受到影响会降低生产水平；如果有害微生物受到影响会对生产和生活有利。在生活污水、医院排放的污水中或者制革等工业排放的废水中含有相当数量的病原微生物。某些病原微生物污染水体后引起传染病暴发，影响人类健康，严重时会造成死亡。为了防止病原微生物污染水体，必须对含有病原微生物的污水进行消毒后排放。

环境中对人类有害的微生物，通过气流、水、相互接触或人工接种等方式传播，并造成种种危害。例如，食品和工农业产品的腐败变质；实验室中微生物培养物受到污染等。对这些有害微生物应采取有效的措施，如极端温度、辐射、极端 pH 值、重金属及有机毒物等来抑制或消灭它们。

（一）几个基本概念

控制微生物主要有以下几种措施，如图 3.6 所示。

微生物
- 杀灭
  - 彻底杀灭——灭菌
  - 部分杀灭——消毒
- 抑制：抑制微生物生长——防腐

图 3.6　控制微生物的措施

1. 灭菌

灭菌是用强烈的物理、化学因素将物体内外所有微生物的营养细胞和所有的芽孢或孢子全部杀死，使其永远丧失生长繁殖能力的方法。在微生物科研、教学实验及发酵工业中，培养基和所用一切器皿都需先经灭菌后才能使用。

2. 消毒

消毒是用物理、化学因素杀死物体上病原微生物的营养细胞。所用药物称为消毒剂，对芽孢则需要提高消毒剂的浓度和适当延长消毒时间等才能达到目的。在日常生活中，人们常对皮肤、水果、饮用水、啤酒、牛奶、果汁和酱油等进行消毒。

3. 防腐

防腐就是利用某种物理、化学因素完全抑制微生物生长繁殖的方法。许多药物在低浓度时只有抑菌作用，提高浓度和延长作用时间，才有杀菌作用。所用的防腐药物称为防腐剂。

4. 无菌

无菌是没有活菌的意思。无菌操作是防止微生物进入其他物品中的操作技术。许多微生物实验室都要求无菌操作。如食品包装和检验（奶粉、酸奶等），都要求在无菌条件下进行，以防止被微生物再度污染。

5. 除菌

除菌是指液体或空气经过滤方法除去其中所存在的微生物。

6. 无菌操作

无菌操作即防止细菌进入人体或其他物品的操作技术。

（二）环境对微生物的影响、常用消毒和灭菌的方法

消毒和灭菌方法可分为物理方法、化学方法、生物灭菌法。在环境微生物检测里物理方法尤为重要，物理方法分类如图 3.7 所示。

物理方法分为光、热以及机械等方法，可随不同需要选择采用。凡供细菌学检验用的培养基及器械，常借热力灭菌，即加热灭菌，但遇热易被破坏的液体培养基可用机械过滤除菌法。最常用的物理方法是加热灭菌。热力灭菌法原理是使微生物蛋白质变性凝

固、酶失活、微生物体内的DNA断裂。

物理方法
- 热力灭菌法(干热灭菌、湿热灭菌)
- 辐射灭菌法(紫外线灭菌、电离辐射灭菌、微波灭菌)
- 过滤灭菌法(除菌过滤器灭菌)
- 超声波灭菌法
- 干燥低温抑菌法

图3.7 物理方法分类

1.温度

任何微生物只能在一定的温度范围内生存,在超低温或超高温条件下会抑制甚至杀死微生物。

(1)低温对微生物的影响

① 冰冻对微生物的影响

能被冰冻的水称为游离水。冰冻使细胞内游离水形成冰晶,冰晶在形成过程中体积会不断增大,对细胞造成机械性损伤;结合水是不会被冰冻的,但冰冻会导致细胞失去可利用的水分,形成脱水干燥状态,促使细胞质黏性增大。冰冻会使微生物的代谢受损,造成细胞质气体的损失,如O_2、CO_2等。细胞质的pH值和胶体状态也会因冰冻发生改变,冰冻甚至可引起胞内蛋白质部分变性等。微生物所处的基质也会因冰冻而产生一系列复杂的变化。

② 低温对微生物作用的有关因素

冰点附近微生物会加速死亡,种类不同的微生物抵抗低温能力不同;微生物所处的环境不同,对低温的抵抗能力就不同,冰冻和解冻的反复交替容易造成微生物细胞破裂。在低温条件下,中温和高温微生物的代谢极微弱,基本处于休眠状态。中温微生物通常在低于5℃的温度下只能维持生命而不发育,因为蛋白质合成的启动受阻,不能合成蛋白质。又由于许多酶对反馈抑制异常敏感,很容易和反馈抑制剂紧密结合,从而影响微生物的生长。处于低温下的微生物一旦处于适宜温度,即可恢复活性,以原来的生长速率生长繁殖。利用这个特性,实验室常用冰箱保存菌种,一般以4℃左右为保存菌种的适宜温度。只有在频繁反复地结冰和解冻时,才会使细胞受到破坏而死去。

此外,还有冷冻真空干燥法,这是在低温状态下真空抽去水分的方法,目的是保存菌种。

(2)高温对微生物的影响

高温能使微生物死亡,只要环境温度超过微生物的最高生长温度,微生物就不能存活。因为高温可引起细胞中的大分子物质如蛋白质、核酸和其他细胞组分发生不可逆改变,结构受到严重破坏而凝固,丧失了参与生化反应的功能,犹如鸡蛋煮熟后不能孵化出小鸡一样。此外,温度过高使细胞膜中的脂类熔化,使膜产生小孔,引起细胞内含物泄漏导致微生物死亡。微生物对热的耐受力依菌的种类、菌龄而异,还受微生物所处环境的其他条件的影响。如在酸性条件下,微生物对热的耐受力明显下降。环境中富含蛋白质时,利于保护菌体,能增加微生物细胞对热的抗性。

(3)利用温度灭菌的方法

利用温度来杀灭微生物的方法有干热法和湿热法两种。

视频
物品的干热灭菌技术

① 干热灭菌法

干热灭菌包括焚烧、灼烧、干烤。

a. 焚烧。焚烧是最彻底的灭菌方法，将被灭菌物品在火焰中灼烧，使所有的生物质碳化。该法利用火焰直接把微生物烧死。此法灭菌彻底、迅速，但易焚毁物品，所以使用范围有限，常用于废弃物品的灭菌。

b. 灼烧。灼烧是直接用火焰灭菌方法，在实验室内常用酒精灯火焰或煤气灯火焰来灼烧接种环、接种针、试管口、瓶口及镊子等工具或物品进行灭菌。

c. 干烤灭菌。干烤灭菌（常用烘箱、热烤箱、干燥箱、微波炉等）一般是把待灭菌的物品包装后放入干燥箱中烘烤，即加热至 160～170℃恒温维持 2h，在这种条件下，微生物细胞内蛋白质在无水时于 160℃开始凝固，使细胞膜破坏、原生质干燥，以及各种细胞成分发生氧化，可达到灭菌的目的。适用于空玻璃仪器、陶瓷和金属物品的灭菌；不适用于液体样品及棉花、纸张、纤维和橡胶类物质的灭菌。由于空气传热穿透力差，菌体在脱水状态下不易杀死，所以温度高、时间长。待灭菌的物品用牛皮纸、布袋或金属桶包扎好，绝不能用油蜡纸包扎物品。注意不要摆放太密，以免妨碍空气流通；不得使器皿与烘箱的内层底板直接接触。注意勿使温度过高，超过 170℃时，器皿外包裹的纸张、棉花会被烤焦。温度降至 50～60℃时方可打开箱门，取出物品，否则玻璃仪器会因骤冷而爆裂。如果只是为了烤干玻璃器皿，温度宜设置为 120℃，持续 30min。

②湿热灭菌法

同一温度下，湿热法的杀菌效果优于干热法。特点是温度低、时间短、灭菌效果好。因为饱和水蒸气的传导力和穿透力很强，故湿热易于传递热量，蒸汽冷凝会放出潜热，而且湿热更易破坏维持蛋白质稳定性的氢键等结构，从而加速其变性，蛋白质的凝固变性与其自身含水量有关，含水量越高，其凝固所需要的温度越低。

多数细菌和真菌的营养细胞在 60℃处理 5～10min 后即可杀死，酵母菌和真菌的孢子稍耐热些，要用 80℃以上的温度处理才能杀死，而细菌的芽孢最耐热，一般要在 121℃下处理 15min 才能杀死。故温度不同，杀菌效果不同，湿热法因温度、处理时间及方式的不同，可分为以下几种：

视频
高压蒸汽灭菌锅使用方法

a. 高压蒸汽灭菌法——是微生物实验中最常用的灭菌方法，是最为有效，而且应用范围最广泛的灭菌方法。这种灭菌方法是基于水的沸点随着蒸汽压力的升高而升高的原理设计的。将待灭菌的物品放置在盛有适量水的高压蒸汽灭菌锅中，把锅内的水加热煮沸，并把其中的冷空气（空气的导热性不好）彻底驱尽后将锅密闭，再继续加热使锅内压力上升。温度越高，需时越短，热穿透能力越强。一般认定 115～121.3℃对培养基的成分不产生破坏。为达到良好的灭菌效果，一般要求温度应达到 121℃，时间维持 15～20min，可全部杀死锅内物品上的各种微生物和它们的孢子或芽孢。对含有葡萄糖、乳糖、氨基酸等的培养基，可采用在 115℃下维持 35min 的方法。高压蒸汽灭菌法适合于一切微生物学实验室和发酵工厂中对培养基、物料及多种器材（比如玻璃仪器）的灭菌。

高压蒸汽灭菌一般用的仪器是高压蒸汽灭菌锅，是一个既能耐压又可以密闭的金属锅，有立式与卧式两种。热源可以采用电热、煤气、蒸汽等。锅上装有压力表，有的还装有温度计，能及时了解锅内压力及温度。锅上还设有排气口，其作用是在密闭之前，利用蒸汽将锅内的冷空气排净，另外还装有安全阀门，如果压力超过一定限度，阀门即可自动打开，放出过多的蒸汽。

b. 间歇灭菌法——适合于不耐高温培养基的灭菌。方法是将待灭菌的培养基在80～100℃下蒸煮15～60min，以杀死其中所有微生物的营养细胞，但不能杀死芽孢。为了使芽孢发芽成繁殖体，冷却后将被灭菌物品取出，然后置室温或37℃下保温过夜，诱导残留的芽孢发芽，第二天再以同样的方法蒸煮和保温过夜，如此连续重复3d，即可在100℃以下达到彻底灭菌的效果。培养硫细菌的含硫培养基就须用间歇灭菌法灭菌，因为其中的硫元素在高压灭菌时会发生熔化，而在100℃的温度下则呈结晶形态。此法还应用于不适于高压灭菌的特殊培养基、药品的灭菌。有些物质不能加热至100℃以上，例如含血清的培养基等，为了消灭其中的芽孢，须用间歇灭菌法，其缺点是麻烦、费时。

c. 连续加压灭菌法——即大规模的发酵工厂中常用的"连消法"，用于培养基的灭菌。其操作是将培养基在发酵罐外连续不断地进行加热、维持和冷却，然后才进入发酵罐。培养基一般在135～140℃下处理5～15s（高温瞬时灭菌）。其优点是既可杀灭微生物，又可最大限度地减少营养成分的破坏，从而提高原料的利用率；由于总的灭菌时间较分批灭菌法明显减少，所以缩短了发酵罐的占用周期；由于蒸汽负荷均匀，提高了锅炉的利用率；适宜于自动化操作；降低了操作人员的劳动强度。

d. 巴氏消毒法——某些物质在高热下易被破坏。巴斯德首先提倡把液体物质在较低的温度下消毒，这样既可杀死液体中致病菌的繁殖体，又不会破坏液体物质中原有的营养成分。具体的处理温度和时间各有不同，一般在60～85℃下处理15s～30min。具体的方法可分为两类，一类是在63℃下保持30min，称为低温维持法（LTH）；另一类是在75℃下维持15s即可，称为高温瞬时法（HTST）。巴氏消毒法主要用于牛奶、啤酒、果酒和酱油等对热异常敏感、不能进行高温灭菌的液体，其主要目的是杀死其中无芽孢的病原菌，而既不损害其营养价值，也不影响它们的风味。

e. 煮沸消毒法——将物品在水中煮沸（100℃），保持15～30min以上，可杀死所有营养细胞和部分芽孢，达到消毒的目的。而芽孢则需煮沸1～2h才能被杀死。如在水中加入10g/L碳酸氢钠，可提高其沸点，促使芽孢毁灭，同时还可以防止金属器材生锈。该法多用于医用器械，如手术刀、剪子、镊子、注射器、解剖用具等的消毒，如在沸水中加入2%～5%石炭酸，则5～10min可杀死芽孢；若延长煮沸时间并在水中加入1%碳酸钠或2%～5%石炭酸，效果更好。如用于饮用水的消毒，则在100℃下维持数分钟即可。

③ 湿热灭菌法与干热灭菌法比较

在同一温度下，湿热的杀菌效力比干热强的原因如下：

a. 在湿热情况下，菌体吸收水分，使蛋白质易于凝固，蛋白质含水量增加，凝固所需的温度降低；

b. 湿热的穿透力比干热强，可提高灭菌效力；

c. 湿热的蒸汽有潜热存在，这种潜热能迅速提高被灭菌物品的温度；

d. 能快速破坏维持核酸和蛋白质空间结构中化学键的稳定性；

e. 蒸汽凝结放出大量的汽化潜热能迅速杀灭物体上的微生物。

(4)影响灭菌效果的因素

微生物对高温的抵抗能力与其种类、数量、生理状态、有无芽孢以及环境的 pH 值等有关。

①结构：无芽孢杆菌在 80～100℃时几分钟之内几乎全部死亡，而有芽孢的杆菌在 100℃下煮 2h 还能够存活。

②菌龄：一般幼龄菌比老龄菌抗温能力差。例如，在 53℃加热大肠杆菌 15min，菌龄为 62h 的菌数仅下降至原菌数的 8.3%，而菌龄为 2.75h 的菌数下降至原菌数的 0.004%。

③ 菌体含水量：干细胞(例如孢子)比湿细胞更抗热，因为致死温度与菌体蛋白质含水量有关，含水量为 50g/100g 的蛋白质在 56℃凝固，含水量为 18g/100g 的蛋白质在 80～90℃才凝固，不含水的蛋白质的凝固温度高达 160℃。

④ 温度：无芽孢杆菌在 80～100℃时几分钟即死，70℃时需 10～15min，60℃时需 30min。

⑤ pH 值：通常在酸性条件下细菌易被杀死。pH 值为 6.0～8.0 时，微生物不易死亡；pH 值小于 6.0 时，最易引起死亡。

2. 辐射

许多微生物在强烈日光直接照射下容易死亡，特别是病原微生物。所以，经常把被子和内衣在阳光下曝晒是有利于身体健康的。

(1)紫外线对微生物的影响

日光中具有杀菌作用的主要成分是紫外线，它的波长范围在 200～390nm，其中 260nm 左右的紫外线杀菌力最强，这与 DNA 的吸收光谱范围一致。

紫外线杀菌的机理：紫外线的杀菌作用主要是它诱导了同链 DNA 的相邻嘧啶间形成共价结合的胸腺嘧啶二聚体，二聚体的出现会减弱双链间氢键的作用，并引起双链结构扭曲变形，阻碍碱基的正常配对，从而可引起突变或死亡。在互补双链间形成胸腺嘧啶二聚体的机会较少，但一旦形成，就会妨碍双链的解开，因而影响 DNA 的复制和转录，并使细胞死亡。此外，由于辐射能使空气中的 O_2 变成 O_3 或使 H_2O 氧化生成 H_2O_2，O_3 和 H_2O_2 均有杀菌作用。

①紫外线杀菌的特点

在波长一定的条件下，紫外辐射的杀菌效率与强度和时间的乘积成正比。

a. 穿透性差：紫外线的杀菌力虽强，但穿透性很差，一层普通玻璃、灰尘、水蒸气均能阻拦紫外线，因此只有表面杀菌能力，故只能用于手术室、无菌室等空气消毒，也可用于不耐热物品或包装材料的表面消毒。

b. 光复活作用：把紫外线照射后的微生物立即暴露在可见光下时，可明显降低其死亡率的现象，称为光复活作用。这是因为含有胸腺嘧啶二聚体的 DNA 分子在黑暗中会与光激活酶结合，当其暴露在可见光中时，此酶获得光能而发生解离，从而使二聚体重新分解成单体。光复活的程度与暴露于可见光下的时间、强度和温度有关。经紫外线灭菌后的物品，不应立即暴露在可见光之下，以免受损伤的细菌因光复活作用又恢复正常活力。由于在一般的微生物中都存在着光复活作用，所以在利用紫外线诱变育种时，只能在红外光下进行照射及处理照射后的菌液。

c. 暗复活作用：又称切除修复，因有些修复酶能在暗处进行修复，是活细胞内一种用于修复被紫外线等诱变剂损伤后的DNA的机制。与光复活作用不同，这种修复作用与光全然无关。在修复过程中，有四种酶参与：内切核酸酶将二聚体聚合部位的一侧打开缺口；外切核酸酶将聚合部分切除；DNA聚合酶利用互补链为模板重新合成缺失的部分；最后由DNA连接酶将新合成的部分与原链连接，形成正常的DNA，从而完成修复作用。所以，在紫外线处理时，只有当它所引起的损伤比修复力大时，才能使微生物死亡。

②紫外线应用

紫外线对不同种微生物照射的致死量不一样。革兰氏阳性杆菌对紫外线较敏感；革兰氏阴性球菌、芽孢、病毒对其抵抗力较强。在紫外线照射下，一般细菌5min死亡，而芽孢则需10min。

a. 空气消毒。无菌室、无菌箱、医院手术室均装有紫外辐射杀菌灯。无菌室（一般6～15m^2）内紫外辐射杀菌灯的功率为30W（无菌箱用15W），灯距地面2.5～3m高。在距离照射物1m高度处，温度10～55℃，湿度45%～60%，照射20～30min即可杀死空气中的微生物。紫外灯必须无尘、无油垢，可在使用前照射1～2h，操作时关闭，紫外灯有效使用期为3000h。

b. 表面消毒。对有些不能用热和化学药品消毒的器具，例如，胶质离心管、药瓶、牛奶瓶等可用紫外辐射消毒。

c. 诱变育种。微生物在低于死亡剂量的紫外线照射下，引起微生物某些特性或性状的改变（即诱变），紫外线是诱变剂。

(2)X射线和γ射线对微生物的影响

X射线（波长0.1～0.01nm）和γ射线（波长0.1～0.001nm）均能使被照射的物体产生电离作用，故称为电离辐射。低剂量照射有促进微生物生长的作用或引起微生物变异；高剂量照射对微生物有致死作用，原因是辐射干扰DNA合成，破坏细胞膜，引起水分解产生游离的H^+，进而与溶解氧生成O_2^-、H_2O_2等强氧化剂，使酶蛋白的巯基氧化，导致细胞发生各种病理变化。特点：射线穿透力强、被灭菌物体温度变化小。适用范围：一次性医用塑料制品的消毒、食品的消毒（不破坏其营养成分）。

(3)微波与超声波对微生物的影响

微波是指频率为0.3～300GHz的电磁波。当电中性的食物放在电磁场中，带电的不对称分子首先受到驱动，向一个方向移动，然后再向另外一个方向移动，每个不对称分子都尝试跟上快速变化的交流电场。这时产生了分子间的摩擦力，摩擦生热，表现为热效应，这就是微波的能量。

其对微生物的杀灭作用是通过热效应进行的。微波产生热效应的特点是加热均匀、热能利用率高、加热时间短等。微波杀菌的原理一般认为是微生物在微波作用下，可使极性分子发生振动，造成摩擦，产生热效应，导致微生物死亡。此外，由于微波造成分子加速运动，从而使细胞内部受损致死。

超声波是超过人能听到的最高频(20000Hz)的声波,在多个领域具有广泛的应用。强超声波具有强烈的生物学作用,几乎所有的菌体都会被其破坏,只是敏感程度不一。超声波的杀菌效果与频率、作用时间、细菌的大小、形状、菌量有关。频率高杀菌效果好;杆菌比球菌易被杀死;大杆菌比小杆菌更易被杀死。强烈的超声波可使被处理的微生物细胞破碎。超声波破碎细胞的机理是超声波的高频振动与细胞振动不协调,从而造成细胞周围环境的局部真空,引起细胞周围压力的极大变化,从而使细胞破裂死亡。

超声波杀菌的机制目前尚不清楚,一般认为超声波有以下作用:

① 使细胞内含物受到强烈振荡后胶体发生絮凝沉淀、凝胶液化或乳化,从而失去生物活性。

② 使溶液产生空腔,引起巨大的压力变化,使细菌受冲击而死。

③ 溶于液体中的气体在超声波的作用下变成无数极度微小的气泡,迅速撞击细胞,使之破裂。

④ 超声波作用在水溶液中产生的过氧化氢具有杀菌作用,以及产生的热效应也有一定的作用。

3. 水分

水分是微生物生命活动的必需条件,没有水分,微生物的新陈代谢会发生障碍,最终导致死亡。

微生物对干燥的抵抗力是不同的,细菌芽孢对干燥的抵抗力最强,霉菌和酵母菌的孢子对干燥也有较强的抵抗力,但是细菌、酵母菌的营养细胞和霉菌的菌丝抵抗干燥的能力最弱。因此,可以通过干燥来抑制微生物生长,同时高温干燥下微生物易死亡,而在低温干燥下微生物抵抗力较强。所以,真空冷冻干燥技术常用来保存菌种。

水分对微生物的影响并不单单取决于水量的多少,更重要的是取决于可供给性。如果溶液的溶质浓度过高,水对于微生物来说便失去了可供给性,环境中水对微生物的可供给性用水的活度作为指标。水活度可定量表示环境中微生物可实际利用的自由水(游离水)的含量。

水分活度(aw):溶液中水的蒸气分压 P 与纯水蒸气压 Q 的比值,即 $aw=P/Q$。水分活度值等于用百分率表示的相对湿度,其数值在 0～1 之间。淡水的活度为 1,溶液中溶质浓度越高,溶液的活度越低。

(1)干燥

如果环境干燥,则会使微生物细胞内的蛋白质由于缺水变性,造成代谢活动终止。微生物对干燥的抵抗能力强弱与菌种有关。一般没有荚膜、芽孢的细菌对环境的干燥比较敏感;而具有芽孢的细菌、藻类和真菌的孢子、原生动物的胞囊都具有很强的抗干燥能力,在干燥环境中可以保持休眠状态达几十年(在不受热和其他不利条件的影响下),一旦环境变湿润,即可萌发复活。

由于在极度干燥的环境中微生物不生长,因而人们广泛应用干燥法来保藏食物,防止食品腐败。也可用灭菌后的沙土保存菌种、孢子,或用真空冷冻干燥法保存菌种。

(2)渗透压

微生物细胞的细胞膜是一种半透膜,能调节细胞内外渗透压的平衡。在不同渗透压的溶液中呈现不同的反应：当细菌周围水溶液的渗透压与其细胞内液体的渗透压相等时（即等渗环境），细菌生长得最好；微生物在质量浓度为5.0～8.5g/L的NaCl溶液中形态及大小均不变，并生长良好，对应的溶液称为等渗溶液；在低渗溶液（NaCl质量浓度为0.1g/L）中，溶液中水分子大量渗入微生物细胞内，使微生物细胞发生膨胀，严重的会导致细胞破裂而死亡；在高渗溶液（NaCl质量浓度大于200g/L）中，微生物体内的水分子大量向细胞外渗出，使细菌的细胞发生质壁分离，从而使细胞出现"生理干燥"，造成细胞活动呈抑制状态，甚至死亡。

在日常生活或食品加工业中，常用高渗溶液保存食品，以防止腐败。但也有微生物可在质量浓度为150～300g/L的盐溶液中生活，可以利用这一特性处理高浓度含盐废水。

4. pH值

大多数微生物最适宜生长的pH值是7.0左右(6.6～7.5)，酵母菌和霉菌适于在pH值为5.0～6.0的酸性环境中生活，放线菌适于在pH值为7.5～8.0的弱碱性环境中生存。也有极少数微生物在pH值4.0以下的环境中能够生长。细菌对pH值的要求比霉菌和酵母菌更加苛刻，特别是病原菌。有少数微生物可以在pH值2以下或10以上的环境中生活。例如，硝化细菌可以在pH＝11.0的环境中生活，氧化硫硫杆菌能够在pH＝1.0～2.0的环境中生活。需要指出的是，微生物的最高和最低pH值并没有严格的界限，实际的pH值还取决于其他因素。比如粪产碱杆菌在0.2mol/L的NaCl溶液中要比在没有NaCl的环境中有更广泛的pH值。各种微生物处于最适的pH值范围内酶活性最高，生长速率最大。如果超出这个范围，微生物生长会受到抑制，甚至死亡。这对发酵工业也有指导意义，在发酵工业中，pH值的变化会改变微生物的代谢途径，导致不同代谢产物产生。如酿酒酵母生长的最适pH值为4.0～5.0，这时发酵的产物是酒精，当pH值大于7.6时，发酵产物中就会有甘油、乙酸等杂质。

微生物在生长过程中由于新陈代谢会引起pH值发生变化。如乳酸细菌分解葡萄糖产生乳酸，酸化了基质，微生物在分解蛋白质时产生氨，尿素细菌水解尿素产生氨，可以碱化基质。

5. 化学因子对微生物的影响

化学物质对微生物的影响，分为三种情况：作为微生物所需要的营养物质；促进微生物的代谢活动或抑制微生物的代谢活动，起抑菌作用；破坏微生物的代谢机制或菌体结构，起杀菌作用。化学物质对微生物的作用是抑菌还是杀菌，常常是相对的，不易严格地区分，通常情况下取决于浓度，较高的浓度可以杀菌，较低的浓度可以抑菌。另外，还与微生物种类、化学物质和微生物接触的时间长短、温度的高低等因素有关。能抑菌的化学药物称为抑菌剂，能杀灭病原菌的化学药物称为消毒剂。消毒剂对细菌和机体都有毒性，故只能用于体表或物品的消毒。理想的消毒剂杀菌能力强、价格低廉、能长期保存、无腐蚀性、对机体毒性或刺激性小。抑制或杀灭微生物的化学物质种类很多、用途广泛、性质各异，主要有重金属盐类、卤素及其化合物、氧化剂、醇类、酚类、醛类、酸类、表面活性剂、染料等。常用的消毒剂和防腐剂见表3.5。

表 3.5　常用的消毒剂和防腐剂

类别	名称	浓度	用途
重金属盐类	升汞	0.05%～0.1%	非金属物品、器皿的消毒
	红汞	2%水溶液	皮肤、黏膜、小伤口的消毒
	硫柳汞	0.01% 0.1%	生物制品防腐 皮肤消毒
	硝酸苯汞	先配成1/1500，高压灭菌，稀释成0.002%	生物制品防腐
	硝酸银	1%	皮肤、黏膜消毒
	硫酸铜	0.1%～0.5%	杀死植物真菌和藻类
卤素及其化合物	氯气	0.2～0.5g/m^3	饮水、游泳池水的消毒
	漂白粉	0.1%～1% 10%～20%	饮水、体表消毒 地面、厕所的消毒
	碘酒	2.5%	皮肤消毒
	氯胺	0.2%～0.5%	室内空气（喷雾），表面消毒
氧化剂	高锰酸钾	0.1%	皮肤、水果、蔬菜
	双氧水	3%	污染物件的表面
	臭氧	1g/m^3	食品
	过氧乙酸	0.2%～0.5%	皮肤、塑料、玻璃、人造纤维
酸类	苯甲酸钠	0.2～2g/kg	食品防腐
	山梨酸钾	0.2～1g/kg	
	对羟基苯甲酸酯类	<1g/kg	
	丙酸	<3g/kg	
醇类	乙醇	70%～75%	皮肤、器械的消毒
酚类	石炭酸	3%～5%	地面、家具、器具、空气的消毒
	来苏尔	2% 3%～5%	皮肤消毒 桌面、用具的消毒
醛类	甲醛	37%～40% 0.5%～10%	防腐剂 物品消毒
	戊二醛	2%(pH=8)	房间、物品消毒（不适合食品厂）
表面活性剂	新洁尔灭	0.05%～0.1%	皮肤、黏膜、手术器械、棉织品、塑料的消毒
	杜灭芬	0.05%～0.1%	
染料	龙胆紫	1%～2%	皮肤、伤口的消毒

消毒剂杀菌或抑菌机理是复杂的。酚、醇、酸、碱、醛类和高浓度的重金属盐类使菌体蛋白变性和凝固；氧化剂、重金属盐类（低浓度）会干扰细菌的酶系统（酶失活）；酚类（低浓度）、表面活性剂会损伤细菌的细胞膜。

【知识窗】

过滤除菌法

凡不能耐受高温或化学药物灭菌的药液、毒素等，可使用滤菌器机械除菌。过滤灭菌法即用滤材吸附等物理方式除去微生物，是一种常用的灭菌方法。对不耐热液体，过滤是唯一实用的灭菌方法。滤器可分为深层型和过筛型两大类。

有些需要灭菌的材料不能受热，例如维生素溶液。因此，维生素液体可以用过滤法来灭菌。过滤法不是将微生物杀死，而是把它们排除出去。目前过滤除菌采用两类器具，一类叫深层滤器。例如，用烧结玻璃、不上釉的陶瓷颗粒或石棉压成的滤板等。深层滤器主要靠滤材的深度，通过机械性捕获或随机吸附进行过滤，多数滤材属此类型。深层滤器已经使用了100多年，现在有逐渐被滤膜取代的趋势，但因为大量沉淀物容易堵塞滤膜，所以一般先用深层滤器除去大的颗粒。

另一类是滤膜。滤膜一般由醋酸纤维素、硝酸纤维素、多聚碳酸酯、聚偏氟乙烯等合成纤维材料制成。滤膜的孔径一般为0.2μm，它可以滤除绝大多数微生物的营养细胞。

凡不能耐受高温或化学药物灭菌的药液、毒素、血清、抗生素以及空气等，可使用滤菌器机械除菌。过滤法的最大缺点是不能滤除病毒。

三、任务所需器材

1.器材：将包扎好的玻璃器皿、制备好分装在三角瓶的培养基和记号笔等。

2.仪器：高压蒸汽灭菌锅、干燥箱等。

四、任务技能训练

玻璃器皿和培养基都可以用高压蒸汽灭菌锅灭菌，只是玻璃器皿在高压蒸汽灭菌后如果外包装纸被打湿，需要用烘箱烤干，温度设置为105℃，持续30min。但是培养基是不可以用干热灭菌法进行灭菌的。

1.玻璃器皿的干热灭菌

干燥箱由加热系统和控温系统组成。加热系统是用以提供热源来提升箱内温度的，控温系统包括自动温度调节器和温度计，是用以设定和监测箱内的实际温度的。箱顶还设有通气孔，便于水蒸气散发。有的干燥箱还装有鼓风装置，干燥箱调温的范围一般为40～180℃。干热灭菌法适用于玻璃器皿，如试管、培养皿、三角瓶、移液管等的灭菌，其使用步骤如下：

（1）装待灭菌物品

将包好的待灭菌物品（培养皿、试管、吸管等）放入电烘箱内，物品不要摆得太挤，以免妨碍热空气流通。同时，灭菌物品也不要与电烘箱内壁的铁板接触，以防包装纸烤焦起火。

(2)升温

关好电烘箱门，插上电源插头，拨动开关，旋动恒温调节器至红灯亮，让温度逐渐上升。如果红灯熄灭，绿灯亮，表示箱内已停止加温，此时如果还未达到所需的160～170℃，则需转动调节器使红灯再亮，如此反复调节，直至达到所需温度。

(3)恒温

当温度升到160～170℃时，借恒温调节器的自动控制保持此温度。

(4)降温

切断电源，自然降温。

(5)开箱取物

待电烘箱内温度降到70℃以下后，打开箱门，取出灭菌物品。注意：电烘箱内温度未降到70℃时，切勿自行打开箱门，以免玻璃器皿骤冷炸裂。

(6)注意事项

① 干热灭菌时电烘箱中物品不要摆得太拥挤，以免影响空气流通，从而使温度计上的温度指示不准，造成上面温度达不到，下面温度过高，影响灭菌效果。灭菌物品不要与电烘箱内壁的铁板接触，以防包装纸烤焦。

② 灭菌时温度不得超过170℃，以免包装纸烤焦；灭菌好的器皿应保存好，切勿弄破包装纸，否则会染菌。

③ 由于油纸在高温下会产生油滴，滴到电热丝上易着火，所以进行干热灭菌的玻璃器皿严禁用油纸包装。

④ 由于温度的急剧下降，会使玻璃器皿破裂，所以只有当烘箱的温度降到70℃以下时，才可打开烘箱门。

2. 高压蒸汽灭菌

高压蒸汽灭菌器是根据沸点与压力成正比设计的。其为双层金属筒结构，外筒较厚，能承受较高的压力，内筒为较薄的铝筒，供放置被灭菌的物品用，外筒下部装有电热管，可为灭菌器提供热源。高压蒸汽灭菌器适用于一切耐高温和潮湿的物品的灭菌，如玻璃器皿、金属器械、培养基、纱布和工作服等。使用前应先检查各部件是否正常，尤其是压力表和安全阀是否灵敏。

(1)加水。打开灭菌锅盖，将内层灭菌桶取出，向外层锅内加水，使水面和三角搁架相平。立式消毒锅最好用已煮开过的水，以便减少水垢在锅内的积存。注意水要加够，防止灭菌过程中干锅。

(2)装料、加盖。放回灭菌桶，将待灭菌物品放好。关闭灭菌器盖的时候将盖上的排气软管插入内层灭菌桶的排气槽里。再均匀拧紧锅盖上的螺栓，使螺栓松紧一致，使蒸汽锅密闭，不漏气。

(3)排气。打开排气口(也叫排气阀)，用电炉加热，待水煮沸后，水蒸气和冷空气一起从排气孔排出，当有大量蒸汽排出时，维持3～5min，使锅内冷空气完全排净。

(4)升压、保压和降压。当锅内冷空气排净时，即可关闭排气阀，压力开始上升。当压力上升至所需压力时，控制电压以维持恒温，并开始计算灭菌时间，待时间达到要求

(一般培养基和器皿灭菌控制在121℃,20min)后,停止加热,待压力降至接近"0"时,打开放气阀。注意不能过早过急地排气,否则会因锅内压力突然下降,使容器内的培养基由于内外压力不平衡而冲出烧瓶口或试管口,造成棉塞沾染培养基而发生污染。

(5)高压灭菌锅保养。灭菌完毕取出物品后,将锅内余水倒出,以保持内壁及搁架干燥,盖好锅盖。

(6)将取出的灭菌培养基放入37℃温箱培养24h,经检查若无杂菌生长,即可转入冰箱或阴凉处待用。

(7)注意事项:

① 每次使用前,应保证主体内有足够水量,使水位超过电热管。

② 灭菌锅内冷空气的是否排除完全极为重要,因为空气的导热性不好,而且空气的膨胀压大于水蒸气的膨胀压,所以,当水蒸气中含有空气时,在同一压力下,含空气蒸气的温度低于饱和水蒸气的温度,造成高压蒸汽灭菌锅内的温度不均。

③ 装灭菌液体时,应将溶液灌装在硬质的耐热玻璃瓶中,应不超过瓶3/4体积。瓶口用棉花、纱布塞好,并用纱绳扎在瓶颈上,在加热时使瓶内的空气能自然排出,切勿使用未打孔的橡胶塞和硬木塞。最好能将玻璃瓶放在容积比较大的搪瓷或金属盘内,以防瓶子爆裂时液体流失和损坏灭菌器内壁。凡被灭菌的物品,在灭菌过程中应能直接接触饱和水蒸气,才能灭菌完全。密闭的干燥容器不宜用本法灭菌,因为容器内只能受到短时间(例如121℃,20min)的干热,达不到灭菌效果。

④ 无菌包不宜过大(小于50cm×30cm×30cm),且不宜过紧,各包裹间要有间隙(一般大于或等于2.5cm,即至少有空间插入伸直的手),使蒸汽能对流,易渗透到包裹中央。物品也不能接触到灭菌桶的内壁,以防冷凝水。

⑤ 灭菌完成后,若压力表指针已回复零位,不易打开盖子时,将放气阀塞子置于"放气"方位,使外界空气进入灭菌器内,真空消除后,盖即可开启。

⑥ 橡胶密封垫圈使用时间过长会老化,应及时检查并定期更换。

⑦ 应特别注意:灭菌终了时切勿立即释放蒸汽,凡在灭菌器的压力尚未降至"0"位时,严禁开盖,以免发生事故。使用结束后应立即关闭电源。

五、讨论

生产企业的操作人员如何进行消毒、灭菌?

1.注意手部卫生:生产操作前要进行手的清洗和消毒工作;生产过程中一直要保持手的清洁卫生;在无菌生产区,必须戴上无菌手套。

2.注意口腔、鼻腔、头发的卫生:生产过程中必须戴口罩;常洗头理发;常刮胡须。

六、复习思考题

1.干烤箱灭菌适用于什么物品的灭菌?灭菌方法是什么?灭菌过程中有什么注意事项?

2.高压蒸汽灭菌适用于什么物品的灭菌？灭菌方法是什么？灭菌过程中有什么注意事项？

3.紫外灯灭菌的灭菌功率是多少？灭菌原理是什么？紫外线灭菌有什么特点？

七、自我评价表(表3.6)

表3.6　物品干热灭菌技术和高压蒸汽灭菌技术自我评价表

评价内容		考核标准	分值
玻璃器皿的干热灭菌	灭菌前准备	干燥箱清洁	30
		物品摆放合理	
	干热灭菌	升温、恒温(165℃,2h)、降温控制	20
		开箱时的温度要求	
培养基的高压蒸汽灭菌	灭菌前的准备	高压蒸汽灭菌锅内锅清洁	10
		灭菌锅密封及排气口检查	
	高压蒸汽灭菌	待灭菌物品的体积、包装、标记要求	10
		外层锅加水量控制	10
		灭菌锅盖上的排气软管位置	
		待灭菌的物品摆放合理	
		排尽冷空气	10
		升压、保压(121℃,20min)、降压操作	
		打开锅盖时的压力要求	10
		关闭电源,排出锅内余水	
合计			100

任务3.4　样品的采集、保存、送检与分离技术

一、任务目标

掌握微生物的分布特征;掌握空气、水体、土壤中的微生物采集方法;掌握各类样品的保存方法及送检方法。

二、任务相关知识

微生物体积小、自重轻,因此可以到处传播以达到“无孔不入”的地步。微生物对外

界环境的适应能力很强，只要生活条件合适，它们就可以迅速繁殖。因此，它们是自然界分布最广的一群生物。

(一)土壤中微生物的分布特征

1. 土壤是微生物生活的良好环境

在自然界，土壤是微生物生活的良好环境。因为土壤具有微生物生长繁殖所必需的各种环境条件。

(1)营养

土壤中有大量动植物残体、植物根系的分泌物、人和动物的排泄物，这些有机物为微生物提供了良好的碳源、氮源和能源。土壤中丰富的矿质元素可以满足微生物对矿质营养的要求。

(2)水分和渗透压

土壤具有一定的持水性，可为微生物提供水分；土壤的渗透压对微生物是等渗或低渗环境，有利于微生物摄取营养。

(3)空气

土壤团粒结构中的小孔隙充满空气，土壤中氧含量比大气的少，平均为土壤空气体积的7%～8%。通气良好的土壤，氧的含量高，有利于好氧微生物的生长。

(4)pH值

土壤的pH值多接近中性，且缓冲能力强，适合大多数微生物生长的需要。在酸性或碱性的土壤中，亦有与之适应的微生物生长繁殖。

(5)温度

土壤还具有保温性，与空气相比，昼夜温差和季节温差要小得多。即使冬季地面冻结，一定深度的土壤中仍保持一定的温度，一般是10～25℃，适宜多种微生物生长的需要。

此外，土壤表面几毫米厚的表层土是保护层，使土壤中的微生物可以免遭阳光的紫外辐射直射致死。以上这些都为微生物生长繁殖提供了良好的条件，所以土壤有“微生物天然培养基”的美称。在土壤中的微生物种类最多、数量最大，是人类利用微生物资源的主要来源。

2. 土壤微生物的种类、数量及其分布

土壤中微生物的种类和数量都很多。土壤中微生物的数量因土壤类型、季节、土层深度与层次等不同而异。如有机物含量丰富的黑土、草甸土等肥沃土壤，微生物含量较高，每克土可含几亿个至几十亿个微生物；而红壤、棕钙土、盐土等贫瘠土壤，微生物的含量很少，每克土仅含几百万个至几千万个微生物。

3. 微生物种类和数量

土壤中的微生物有细菌、放线菌、真菌、藻类和原生动物等类群，其中细菌数量最多，放线菌和真菌次之，藻类和原生动物等的数量较少。

(1)细菌

细菌占土壤微生物总数的70%～90%，每克土含几百万个至几亿个，主要是异养型种类，少数为自养型。异养型种类积极参与土壤有机质的分解和腐殖质的合成。自养型

种类通过其代谢活动转化着矿质养分的存在状态。

土壤中常见的细菌有固氮细菌、氨化细菌、硝化细菌、反硝化细菌、硫酸还原细菌、纤维素分解菌、假单胞菌、黄杆菌、钾细菌和铁细菌等。

(2)放线菌

放线菌占土壤微生物总数的5%～30%，每克土含几千万个至几亿个孢子。在偏碱性土壤中数量较多，都是异养型种类。放线菌较耐干旱，在潮湿土壤中比干旱土壤中少，在渍水条件下，如土壤持水量在80%～100%时，放线菌很少出现。土壤中常见种类有诺卡氏菌属、链霉菌属和小单孢菌属。

(3)真菌

每克土壤中有真菌几千个至几十万个，均为严格好氧的异养型种类。酵母菌的含量较少，一般为每克土壤几个到几千个。但在葡萄园和果园的土壤中，每克土壤酵母菌含量可达几十万个。真菌中的霉菌，以丝状体的菌丝交织蔓延在土壤中起改良土壤团粒结构的作用。土壤中最常见的霉菌有青霉、曲霉、枝孢霉、头孢霉等。

(4)藻类

土壤中藻类的数量不多，不到微生物总数的1%，但分布却很普遍。一般生长在土壤表层，多为单细胞绿藻和硅藻。藻类为光合型微生物，受阳光及水分影响较大，土壤下层因无阳光，其数量较少。在温暖季节中，积水的土面上藻类大量发育，其中主要有衣藻、小球藻、丝藻及各种硅藻，水田内则发育有水绵等丝状绿藻，为土壤积累有机质。

(5)原生动物

原生动物在不同类型的土壤中数量变化很大，每克土壤有几十个至几十万个，在富含有机质的土壤中主要有纤毛虫、鞭毛虫、肉足虫等，大多数种类是异养型的，以吞食各种有机物的碎片、藻类、菌类等为生。

土壤中的微生物是土壤的组成成分，通过它们的代谢活动，转化着土壤中各种物质的状态，改变土壤的理化性质，是构成土壤肥力的重要因素。

4.微生物在土壤中的分布状况

(1)水平分布

土壤中微生物的水平分布取决于碳源，例如油田地区存在分解石油的微生物；林区存在大量分解纤维素的微生物；在动植物残体较多的土壤中则有较多的氨化细菌和硝化细菌。

(2)垂直分布

土壤中微生物的垂直分布与紫外线的照射、营养、水、温度、通气等环境因素有关。

表层土因受紫外线照射和缺乏水，微生物不易生存，在5～20cm厚的土层中微生物数最多，随土层的加深，菌数减少，这是缺乏营养和氧气造成的。

(二)水体中微生物的分布特征

水体可分为天然水体和人工水体。天然水体包括海洋、江河、湖泊等；人工水体包括水库、运河、城市排水系统、各种污水处理系统等。水体中含有微生物所需的各种营养，因而也是微生物的天然生境。水体中微生物除天然栖息者外，还有来自土壤、空气、动植物残体、动物排泄物、各类工业废水和生活污水中的微生物，其中包括某些病原微生物。

1. 水中微生物的种类

由于各水域中营养物质的组成、浓度、水温、溶解氧的差异及微生物的来源不同，因此其种类、数量差异很大。

(1)清水型水生微生物

在洁净的水域中，因营养物较少，微生物数量也较少。在每毫升水中一般只含几十个到几百个细菌，并以自养型为主。常见的细菌有绿硫细菌、紫色细菌、蓝细菌、柄细菌、褐色纤毛菌、球衣细菌和荧光假单胞菌等。此外，还有许多藻类(如丝状绿藻、硅藻等)、真菌(水霉菌属和绵霉菌属)、原生动物(如钟虫及其他固着型纤毛虫等)和后生动物(如枝角类、桡足类等)。

(2)腐败型水生微生物

在受到有机物严重污染的水域中，数量较多的是细菌，每毫升水中可达几千万个甚至几亿个，以异养菌为优势。异养菌分解有机物，起净化作用。常见的微生物中，细菌以变形杆菌、产气肠杆菌、产气碱杆菌等革兰氏阴性无芽孢菌为主，此外还有芽孢杆菌、生孢梭菌、大肠杆菌、粪链球菌、弧菌、螺菌、假单胞菌，有的甚至还含有伤寒、痢疾、霍乱等病原体；藻类有绿藻、裸藻等；原生动物有草履虫、屋滴虫、小口钟虫等。

2. 水中微生物的分布

影响微生物在水体中分布的因素有水体类型、污染程度、有机物的含量、溶解氧量、水温、pH 值及水深等。

微生物在水体中的水平分布规律：近岸水域中细菌数量较多，离岸越远的地方微生物越少；底泥中的细菌多于水中的细菌。

微生物在较深较大的静水水域中垂直分布规律：在上层水体中(水面下 0～10m 深处)，氧含量较高，主要有好氧细菌(如假单胞菌、柄杆菌、球衣细菌等)、真菌和藻类；中层水体(水深 20～30m)主要有光合细菌(如红硫细菌和绿硫细菌)以及厌氧细菌；底层水体中(30m 以下及湖底泥)，主要有脱硫弧菌属、甲烷杆菌属和甲烷球菌属等厌氧细菌。微生物的数量以 5～10m 深处为最多，随着深度的增加而减少。

地下水由于经过土壤过滤，缺乏有机物，故含菌量远少于地面水，在深层地下水中甚至没有细菌。

(三)空气中微生物的分布特征

空气中营养物质缺乏、水分不充足、温差较大，且有较强的紫外线辐射，因此空气不是微生物生长繁殖的场所，它们只是短暂停留。空气中的大多数微生物由于环境的恶劣，在短时间内就会死亡。抵抗力较强的微生物则可以存活几天、几周甚至数月，最终沉降到土壤、水体、建筑物、动植物体表面。

空气微生物来源很多，一般来自地面。飞扬的尘土会将土壤中的微生物带到空气中；飞溅的水滴会将水中的微生物带到空气中；人和动物的干燥脱落物会飘入空气，口腔内的微生物通过咳嗽、打喷嚏等方式进入空气。

空气中微生物数量的多少与环境状况有关。室外空气如环境卫生、绿化程度高、尘埃颗粒少，则微生物数量少；反之，微生物就多。室内空气如环境较卫生、人口密度低、人员活动度低、通风状况好，则微生物数量较少；反之，微生物就多。一般在畜舍、公共场所、医院、宿舍、城市街道的空气中，由于尘埃多，微生物的种类和数量多；而在海洋、高山、高空、森林地带、终年积雪的山脉或极地上空的空气中，微生物的数量极少。

微生物在空气中停留的时间和分布的范围取决于气流的强弱、尘埃颗粒的大小、空气的相对湿度、紫外线辐射的强弱以及微生物的适应性和对恶劣环境的抵抗能力。

空气中的微生物没有固定的类群，其分布常因地区不同而不同。常见的真菌有曲霉、青霉、木霉、根霉、毛霉、白地霉、色串孢霉和放线菌的孢子等；细菌有芽孢杆菌、微球菌和产色素细菌等球菌、原生动物的胞囊等。此外，还有有些致病菌，如结核分枝杆菌、白喉杆菌、绿脓杆菌、破伤风杆菌、百日咳杆菌、肺炎球菌、溶血链球菌、金黄色葡萄球菌、麻疹病毒、流感病毒和脊髓灰质病毒等。

空气微生物检验一般只计在37℃繁殖的细菌总数，而不计微生物的种类。根据条件的不同，可分别采用沉降计数法、吸收管法、撞击平皿法和滤膜法对空气中的微生物进行测定。常用的检验方法是沉降平板法，即测定在一定时间内从空气中降落到单位面积地面上的微生物个数。空气微生物数量可以反映空气的污染情况。

【知识窗】

室内空气微生物控制方法

室内空气微生物污染的控制，一般采用如下方法：

1.污染源控制

降低和消除湿气，防止结露，使细菌和真菌等微生物不能在室内滋生繁殖，或者彻底清除污染建筑材料。

2.通风换气

将细菌和真菌等微生物排出，降低室内空气微生物浓度。

3.净化空气

使用空气净化器去除室内空气中的微生物，或者用紫外线照射杀死室内空气中微生物。

4.化学方法

将有机抗菌剂和无机抗菌剂，用于建筑材料、家用电器、家庭用品中抑制和杀死微生物，试图减少室内环境中潜在的微生物污染源，达到控制室内空气微生物污染，改善和提高室内空气质量的目的。

（四）微生物间的相互关系

在自然界中，微生物之间，微生物与动、植物之间，微生物与人之间的关系都是非常复杂的。这些关系彼此制约、相互影响，共同促进生物的发展和进化。微生物之间的关系主要有共生关系、互生关系、拮抗关系、寄生关系。

1.共生关系

共生关系指两种不同的生物共同生活在一起，互相依赖并彼此取得一定的利益，有的时候它们相互依存，不能单独生活。如地衣就是藻类和真菌所形成的一种共生体。藻类利用光能将 CO_2 和 H_2O 合成有机物供自身和真菌营养，真菌从基质中吸收水分和无机盐供两者营养。

2. 互生关系

互生关系指两种可以单独生活的不同种生物，当它们生活在一起时，一方为另一方提供有利的生活条件或双方互利。

自然界中的固氮菌与纤维素分解菌之间可建立互生关系。固氮菌能利用氮气，将其转化为氨，进而转化为有机氮化物，但不能利用纤维素；纤维素分解菌能分解纤维素，但不能利用氮气，并且代谢废物有机酸对它本身有抑制性。当它们生活在一起时，固氮菌固定的氮可以为纤维素分解菌提供氮源，纤维素分解菌的代谢物有机酸可以为固氮菌提供碳源，同时也为纤维素分解菌解毒。

土壤中的氨化细菌、亚硝化细菌、硝化细菌之间也存在着互生关系。氨化细菌分解含氮有机物产生的氨是亚硝化细菌的营养，亚硝化细菌将氨转化为亚硝酸，亚硝酸又作为硝化细菌氮源。亚硝酸对各种生物都有毒，由于硝化细菌将亚硝酸转化为硝酸，为其他微生物解毒，生成的硝酸盐可被其他生物和植物利用。

在废水生物处理过程中，普遍存在着互生关系。例如，石油炼油厂的废水中含有硫、硫化氢、氨、酚等，系统中食酚细菌与硫黄细菌会建立互生关系。食酚细菌分解酚，硫黄细菌将硫化氢氧化成 SO_4^{2-}，它们互相解毒，同时食酚细菌为硫黄细菌提供碳源，硫黄细菌为食酚细菌提供硫源。

氧化塘系统利用细菌和藻类互生关系进行处理，细菌将废水中的有机物分解为 CO_2、NH_3、H_2O、PO_4^{3-}、SO_4^{2-}，可为藻类提供碳源、氮源、磷源和硫源等，藻类利用上述营养通过光合作用生长繁殖，释放的氧气供给细菌。

3. 拮抗关系

一种微生物的某些代谢物质对另一种(或一类)微生物产生不利影响，使其生长受到抑制或被杀死。微生物之间的这种关系叫拮抗关系。拮抗关系可分为非特异性拮抗关系和特异性拮抗关系。

非特异性拮抗关系是无选择性的。如乳酸菌代谢物乳酸会使环境的 pH 值下降，较低的 pH 值能抑制腐败细菌生长。

特异性拮抗关系是某种微生物产生的特殊化学物质对别种微生物的生长有抑制或致死作用，这种特殊化学物质叫抗生素。这些微生物在生命活动过程中，分泌抗生素是为了抑制或杀死其他微生物，使自己得到优势发展。如真菌中的青霉菌分泌的青霉素能抑制革兰氏阳性菌细胞壁的合成，使菌体失去细胞壁的保护而致死。自然界能分泌抗生素的微生物种类很多，所以拮抗关系是普遍存在的。

有的微生物不是通过代谢物抑制或杀死别种微生物，而是以另一种或另一类微生物为食，生物之间的这种捕食关系，也属于拮抗关系。

在生物处理系统中，动物性营养的原生动物吞食细菌、真菌、藻类等，大原生动物吞食小原生动物，微型后生动物吞食原生动物、细菌、真菌、藻类等。原生动物、微型后生动物的捕食作用，使出水中的游离菌数量大大降低，对提高出水水质很有益。

4. 寄生关系

一种生物需要在另一种生物体内生活，从中摄取营养得以生长繁殖，这种关系称为寄生关系。前者为寄生物，后者为寄主或宿主。噬菌体分别与细菌、真菌、放线菌、藻类之间存在寄生关系，这种寄生关系有很强的专一性。细菌与细菌之间、真菌与真菌之间也存在寄生关系。例如，蛭弧菌属中有的种寄生在大肠杆菌细胞内。寄生的结果一般对寄主是不利的，会引起寄主的损伤或死亡。此外，微生物还可寄生在高级生物体内，如大肠菌群寄生在人和动物的肠道内。

三、任务所需器材

1. 器材：MF撞击式空气微生物采样仪、土壤采样器、新鲜的已经灭菌的斜面营养琼脂培养基、营养琼脂培养基平板、麦芽汁液体培养基等。

2. 仪器：玻璃采水器(1L)、灭菌的采样瓶(广口瓶)、超净工作台、高压蒸汽灭菌器、干热灭菌器、恒温培养箱、冰箱、平皿(直径 9cm)。制备培养基用一般设备：电炉、量筒、三角烧瓶、pH 计或精密 pH 试纸等。

3. 菌种：大肠杆菌菌种斜面、酵母菌菌种液体培养基。

4. 培养基——营养琼脂培养基。

成分：蛋白胨 10g；牛肉膏 3g；氯化钠 5g；琼脂 15～20g；蒸馏水 1000mL。

制法：将上述各成分混合，加热熔化，校正 pH 值至 7.4，过滤分装，121℃高压灭菌 20min，用自然沉降法测定时，倾注约 15mL 于灭菌平皿内，制成营养琼脂平板。用撞击法测定时则参照采样器使用说明制备营养琼脂平板。

5. 其他物品：接种环、接种针、酒精灯、记号笔、试管架等。

四、任务技能训练

(一)样品采集方法

1. 土壤微生物的采集方法

(1)布点数量

土壤监测的布点数量要根据调查目的、调查精度和调查区域环境状况等因素确定。一般要求每个监测单元最少应设 3 个点。

(2)布点原则与方法

布点原则应坚持哪里有污染就在哪里布点。

(3)土壤样品采集方法(混合采集方法)

对角线法、梅花点法、棋盘式法、蛇形法。

(4)采样深度及采样量

种植一般农作物时每个分点处采 0～20cm 耕作层土壤；种植果林类农作物时每个分点处采 0～60cm 耕作层土壤；了解污染物在土壤中垂直分布时，按土壤发生层次采土壤剖面样。各分点混匀后取 1kg，多余部分用四分法弃去。

2. 水中微生物的采集方法

(1)自来水的采集

先将水龙头打开至最大，放水 5～10min，然后关闭水龙头，用酒精灯火焰将水龙头灼烧3～5min灭菌，或用70%酒精对水龙头消毒，再打开水龙头，放水1min后，以排除管道内的存水，再用无菌的容器接取水样。如果水样中含余氯，则采样瓶在灭菌前应加入硫代硫酸钠溶液(每500mL水样加3%硫代硫酸钠溶液1mL)，以消除余氯的影响，避免其继续存在，产生杀菌作用。

(2)河湖水、井水、海水和其他水样的采集

如采集的是表层水，可握住瓶子下部，直接将灭菌的带玻璃塞的瓶子插入距水面50cm的深层处，除去玻璃塞，瓶口朝水流方向，使水样灌入瓶内后将瓶塞塞好，将瓶从水中取出待测，如果没有水流，可将瓶向前推，直到充满水样。

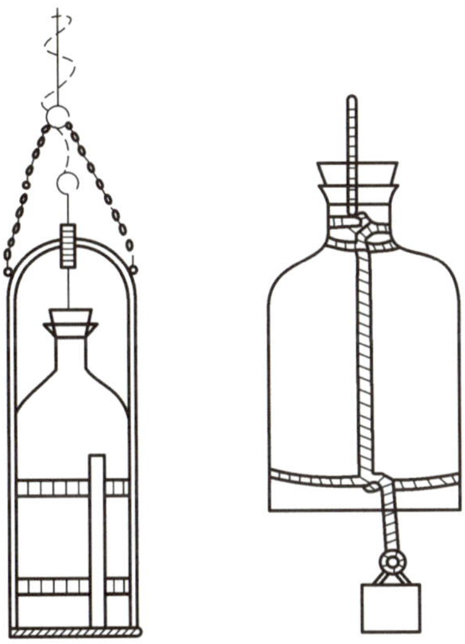
(a)　　(b)

图3.8　采样器

如果采集的是一定深度的水样，可使用特制的采样器，采样器的种类很多，图3.8所示是其中的一种。采样器外部是一金属框，内装玻璃瓶，器底有沉坠，可按需要坠入一定的深度，瓶盖系有绳索，控制瓶盖启闭，拉起绳索即打开瓶盖装水，松放绳索即自行盖上。采样前应对玻璃瓶做灭菌处理。采样时将采样器下沉到预定深度，扯动挂绳，打开瓶塞，待水灌满后迅速提出水面，弃去上层水样，盖好瓶盖。在取水时应同步测定取水的深度。水样采集后，将水瓶迅速送回实验室进行检验。

3.空气微生物的采样方法

(1)沉降法

设置采样点时，应根据现场的大小，选择有代表性的位置作为空气细菌检测的采样点。室内采样通常设置5个采样点，即室内墙角对角线交点为一采样点，该交点与四墙角连线的中点为另外4个采样点，采样高度为1.2～1.5m，采样点应远离墙壁1m以上，并避开空调、门窗等空气流通处。

(2)撞击法

撞击法是采用撞击式空气微生物采样器(图3.9、图3.10)，通过抽气动力作用，使空气通过狭缝或小孔而产生高速气流，使悬浮在空气中的带菌粒子撞击到营养琼脂平板上，经37℃、48h培养后，计算出每立方米空气中所含的细菌菌落数的采样测定方法。

图3.9　MF撞击式空气微生物采样器

图3.10　FA-2型撞击式空气微生物采样器

选择撞击式空气微生物采样器的优点：

① 对空气中细菌捕获率达 95%，适合室外采样。

② 操作简单，携带方便，性能稳定，便于消毒。

（二）水样的保存及送检

1. 水样的保存

采集的水样，除一部分在现场测定外，其中大部分要送到指定实验室进行分析测试。在运输和实验室管理的过程中，为继续保证水样的完整性、代表性，免遭污染、破坏和丢失，必须遵守各项安全措施。应注意以下几点：

① 根据采样记录和样品登记表清点样品，严防差错。

② 塑料容器要塞紧内塞，旋紧外盖。

③ 玻璃瓶塞紧磨口塞，用细绳将瓶塞与瓶颈拴紧；或用实验室用透明胶带，或用封口胶、石蜡封口。但测油类水样时不能用石蜡封口。

④ 为防止样品在运输过程中因振动、碰撞而导致损失或玷污，最好将样品装箱运送。

⑤ 需冷藏的样品，应配广口隔热瓶，加入冰块，样品置于其中保存。水样在 4℃ 保存，最好放在暗处或冰箱中，这样可控制生物活动，减缓物理作用和化学作用的速度。这种方法对以后的分析测定没有妨碍。

⑥ 冬季采取保温设施，以防冻裂样品瓶；而夏季应防止温度过高时瓶盖冲起。

2. 水样的送检

取样时要注明日期、温度、水的来源、环境状况、水的用途等，以供水质评价时参考。采集的水样最好立即检验，一般从取样到检验不宜超过 2h，如不能立即检验，可在1～5℃冰箱存放，但较清洁的水样应在 12h 内测定，污水则必须在 6h 内测定完毕。若无法在规定时间内完成，则应考虑采用延迟培养法，或者在报告中注明水样采集与测定的间隔时间。

（三）微生物分离技术

1. 斜面接种法

斜面接种法是指从已生长好的菌种斜面上挑取少量菌种移植至另一新鲜斜面培养基上的接种方法。斜面接种主要用于菌种的活化、扩大以及保藏。斜面接种操作如图 3.11 所示。步骤如下：

① 点燃酒精灯。

② 接种的时候，左手持试管，将菌种管（菌种斜面培养基）和接种管（待接种的新鲜斜面培养基）用大拇指和其他四指握住，中指位于两管之间的部位。无名指和大拇指分别夹住两试管的边缘，管口齐平，菌种管在前，接种管在后，斜面向上，管口对齐，应斜持试管呈 45°～50°角，斜面应该面向操作者，操作者能清楚地看到两个试管的斜面，注意不要持成水平，以免管底凝集水浸湿培养基表面。以右手在火焰旁转动两管棉塞，使其松动，以便接种时易于取出。

③ 接种环灼烧灭菌：右手拿接种环柄（如同握钢笔一样），将接种环垂直插入酒精灯火焰外焰中烧红，镍铬丝部分（环和丝）必须烧红，以达到灭菌目的，再斜向横持接种环，将接种环接头螺纹处旋转灼烧，使其金属杆部分来回通过火焰 2～3 次。凡接种时要进

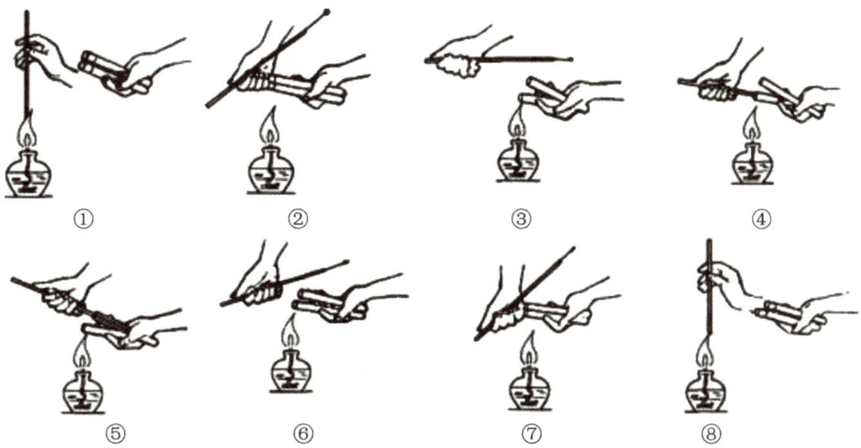

图 3.11　斜面接种操作图

入试管的部分都要经过酒精灯火焰的充分灼烧灭菌。以下操作都要使试管口靠近火焰旁(即无菌区)进行。

④ 拔管塞:用右手的小拇指和手掌之间及无名指和小拇指之间拨出试管棉塞,让试管口缓缓过火灭菌(切勿烧得过烫),以杀灭可能沾污的微生物。棉塞应始终夹在手中,如掉落应更换无菌棉塞。

⑤ 取菌:将灼烧过的接种环伸入菌种管内,在管壁上停留片刻(10s)或轻触一下未长菌的培养基部分,使其冷却,以免烫死菌体,用环轻轻取少许菌种或孢子,慢慢退出,不要使接种环碰到管壁,也不能通过火焰。

⑥ 接种:在火焰旁迅速将蘸有菌种的接种环伸入待接斜面管。从斜面底部开始,在斜面上轻轻作 Z 形来回划线至斜面顶部,将菌种接种于其上。注意勿将培养基划破,不要使菌体沾污管壁。

⑦ 塞管塞:接种完毕,接种环应通过火焰抽出管口,灼烧试管口,并在火焰旁迅速塞上棉塞。再重新仔细灼烧接种环后,放回原处。塞棉塞时不要用试管去迎棉塞,以免试管在移动时纳入不洁的空气。酒精灯火焰周围是无菌区域,无菌操作要在此范围内进行,离火焰越远受污染的可能性越大。

⑧ 接种完毕,接种环上的余菌必须灼烧灭菌后才能放下,再将棉花塞旋紧。将所接种的斜面贴上标签(贴在离试管口 2～3cm 的部位,若用记号笔标记则不需要标签),注明菌种、名称、接种日期、接种者姓名,置适温下培养观察。

2. 液体接种法

这是由斜面菌种或液体菌种接种到液体培养基(如试管或锥形瓶)中的方法。主要用于微生物的增殖培养,也可用纯培养物接种液体培养基,进行生化试验。

(1)斜面接液体

① 灼烧接种环、拔塞、取菌等的操作要求与斜面接种相同,但要注意管口略向上倾斜,以免培养基流出。

② 将取有菌种的接种环迅速移到液体培养基中,应在管内靠近液面试管壁上将菌苔轻轻研磨并轻轻振荡,或将接种环在液体内振摇几次即可,使菌体分散于液体中。接种

后塞上塞子，将液体培养基轻轻摇动，使菌体均匀分布于培养基中，以利于生长。灼烧接种环，放回原处。在接种霉菌菌种时，若用接种环不易挑起培养物，可用接种钩或接种铲进行。

③ 贴上标签，注明菌种、名称、接种日期、接种者姓名，在适当条件下培养观察。

(2)液体接液体

液体接液体指菌种培养在液体培养基内，将其转接到新鲜的液体培养基中。此时不能用接种环，而必须用灭菌的移液管、滴管或移液枪。普通实验室通常使用移液管。

先将移液管上端的包裹纸稍松动，截去 1/3 长度，左手拿菌种管，右手拿移液管，在火焰旁拔出菌种管塞，同时从包裹纸套内拨出移液管，迅速伸入菌种管内吸取一定量的菌液，转接到新鲜培养基中。接种完毕，灼烧管口，迅速塞好管口，进行培养。应特别注意，勿使菌液溅在工作台上或其他器皿上，以免造成污染。如有溅污，可用酒精棉球灼烧灭菌后，再用消毒液擦净。蘸有细菌的移液管插入原包裹纸套内，经高压灭菌后再行清洗(注意不要直接放到实验台上，以免污染桌面)。或者凡吸过菌液的吸管或滴管，应立即放入盛有消毒液的容器内。

3. 平板接种法

平板接种法是用接种环将菌种接至平板培养基上，或用无菌吸管将定量菌液接种至平板培养基上的方法。此法主要用于观察菌落形态，分离纯化菌种，平板活菌计数以及在平板上进行各种实验。

在平板接种前，首先要学会倒平板，根据揭皿盖的方式不同可分为皿加法与手持法。平板接种的方法有多种，根据实验的不同要求，可分为以下几种：

(1)斜面接平板

划线接种：使混合的细菌呈单个分散生长，形成单个菌落，以便获得纯菌、活菌计数。

在近火焰处，左手拿皿底，右手拿接种环，挑取菌种(菌液)划线。划线的方法很多，但无论采用哪种方法，其目的都是通过划线将样品在平板上进行稀释，使之形成单个菌落。常用的划线方法有以下两种：

① 连续划线法：将蘸有菌种(菌液)的接种环在平板培养基表面做连续划线，切勿划破培养基，如图 3.12 所示。

② 分区划线法：自斜面用接种环直接取出少量菌体，先在平板培养基的一边做第一次平行划线 3～4 条，再转动培养皿约 70°角，并将接种环上剩余物烧掉，待冷却后通过第一次划线部分做第二次平行划线，再用同样的方法通过第二次划线部分做第三次划线，通过第三次平行划线部分做第四次平行划线，如图 3.13 所示。划线完毕后，盖上培养皿盖，倒置于培养箱内培养。

(2)液体接平板

液体接平板即用无菌移液管或者滴管吸取一定体积的菌液移至平板培养基上，然后用无菌玻璃涂棒将菌液均匀涂布在整个平板上。或者将菌液加入培养皿中，然后再倾入熔化并冷却至 45～50℃的固体培养基，轻轻摇匀，平置，待凝固后倒置培养。这种方法在稀释分离菌种时常采用。

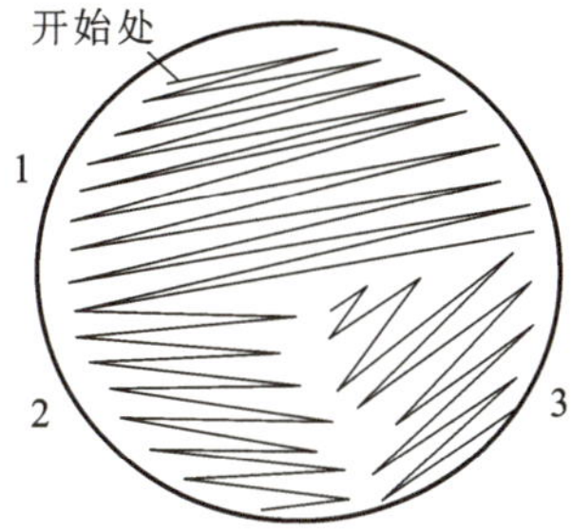

图 3.12 连续划线法

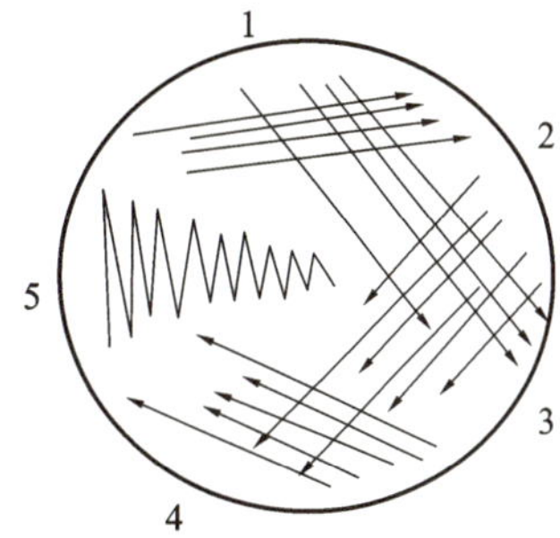

图 3.13 分区划线法

① 稀释平板法

分别取稀释后菌液少许(0.5～1.0mL)于无菌培养皿中,倾入已熔化并冷却至45～50℃的琼脂培养基,迅速旋摇,充分混匀(对热敏感菌不适用)。待琼脂凝固后,即成为可能含菌的琼脂平板。在恒温箱中倒置培养一定时间后,在琼脂平板表面或培养基中即出现分散的单个菌落。每个菌落可能是由一个细胞繁殖形成的。挑取单个菌落,一般再重复该法1～2次,结合显微镜检测个体形态特征,便可得到真正的纯培养物。

用稀释倒平板法有两个缺点:一些严格好氧菌因被固定在琼脂中间,缺乏溶解氧而生长受影响,形成的菌落微小难以挑取;在倾入熔化琼脂培养基时,若温度控制过高,易烫死某些热敏感菌,过低则会引起琼脂太快凝固,不能充分混匀。

②涂布平板法

微生物实验中更常用的纯种分离方法是涂布平板法。该法是将已熔化并冷却至约50℃的琼脂培养基先倒入无菌培养皿中,制成无菌平板。待充分冷却凝固后,将一定量(约0.1mL)的某一稀释度的样品悬液滴加在平板表面,再用三角形无菌玻璃涂棒涂布,使菌液均匀分散在整个平板表面,倒置于恒温箱培养后挑取单个菌落(适用于某些严格好氧菌),如图3.14所示。具体操作如下:

a. 将涂布器浸没在盛有酒精的烧杯中。

b. 取少量菌液(不超过0.1mL),在火焰旁左手拿培养皿,并用拇指将皿盖打开一条缝,滴加到培养基表面。

c. 将蘸有少量酒精的涂布器在火焰上引燃,待酒精燃尽后,冷却8～10s。

d. 右手持无菌玻璃涂布器,将菌液自平板中央以同心圆方向轻轻向外涂布扩散,使之均匀地涂在培养基表面。涂布时可以转动培养皿,使涂布均匀。

注意:每个稀释度用一个灭菌玻璃涂棒,在由低浓度向高浓度涂布时,亦可不用更换玻璃涂棒。将涂布器末端浸在盛有体积分数为70%的酒精的烧杯中,取出时,要让多余的酒精在烧杯中滴尽,然后将蘸有少量酒精的涂布器在火焰上引燃。一定要注意防火,不要将过热的涂布器放在盛放酒精的烧杯中,以免引燃其中的酒精。

(3)平板接斜面

一般是将在平板培养基上经分离培养得到的单菌落,在无菌操作下分别接种到斜面培养基上,以便做进一步扩大培养或保存之用。接种前先选择好平板上的单菌落,并做好标记。左手拿平板,右手拿接种环,在火焰旁操作,灼烧接种环后将接种环在空白培养

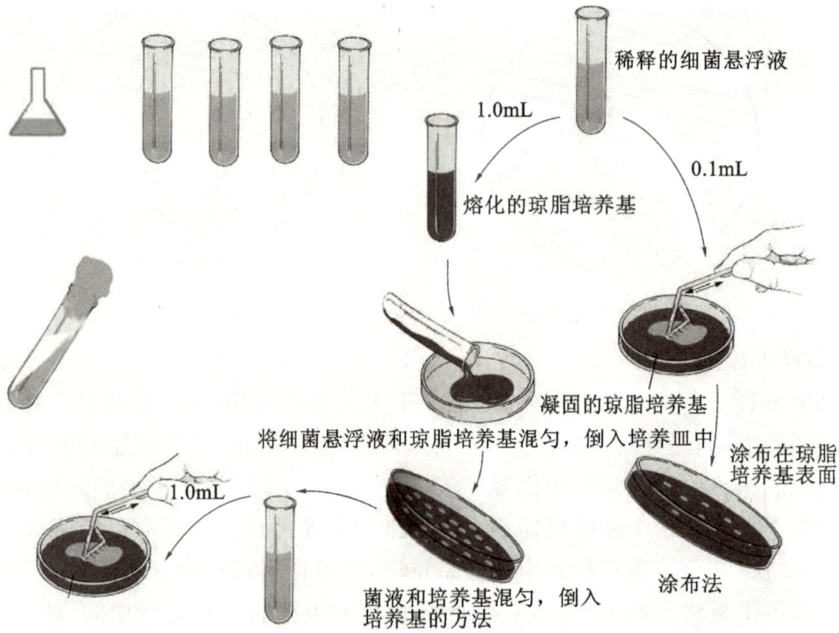

图 3.14 涂布平板法操作图

基处冷却，挑取菌落，在火焰旁稍等片刻，此时左手将平板放下，拿起空白斜面，按斜面接种法接种。注意接种过程中勿将细菌烫死，接种时操作应迅速，防止污染杂菌。

4. 穿刺接种法

穿刺接种法即用接种针从菌种斜面上挑取少量菌体，并把它穿刺到固体或半固体的深层培养基中的接种方法。此法多用于半固体、醋酸铅、三糖铁琼脂与明胶培养基的接种，常用来接种厌氧菌。穿刺接种是保藏菌种的一种形式，也是检查细菌运动能力的一种方法。具有运动能力的细菌，经穿刺接种培养后，能沿着穿刺线向外运动生长，故形成较粗且边沿不整齐的生长线，不能运动的细菌仅能沿穿刺线生长，故形成细而整齐的生长线。接种培养只适用于细菌和酵母。操作方法以及注意事项与斜面接种法基本相同。但必须使用笔直的接种针，而不能用接种环，如图 3.15 所示。具体操作如下：

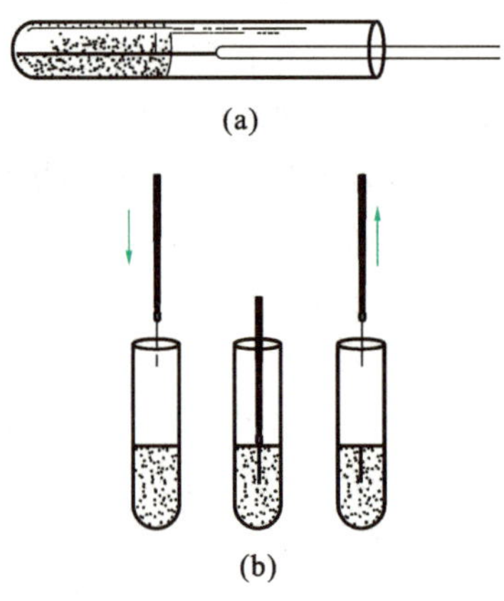

图 3.15 穿刺接种图

① 准备物品。

② 点燃酒精灯。

③ 接种：手持试管；旋松棉塞；接种针灼烧灭菌，把在穿刺中可能伸入试管的其他部位也灼烧灭菌。

④ 拔出棉塞。

⑤ 取菌:用冷却接种针的针尖蘸取少量菌种。

⑥ 穿刺:穿刺接种时有两种手持操作法:一种是水平法,它类似于斜面接种法;另一种则称为垂直法。在火焰旁拔去试管帽或棉塞,将接种针在培养基上冷却,用接种针尖挑取少量菌种,再穿刺接种到半固体培养基内,接至培养基3/4处(勿穿透培养基),再沿原线拔出。穿刺时要求手稳,注意勿使接种针在培养基内左右移动。应使穿刺线整齐,便于观察生长结果。

⑦ 试管口经火焰灭菌后,塞上棉塞或盖上试管帽,灼烧接种针上的残菌。

⑧ 贴上标签,注明菌种名称、接种日期、接种者姓名,在合适条件下培养并观察。

5. 接种注意事项

在微生物的研究应用中,不仅需要通过分离纯化技术从混杂的天然微生物群中分离出特定的微生物,而且还必须随时注意保持微生物纯培养物的"纯洁",防止其他微生物的混入。为了获得微生物纯培养物,微生物接种操作中首先应创造无菌操作条件,一般接种操作在无菌室、超净工作台和酒精灯火焰旁进行。其次操作时须注意以下操作要点:所有使用器皿均须严格灭菌;接种用的培养基均须事先做无菌培养试验;双手用75%的酒精棉或新洁尔灭擦拭消毒;操作过程不离开酒精灯火焰;操作要正确、迅速;接种工具使用之前和之后须经火焰灼烧灭菌,才能接种或放在桌上;棉塞不能乱放,操作时始终夹持于手指中,棉塞回塞时应松紧适宜。

五、讨论

采样时的安全预防措施:

1. 在水体和底部沉积物中进行采样时,会遇到各种危害人体安全和健康的情况。为了保护人体不受伤害,要采取措施避免吸入有毒气体,防止通过口腔和皮肤吸收有毒物质。负责设计采样方案和负责实施采样操作的人员,必须考虑相应的安全要求。在采样过程中采样人员要了解应采取的必要的防护措施。

2. 为了保证工作人员、仪器的安全,必须考虑气象条件。在大面积和水较深的水体上采样时,要使用救生圈和救生绳。在冰层覆盖的水体采样之前,要仔细检查薄冰层的位置和范围。当采用水下整装呼吸装置或其他潜水器具时,则应经常检查和维护这些器具的可靠性。

3. 采样船要坚固,在各种水域中采样时都要防止商船和捕捞船只靠近,要正确使用信号旗,以表明正在进行的工作的性质。

4. 尽可能避免从不安全的河岸等危险地点采样,如果不能避免,要采取相应的安全措施,并注意不要单人行动。如果河岸条件不是采样研究特殊要求的,应尽量采取在桥上采样来代替河岸边采样。

5. 选择任何气候条件下都能频繁采样的地点,在某些情况下必须考虑到可能的自然危害,如有毒的枝叶、兽类和爬行动物。危险物应贴上标签。

6. 对于安装在河岸上的仪器和其他设备，为了防止洪水淹没或破坏行为，需要采取适当的防护措施。

7. 为了防止一些偶然情况的出现，例如一些工业废水可能具有腐蚀性，或者含有有毒或易燃物质，污水中也可能含有有危害的气体、微生物或动物。在采样期间，必须采取一些特殊的防护措施。

8. 当采样人员进入有毒气体环境中时，要使用气体防毒面具、呼吸苏醒器具和其他安全设备。此外，在进入封闭空间之前，要测量氧气的浓度和可能存在的有毒蒸汽和毒气。

9. 在采集蒸汽和热排放物时，需特别谨慎。应使用成熟、可靠的技术。

10. 处理放射性样品要特别小心，必须采用专门的技术。

11. 在水中或者靠近水使用电动采样设备时有触电的危险。因此，在选定采样点、维护保养设备时，应采取必要的措施。

六、复习思考题

1. 微生物在土壤、水体、空气中的分布特征是什么？
2. 在土壤、水体、空气中微生物的采集方法有哪些？
3. 样品保存送检的方法和要求有哪些？
4. 微生物分离技术在生产实践中有哪些应用？

七、自我评价表（表 3.7）

表 3.7　样品的采集、保存、送检与分离技术自我评价表

评价内容		考核标准	分值
采集水样	准备	采样瓶灭菌	10
		采样所需的器材准备与检查	
		采样点设置	
	样品采集	深层采样或表层水或自来水采样方法	10
		采样瓶标记、采样记录和样品登记表填写	
		水样保存	
采集空气样（沉降法）		无菌营养琼脂平板准备	10
		根据室内情况设置采样点	
		空气样品采集时间控制	
		培养皿标记	

续表 3.7

评价内容		考核标准	分值
分离技术	准备	超净工作台整洁与通风、紫外灯灭菌	5
		台面和双手消毒	
	斜面接平板（划线接种）	酒精灯点燃	10
		菌种管、试管棉塞、平皿的持法	
		接种环取菌前后的操作控制	
		划线手法，培养基完整	
		接种环取菌、划线前后的无菌控制	
		培养皿倒置培养	
	斜面转接斜面	酒精灯点燃	10
		菌种管、接种管、试管棉塞的持法	
		接种环及试管管口灭菌	
		接种环取菌前后的操作控制	
		斜面划 Z 字线，培养基完整	
		接种后塞棉塞时的无菌控制及接种环灭菌	
	稀释平板法	含菌液均匀程度	15
		稀释过程的无菌控制	
		灭菌移液管的使用	
		培养基温度控制	
		培养基与菌液混匀的过程控制	
		培养皿倒置培养	
	涂布平板法	涂布过程的无菌控制	10
		移液管取菌	
		涂布工具无菌处理、使用方法及涂布手法	
	穿刺接种法	接种针的无菌控制	10
		取菌及穿刺方法	
	收尾工作	酒精灯盖灭、工作台面清洁与消毒，日光灯关闭	10
		废物处置	
		紫外灯照射灭菌	
合计			100

任务 3.5 微生物的培养条件与菌落总数的计数

一、任务目标

1. 掌握水体细菌菌落总数的测定流程；

2. 掌握水体细菌菌落总数测定的稀释技能、无菌操作倒培养基技能、微生物的培养技能、平板菌落计数技能、统计数据报告方法技能。

3. 能独立进行细菌菌落总数的测定实验，懂得如何利用实验结果评价水体情况。

二、任务相关知识

细菌总数是水质污染的生物指标之一，是指 1mL 被检水在普通营养琼脂培养基中经过 37℃ 培养 24h 后，所生长的细菌菌落总数。当水体被人畜粪便或其他有机污染物污染时，其细菌总数急剧增加。因此，细菌总数可作为水体有机污染的指标。但是由于人工培养基与自然条件有很大差别，细菌总数在评价水体污染时只具有相对意义。水中细菌数多，表示水中含有大量有机物的腐败产物，因而有病原菌污染的可能。

水中细菌总数测定是进行水质检验的必要项目之一，是测定水中好氧菌和兼性厌氧菌密度的方法。该法是根据在固体培养基上所形成的菌落，即一个菌落代表一个细胞的原理来计数。一般来讲，采用普通的活菌计数方法所得到的细菌，绝大部分是腐生性的中温好氧菌和兼性厌氧菌。因此，这种计数值的准确性(接近水中细菌含量的程度)除了与采样有关外，主要取决于所用的培养基成分及培养条件是否符合被检水体中绝大多数细菌的生长繁殖条件，但是，由于不同种类的细菌对营养和其他条件的要求差别很大，所以不可能找到一种培养基在一定条件下使水体中的细菌全部培养出来，因此，这种方法是一种近似的方法，主要用于判定饮用水、水源水、地表水等的污染程度。

将定量水样接种于营养琼脂培养基中，在 37℃ 下培养 24h 后，数出生长的细菌菌落，然后根据接种的水样数量即可算出每毫升水中所含的菌数。

在 37℃ 营养琼脂培养基中能生长的细菌代表在人体温度下能繁殖的腐生细菌，细菌总数越大，说明水污染越严重。因此，这项测定有一定的卫生意义，但其重要性不如大肠菌群的测定。对于检查水厂中各个处理设备的处理效率，细菌总数的测定则有一定的实用意义，但如果设备的运转稍有失误，就会立刻影响到水中细菌的数量。

三、任务所需器材

1. 试剂：营养琼脂培养基

成分：蛋白胨 10g；牛肉膏 3g；氯化钠 5g；琼脂 10～20g；蒸馏水 1000mL。

制法：将上述成分混合后加热熔化，调整 pH 值为 7.4～7.6，分装于玻璃容器中（如用含杂质较多的琼脂时，应先过滤），经103.43kPa、121℃灭菌 20min，储存于冷暗处备用。

2. 仪器

高压蒸汽灭菌器；干热灭菌箱；培养箱；电炉；天平；冰箱；放大镜或菌落计数器；pH 计或精密 pH 试纸；灭菌试管；灭菌平皿（直径9cm）；灭菌刻度吸管；灭菌采样瓶。

视频　恒温培养箱使用方法

视频　细菌菌落总数的测定操作流程

四、任务技能训练

细菌菌落总数检验流程如图 3.16 所示。

(一)水样的测定

1. 自来水及生活饮用水的测定

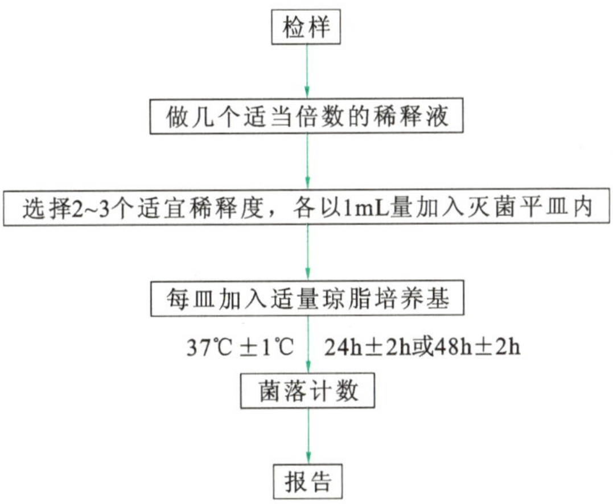

图 3.16　细菌菌落总数检验流程图

以无菌操作方法用无菌吸管吸取 1mL 充分混匀的水样，注入无菌平皿中，注入约 15mL 已熔化并冷却至 45～50℃的营养琼脂培养基，并立即旋转平皿，使水样与培养基充分混匀。每次检验时应做一平行接种，同时另用一个平皿只倾注营养琼脂培养基做空白对照。

待培养基冷却凝固后包好，翻转平皿，使底面朝上，置于 36℃±1℃培养箱内培养48h，进行菌落计数。算出 2 个平板上生长的菌落总数的平均值，即为 1mL 水样中的细菌总数。

2. 水源水或其他水样的测定

稀释水样：以无菌操作方法吸取 1mL 充分混匀的水样，沿管壁缓缓注入盛有 9mL 生理盐水或无菌水的试管中（注意吸管或吸头尖端不要触及稀释液面），振摇试管混匀成 1∶10稀释液。

吸取 1∶10 稀释液 1mL 注入盛有 9mL 生理盐水或无菌水的试管中，混匀成 1∶100 稀释液。按同法依次稀释成 1∶1000、1∶10000 等稀释液备用。如此递增稀释一次，必须更换一支 1mL 灭菌吸管。

稀释倍数视水质而定，以培养后平板的菌落数为30～300个的稀释度最为合适。一般中等污染水样取10^{-1}、10^{-2}、10^{-3}三个连续稀释度，污染严重的取10^{-3}、10^{-4}、10^{-5}三个连续稀释度。若三个稀释度的菌落数均多到无法计数或少到无法计数，则需继续稀释或减小稀释倍数。

接种培养：以无菌操作的方法用灭菌吸管吸取未稀释的水样和10^{-1}、10^{-2}稀释度的水样1mL，分别注入灭菌平皿内，倾注约15mL已熔化并冷却到45℃左右的营养琼脂培养基，并立即旋摇平皿，使水样与培养基充分混匀，同时做2个平行和空白对照。待冷却凝固后，翻转平皿，使底面向上，置于36℃±1℃培养箱内培养48h，进行菌落计数。

样品的系列稀释法及接种过程如图3.17所示。

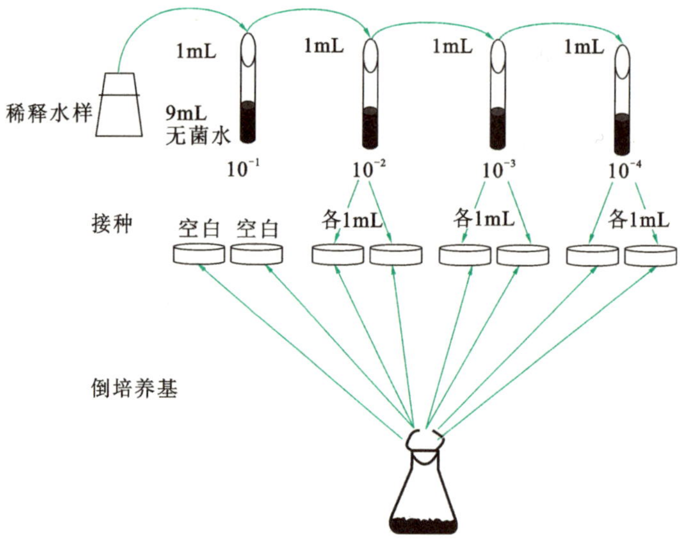

图3.17　系列稀释法及接种示意图

为了正确地反映环境中各种需氧菌和兼性厌氧菌存在的情况，检验时必须遵循以下要求和规定：

① 检验中所需玻璃仪器必须是完全灭菌的，并在灭菌前彻底清洗干净，不得残留抑制物。用作样品稀释的液体，每批都要有空白对照。如果在琼脂对照平板上出现几个菌落时，要追加对照平板，以判断是空白稀释液用于倾注平板的培养基，还是平皿、吸管或空气可能存在的污染。营养琼脂底部带有沉淀的部分应弃去。

② 检样的稀释液可用灭菌盐水或蒸馏水。

③ 注意每递增稀释一次，必须另换1支1mL灭菌吸管。吸管在进出装有稀释液的玻璃瓶或试管时，不要触及瓶口或试管的外侧部分，因为这些地方都有可能接触过手或其他沾污物。在做10倍递增稀释液时，吸管插入检样稀释液内不能低于液面2.5cm；吸入液体时，应先高于吸管刻度，然后提起吸管尖端离开液面，将尖端贴于玻璃瓶或试管的内壁，使吸管内的液体调至所要求的刻度，这样取样比较准确，而且在吸管从稀释液内取出时不会有多余的液体黏附在管外。当用吸管将检样稀释液加至另一装有9mL空白稀释液的管内时，应小心沿管壁加入，不要触及管内稀释液，以防吸管尖端外侧部分黏附的检液也混入其中。

④ 为防止细菌增殖产生片状菌落，待检液加入平皿后，应在20min内倾入琼脂，并立即使之与琼脂混合均匀。检样与琼脂混合时，可将平皿底在平面上先前后、左右摇动，然后按顺时针方向和逆时针方向旋转，使之充分混匀。混合过程中应加以小心，不要使混合物溅到皿边的上方。皿内琼脂凝固后，将平皿翻转，倒置于培养箱进行培养，避免菌落蔓延生长，防止冷凝水落到培养基表面影响菌落形成。

⑤ 为了控制和了解污染，在取样进行检验的同时，于工作台上打开一块琼脂平板，其暴露的时间应与该检样从制备、稀释到加入平皿时所暴露的时间相当，然后与加有检样的平皿一起培养，以了解检样在检验操作过程中是否受到来自空气的污染。

⑥ 如果稀释度大的平板上菌落数比稀释度小的平板上菌落数多，可能是检验工作中发生的差错，属实验事故；也可能是因抑制剂混入样品中所致，均不可用作检样计数报告的依据。如果平板上出现链状菌落，菌落之间没有明显的界线，这是在琼脂与检样混合时，一个细菌块被分散所致。进行平板计数时，不要把链上生长的菌落分开来数，以一条链作为一个菌落计，如有来源不同的几条链，每条链作为一个菌落计。此外，如皿内琼脂凝固后未及时进行培养而遭受昆虫侵入，在昆虫爬过的地方也会出现链状菌落，不应分开来数。

⑦ 平板培养计数法，只能检出生长的活菌，不能检出样品中全部的细菌数，计数总是比水样中实际存在的细菌数要少，这是因为水样中存在多种细菌，它们生活特性各异，不可能在统一培养条件下全部生长出来。但是，仍能借此评定整个环境被细菌污染的程度。

（二）菌落计数方法及报告方式

做平皿菌落计数时，可用肉眼直接观察，必要时用放大镜或者菌落计数器，以防遗漏。在记下各平皿的菌落数后，应求出同稀释度的平均菌落数，供下一步计算时应用。在求同稀释度的平均数时，若其中一个平皿有较大片状菌落生长时，则不宜采用，而应以无片状菌落生长的平皿作为该稀释度的平均菌落数，若片状菌落不到平皿的一半，而其余一半中菌落分布得又很均匀，则可将此半皿计数后乘2以代表全皿菌落数，然后再求该稀释度的平均菌落数。

（三）不同稀释度的选择及报告方法

① 首先选择平均菌落数在30～300之间者进行计算。若只有1个稀释度的平均菌落数在此范围，则以该平均菌落数乘以其稀释倍数报告之（表3.8例次1）。

② 若有两个稀释度的平均菌落数在30～300之间时，则按两者的菌落总数之比来决定，若比值小于2应报告两者的平均数（表3.8例次2）；若大于2则报告其中较小的菌落总数（表3.8例次3）；若等于2亦报告其中稀释度较小的菌落数（表3.8例次4）。

③ 若所有稀释度的平均菌落数均大于300，则应按稀释度最高的平均菌落数乘以稀释倍数报告之（表3.8例次5）。

④ 若所有稀释度的平均菌落数均小于30，则应按稀释度最低的平均菌落数乘以稀释倍数报告之（表3.8例次6）。

⑤ 若所有稀释度的平均菌落数均不在30～300之间，则以最接近300或30的平均菌落数乘以稀释倍数报告之（表3.8例次7）。

⑥ 若所有稀释度匀无菌落生长时，则以未检出报告之。

⑦ 若所有平板上菌落密布，不要用“多不可计”报告，而应在稀释度最大的平板上，任意数其中 2 个平板 $1cm^2$ 面积上的菌落数，除以 2 求出每平方厘米内的平均菌落数，乘以皿底面积 63.6 cm^2，再乘以稀释倍数做报告。

⑧ 菌落计数的报告。菌落数在 100 以内时按实有数报告；大于 100 时，采用两位有效数字，在两位有效数字后面的位数，以四舍五入方法计算。为了缩短数字后面的零数，也可用 10 的指数来表示（表 3.8“报告方式”栏）。

表 3.8 稀释度选择及菌落总数报告方式

例次	不同稀释度的平均菌落数			两个稀释度菌落数之比	菌落总数（CFU/mL）	报告方式（CFU/mL）
	10^{-1}	10^{-2}	10^{-3}			
1	1365	164	20	—	16400	16000 或 1.6×10^4
2	2760	295	46	1.6	37750	38000 或 3.8×10^4
3	2890	271	60	2.2	27100	27000 或 2.7×10^4
4	150	30	8	2	1500	1500 或 1.5×10^3
5	无法计数	1650	513	—	513000	510000 或 5.1×10^5
6	27	11	5	—	270	270 或 2.7×10^2
7	无法计数	305	12	—	30500	31000 或 3.1×10^4

（四）检验结果的评价标准

《生活饮用水卫生标准》（GB 5749—2006）规定：1mL 自来水中细菌总数不能超过 100 个。《地下水质量标准》（GB/T 14848—2017）中细菌总数指标见表 3.9。

表 3.9 地下水质量标准

微生物指标	Ⅰ类	Ⅱ类	Ⅲ类	Ⅳ类	Ⅴ类
细菌总数（个/mL）	≤100	≤100	≤100	≤1000	>1000

（五）空气中细菌检测

将沉降法和撞击法采样后的营养琼脂平板迅速带到实验室，翻转平板，置于 36℃±1℃恒温箱中培养 48h。

1. 沉降法

计数每块平板上生长的菌落数，求出全部采样点的平均菌落数。每平皿菌落数（CFU/m^3）按下式进行计算：

$$C = 1000 \times 50N/(At) \tag{3.1}$$

式中 C—— 空气细菌数（个/m^3）；

N——菌落数（个）；

A——平皿底面积（cm^2）；

t——暴露时间（min）。

2. 撞击法

先计数菌落数，并根据采样器的流量和采样时间换算成每立方米空气中的菌落数。

以每立方米菌落数(CFU/m³)报告结果。

五、讨论

做菌落总数检测时，发现稀释倍数大的平皿上比稀释倍数小的生长的菌落数还多，而且空白对照又没长菌，不知道原因。

可能原因——加样不准；未充分混匀；琼脂厚度相差悬殊；培养皿未充分洗涤，可能含有抑菌物质；平板的灭菌不彻底，未严格按照无菌操作；移液管在第二次注样前受到污染。检验人员要注重每一个操作的细节，防止二次污染。

六、复习思考题

1. 水样采集后进行稀释前，为什么要将采样瓶进行振摇？

2. 水样进行稀释时，为什么要更换移液管？

3. 查找资料，对比环境微生物中的生活饮用水和食品微生物中的生活饮用水的检验方法、检验标准、检验结果，评价它们有哪些不同？

七、自我评价表(表3.10)

表3.10　细菌菌落总数检验技术自我评价表

评价内容		考核标准	分值
准备工作及器皿标记	手部消毒	未用酒精棉球消毒	10
	酒精灯准备	未点燃就开始操作	
		酒精灯位置不当	
	试管标记	未注明稀释度	
	平皿标记	标记做在盖上	
		未注明稀释度	
样品稀释及加样	稀释用无菌水准备	移液管选择不恰当	50
		取水量不准	
	样品处理	取样前未摇匀	
		取样量不准	
	梯度稀释	移液管放样方法不对	
		水样与稀释水未混匀	
		加样顺序错误	
	加样操作	加样时打开皿盖的手法不对	
		加样时加样量不准	
		加样时远离酒精灯	

续表 3.10

评价内容	考核标准	分值
培养基加入	打开瓶盖手法错误	20
	棉塞放置在桌面	
	加培养基时打开皿盖的手法不对	
	倒培养基时远离酒精灯	
	未做平旋混合水样	
培养	未用原包装纸包装	10
	包装后出现平皿暴露	
	未做倒置培养	
	未调节培养箱温度	
报告	报告原理错误	10
	报告方式错误	
合计		100

任务 3.6　微生物菌种的保藏技术

一、任务目标

掌握石蜡油封藏法和低温斜面保藏技术；理解沙土管保藏法；了解冷冻真空干燥保藏法、液氮超低温保藏法和宿主保藏法；理解菌种衰退的原因和放置衰退的方法；理解菌种复壮的方法。

二、任务相关知识

菌种是一种资源，无论是从自然界直接分离的野生型菌株，还是经过人工方法选育出来的优良变异菌种，或者是基因工程菌株，都是非常重要的生物资源。选育一株理想的菌株是一件艰苦的工作，所以菌种保藏非常重要。菌种保藏就是尽可能保持优良菌种的原有性状和活力的稳定性，确保菌种不死亡、不变异、不被污染，以达到便于研究、交换和使用等诸方面的需要。

(一)菌种的保藏

在基础研究中，菌种保藏可以保证研究结果获得良好的重复性。对于实际应用的生产菌种，可靠的保藏措施可以保证优良菌种长期高产稳产。菌种保藏的核心问题是降低菌种的变异率，以长期保持菌种的优良特性。鉴于菌种的变异主要发生于微生物生长繁殖的旺盛期，因此必须创造一种环境，使微生物处于新陈代谢水平低、生长繁殖不活跃的状态。

目前菌种保藏的方法都是根据以下原则设计的：

① 必须选用典型优良纯种，最好采用它们的休眠体（如芽孢、分生孢子等）进行保藏。

② 创造一个有利于微生物长期休眠的环境，如低温、干燥（五氧化二磷、无水氯化钙和硅胶是良好的干燥剂）、缺氧、避光、缺乏营养、添加保护剂等。

③ 尽量减少传代次数。

（二）菌种保藏的原理

低温是菌种保藏的另一重要条件。微生物生长的温度下限约在－30℃，可是在水溶液中能进行酶促反应的温度下限则在－140℃左右。这可能就是即使把微生物保藏在较低的温度下，但只要有水分存在，还是难以较长期地保藏它们的一个主要原因。因此，低温必须与干燥结合，才具有良好的保藏效果。在低温保藏中，细胞体积较大者一般要比较小者对低温敏感，而无细胞壁者则比有细胞壁者敏感。其原因是低温会使细胞内的水分形成冰晶，从而引起细胞结构尤其是细胞膜的损伤。如果放到低温－70℃下进行冷冻，适当采用速冻的方法，可使产生的冰晶小而减少对细胞的损伤。当从低温下移出并开始升温时，冰晶又会长大，故此时快速升温也可减少对细胞的损伤。不同微生物的最适冷冻速度和升温速度是不同的。例如，酵母菌的冷冻速度以10℃/min为宜，而红细胞则相应地为20℃/min。另外，在适宜的介质中冷冻，可以减少对细胞的损伤。例如，0.5mol/L左右的甘油或二甲基亚砜可透入细胞，并通过强烈的脱水作用保护细胞；大分子物质如糊精、人血清白蛋白、脱脂牛奶或聚乙烯吡咯烷酮（PVP）虽不能透入细胞，但可通过与细胞表面结合的方式防止细胞膜受冻伤。在实践中，发现用极低的温度进行保藏时效果更为理想，如液氮温度（－196℃）下比干冰温度（－70℃）下保藏效果好，－70℃又比－20℃好，而－20℃比4℃好。

（三）菌种保藏的方法

由于遗传特性不同，不同的微生物采用的保藏方法也不同。好的保藏方法既能保持原菌种的优良性状长期不改变，还能考虑到方法的通用性、操作的简便性和设备的普及性。下面介绍几种常用的菌种保藏方法。

1.斜面低温保藏法

将菌种接种在斜面培养基上，在适宜的温度下培养。细菌培养1～2d，酵母菌培养3d，放线菌和霉菌培养5d。再将斜面管置于4℃左右的冰箱中保藏，每隔一定时间再转接至新的斜面培养基上，生长后继续保藏，如此连续不断。菌种斜面保藏的温度及时间要求见表3.11。试管的棉塞最好用橡皮塞替换，再用石蜡封口，可以防止水分蒸发，还能隔绝氧气。此法由于采用4℃低温保藏，大大减缓了微生物的代谢繁殖速度，降低了突变频率。

表3.11 菌种斜面保藏的温度及时间

菌种	培养基	保存温度（℃）	传种时间
细菌	营养琼脂培养基	4	芽孢杆菌6个月/次，其他1个月/次

续表 3.11

菌种	培养基	保存温度(℃)	传种时间
酵母菌	麦芽汁琼脂、麦芽汁酵母膏琼脂培养基	4	一般 2～3 个月/次
丝状真菌	PDA 琼脂、察氏琼脂或麦芽汁琼脂培养基	4	2～4 个月/次
放线菌	高氏一号合成培养基	4	6 个月/次
霉菌	查氏合成培养基	4	6 个月/次

此法是实验室和工厂菌种室常用的保藏方法，广泛适用于细菌、放线菌、酵母菌和霉菌等大多数微生物菌种的短期保藏及不宜冷冻干燥保藏的菌种。保藏时，破伤风杆菌可用庖肉培养基；生孢梭菌用流体硫乙醇酸盐培养基。必须定期检查保藏菌种冰箱的温度、湿度以及菌种管的棉塞是否松动或生霉，如有异常应及时处理。每次移植后，应与原菌种的编号、名称逐一核对，确认培养基特征和纯度无误后再继续保藏。保藏菌种的培养基应无糖，其他菌类含糖以小于 2% 为宜，以免产酸过多，影响菌种存活。铜绿假单胞菌在冰箱中易发生菌体自溶而死亡，不宜用本法保存。

优点是操作简单，使用方便，不需要特殊设备，能随时检查所保藏的菌种是否死亡、变异与污染杂菌等，简便易行，容易推广。

缺点是因为培养基的物理、化学特性不是严格恒定的，所以微生物的代谢会改变，菌株容易变异，保藏期短，传代次数多，菌种较容易发生变异和被杂菌污染。

此外，还有半固体保藏法，是用穿刺接种法将菌种接种在半固体培养基中央部分，在适宜温度下培养，然后将培养好的菌种置于 4℃ 冰箱中保藏。此法一般用于保藏兼性厌氧细菌或酵母菌。

2. 石蜡油封藏法

此法是在无菌条件下，将灭过菌并已蒸发掉水分的液体石蜡倒入培养成熟的菌种斜面(或半固体穿刺培养物)上，石蜡油层高出斜面顶端 1cm，使培养物与空气隔绝，加胶塞并用固体石蜡封口后，垂直放在室温或 4℃ 冰箱内保藏。液体石蜡起阻隔空气(营造缺氧环境)和防止水分挥发的作用，可使保藏期达 1～2 年，或更长。

此法适于保藏霉菌、酵母菌、放线菌、好氧性细菌等。对于霉菌、放线菌和芽孢细菌可以保藏 2 年以上不死，酵母菌可保藏 1～2 年，无芽孢细菌也可保藏 1 年左右。但对很多厌氧性细菌的保藏效果较差，尤其不适用于某些能分解烃类的菌种。需要注意的是：保藏过程中，需经常观察斜面是否干燥，如干燥，需重新移种；液体石蜡在菌种管中高出培养基的高度要严格控制，如太多，会影响菌种交换气体，使保藏效果不好；如太少，斜面容易干燥，将缩短保藏期。一般以高出斜面 1cm 为宜。

优点是：简单，效果好，不需要特殊设备，不需要经常移种。缺点是：保存时必须直立放置，携带不方便。另外，从液体石蜡下面取培养物接种后，接种环在火焰上灼烧时，残留的液体石蜡和培养物会一起飞溅，解决方法是将蘸有少量液体石蜡的接种针浸于 95% 酒精中片刻，再灼烧灭菌，避免液体石蜡四溅，引起污染。

3. 沙土管保藏法

这是一种常用的长期保藏菌种的方法，适用于产孢子的放线菌、霉菌及形成芽孢的细菌，对于一些对干燥敏感的细菌（如奈氏球菌、弧菌和假单胞杆菌及酵母）则不适用。在抗生素工业生产中最常用，可保存2年左右，应用于营养细胞效果不佳。

具体做法是：取河沙，用10%盐酸加热煮沸30min去除有机质，洗至中性，烘干，用60目筛子过筛，去除粗颗粒，备用。取非耕作层（深层土壤）不含腐殖质的黄土或红土，加自来水洗涤至中性，烘干，碾碎，过筛（120目）去除粗颗粒。按照沙∶土=4∶1混合均匀，装入小试管中，沙土的高度约1cm，塞上棉塞，以121℃蒸汽灭菌1～1.5h，间歇灭菌3次，50℃烘干后经检查无误即制成无菌沙土管。抽样进行无菌检查，每10支随机抽取1支，以无菌操作方式将沙土倒入肉汤培养基中，37℃培养24h，检查有无菌。

需要保藏的菌株先用斜面培养基充分培养，选择培养成熟的（一般指孢子生长丰满，营养细胞用此法效果不好）优良菌株，在无菌操作的条件下，倒入无菌水，制成孢子悬液，以无菌吸管吸取孢子悬液，在每支沙土管中滴入4～5滴菌悬液（以沙土刚刚润湿为宜），孢子即吸附在沙子上。放线菌和霉菌也可直接刮下孢子拌入沙土混匀，而后置于干燥器中抽真空2～4h，吸干沙土管中水分，用火焰熔封管口（或用石蜡封口），置于干燥器中，在室温或4℃冰箱内保藏，后者效果更好。每隔半年检查一次菌种存活情况及纯度。

此法营造了干燥、缺氧、缺乏营养、低温的环境，能有效抑制微生物生长繁殖，从而延长保存时间，而且微生物移接方便，经济简便。它比石蜡油封藏法的保藏期长，达1～10年。

恢复培养是在无菌条件下打开沙土管，取部分沙土粒于适宜的斜面培养基上，长出菌落后再转接一次。或者取沙土粒于适宜的液体培养基中，增殖培养后转接斜面。

4.冷冻真空干燥保藏法

冷冻真空干燥保藏法又称冷冻干燥保藏法，简称冻干法。它通常是用无菌的保护剂（脱脂牛奶）2mL倒入拟保藏菌种的斜面上，制成细胞悬液或孢子悬液（悬液中菌数要达到10^{8}～10^{10}个/mL），分装到已经灭菌的安瓿管中，每支安瓿管分装0.2mL。再放入低温冰箱里，在－45～－35℃下快速将含菌样冻结，使菌悬液在低温条件下结成冰，再放入真空干燥箱内，减压抽真空，使冰升华，将样品脱水干燥，形成完全干燥的固体菌块。并在真空条件下立即用火焰熔封安瓿管，造成无氧真空环境，最后置于－20℃冰箱里，使微生物处于休眠状态，从而得以长期保藏。常用的保护剂有脱脂牛奶、血清、淀粉、葡聚糖等高分子物质。

由于此法同时具备低温、干燥、缺氧的菌种保藏条件，因此保藏期长，一般达5～15年。为了在多年后不出差错，故所用菌种要特别注意其纯度，不能有杂菌污染，在最适培养基中用最适温度培养。细菌和酵母菌的菌龄要求稳定期最好，若用对数生长期的菌种进行保藏，其存活率反而降低。一般来说，细菌要求培养24～48h；酵母菌需培养3d；形成孢子的微生物则宜保存孢子；放线菌与丝状真菌则培养7～10d。

安瓿管的准备：选取直径为8mm、高100mm的中性玻璃。洗涤时先用2%的盐酸溶液浸泡8～10h，再用自来水冲洗，用蒸馏水润洗3次，烘干。在每管内放入打好菌号以及日期的标签，字面朝向管壁，管口塞好脱脂棉花，121℃下高压蒸汽灭菌20min。

此法为菌种保藏方法中最有效的方法之一，除不产孢子的丝状真菌不宜用此法外，对一般生命力强的微生物及其孢子以及无芽孢菌都适用，即使对一些很难保存的致病菌，如脑膜炎球菌与淋病球菌等亦能保存。但该法操作比较烦琐，技术要求较高，且需要冻干机等设备。

需用保藏菌种时，先用75%的酒精将管外壁消毒，将安瓿管顶部烧热，用无菌棉签蘸冷水在顶部擦一圈，顶部出现裂纹，用镊子叩下安瓿管顶端，将无菌的培养基注入安瓿管中，固体菌块溶解后，摇匀复水，然后将其接种于适宜该菌种生长的斜面上适温培养即可。

5. 液氮超低温保藏法

液氮超低温保藏法简称液氮保藏法或液氮法。其主要原理是菌种细胞从常温过渡到低温，使细胞内的自由水通过细胞膜渗出来，以免细胞内因自由水凝结成小冰晶而使细胞损伤。具体操作方法如下：

(1)安瓿管的准备

用于液氮保藏的安瓿管，要求能耐受温度突然变化而不致破裂，因此，需要采用硼硅酸盐玻璃制造的安瓿管，安瓿管通常使用75mm×10mm的。如果保存细菌、酵母菌、霉菌孢子等易分散的微生物时，将空瓶塞上棉塞，121.3℃灭菌15min。如果保存霉菌菌丝，则需在安瓿管内预先加入保护剂(如10%的甘油)，加入量以恰好浸没菌落块为限，121.3℃灭菌15min。保护剂除了甘油外，还有二甲基亚砜、糊精、血清蛋白、聚乙烯氮戊环等。不同微生物要选择不同的保护剂，再通过实验确定保护剂的浓度。

(2)接入菌种

以无菌操作的方式将保护剂倒入培养好的微生物的斜面(分散的细胞体，比如细菌、酵母菌和孢子)，制成菌悬液，分装于已经灭菌的安瓿管中。对于霉菌菌丝体，用灭菌打孔器从平板内切取菌落圆块，放入含有保护剂的安瓿管中，再用火焰熔封。

(3)冷冻

将安瓿管放入－70℃冰箱中预冷冻4h(最好以温度下降速度为1℃/min的冷冻速度冻结至－30℃，如果降温速度过快，由于细胞内自由水来不及渗出细胞外，形成的冰晶就会损伤细胞)，最后迅速转入液氮冷冻保藏器的小圆桶内，将小圆桶放入液氮保藏器(－196℃)中保存。

(4)恢复培养保藏的菌种

迅速将安瓿管从液氮罐中(不超过1min，以防其他安瓿瓶升温而影响保藏质量)取出，立即放入38～40℃的水浴中进行急剧解冻，直到全部融化为止。再在无菌操作环境下打开安瓿管，将内容物移入适宜的斜面上培养。注意，取样时一定要戴专用手套以防止意外爆炸和冻伤。

此法操作简便、高效，保藏期一般可达到15年以上。除了少数对低温损伤敏感的微生物外，该法适用于各种微生物菌种的保藏，对一些用冷冻干燥法都难以保存的微生物(如支原体、衣原体、氢细菌、难以形成孢子的霉菌、噬菌体及动物细胞)均可长期保藏，而且性状不变异。培养形式多样，无论是孢子或菌体、液体培养物或固体培养物，均可采用该保藏法。其缺点是需购置超低温液氮设备，且液氮消耗较多，操作费用较高。

6. 宿主保藏法

用于目前尚不能在人工培养基上生长的微生物，如病毒、立克次氏体、螺旋体等，它们必须在活的动物、昆虫、鸡胚内感染并传代，对此类微生物可针对宿主细胞的特性进行保存。如植物病毒可用植物幼叶的汁液与病毒混合，冷冻或干燥保存。噬菌体可以经过细菌培养扩大后，与培养基混合直接保存。动物病毒可直接用病毒感染适宜的脏器或体液，然后用液氮保藏法与冷冻干燥保藏法进行保藏。

在上述菌种保藏方法中，以斜面低温保藏法、石蜡油封藏法、宿主保藏法最为简便，沙土管保藏法次之；以冷冻真空干燥保藏法和液氮超低温保藏法最为复杂，但其保藏效果最好。一般斜面低温保藏法只适用于短期保藏，而需要长期保藏的菌种，应当采用沙土保藏法、冷冻干燥保藏法及液氮保藏法等。对于比较重要的菌种，尽可能采用多种保藏方法。应用时，可根据实际需要选用。

【知识窗】

菌种是一个国家的重要资源，世界各国都对菌种极为重视，设置了各种专业性的菌种保藏机构。国内外主要菌种保藏机构见表3.12。

表3.12 国内外主要菌种保藏机构

单位简称	单位名称	单位简称	单位名称
	国内主要菌种保藏机构		
CCCCM	中国微生物菌种保藏管理委员会	NICPBP	卫生部药品生物制品检定所
CGMCC	中国普通微生物菌种保藏中心	—	中国预防医学科学院病毒研究所
AS	中国科学院微生物研究所	CACC	中国抗生素微生物菌种保藏中心
AS-IV	中国科学院武汉病毒研究所	—	中国医学科学院医学生物学研究所
ACCC	中国农业微生物菌种保藏中心	SIA	四川抗生素研究所
ISF	中国农业科学院土壤与肥料研究所	IANP	石家庄华北制药厂抗生素研究所
CICC	中国工业微生物菌种保藏中心	CVCC	中国兽医微生物菌种保藏中心
IFFI	中国食品发酵工业研究院	NCIVBP	农业部兽药监察研究所
CMCC	中国医学微生物菌种保藏中心	CFCC	中国林业微生物菌种保藏中心
ID	中国医学科学院皮肤病研究所	RIF	中国林业科学院林业研究所
	国外部分菌种保藏机构		
ATCC	美国典型培养物保藏中心	NCTC	国家典型菌种保藏中心(英国)
NRRL	北方开发利用研究部(美国)	IAM	东京大学应用微生物研究所(日本)
CBS	霉菌中心保藏所(荷兰)	CCTM	法国典型微生物保藏中心
NCIB	英国国立工业细菌菌库	CMI	英联邦真菌研究所
IFO	大阪发酵研究所(日本)	SSI	国立血清研究所(丹麦)
WHO	世界卫生组织		

菌种保管制度:菌种保管应由专人负责,一般保存于加锁的冰箱中或特制的白铁箱中加锁置阴暗处,确保菌种安全。工作变动时,必须做好交接工作;菌种应有详细登记本,包括名称、分离日期、鉴定日期、鉴定者、主要鉴定性能,并注意记录使用、转移及销毁情况和原因;各种菌种应按规定时间定期移种。一般每移种3次后做一次全面鉴定。注意菌种有无污染和变异,如发现污染和变异时,应及时更换;购置菌种,应有介绍信。全部保存菌种应具备清单,并定期向部门负责人报告。

(四)菌种的衰退

菌种保藏的目的是使菌种不死亡、不变异,不被杂菌污染。但是任何一种优良的菌株要想永远保持不变是不可能的,菌种衰退是一种潜在的威胁。菌种的衰退是菌种在培养或者保藏的过程中,由于自发突变等原因,出现一个或多个生物学特性,随着时间的推移而逐步减退或消失的现象。衰退是发生在微生物细胞群体中的一个由量变到质变的逐步演变的过程。菌种衰退的具体表现有以下几个方面:

① 菌落和细胞个体形态改变。每一种微生物在一定的培养条件下都有一定的形态特征,如果典型的形态特征逐渐减少,就表现为衰退。例如,泾阳链霉菌"5406"的菌由原来的凸形变成了扇形、帽形或小山形;孢子丝由原来的螺旋形变成波曲形或直形,孢子从椭圆形变成圆柱形等。

② 生长速度缓慢,产孢子越来越少。例如,"5406"的菌苔变薄,生长缓慢(半个月以上才长出菌落),不产生丰富的橘红色的孢子层,有时甚至只长些黄绿色的基内菌丝。

③ 代谢产物生产能力下降,即出现负突变。例如,黑曲霉糖化力、放线菌抗生素发酵单位的下降以及各种发酵代谢产物的减少等,在生产上是十分不利的。

④ 致病菌对宿主侵染能力下降。如白僵菌对宿主致病能力的降低等。

⑤ 对外界不良条件(包括低温、高温或噬菌体侵染等)抵抗能力的下降等。如抗噬菌体菌株变为敏感菌株等。

(五)菌种衰退的原因

菌种衰退不是突然发生的,而是从量变到质变的逐步演变过程。开始时,在群体细胞中仅有个别细胞发生自发突变(一般均为负变),不会使群体菌株性能发生改变。经过连续传代,群体中的负变个体达到一定数量,发展成为优势群体,从而使整个群体表现为严重的衰退。经分析发现,导致这一现象的原因有以下几方面:

1. 基因突变

菌种衰退的根本原因是有关基因的负突变。菌种在移种传代过程中会发生自发突变。虽然自发突变的概率很低(一般为 $10^{-9}\sim10^{-6}$),尤其是对于某一特定基因来说,突变概率更低。但是由于微生物具有极高的代谢繁殖能力,随着传代次数增加,衰退细胞的数目就会不断增加,在数量上逐渐占优势,最终成为一株衰退的菌株。如果控制产量的基因发生负突变,则表现为产量下降;如果控制孢子生成的基因发生负突变,则产生孢子的能力下降。

质粒脱落导致菌种衰退的情况在抗生素生产中较多,不少抗生素的合成是受质粒控制的。当菌株细胞由于自发突变或受外界条件影响(如高温),致使控制产量的质粒脱落或者核内DNA和质粒复制不一致,即DNA复制速度超过质粒,经多次传代后,某些细胞中就不具有对产量起决定作用的质粒，这类细胞数量不断提高达到优势，则菌种表现为衰退。

2. 连续传代

连续传代是加速菌种衰退的一个重要原因。一方面，传代次数越多，发生自发突变（尤其是负突变）的概率越高；另一方面，传代次数越多，群体中个别的衰退型细胞数量增加并占据优势越快，致使群体表型出现衰退。

3. 不适宜的培养和保藏条件

不适宜的培养和保藏条件是加速菌种衰退的另一个重要原因。不良的培养条件（如营养成分、温度、湿度、pH 值、通气量等）和保藏条件（如营养、含水量、温度、氧气等），不仅会诱发衰退型细胞的出现，还会促进衰退型细胞迅速繁殖，在数量上大大超过正常细胞，造成菌种衰退。

当群体中个别细胞发生负变而未及时发现并采取有效措施时，通过移种传代，负变个体在群体中的比例会逐步增多而占优势，从而使整个群体表现出严重的衰退，所以，所谓“纯”的菌种，实际上已经包含着不纯的因素，同样，菌种虽然已经“衰退”了，其中还有少数尚未衰退的个体存在。我们只有掌握了菌种衰退的某些规律，才能采取相应的措施，尽量减少菌种的衰退或使已衰退的菌种得以复壮。

（六）菌种衰退的防治

根据菌种衰退原因的分析，可以制定出一些防治衰退的措施，主要从以下几方面考虑：

1. 控制传代次数

一般 DNA 在复制的过程中碱基的配错率是 5×10^{-4}，自发突变的频率为 $10^{-9}\sim10^{-8}$。微生物存在着自发突变，而突变都是在繁殖过程中发生而表现出来的，因此应该尽量减少不必要的移种和传代的次数，将必要的传代频率降低到最低限度，以减少自发突变的概率。这要求不论在实验室还是在生产实践中，必须严格控制菌种的移种传代次数，并根据菌种保藏方法的不同确定恰当的移种传代的时间间隔。例如，同时采用斜面保藏和其他的保藏方式（液氮超低温保藏法、沙土管保藏法等），以延长菌种保藏时间。

2. 创造良好的培养条件

创造一个适合原种的良好培养条件，可以在一定程度上防止菌种突变衰退。如从废水生物处理中筛选出来的菌种，如果定期用原来的废水培养和保存，可以延缓其退化。

3. 利用不同类型的细胞移种传代

由于放线菌和霉菌的菌丝细胞常含几个细胞核，在接种时使用菌丝就会出现不纯和衰退，而孢子一般是单核的，用它接种时，就不会发生这种现象。而有些霉菌（如构巢曲霉）若用其分生孢子传代就易衰退，而改用子囊孢子移种则能避免衰退。

4. 采用有效的菌种保藏方法

用于工业生产的一些微生物菌种，其主要性状都属于数量性状，而这类性状恰好是最容易退化的。因此，有必要研究和制定出更有效的菌种保藏方法以防止菌种退化。

（七）菌种的复壮

衰退的菌株中存在一定数量尚未衰退的个体。复壮是使退化的菌株重现优良性状的过程,有广义和狭义之分。狭义的复壮是指在菌种已经发生衰退的情况下,通过纯种分离和测定典型性状、生产性能等指标,从已衰退的群体中筛选出少数尚未退化的个体,以达到恢复原菌株固有性状的相应措施。狭义的复壮是一种消极的措施。广义的复壮是指在菌种的典型特征或生产性状尚未衰退前,就经常有意识地采取纯种分离和生产性状测定工作,以期从中选择到自发的正突变个体。实际上是利用自发突变(正突变)不断地从生产中选种。广义的复壮是一种积极的措施,也是目前工业生产中积极提倡的措施。菌种复壮的主要方法有:

1. 纯种分离法

纯种分离分为菌落纯种分离和细胞纯种分离。菌落纯种分离通过稀释平板法、涂布平板法、平板划线法等把仍保持原有典型优良性状的单细胞分离出来,经扩大培养恢复原菌株的典型优良性状,若能进行性能测定则更好。而细胞纯种分离是利用显微操纵器把生长良好的单细胞或单孢子分离出来,经过培养恢复原菌株性状。

2. 宿主体内复壮法

寄生性微生物的退化菌株可以接种到相应寄主体内以提高菌株的活力。例如,苏云金芽孢杆菌经过长期人工培养会发生毒力减退、杀虫率降低等现象,可用退化的菌株去感染菜青虫的幼虫,然后再从病死的虫体内重新分离典型菌株。如此反复多次,就可提高菌株的杀虫率。根瘤菌属经人工移接,结瘤固氮能力减退,将其回接到相应豆科宿主植物上,令其侵染结瘤,再从根瘤中分离出根瘤菌,其结瘤固氮性能就可恢复甚至提高。

3. 淘汰已经衰退的个体

将衰退菌种进行比较激烈的理化条件处理(如药物、低温、高温等),杀死生命力较差的已经衰退的个体。如有人曾将“5406”的分生孢子在低温(-30~-10℃)下处理5~7d,使其死亡率达到80%,结果发现在低温下存活的个体中留下了未退化的健壮个体,再通过对其扩大培养,达到复壮目的。

三、任务所需器材

1. 材料:新鲜的已经灭菌的斜面营养琼脂培养基、液体石蜡(优质无毒,化学纯规格)。

2. 仪器:超净工作台等。

3. 菌种:培养成熟的大肠杆菌菌种斜面(37℃,24h)。

4. 其他物品:三角瓶、虹吸管、移液管、酒精灯、记号笔、试管架、报纸等。

四、任务技能训练——石蜡油封藏法

1. 石蜡的灭菌。将液体石蜡分装于三角瓶内,塞上棉塞,另配一套虹吸管,用纸包好,一起放在高压灭菌锅内,在121.3℃下灭菌30min,然后放在80℃温箱中使水汽都挥发掉,直到完全透明为止,备用。

2. 规范使用超净工作台(略)。

3. 通过无菌操作,在工作量较大的情况下,用虹吸管将液体石蜡移入试管内,少量菌种则可用无菌吸管吸取,将灭过菌并已蒸发掉水分的液体石蜡倒入培养成熟的菌种斜面上,石蜡油层高出斜面顶端 1cm,使培养物与空气隔绝。

4. 将菌种管垂直放在试管架上,置于室温或 4℃冰箱内保藏。

5. 使用菌种时,先将菌种管倾斜,使液体石蜡流至一边,再用接种针挑取培养物接种到新鲜斜面上培养,待长出新培养物后,再移种到新斜面上即可使用。

6. 注意事项:

(1)保存时必须直立放置。

(2)从液体石蜡下面取培养物接种后,接种环在火焰上灼烧时,残留的液体石蜡和培养物一起飞溅,解决方法是将蘸有少量液体石蜡的接种针浸于 95%的酒精中片刻,再灼烧灭菌,避免液体石蜡四溅,引起污染。液体石蜡必须高出斜面 1cm,如斜面上端未封严而露在外面,培养基内的水分会从此处蒸发掉。

(3)保藏菌种启用时,不要倒去液体石蜡,可直接用接种铲在斜面上挑取菌种,原有的菌种仍可蜡封保藏。从液体石蜡中移出菌种,因蘸有大量矿油而恢复较慢、长势较弱,因此需要再转管一次,方能恢复正常。

(4)长期保存时,最好改用橡皮塞或用石蜡封口。

五、讨论

采用冷冻保藏法、液氮超低温保藏法等超低温保藏的菌种应如何进行复苏使用?

1. 把冻干菌种管、灭菌 1mL 滴管、双碟、镊子、营养肉汤培养基、营养琼脂斜面数支,移入接种室或净化台。

2. 先用砂轮将冻干菌种安瓿瓶颈部挫出挫痕,再将冻干菌种管外壁用 75%的酒精擦洗消毒,稍干后用 75%的酒精棉擦净,放在灭菌双碟内待干。点燃酒精灯,将菌种管的封口一端在火焰上灼烧红热,用灭菌滴管吸取营养肉汤培养基,滴在灼热的菌种管封口一端,使其骤冷而炸裂。

3. 取灭菌镊子,在火焰旁将炸裂的管口打开,放入灭菌双碟内,领取一只灭菌滴管,在火焰旁吸取营养肉汤少许,加至菌种管底部,将冻干菌搅动促使其溶解,随即吸出管内菌液,分别接种至营养琼脂斜面及普通肉汤内,并将滴管及菌种管投入消毒液内,将已接种的营养肉汤及营养琼脂斜面进行培养。

六、复习思考题

1. 菌种保藏的主要方法有哪些?不同的方法保藏的菌种时间有什么不同?

2. 菌种衰退的原因有哪些?如何进行复壮?

3. 寄主体内复壮在日常生活中如何应用?

七、自我评价表(表3.13)

表3.13 石蜡油封藏菌种保藏技术自我评价表

评价内容		考核标准	配分
石蜡油封藏大肠杆菌	实验前的准备	石蜡灭菌、干燥	20
		大肠杆菌菌种斜面准备	
	菌种保藏	超净工作台准备及使用规范	50
		试管及胶塞的持法	
		液体石蜡注入斜面试管内的无菌操作	
		注入斜面的液体石蜡的量	
		菌种管标记	
		保藏设备及保藏条件	
	取用菌种	使用菌种时液体石蜡是否污染胶塞	30
		取菌后灼烧接种环时,液体石蜡是否飞溅	
		菌种的活化	
合计			100

【小结】

本项目通过学习细菌菌落总数的测定等来评价环境质量。本项目学习内容实践性和应用性较强,疏通理论知识后,以实际任务为驱动开展实验,锻炼和提高自己的实验设计、组织、开展能力。

【与工作任务相关的作业】

不同的小组根据兴趣爱好选做不同任务:

1.测定宿舍桶装水的菌落总数(桶装水刚开封、开封后2d、开封后3d、开封后7d、开封后10d),并完成检测报告。

2.宿舍内空气中的细菌检测(分别选取男生宿舍、女生宿舍做对比;自己宿舍2d内经常通风和不通风做对比)。

3.测定一次性筷子、食堂餐具、鼠标、键盘、手机、人民币的菌落总数。

练习

项目4　污水中大肠菌群的检测

知识目标

1. 理解水体中大肠菌群和水体中病原菌之间的相关性，掌握水体中大肠菌群测定的卫生学意义；
2. 了解大肠菌群、耐热大肠菌群和大肠埃希氏菌在水质卫生学测定中各自的区别和意义。

能力目标

1. 能独立进行水体大肠菌群的测定；
2. 能根据水体大肠菌群测定结果判断水体的污染状况，并能够拟定进一步的水质测定方案。

案例导入

介水传染病暴发流行案例

某市人口115万，约80%的人以灌渠、坑塘等地面水为饮用水。一条河渠自西向东穿过市镇后流向市郊农村，城市中的生产、生活废水未经处理直接排入河中。市镇内设传染病科的综合医院，日排水量在300t以上，病人粪便也随污水排入下水道后进入河内。该市1986年1—11月底伤寒发病人数达4253例，是该市历史(1958—1985年)同期平均发病人数的7.9倍，仅11月份的发病人数就相当于平均年发病人数的1.9倍。经调查发现，患者集中于河渠排污口的下游地带。这一地区居民中饮用河水的人伤寒发病率为6.5%，而饮用塘水的人发病率为0.62%，两者相比相对危险度为10.48。位于排污口上游5km的居民中，饮用河水者的伤寒发病率为0.26%，饮用下游河水与上游河水相比，相对危险度为25.00。排污口下游居民中93.35%伤寒患者系饮用了河水而发病的。该地段河水细菌总数超过饮用水水质标准1.2×10^5倍，大肠菌群超标5.3×10^3倍。在医院污水排出口、城镇污水排污口及排污口下游河水中均检出伤寒杆菌。以上资料表明：该市伤寒暴发流行主要是城市污水及医院污水污染水源所致。

课前思考题

1. 什么是介水传染病？如何控制介水传染病？

2. 水质的卫生学指标为什么通常用大肠菌群、耐热大肠菌群和大肠埃希氏菌来表示？这三者之间有何相关性？

3. 请大家查阅比较《生活饮用水水源水质标准》(CJ/T 3020—1993)和《生活饮用水卫生标准》(GB 5749—2006)关于饮用水源和饮用水中有关微生物的指标，并解释其中的差异。

4. 请查阅《地表水环境质量标准》(GB 3838—2002)和《城镇污水处理厂污染物排放标准》(GB 18918—2002)中关于微生物学指标限值，比较不同的水质来源卫生指标的差异。

项目工作流程

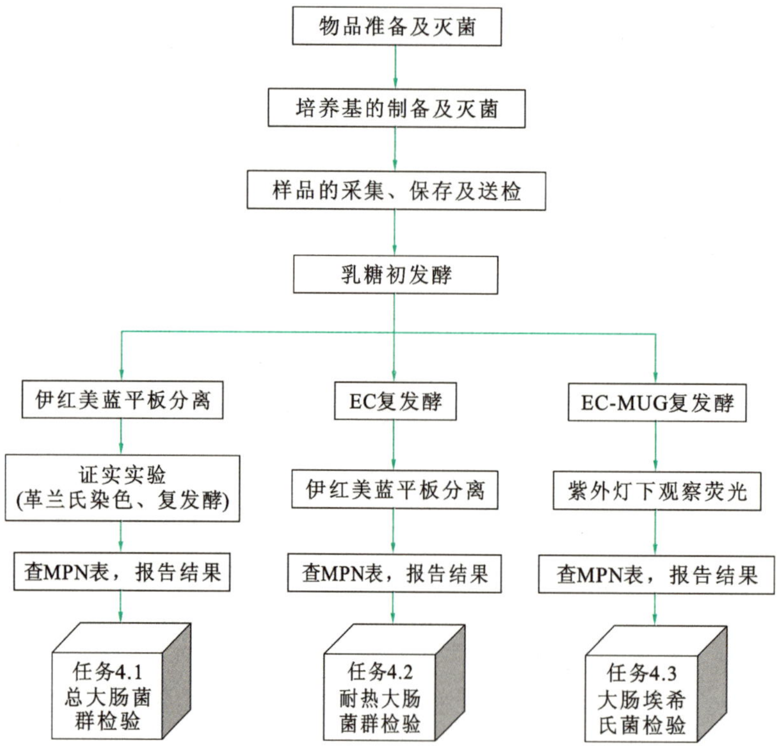

技能训练

视频
总大肠菌群检验

任务 4.1 总大肠菌群检验

一、任务目标

1. 掌握水体总大肠菌群检验的测定流程；

2. 掌握水体总大肠菌群计数的初发酵技术、平板分离技术、复发酵技术、革兰氏染色技术、MPN 查表技术、数据报告方法技能；

3. 能独立进行总大肠菌群计数项目，懂得如何利用实验结果评价水体情况。

二、任务相关知识

(一)关于介水传染病

介水传染病(Water-borne Infection Disease)是指存在于人类粪便、污水和垃圾中的病原体污染水源，人们接触或饮用后所导致的传染病。

介水传染病的病原体主要有三类：①细菌，如伤寒杆菌、副伤寒杆菌、霍乱弧菌、痢疾杆菌等。②病毒，如甲型肝炎病毒、脊髓灰质炎病毒、柯萨奇病毒和腺病毒等。③原虫，如贾第氏虫、溶组织阿米巴原虫、血吸虫等。它们主要来自人类粪便、生活污水、医院以及畜牧屠宰、皮革和食品工业废水等。

介水传染病的流行特点表现为：①水源一次严重污染后，可呈爆发流行，短期内突然出现大量病人，且多数患者发病日期集中在同一潜伏期内，若水源经常受污染，则发病者可终年不断。②病例分布与供水范围一致。大多数患者都有饮用或接触同一水源的历史。③一旦对污染源采取处理措施，并加强饮用水的净化和消毒后，正在流行的疾病能迅速得到控制。

介水传染病一旦发生，危害较大。因为饮用同一水源的人较多，发病人数往往很多，且病原体在水中一般都能存活数日甚至数月，有的还能繁殖生长，一些肠道病毒和原虫包囊等不易被常规消毒所杀灭。

据报道，大约有 40 多种传染病可通过水传播，如霍乱、痢疾、伤寒、副伤寒等肠道传染病，肝炎、脊髓灰质炎、眼结膜炎等病毒性疾病和血吸虫病、钩端螺旋体病、阿米巴痢疾等寄生虫病。介水传染病一般以肠道传染病多见，最典型的例子是在 1955 年 11 月至 1956 年 1 月间，由于集中式给水水源受生活污水污染，而在印度新德里爆发的传染性肝炎，在 170 万人口中出现的黄疸病例就有 29300 人。隐孢子虫是一种肠道寄生虫，隐孢子虫感染人体导致其腹泻是目前世界上腹泻病常见的原因。感染隐孢子虫的人或动物的粪便如果污染了饮水或饮水水源，可导致该病的介水流行。1987 年，在美国佐治亚州某地该病流行时，64900 名当地居民中有 13000 余人染病而出现以腹泻为主的临床症状，从病人粪便及水厂出厂水中均检出隐孢子虫卵囊。1993 年，美国威斯康星州某地也发生过一次涉及 40.3 万人的经自来水传播的隐孢子虫病大爆发，引起了全世界的关注。我国关于隐孢子虫病的报告甚少。

（二）水源污染的控制和消毒措施

1. 水源地保护

在我国，水环境污染趋势还没有完全得到遏制，很多地方在水源水质出现恶化之后，往往倾向于采用更换水源或实施远距离输水的措施。在 20 世纪 80 年代初，这种调水措施确实在一些重要城市的饮用水安全保障方面发挥了重要的作用。但是，在目前水资源整体上出现短缺，而且在水环境污染比较普遍的今天，调水成本日趋增加，调水的效果也日趋低下。从国外的经验教训来看，水源保护与水质改善最关键的措施是加强立法、严格执法，防止污染物进入水源地。对于水源污染控制来说，一些生态工程技术非常有效。一些科研机构正在开展相关研究，并进行了一些示范应用，取得了明显的成效。

2. 水厂常规技术的优化

水厂水质净化技术是饮用水质安全保障体系的核心，其主要目标是通过各单元的处理形成饮用水水质的多级屏障。虽然在具体的技术运用上已有多次变革，但沿用了 100 多年的混凝、沉淀、砂滤、氯消毒等传统处理工艺依旧是我国现行的主导工艺。传统工艺的主要去除目标是浊度、细菌类微生物等污染物，难以有效去除 COD_{Mn}、氨氮、微量有机物、病原性原虫等污染物，难以有效解决水源污染与水质标准提高之间的矛盾，更难以有效应对突发性污染事件。

目前，国内外重点关注的水质问题是消毒副产物（如三卤甲烷、卤乙酸等）、各种有害元素或化合物、致病微生物、微量人工或天然活性化学品以及容易给人带来损害的异嗅、异味、异色类物质等。近年来，为了控制消毒副产物生成，国内开展了用二氧化氯、臭氧、高锰酸钾等氧化剂取代预氯化的研究，发现臭氧预氧化可显著促进水中消毒副产物前驱物的去除。同时，高锰酸钾也被发现具有一定的助凝效果。这两种预氧化技术在国内都有一定的应用。

此外，各种常规单元技术本身也存在进一步改善、优化与强化的潜力，特别是针对特定的水源水质特征如何进行系统优化与强化是目前学术界与供水企业非常关注的热点问题。例如，作为水处理系统中最基本的工艺单元，混凝、沉淀的最主要功能是去除浊度，该工艺的处理效果对后续工艺运行工况有重要影响，并决定着最终出水水质与处理成本。混凝过程非常复杂，混凝剂、原水水质与物理化学特征、混凝反应器结构以及反应条件等都是影响混凝效果的重要因素，将混凝理论的研究成果全面应用于水厂生产是今后的重要发展方向。由滤池、滤料和操作系统构成的过滤系统不仅是控制出水浊度的关键单元，而且是去除隐孢子虫等原虫类病原微生物的关键单元，成为保障饮用水质安全的重要屏障。目前各国水厂都把降低滤后水浊度作为重要目标，在这种需求推动下，人们相继开发了各种高灵敏度的在线浊度仪与颗粒计数仪，用于水厂的水质与滤池运行监控。

3.饮用水的消毒

饮用水的微生物安全性问题始终是饮用水安全保障最核心的问题之一，而消毒是保障饮用水微生物安全的关键和最后的屏障。长期以来，氯气或次氯酸钠作为一种经济有效的消毒剂在世界范围内得到了广泛应用，用户末端水中是否存在余氯成为判断饮用水是否卫生的重要依据。随着各种氯代消毒副产物的检出，迫使人们开始探讨使用替代消毒剂的可能性，而有关氯胺、二氧化氯、臭氧、紫外线等替代消毒剂的研究也层出不穷，但各种替代消毒剂也可能存在各种缺点与不足。目前，日本仍然主要以次氯酸钠为消毒剂；基于控制消毒副产物生成、保证管网末梢余氯浓度的考虑，美国和中国的部分城市采用氯胺进行消毒。但是，今后需要对使用氯胺消毒后形成的消毒能力弱化风险以及管网生物稳定性风险进行系统评价。

除了消毒副产物之外，另外一个引起人们关注的消毒问题是陆续在世界各国发生的隐孢子虫和贾第鞭毛虫感染事件。隐孢子虫是一种自然界广泛存在的原生动物，能够导致人类产生一种肠道寄生虫病，其临床上主要表现为急性腹泻，免疫功能低下者如艾滋病患者感染隐孢子虫后常因长期腹泻而致营养不良和脱水死亡。我国于1987年报道了首例发生于南京的人体隐孢子虫病病例后，安徽、内蒙古、福建等19个省、自治区也相继报道了一些病例，据不完全统计，截至1998年已超过千例。大量研究表明，氯消毒对以隐孢子形态存在的隐孢子虫几乎无能为力；而紫外线、臭氧消毒则能较为有效地灭活隐孢子虫。日本等发达国家尚未制定出直接针对隐孢子虫的饮用水标准，目前主要采取严格控制砂滤出水浊度（<0.1NTU）等一些间接措施来控制隐孢子虫污染带来的风险。我国新版饮用水卫生规范中把隐孢子虫和贾第鞭毛虫列为非常规指标，规定两者的含量均不得超过1个/10L。我国消费者一般习惯于饮用开水，这种生活习惯对于有效防止大规模隐孢子虫感染事件的发生比较有效。但是，总体来说，我国在这方面开展的工作还非常少，缺乏系统性，有关原虫的健康风险有待进一步系统深入研究。

4.饮用水深度处理技术

水中TOC是消毒副产物的前驱物，农药等微量有机化学品是重要的毒理学指标，而表面活性剂、色度和异味物质的存在则会影响饮用水的感官特性和品味，这些都是水厂工艺中去除的目标。同时，由于污染或地质构造，有些地下水中含有对人体有害的物质，如砷、氟、硝酸盐等特殊污染物。但是，常规的水厂工艺对于水源水中的这些有机物或特殊污染物去除效果很差。这些目标污染物的去除需要采用深度处理或特殊处理技术。

深度处理工艺通常是用于饮用水常规处理工艺之后，采用适当的处理方法，将常规处理不能有效去除的污染物或消毒副产物的前驱物加以有效去除，以提高和保证饮用水水质的方法。目前应用较为广泛的深度处理技术主要有活性炭吸附法、生物活性炭技术、臭氧活性炭法、深度氧化技术、膜技术等。

(1)活性炭吸附法

活性炭是目前所有饮用水深度处理技术应用得最广泛的一种深度处理技术，不仅对色、嗅、味、农药、消毒副产物和微量有机污染物等具有一定的吸附能力，还可以通过氧化、催化还原、螯合或络合、吸附等机理有效去除铁、锰、铜、汞、铬、砷等金属，且生产方便。常用的活性炭种类主要为粉末活性炭(PAC)和颗粒活性炭(GAC)。PAC基建投资低且运行费用便宜，另外不需增加特殊设备和构筑物，一般用于当水质季节性变化或发生突发性事故时水源处理的临时投加。GAC处理效果稳定，因而得到广泛应用。美国环保署(USEPA)发布的饮用水标准中有51项将GAC列为最有效技术(BAT)。西欧一些水厂使用颗粒活性炭，平均可降低水中20%～30%的总有机碳。GAC处理工艺的缺点：活性炭一般只能有效吸附相对分子量在100～1000Å之间的有机物和相对分子量在400以下的低分子量溶解性有机物，而对于极性高的低分子化合物及腐殖质等高分子化合物则难于吸附；基建和运行费用较高；易滋生细菌并产生亚硝酸盐等致癌物；相对短期或突发性污染适应性差等。因此，如何进一步提高活性炭吸附效率，降低基建投资和运行费用，降低活性炭再生成本，GAC技术的深入研究应用将成为今后的研究重点。

(2)生物活性炭技术

生物活性炭技术是在活性炭多年应用于饮用水处理的实践中产生的，它是指水处理过程中，有意识地助长在活性炭吸附中的好氧生物活性的处理工艺。最早应用生物活性炭技术的是德国慕尼黑市水厂，目前该技术在欧洲已得到普遍应用。微生物群落可以分散覆盖在活性炭表面，也可以成膜覆盖在整个炭粒外表面。活性炭是一种多功能载体，其兼有吸附、触媒和化学反应活性的作用。微生物附着在活性炭上，能发挥生化和物化处理的协同作用，可以处理那些单独采用炭吸附法或生化处理不能去除的污染物，从而延长活性炭的使用周期；减少了后氯化的投氯量，降低了三卤甲烷的生成量，改善了出水水质，降低了运行费用；水中氨氮可被微生物转化为硝态氮，大大提高了处理效率。生物活性炭法的缺点：一般采用自然挂膜的方式，挂膜时间较长；当进水浊度高时，活性炭微孔容易被堵塞，在长期高浊度的情况下，会缩短活性炭使用周期；进水水质的pH值适用范围较窄，抗冲击负荷能力差。今后研究的重点是降低生物活性炭技术的使用成本，并在该法前增加预处理工艺，以提高生物活性炭法的处理效率。

(3)臭氧氧化法

臭氧氧化技术应用最广泛、最成功的领域是饮用水处理。臭氧在碱性环境中的氧化还原电位仅次于氟，远远高于水厂中常用的消毒剂液氯，因此是一种很强的氧化剂和消毒剂。研究表明，臭氧与有机物反应时具有很强的选择性，对水中形成的三卤甲烷几乎没有去除作用。同时，臭氧氧化还能使水中可生物降解物质增多，引起细菌繁殖，降低出厂水的生物稳定性。这些因素的存在使臭氧很少在水处理工艺中单独使用。臭氧在饮用水处理中的应用主要为预氧化和后氧化。预氧化的主要作用是改善感观指标，去除铁、锰及其他重金属、藻类，助凝，将大分子有机物氧化成小分子有机物，氧化无机物(如硝化物等)。

臭氧后氧化主要是与生物活性炭联用即形成臭氧-生物活性炭(O_3-BAC)法。进水先经臭氧氧化后，其中的大分子有机物分解为小分子状态，这样就使有机物进入活性炭微孔内部的可能性大大提高。活性炭能够吸附经臭氧氧化后产生的大量中间产物，包括臭氧无法去除的三卤甲烷及其前驱物质。同时，附着在活性炭上的微生物与活性炭可以发挥生化和物化处理的协同作用，大大延长活性炭的使用周期，并提高了最后出水的生物稳定性。臭氧-生物活性炭技术的第一次联合使用是1961年在德国杜塞尔多夫的Amataad 水厂中，它的成功立即引起了德国及西欧水处理工程界的重视。自从德国水厂首先使用至今，已有 50 多年历史，现已广泛地应用于欧洲国家的上千座水厂中。在欧洲，臭氧-生物活性炭法被公认为处理污染原水、降低饮用水中有机物浓度最有效的方法。目前对该法关注的重点是对臭氧氧化机理的研究和如何更有效地利用臭氧去除饮用水中的有机物。

(4)膜分离技术

膜分离技术是一种新型的流体分离单元操作技术，以高分子分离膜为代表。它具有物质不发生相变、分离系数大、在常温下进行、适用范围广及装置简单、操作方便等特点，在水处理界的应用越来越广泛，包括微滤(MF)、超滤(UF)、纳滤(NF)和反渗透(RO)等。微滤技术主要用于过滤 0.1～10μm 大小的颗粒、细菌和胶体等物质，作为一种较经济的微过滤方式，其在饮用水处理方面应用广泛，可代替常规的混凝过滤和二沉池，并且具有在水质波动较大时仍可连续处理、占地面积小的特点，因此是目前应用最广泛的一种膜分离技术。超滤膜的孔径范围为 0.05～1nm，主要用于去除悬浮物、固体颗粒、胶体和大分子有机物质。纳滤介于反渗透和超滤间，其操作压力一般为 0.5～1.0MPa，广泛应用于水中低分子有机物、三卤甲烷潜体、农药、异味、氟、硼、砷硝酸盐、硫酸盐等有害物质的去除。反渗透膜几乎对所有溶质都有很高的去除率，反渗透的出水水质很高，因此在水处理中通常于最后的精制阶段使用。目前，美国、法国、英国、日本、澳大利亚、南非和荷兰都已相继建立了生产性膜技术水厂。但是，膜分离技术对进水水质要求高，且膜需要定期清洗，存在着经费和运转费用高的问题。我国的膜分离技术在饮用水深度处理领域的应用与世界先进水平尚有较大差距，目前尚未在国内大面积使用。今后膜分离技术的研究重点是长寿命、高强度、高通量、抗污染膜材料的开发和制造。在膜的使用过程中着重解决膜污染、清洗和浓差极化等关键问题。

(5)深度氧化技术

饮用水深度氧化法(Advanced Oxidation Process，简称 AOP)是指使用产生的羟基自由基(·OH)对原水中的污染物质进行更彻底氧化的方法。该技术具有氧化能力强、有机物去除效率高、对水中有机优先污染物(如三氯甲烷、三氯乙烯、四氯化碳、四氯乙烯、六氯苯及多氯联苯等)也能进行有效分解且没有选择性的特点。近年来深度氧化技术得到了长足的发展，以提高·OH 生成量及生成速度为主要研究内容，出现了臭氧-过氧化氢(O_3/H_2O_2)、臭氧-二氧化锰(O_3/MnO_2)、臭氧-紫外线(O_3/UV)、臭氧-二氧化钛(O_3/TiO_2)联用技术等。深度氧化法的设备复杂，处理费用高，目前该技术还处于实验室和中试阶段，实际应用上只限于小水量规模处理。今后的研究重点是解决长期运行过程中催化剂中毒问题，寻求理想的再生方法和实现深度氧化处理装置的简捷化、小型化。

(三)水质卫生学指标及相互关系

世界各国由饮用水中微生物引起的健康风险最大，世界卫生组织《饮用水水质准则》(2004，第 3 版)列出了引起介水传染病的 27 种病原体，列于饮用水安全性的首位。实际水质的卫生学检测中，要检测 27 种病原体的存在与否，是不现实的，这是由于各种病原体的检验都较为复杂。

作为水或食品被粪便污染的理想指示菌应具备以下特征：①应大量存在于人或动物

粪便中，其数量比病原微生物多很多；②肠道以外的环境中，具有与肠道病原菌相同的对外界不良因素的抵抗力，能生存一定时间，生存时间应与肠道致病菌大致相同或稍长；③培养、分离、鉴定比较容易。

大肠菌群与肠道致病菌来源相同，而且一般在外环境中的生存时间也与主要肠道病原菌一致，所以大肠菌群比较符合以上要求，可以作为肠道病原菌污染的指示菌。

总大肠菌群主要包括 4 个菌属：埃希氏菌属、柠檬酸菌属、克雷伯氏菌属和肠杆菌属。这些菌属可以在人、畜粪便中检出，有的也可以在营养丰富的水体中检出，即在非粪便污染的情况下，也有检出这些细菌的可能性。因此，水中检出大肠菌群，只能说明有肠道病原菌存在的可能性，两者并非一定平行存在，但只要在水中检出大肠菌群，则说明有粪便污染，即使无病原菌，该水水质仍被认为是不卫生的。

耐热大肠菌群组成与总大肠菌群组成相同，但主要组成是埃希菌属，在此菌属中与人类生活密切相关的仅有一个种，即大肠埃希氏菌。柠檬酸菌属、克雷伯氏菌属和肠杆菌属所占数量较少。作为粪便污染的指示菌，大肠埃希氏菌检出的意义最大，其次是粪大肠菌群和总大肠菌群。

1. 总大肠菌群

总大肠菌群是评价饮用水卫生质量的重要微生物指标之一。

总大肠菌群的检验依据主要是其糖发酵特征。糖发酵试验是常用的鉴别微生物的生化反应，在肠道细菌的鉴定上尤为重要，绝大多数细菌都能利用糖类作为碳源，但是它们在分解糖类物质的能力上有很大的差异，有些细菌能分解某种糖产生有机酸（如乳酸、醋酸、丙酸等）和气体（如氢气、甲烷、二氧化碳等），有些细菌只产酸不产气。例如，大肠杆菌能分解乳糖和葡萄糖产酸并产气；伤寒杆菌分解葡萄糖产酸不产气，不能分解乳糖；普通变形杆菌能分解葡萄糖产酸产气，不能分解乳糖。发酵培养基含有蛋白胨、指示剂（溴甲酚紫）、倒置的德汉氏小管和不同的糖类。当发酵产酸时，溴甲酚紫指示剂可由紫色（pH=6.8）转变为黄色（pH=5.2）。气体的产生可根据倒置的德汉氏小管中有无气泡来判断。

根据总大肠菌群利用糖发酵的特点，总大肠菌群定义为一群在 37℃下培养24～48h能发酵乳糖、产酸产气的革兰氏阴性无芽孢杆菌。总大肠菌群主要来自人和温血动物粪便，可以指示肠道传染病传播的可能性；总大肠菌群还可能来自植物和土壤。一般地说，总大肠菌群能够指示肠道传染病菌存在的可能性，但它不是专一的指示菌。《生活饮用水卫生标准》(GB 5749—2006)中规定，任意 100mL 水样中不得检出总大肠菌群。

如果在水样中检出总大肠菌群，则应再检验大肠埃希氏菌或耐热大肠菌群以证明水体是否受到粪便污染；如果水样中没有检出总大肠菌群，就不必再检验大肠埃希氏菌或耐热大肠菌群。

2. 耐热大肠菌群（又称粪大肠菌群）

耐热大肠菌群来源于人和温血动物粪便，是水质粪便污染的重要指示菌。检出耐热大肠菌群表明饮用水已被粪便污染，有可能存在肠道致病菌和寄生虫等病原体。《生活饮用水卫生标准》中规定每 100mL 水样中不得检出耐热大肠菌群。

3. 大肠埃希氏菌

大肠埃希氏菌是粪便污染最有意义的指示菌，已被世界上许多组织、国家和地区使用。世界卫生组织(WHO)规定生活饮用水中100mL水样不得检出大肠埃希氏菌。因此,《生活饮用水卫生标准》新增加大肠埃希氏菌指标,限值为100mL水样不得检出。并注明:若检出总大肠菌群,须进行大肠埃希氏菌或耐热大肠菌群检测。若水样中检出大肠埃希氏菌或耐热大肠菌群,说明水体可能已受到粪便污染,存在发生肠道传染病的可能性,必须采取相应措施。

总大肠菌群、耐热大肠菌群和大肠埃希氏菌依测定方法不同而有不同的浓度单位,用多管发酵法测定,其单位为MPN/100mL(Maximun Possible Number,最大可能数);用滤膜法测定时单位为CFU/100mL(Colony Forming Units,菌落形成单位)。它们三者之间的关系如图4.1所示。三者对环境的指示意义见表4.1。

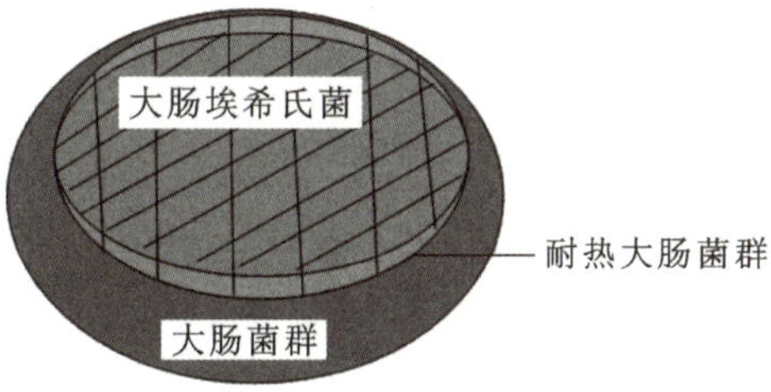

图4.1　总大肠菌群、耐热大肠菌群、大肠埃希氏菌三者之间关系

表4.1　总大肠菌群、耐热大肠菌群、大肠埃希氏菌对环境的指示意义

	总大肠菌群	耐热(粪)大肠菌群	大肠埃希氏菌
包含菌属	埃希氏菌属、柠檬酸菌属、克雷伯菌属、肠杆菌属(也包括沙雷菌属和哈夫尼亚菌属)	主要是埃希氏菌属和耐热克雷伯菌属	大肠埃希氏菌
来源及粪便污染指示意义	可来自人、畜粪便及自然环境,间接指示粪便污染	主要来自于温血动物粪便,指示粪便污染	来自温血动物和人的粪便,直接指示粪便污染

4.菌落总数(又称细菌总数)

水中菌落总数可作为评价水质清洁程度和考核净化效果的指标。菌落总数增多说明水体已被污染,但既不能说明污染来源,也不能说明该水体传播传染病的风险程度。因此,必须结合总大肠菌群来判断水质污染的来源和安全程度。

不同用途的水体参照不同标准进行水体质量评价,不同水体的卫生学指标见表4.2。

表4.2　不同水体的卫生学指标

标准来源	级别	总大肠菌群(个/L)	耐热大肠菌群(粪大肠菌群)(个/L)	大肠埃希氏菌(个/L)
《生活饮用水卫生标准》(GB 5749—2006)	不分级	不得检出(个/100mL)	不得检出(个/100mL)	不得检出(个/100mL)
		菌落总数(CFU/mL)≤100 贾地鞭毛虫(个/10L)≤1 隐孢子虫(个/10L)≤1		

续表 4.2

<table>
<tr><th>标准来源</th><th colspan="2">级别</th><th>总大肠菌群（个/L）</th><th>耐热大肠菌群（粪大肠菌群）（个/L）</th><th>大肠埃希氏菌（个/L）</th></tr>
<tr><td rowspan="2">《生活饮用水水源水质标准》（CJ/T 3020—1993）</td><td colspan="2">一级</td><td>≤1000</td><td></td><td></td></tr>
<tr><td colspan="2">二级</td><td>≤10000</td><td></td><td></td></tr>
<tr><td rowspan="5">《地表水环境质量标准》（GB 3838—2002）</td><td colspan="2">Ⅰ类</td><td></td><td>≤200</td><td></td></tr>
<tr><td colspan="2">Ⅱ类</td><td></td><td>≤2000</td><td></td></tr>
<tr><td colspan="2">Ⅲ类</td><td></td><td>≤10000</td><td></td></tr>
<tr><td colspan="2">Ⅳ类</td><td></td><td>≤20000</td><td></td></tr>
<tr><td colspan="2">Ⅴ类</td><td></td><td>≤40000</td><td></td></tr>
<tr><td rowspan="5">《地下水质量标准》（GB/T 14848—2017）</td><td colspan="2">Ⅰ类</td><td>≤3.0</td><td rowspan="3">细菌总数≤100 个/mL</td><td></td></tr>
<tr><td colspan="2">Ⅱ类</td><td>≤3.0</td><td></td></tr>
<tr><td colspan="2">Ⅲ类</td><td>≤3.0</td><td></td></tr>
<tr><td colspan="2">Ⅳ类</td><td>≤100</td><td>细菌总数≤1000 个/mL</td><td></td></tr>
<tr><td colspan="2">Ⅴ类</td><td>≥100</td><td>细菌总数>1000 个/mL</td><td></td></tr>
<tr><td>《农田灌溉水质标准》（GB 5084—2005）</td><td colspan="2"></td><td></td><td>≤10000</td><td>蛔虫卵数≤2 个/L</td></tr>
<tr><td rowspan="3">《海水水质标准》（GB 3097—1997）</td><td rowspan="2">第Ⅰ类到第Ⅲ类</td><td>供人生食的贝类养殖水质</td><td>≤700</td><td>≤140</td><td></td></tr>
<tr><td>其他用途</td><td>≤10000</td><td>≤2000</td><td></td></tr>
<tr><td colspan="2">第Ⅳ类</td><td>—</td><td>—</td><td></td></tr>
<tr><td rowspan="4">《城镇污水处理厂污染物排放标准》（GB 18918—2002）</td><td colspan="2">一级 A</td><td></td><td>≤1000</td><td></td></tr>
<tr><td colspan="2">一级 B</td><td></td><td>≤10000</td><td></td></tr>
<tr><td colspan="2">二级</td><td></td><td>≤10000</td><td></td></tr>
<tr><td colspan="2">三级</td><td></td><td>—</td><td></td></tr>
</table>

续表 4.2

<table>
<tr><th>标准来源</th><th colspan="2">级别</th><th>总大肠菌群（个/L）</th><th>耐热大肠菌群（粪大肠菌群）（个/L）</th><th>大肠埃希氏菌（个/L）</th></tr>
<tr><td rowspan="7">《医疗机构水污染物排放标准》（GB 18466—2005）</td><td colspan="2" rowspan="2">传染病、结核病医疗机构水污染物</td><td></td><td>≤100（日均值）</td><td></td></tr>
<tr><td colspan="3">肠道致病菌、肠道病毒、结核杆菌不得检出</td></tr>
<tr><td rowspan="3">综合医疗机构及其他医疗机构水污染物</td><td>预处理排放</td><td></td><td>≤5000（日均值）</td><td></td></tr>
<tr><td>直接或间接排放入水体</td><td></td><td>≤500（日均值）</td><td></td></tr>
<tr><td colspan="4">肠道致病菌、肠道病毒不得检出</td></tr>
<tr><td colspan="2">传染病医疗机构污泥</td><td>肠道致病菌、肠道病毒不得检出</td><td>≤100</td><td>蛔虫卵死亡率>95%</td></tr>
<tr><td colspan="2">结核病医疗机构污泥</td><td>结核杆菌不得检出</td><td>≤100</td><td>蛔虫卵死亡率>95%</td></tr>
<tr><td></td><td colspan="2">综合医疗机构及其他医疗机构</td><td></td><td>≤100</td><td>蛔虫卵死亡率>95%</td></tr>
<tr><td rowspan="6">《污水综合排放标准》（GB 8978—1996）</td><td rowspan="3">医院、兽医院及医疗机构含病原体污水</td><td>一级</td><td></td><td>≤500</td><td></td></tr>
<tr><td>二级</td><td></td><td>≤1000</td><td></td></tr>
<tr><td>三级</td><td></td><td>≤5000</td><td></td></tr>
<tr><td rowspan="3">传染病、结核病医疗机构水污染物</td><td>一级</td><td></td><td>≤100</td><td></td></tr>
<tr><td>二级</td><td></td><td>≤500</td><td></td></tr>
<tr><td>三级</td><td></td><td>≤1000</td><td></td></tr>
</table>

（四）总大肠菌群的检测方法

1. 多管发酵——最大可能数法（MPN）

MPN（Most Probable Number）法即最近似数法，也称为最大可能数法，是细菌卫生学检验中常用的方法。其生化反应基础为乳糖发酵，革兰氏阴性菌的无芽孢杆菌（如大肠菌群），一般在（37℃，24h）发酵乳糖、产酸产气。

多管发酵法包括初步发酵实验、平板分离和复发酵实验三部分。

（1）初步发酵实验

用于初步发酵实验的液体培养基含有乳糖、蛋白胨和溴甲酚紫。许多细菌不能发酵乳糖，而大肠菌群可发酵乳糖产酸（有机酸）、产气（CO_2+H_2），乳糖起选择性碳源的作用。溴甲酚紫是 pH 指示剂(碱性条件下呈紫蓝色;酸性条件下呈黄色,变色点 pH=6.7),当大肠菌群的细菌利用乳糖产酸后,使原来的 pH 值由中性下降成酸性,培养基从紫色变为黄色。另外,溴甲酚紫还具有抑制其他细菌生长的作用。

(2)平板分离

为进一步证明大肠菌群的存在,需进行平板分离,所用培养基为伊红美蓝琼脂培养基。伊红美蓝琼脂培养基中含有伊红与美蓝两种苯胺类染料,可以抑制 G^+ 菌和一些难培养的 G^- 菌,而且在低酸度时,两种染料结合形成沉淀,起着产酸指示剂的作用。大肠菌群因其强烈发酵乳糖而产生大量混合酸,使菌体表面带上正电荷,可染上伊红染液,伊红与美蓝结合,菌体着深紫色,形成带核心、具金属光泽的特征性菌落。

(3)复发酵实验

阳性菌落经涂片染色鉴别为 G^-,无芽孢者,再经过乳糖发酵管液体培养进行复发酵实验,经 24h 培养产酸产气者,可确认大肠菌群呈阳性。

然后根据阳性的发酵管数量查 MPN 表,得到原样品中含有的大肠菌群数量。检验流程如图 4.2 所示。

培养基制备＞试管培养(22～26h) —— 阴性结果(无产酸产气)

↓ 产酸产气

平板培养18～24h

↓

观察菌落形态,挑取特征菌落

↓

革兰氏染色,镜检,证实实验[(36±1)℃培养箱中培养(24±2)h,有产酸产气者,即证实有总大肠菌群存在]

图 4.2 总大肠菌群(多管发酵法)检验流程

多管发酵法的优缺点如下:

优点:操作简便、灵敏度较高、时间短,可直接观察试管得出结论,若发酵培养基不产气,24h 即可报告控制菌阴性。

缺点:要求样品具有均一性,适合检验液体样品,且只能用于检验在发酵培养基中产气的菌种。

注意事项:需选择合适的稀释度和接种量。

2. 滤膜计数法(CFU 法)

总大肠菌群滤膜法是指用孔径为 0.45μm 的微孔滤膜过滤一定量的水样,将滤膜贴在添加乳糖的选择性培养基上,37℃培养 24h,能形成特征性菌落的需氧和兼性厌氧的革兰氏阴性无芽孢杆菌,以检测水中总大肠菌群的方法。滤膜计数法操作简单、快速,主要适用于杂质较少的水样,检验流程如图 4.3 所示。

储备培养基的制备 → 过滤(需器械灭菌等) → 培养(24±2)h → 阴性结果(无典型菌落)

↓

观察菌落形态，挑取特征菌落

↓

革兰氏染色，镜检，证实实验[(36±1)℃培养中培养(24±2)h，有产酸产气者，即证实有总大肠菌群存在]

图4.3 总大肠菌群(滤膜计数法)检验流程

三、任务所需器材

(一)多管发酵法所需器材

1.试剂

(1)乳糖蛋白胨培养液

成分:蛋白胨10g;牛肉膏3g;乳糖5g;氯化钠5g;溴甲酚紫乙醇溶液(16g/L)1mL;蒸馏水1000mL。

制法:将蛋白胨、牛肉膏、乳糖及氯化钠溶于蒸馏水中,调整pH值为7.2~7.4,再加入1mL 16g/L的溴甲酚紫乙醇溶液,充分混匀,分装于装有倒管的试管中,经68.95kPa(115℃)高压灭菌20min,储存于冷暗处备用。

(2)二倍浓缩乳糖蛋白胨培养液

按上述乳糖蛋白胨培养液的成分加倍,蒸馏水除外。

(3)伊红美蓝琼脂培养基(EMB培养基)

成分:蛋白胨10g;乳糖10g;磷酸氢二钾2g;琼脂20~30g;蒸馏水1000mL;伊红水溶液(20g/L)20mL;美蓝水溶液(5g/L)13mL。

制法:将蛋白胨、磷酸盐和琼脂溶解于蒸馏水中,校正pH值为7.2,加入乳糖,混匀后分装,以68.95kPa(115℃)高压灭菌20min。临用时加热熔化琼脂,冷至50~55℃,加入伊红和美蓝溶液,混匀,倾注平皿。

(4)革兰氏染色液

① 草酸铵结晶紫染液:A液,结晶紫2.0g,95%乙醇20mL;B液,草酸铵0.8g,蒸馏水80mL。将A、B两液充分溶解后混合静置24h过滤使用。

② 革兰氏碘液:碘1g,碘化钾2g,蒸馏水300mL。配制时,先将碘化钾溶于5~10mL水中,再加入碘1g,使其溶解后,加水至300mL。

③ 脱色剂:95%乙醇。

④ 沙黄复染液:沙黄0.25g,95%乙醇10mL,蒸馏水90mL。将沙黄溶解于乙醇中,待完全溶解后加入蒸馏水。

2.仪器

高压蒸汽灭菌器;干热灭菌箱;培养箱;显微镜;电炉;天平;冰箱;pH计或精密pH试纸;灭菌试管;灭菌平皿(直径9cm);灭菌刻度吸管;灭菌采样瓶;小倒管。

(二)滤膜法所需器材

1. 试剂

(1)品红亚硫酸钠培养基

成分:蛋白胨 10g;酵母膏 5g;牛肉膏 5g;乳糖 10g;琼脂 15~20g;磷酸氢二钾 3.5g;无水亚硫酸钠 5g;碱性品红乙醇溶液(50g/L)20mL;蒸馏水 1000mL。

储备培养基的制备:先将琼脂加到 500mL 蒸馏水中,煮沸熔化,于另 500mL 蒸馏水中加入磷酸氢二钾、蛋白胨、酵母膏和牛肉膏,加热熔化,倒入已熔化的琼脂,补足蒸馏水至 1000mL,混匀后调 pH 值至 7.2~7.4,再加入乳糖,分装,68.95kPa(115℃)高压灭菌 20min,储存于冷暗处备用。

平皿培养基的配置:将上述制备的储备培养基加热熔化,用灭菌吸管按比例吸取一定量的 50g/L 的碱性品红乙醇溶液置于灭菌空试管中,再按比例称取所需的无水亚硫酸钠置于另一灭菌试管中,加灭菌水少许,使其溶解后,置沸水浴中煮沸 10min 以灭菌。用灭菌吸管吸取已灭菌的亚硫酸钠溶液,滴加于碱性品红乙醇溶液至深红色退成淡粉色为止,将此亚硫酸钠与碱性品红的混合液全部加到已熔化的储备培养基内,并充分混匀(防止产生气泡),立即将此种培养基 15mL 倾入已灭菌的空平皿内。待冷却凝固后置冰箱内备用。此种已制成的培养基于冰箱内保存时间不宜超过两周。如培养基已由淡粉色变成深红色,则不能再用。

(2)乳糖蛋白胨培养液

成分及制法同多管发酵法。

2. 设备

滤器;滤膜(孔径 0.45μm);抽滤设备;无菌镊子;其他仪器同多管发酵法。

四、任务技能训练

(一)大肠菌群检验——多管发酵法

不同检验对象检验过程稍有差异,如图 4.4 所示。

1. 乳糖发酵试验

(1)生活饮用水

取 10mL 水样接种到 10mL 双料乳糖蛋白胨培养液中,取 1mL 水样接种到 10mL 单料乳糖蛋白胨培养液中,另取 1mL 水样注入 9mL 灭菌生理盐水中,混匀后吸取 1mL(即 0.1mL 水样)注入 10mL 单料乳糖蛋白胨培养液中,每一稀释度接种 5 管,如图 4.5所示。

(2)出厂自来水

对已处理过的出厂自来水,需经常检验或每天检验一次,可直接接种 5 份 10mL 水样至双料培养基,每份接种 10mL 水样,如图 4.6 所示。

(3)水源水

检查水源水时,如污染较严重,应加大稀释度,可接种 1mL,0.1mL,0.01mL 甚至 0.001mL,每个稀释度接种 5 管,每个水样共接种 15 管。接种 1mL 以下水样时,必须做 10 倍递增稀释后取 1mL 接种,每递增稀释一次,换用 1 支 1mL 灭菌刻度吸管,如图 4.7 所示。

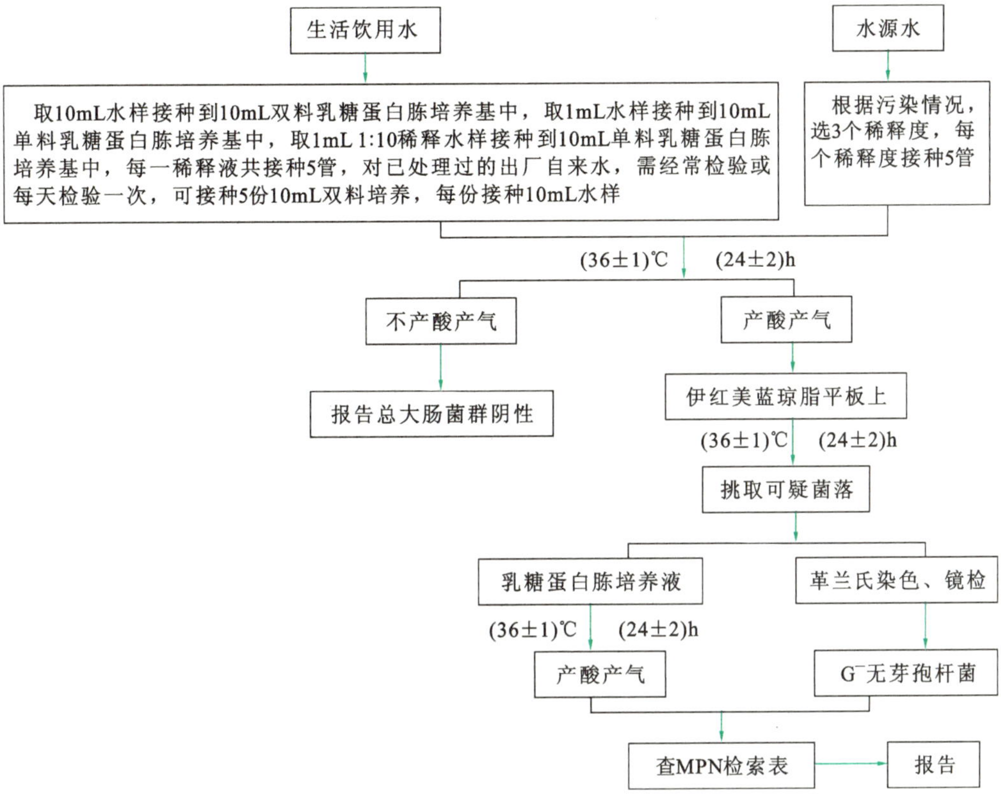

图 4.4　不同检验对象的总大肠菌群多管发酵法检验过程

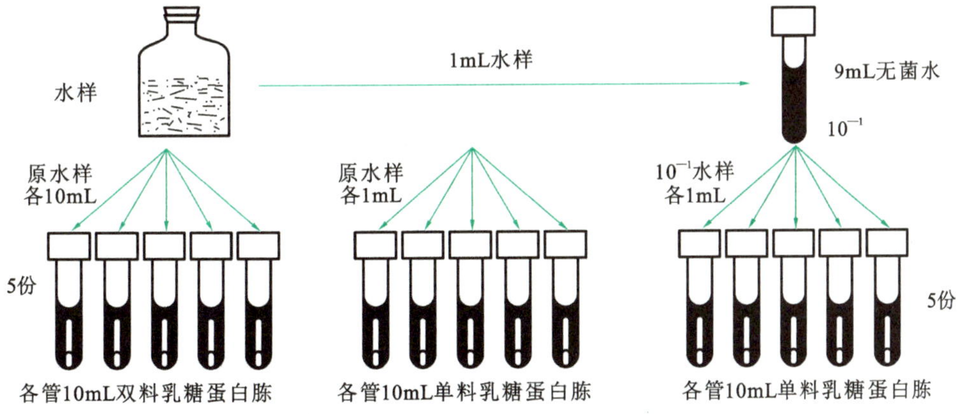

图 4.5　生活饮用水乳糖初发酵操作

将接种管置于(36±1)℃培养箱内培养(24±2)h，若所有乳糖蛋白胨培养管都不产酸产气，则可报告为总大肠菌群阴性。

2. 平板分离试验

将熔化的琼脂培养基制成平板，待冷凝后，左手持平板，右手持接种针，用接种环在火焰上灭菌后蘸取一环有产酸产气表现的初培养液，在火焰附近用左手拇指、食指掀开

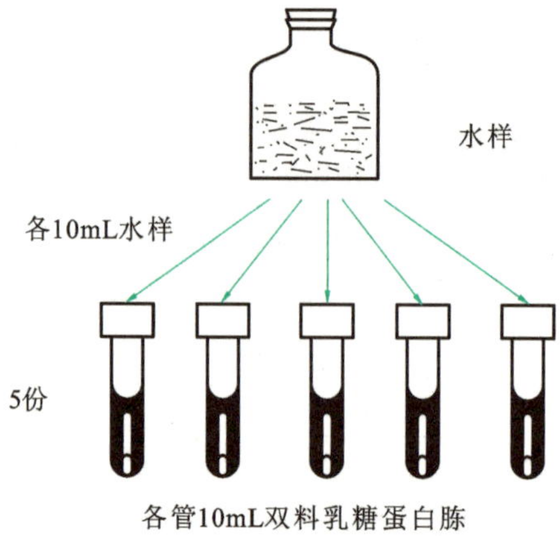

图 4.6　出厂自来水乳糖初发酵操作

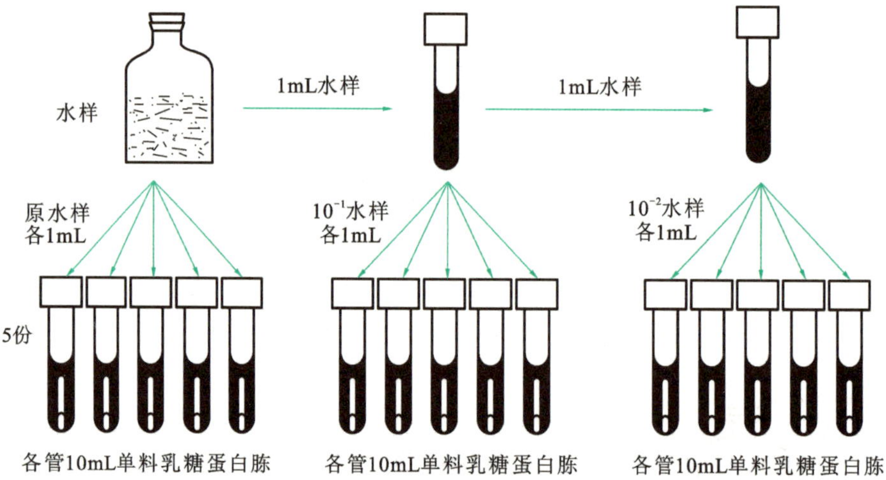

图 4.7　水源水乳糖初发酵操作

皿盖，使接种环轻触培养基，迅速划线(注意勿将培养基划破)。划线时，接种环与培养基表面的夹角为20°～30°。

常用的划线方式有两种(图 4.8)。

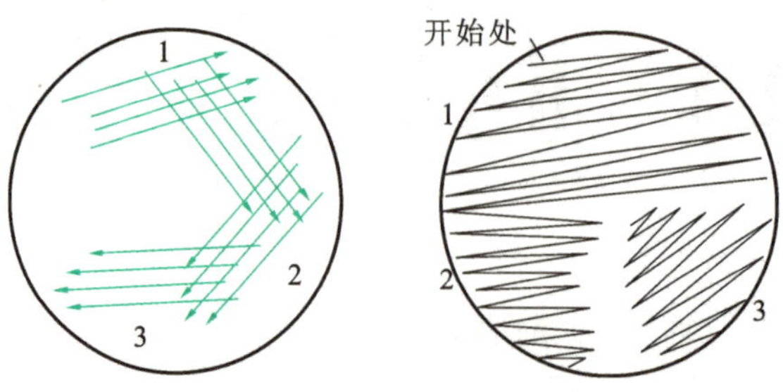

图 4.8　划线方式

一种方法是将平板分成三个区域，先在第一个区域内划 3～4 条平行线，转动培养皿，在火焰上烧掉接种环上的残余物后，通过第一次划线部分，在第二个区域内划线；第二个区域中的线和第一个区域中的线应有部分交叉，依法在第三个区域中划线。

另一种方法是先以蘸有细菌悬液的接种环在平板的一端抹一下，使该处蘸上一些细菌，然后烧掉环上剩下的细菌，再用烧过冷却的接种环，通过刚才涂抹的部分，左右划线，不能互相接触。

划线分离可用于混合微生物中细菌、酵母菌的分离。分离纯化工作可反复进行，直至获得满意的单菌落纯培养为止。

将产酸产气的发酵管分别转种在伊红美蓝琼脂平板上，于(36±1)℃培养箱内培养18～24h，观察菌落形态，挑取符合大肠菌群菌落特征的菌落做革兰氏染色、镜检。平板分离操作如图4.9所示。

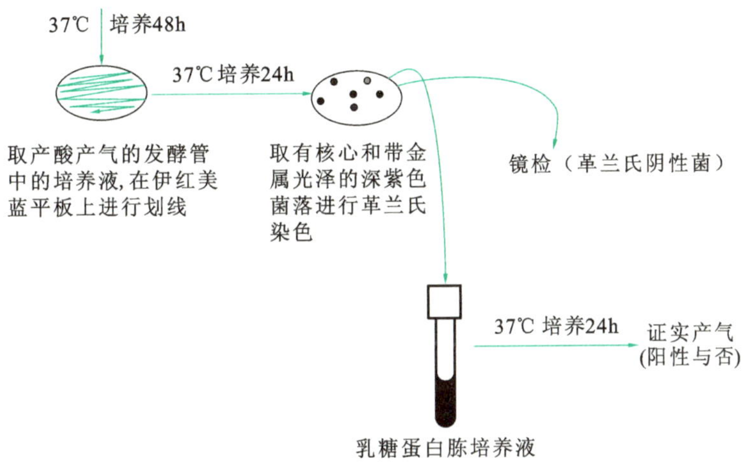

图4.9 平板分离操作图

大肠菌群菌落特征：呈深紫黑色、具有金属光泽的菌落；呈深黑色、不带或略带金属光泽的菌落；呈淡紫红色、中心较深的菌落。

3. 革兰氏染色试验

(1)制片

以无菌操作技术取具有大肠菌群菌落特征的菌落做涂片，干燥、固定。

(2)染色

① 初染 用草酸铵结晶紫染液覆盖1min，用水冲洗。

② 媒染 用鲁哥氏碘液冲去残水，并且用碘液覆盖1min后水洗。

③ 脱色 用滤纸吸去玻片上的残水，乙醇滴加在涂片上静置30s立即水洗，或斜置载玻片，用滴管从玻片上端滴加95%乙醇，直至流出的乙醇刚刚不呈紫色，立即水洗。脱色是革兰氏染色的关键，必须严格掌握乙醇脱色的程度。若脱色过度则阳性菌被误染为阴性菌；而脱色不够时则阴性菌被误染为阳性菌。

④ 复染 滴加番红花红复染1min后水洗并干燥。

(3)镜检

干燥后用油镜观察时应选择薄而均匀的区域，注意染色后细菌的颜色，以单个菌体的颜色为准。菌体被染成紫色的是革兰氏阳性菌，被染成红色的为革兰氏阴性菌。绘出镜检细菌的形态，并注明革兰氏染色的结果。

革兰氏染色操作流程如图 4.10 所示。若研究工作中要确定未知菌的革兰氏反应时，则需同时用已知菌进行染色作为对照。

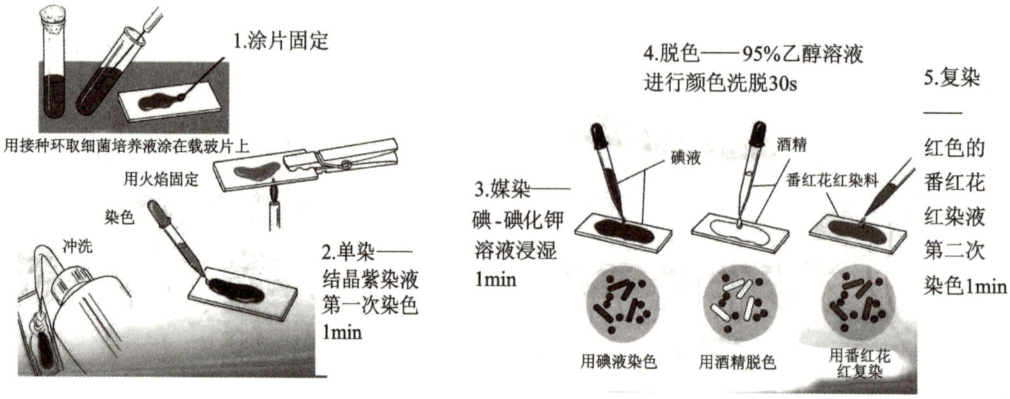

图 4.10　革兰氏染色操作流程

4. 复发酵

上述涂片镜检的特征菌落如为革兰氏阴性无芽孢杆菌，则挑选该菌落的另一部分接种于乳糖蛋白胨培养管（内有倒管），每管可接种分离自同一初发酵管的最典型菌落1～3个。将接种管置于(36±1)℃培养箱内培养(24h±2)h，若产酸产气，即证实有大肠菌群存在。

5. 检验结果记录及数据处理

根据证实为大肠菌群呈阳性的管数，查 MPN 检索表，15 管法结果见表 4.4，5 管法结果见表 4.5。报告每 100mL 水样中的总大肠菌群 MPN 值。注：稀释样品查表后所得结果应乘以稀释倍数。如所有乳糖发酵管均为阴性，可报告总大肠菌群未检出。

将检验情况记录于表 4.3 中。

表 4.3　检验结果记录表

检样量	初发酵结果（管）			复发酵结果（管）			阳性管
10mL							
1mL							
0.1mL							
0.01mL							
培养条件	温度：　　　时间：			温度：　　　时间：			
检验结果	MPN/mL=						
备注	标准值：　　　单项检验结论：符合（不符合）						

检验人：　　　　　　　　　　　　　　　　　　检验日期：

表 4.4 总大肠菌群 MPN 检索表

（总种量 55.5mL，其中 5 份 10mL 水样，5 份 1mL 水样，5 份 0.1mL 水样）

接种量(mL)			总大肠菌群(MPN/100mL)	接种量(mL)			总大肠菌群(MPN/100mL)
10	1	0.1		10	1	0.1	
0	0	0	<2	1	0	0	2
0	0	1	2	1	0	1	4
0	0	2	4	1	0	2	6
0	0	3	5	1	0	3	8
0	0	4	7	1	0	4	10
0	0	5	9	1	0	5	12
0	1	0	2	1	1	0	4
0	1	1	4	1	1	1	6
0	1	2	6	1	1	2	8
0	1	3	7	1	1	3	10
0	1	4	9	1	1	4	12
0	1	5	11	1	1	5	14
0	2	0	4	1	2	0	6
0	2	1	6	1	2	1	8
0	2	2	7	1	2	2	10
0	2	3	9	1	2	3	12
0	2	4	11	1	2	4	15
0	2	5	13	1	2	5	17
0	3	0	6	1	3	0	8
0	3	1	7	1	3	1	10
0	3	2	9	1	3	2	12
0	3	3	11	1	3	3	15
0	3	4	13	1	3	4	17
0	3	5	15	1	3	5	19
0	4	0	8	1	4	0	11
0	4	1	9	1	4	1	13
0	4	2	11	1	4	2	15
0	4	3	13	1	4	3	17
0	4	4	15	1	4	4	19
0	4	5	17	1	4	5	22
0	5	0	9	1	5	0	13
0	5	1	11	1	5	1	15
0	5	2	13	1	5	2	17
0	5	3	15	1	5	3	19
0	5	4	17	1	5	4	22
0	5	5	19	1	5	5	24

续表 4.4

接种量(mL)			总大肠菌群(MPN/100mL)	接种量(mL)			总大肠菌群(MPN/100mL)
10	1	0.1		10	1	0.1	
2	0	0	5	3	0	0	8
2	0	1	7	3	0	1	11
2	0	2	9	3	0	2	13
2	0	3	12	3	0	3	16
2	0	4	14	3	0	4	20
2	0	5	16	3	0	5	23
2	1	0	7	3	1	0	11
2	1	1	9	3	1	1	14
2	1	2	12	3	1	2	17
2	1	3	14	3	1	3	20
2	1	4	17	3	1	4	23
2	1	5	19	3	1	5	27
2	2	0	9	3	2	0	14
2	2	1	12	3	2	1	17
2	2	2	14	3	2	2	20
2	2	3	17	3	2	3	24
2	2	4	19	3	2	4	27
2	2	5	22	3	2	5	31
2	3	0	12	3	3	0	17
2	3	1	14	3	3	1	21
2	3	2	17	3	3	2	24
2	3	3	20	3	3	3	28
2	3	4	22	3	3	4	32
2	3	5	25	3	3	5	36
2	4	0	15	3	4	0	21
2	4	1	17	3	4	1	24
2	4	2	20	3	4	2	28
2	4	3	23	3	4	3	32
2	4	4	25	3	4	4	36
2	4	5	28	3	4	5	40
2	5	0	17	3	5	0	25
2	5	1	20	3	5	1	29
2	5	2	23	3	5	2	32
2	5	3	26	3	5	3	37
2	5	4	29	3	5	4	41
2	5	5	32	3	5	5	45

续表 4.4

接种量(mL)			总大肠菌群(MPN/100mL)	接种量(mL)			总大肠菌群(MPN/100mL)
10	1	0.1		10	1	0.1	
4	0	0	13	5	0	0	23
4	0	1	17	5	0	1	31
4	0	2	21	5	0	2	43
4	0	3	25	5	0	3	58
4	0	4	30	5	0	4	76
4	0	5	36	5	0	5	95
4	1	0	17	5	1	0	33
4	1	1	21	5	1	1	46
4	1	2	26	5	1	2	63
4	1	3	31	5	1	3	84
4	1	4	36	5	1	4	110
4	1	5	42	5	1	5	130
4	2	0	22	5	2	0	49
4	2	1	26	5	2	1	70
4	2	2	32	5	2	2	94
4	2	3	38	5	2	3	120
4	2	4	44	5	2	4	150
4	2	5	50	5	2	5	180
4	3	0	27	5	3	0	79
4	3	1	33	5	3	1	110
4	3	2	39	5	3	2	140
4	3	3	45	5	3	3	180
4	3	4	52	5	3	4	210
4	3	5	59	5	3	5	250
4	4	0	34	5	4	0	130
4	4	1	40	5	4	1	170
4	4	2	47	5	4	2	220
4	4	3	54	5	4	3	280
4	4	4	62	5	4	4	350
4	4	5	69	5	4	5	430
4	5	0	41	5	5	0	240
4	5	1	48	5	5	1	350
4	5	2	56	5	5	2	540
4	5	3	64	5	5	3	920
4	5	4	72	5	5	4	1600
4	5	5	81	5	5	5	>1600

表 4.5　用 5 份 10mL 水样时，各种阳性和阴性结果组合时的 MPN 值

5 个 10mL 管中阳性管数	MPN 值
0	<2.2
1	2.2
2	5.1
3	9.2
4	16.0
5	>16

（二）总大肠菌群检验——滤膜法

总大肠菌群滤膜法是指用孔径为 0.45μm 的微孔滤膜过滤水样，将滤膜贴在添加乳糖的选择性培养基上 37℃培养 24h，能形成特征性菌落的需氧和兼性厌氧的革兰氏阴性无芽孢杆菌，以检测水中总大肠菌群的方法。

1. 准备工作

滤膜灭菌：将滤膜放入烧杯中，加入蒸馏水，置于沸水水浴中煮沸灭菌 3 次，每次 15min。前两次煮沸后需更换水洗涤 2～3 次，以除去残留溶剂。

滤器灭菌：用点燃的酒精棉球火焰灭菌。也可用蒸汽灭菌器以 103.43kPa(121℃)高压灭菌 20min。

2. 过滤水样

用无菌镊子夹取灭菌滤膜边缘部分，将粗糙面向上，贴放在已灭菌的滤床上，固定好滤器，将 100mL 水样（如水样含菌数较多，可减少过滤水样量，或将水样稀释）注入滤器中，打开滤器阀门，在 -5.07×10^4 Pa（负 0.5 个大气压）下抽滤。

3. 培养

水样滤完后，再抽气 5s，关上滤器阀门，取下滤器，用无菌镊子夹取滤膜边缘部分，移放在品红亚硫酸钠培养基上，滤膜截留细菌面向上，应与培养基完全贴紧，两者间不得留有气泡，然后将平皿倒置，放入 37℃恒温培养箱内培养(24±2)h。

4. 结果观察及报告

(1)挑取符合下列特征的菌落进行革兰氏染色、镜检：

① 紫红色、具有金属光泽的菌落；

② 深红色、不带或略带金属光泽的菌落；

③ 淡红色，中心色较深的菌落。

(2)凡革兰氏染色为阴性的无芽孢杆菌，再接种乳糖蛋白胨培养液，于 37℃培养 24h，有产酸产气者，则判定为总大肠菌群阳性。

(3)按式(4.1)计算滤膜上生长的总大肠菌群数，以每 100mL 试样的总大肠菌群数(CFU/100mL)报告之。

$$\text{总大肠菌群数(CFU/100mL)} = \frac{\text{数出的总大肠菌群菌落数} \times 100}{\text{过滤的水样体积(mL)}} \tag{4.1}$$

(三)检验结果的评价

参照表 4.2 标准,评价检验样本质量。

五、讨论

如何计算用多管发酵法检验 3 份水源水样的大肠菌群所需用品数量?

六、复习思考题

1. 多管发酵法检验大肠菌群有哪几个步骤?
2. 将大肠杆菌的检验程序用图绘出。
3. 如何在平板上划线?
4. 革兰氏染色在何时进行? 有什么意义?
5. 简述革兰氏染色过程及判断结果。
6. 请问在大肠菌群检测的结果中表达阴性和未检出有什么区别?

七、自我评价表(表 4.6)

表 4.6　大肠菌群检验技术自我评价表

评价内容	考核指标	分值
样品稀释与初发酵	样品采集技术	10
	试管标记及系列稀释技术	
	发酵罐接种	
	培养条件	
平板划线	接种工具准备、标记平皿、消毒双手	25
	酒精灯使用、接种环灭菌	
	试管的握姿及棉塞的放置、取菌过程控制	
	平皿的持法与划线手法	
	接种完毕,接种环及试管口灭菌	
	接种后培养皿包扎及倒置培养	
革兰氏染色	取菌时无菌操作	25
	涂片与固定	
	初染与媒染	
	脱色控制	
	复染与干燥	
	显微镜使用	
	结果判断	

续表 4.6

评价内容	考核指标	分值
复发酵	转接技术及培养	10
阳性结果判断	产酸产气判断	10
检验报告	MPN 表的使用及报告	10
水质评价	标准使用及评价	10
合计		100

视频

耐热大肠菌群检验

任务 4.2 耐热大肠菌群的检验

一、任务目标

1. 掌握水体耐热大肠菌群检验的测定流程；

2. 掌握水体耐热大肠菌群的初发酵技术、复发酵技术、平板分离技术、革兰氏染色技术、MPN 查表技术、数据报告方法；

3. 能独立进行耐热大肠菌群检验项目，懂得利用实验结果评价水体情况。

二、任务相关知识

目前世界卫生组织、世界标准化组织、全球水质监测系统以及绝大多数国家都以粪大肠菌群作为水质粪便污染指示菌，为了与国际组织标准相衔接，我国的《污水综合排放标准》(GB 8978—1996)、《地表水环境质量标准》(GB 3838—2002)等都将原细菌学指标"总大肠菌群"改为"粪大肠菌群"，并规定了相应的标准值。如果在水中检出粪便污染指示菌，即表示水体曾受到粪便污染，就有可能存在肠道病原微生物，那么该水体在卫生学上是不安全的。

粪大肠菌群是总大肠菌群的一部分，主要来自粪便，是在 44.5℃温度下能生长并发酵乳糖产酸产气的大肠菌群。粪便是人类肠道的排泄物，其中既有健康人的粪便，也有肠道病患者或带菌者的粪便，所以粪便内除一般细菌外，同时也会存在一些肠道致病菌。总大肠菌群中的细菌除生活在肠道外，在自然环境中的水与土壤中也存在，但这些在自然环境中生活的大肠菌群培养的最合适温度为 25℃，在 37℃仍可生长，但若将培养温度提高到 44.5℃，则不再生长，而直接来自粪便的大肠菌群已适应于在 37℃左右生长，如果将培养温度提高至 44.5℃，仍可继续生长。因此，用提高培养温度的方法，形成不利于来自自然环境的大肠菌群生长的条件，使培养出来的菌主要为来自粪便中的大肠菌群，从而更准确地反映出水质受粪便污染的情况。

《生活饮用水标准检验方法　第 12 部分：微生物指标》(GB/T 5750.12—2023)提到

了耐热大肠菌群，将其定义为“用提高培养温度的方法将自然环境中的大肠菌群与粪便中的大肠菌群分离出来，在44.5℃仍能生长的大肠菌群”。我国习惯将耐热大肠菌群称为“粪大肠菌群”。

北欧食品分析委员会（NMKL）对于耐热大肠菌群的定义为“在44.5℃培养24h内能产酸产气的细菌”，而对粪大肠菌群则定义为“在44.5℃胰蛋白胨肉汤中培养24h内能产生吲哚的耐热大肠菌群”。尽管两者是不同标准的检测指标，但从定义上看，耐热大肠菌群的范围是涵盖粪大肠菌群的，所以严格来说，粪大肠菌群不等同于耐热大肠菌群。

目前，耐热大肠菌群的检验方法主要是多管发酵法和滤膜法。

三、任务所需器材

（一）多管发酵法所需器材

1.试剂

（1）乳糖蛋白胨培养液、两倍浓缩乳糖蛋白胨培养液、伊红美蓝琼脂培养基、革兰氏染色液，其成分及其制法。

（2）EC培养基

成分：胰蛋白胨20g；乳糖5g；3号胆盐或混合胆盐1.5g；磷酸氢二钾4g；磷酸二氢钾1.5g；氯化钠5g；蒸馏水1000mL。

制法：将上述成分溶解于蒸馏水中，分装到带有倒管的试管中，68.95kPa（115℃）高压蒸汽灭菌20min，最终pH值为6.7～7.1。

培养基组分说明：胰蛋白胨提供大肠菌群生长发育所需的氮源、维生素和氨基酸，乳糖提供发酵所需的碳源，氯化钠维持渗透压，磷酸盐维持缓冲体系，3号胆盐抑制革兰氏阳性菌的生长和肠球菌的生长。大肠菌群和大肠杆菌在EC上发酵乳糖，产酸产气。

2.仪器

恒温水浴：（44.5±0.5）℃或隔水式恒温培养箱。

其他仪器同总大肠菌群多管发酵法：高压蒸汽灭菌器；干热灭菌箱；培养箱；显微镜；电炉；天平；冰箱；pH计或精密pH试纸；灭菌试管；灭菌平皿（直径9cm）；灭菌刻度吸管；灭菌采样瓶；小倒管。

（二）滤膜法所需器材

1.试剂

（1）MFC培养基

成分：胰胨10g；多胨5g；酵母膏3g；氯化钠5g；乳糖12.5g；3号胆盐或混合胆盐1.5g；琼脂15g；苯胺蓝0.2g；蒸馏水1000mL。

制法：在1000mL蒸馏水中先加入玫红酸（10g/L）的0.2mol/L氢氧化钠溶液10mL，混匀后，取500mL加入琼脂煮沸熔化，于另外500mL蒸馏水中加入除苯胺蓝以外的其他试剂，加热熔化，倒入已熔化的琼脂，混匀，调节pH值至7.4，加入苯胺蓝煮沸，迅速离开热源，待冷却至60℃左右制成平板，不可高压灭菌。制好的培养基应存放于2～10℃下，不超过96h。本培养基也可不加琼脂，制成液体培养基，使用时加2～3mL于灭菌吸收垫上，再将滤膜置于培养垫上培养。

(2)EC 培养基

成分及制法同耐热大肠菌群多管发酵法中 EC 培养基。

2. 仪器

隔水式恒温培养箱或恒温水浴；玻璃或塑料培养皿，60mm×15mm 或 50mm×12mm；其他仪器同耐热大肠菌群发酵法。

四、任务技能训练

(一)耐热大肠菌群检验——多管发酵法

采样多管发酵法检验生活饮用水及水源水中的大肠菌群时，只有当初发酵出现产酸产气结果才需要进行耐热大肠菌群检验，如图 4.11 所示。

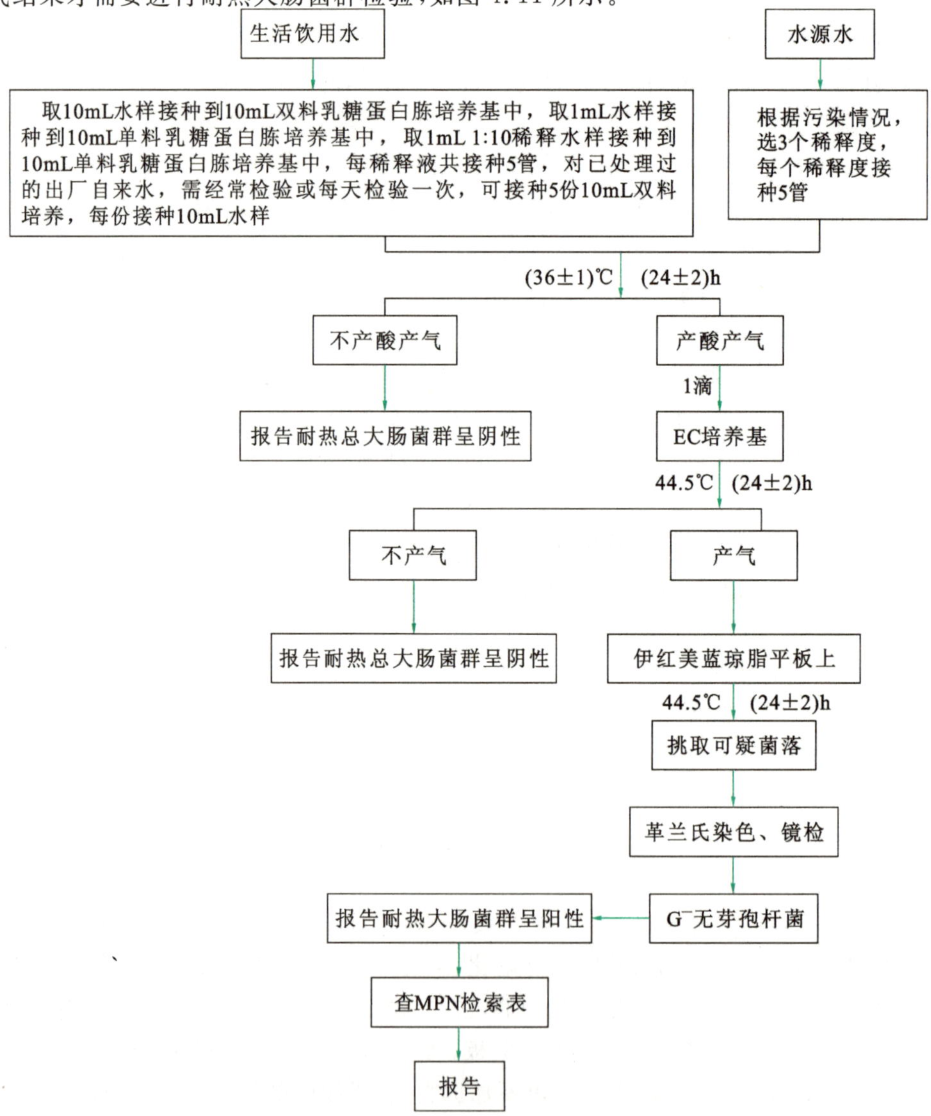

图 4.11　耐热大肠菌群检验流程

1. 生活饮用水及水源水检测

自总大肠菌群乳糖发酵实验中的阳性管(产酸产气)中取 1 滴转种于 EC 培养基中，置 44.5℃水浴箱或隔水式培养箱内(水浴箱的水面应高于试管中培养基液面)培养(24±2)h。如所有管均不产气，则可报告为阴性；如有产气者，则转种于伊红美蓝琼脂平板上，置 44.5℃下培养 18～24h，凡平板上有典型菌落者，则证实为耐热大肠菌群阳性。

2. 未经氯化消毒的水

如检测未经氯化消毒的水，且只想检测耐热大肠菌群，或调查水源水的耐热大肠菌群污染时，可直接用多管耐热大肠菌群方法，即在第一步乳糖发酵试验时按总大肠菌群检验方法接种到乳糖蛋白胨培养液中，并在(44.5±0.5)℃水浴中培养。以下步骤同耐热大肠菌群的检验方法。

3. 数据的处理及报告方法

根据证实为耐热大肠菌群的阳性管数，查总大肠菌群 MPN 检索表(表 4.4)，报告每 100mL 水样中耐热大肠菌群的最可能数值(MPN)。

(二)耐热大肠菌群检验——滤膜法

耐热大肠菌群滤膜法是指用孔径为 0.45μm 的滤膜过滤水样，细菌被阻留在膜上，将滤膜贴在添加乳糖的选择性培养基上，44.5℃下培养 24h 能形成特征性菌落，以此作为检测水中耐热大肠菌群的方法。

1. 准备工作

滤膜灭菌：将滤膜放入烧杯中，加入蒸馏水，置于沸水水浴中煮沸灭菌 3 次，每次 15min。前两次煮沸后需更换水洗涤 2～3 次，以除去残留溶剂。

滤器灭菌：用点燃的酒精棉球灭菌，也可用蒸汽灭菌器在 103.43kPa(121℃)高压下灭菌 20min。

2. 过滤水样

用无菌镊子夹取灭菌滤膜边缘部分，将粗糙面向上，贴放在已灭菌的滤床上，固定好滤器，将 100mL 水样(如水样含菌数较多，可减少过滤水样量，或将水样稀释)注入滤器中，打开滤器阀门，在 -5.07×10^4 Pa(负 0.5 个大气压)下抽滤。

3. 培养

水样滤完后，再抽气约 5s，关上滤器阀门，取下滤器，用灭菌镊子夹取滤膜边缘部分，移放在 MFC 培养基上，滤膜截留细菌面向上。滤膜应与培养基完全贴紧，两者间不得留有气泡，然后将平皿倒置，放入 44.5℃隔水式培养箱内培养(24±2)h。如果使用恒温水浴，则需用塑料平皿，将皿盖紧，或用防水胶带贴封每个平皿，将培养皿成叠封入塑料袋内，浸到 44.5℃恒温水浴里，培养(24±2)h。耐热大肠菌群在此培养基上菌落为蓝色，非耐热大肠菌群菌落为灰色至奶油色。

4. 对可疑菌落转种 EC 培养基，44.5℃培养(24±2)h，如产气则证实为耐热大肠菌群。

5. 结果报告

计数被证实的耐热大肠菌群菌落数，水中耐热大肠菌群数系以 100mL 水样中耐热大肠菌群菌落形成单位(CFU)表示，按式(4.2)计算。

$$\text{耐热大肠菌群菌落数(CFU/100mL)} = \frac{\text{所计得的耐热大肠菌群菌落数} \times 100}{\text{过滤的水样体积(mL)}} \quad (4.2)$$

（三）检验结果的评价标准

检验结果的评价标准见表4.2。

五、讨论

若饮用水中总大肠菌群和耐热大肠菌群菌落总数超标，应当怎么办？

六、复习思考题

1. 耐热大肠菌群有什么特征？
2. 耐热大肠菌群检验的培养条件是什么？
3. 在何种情况下需要进行耐热大肠菌群的检验？

七、自我评价表（表4.7）

表4.7 耐热大肠菌群检验技术自我评价表

评价内容	考核指标	分值
初发酵结果判断	产酸产气	10
转接EC培养基	无菌操作环境控制	20
	发酵管持法及棉塞放置	
	接种量及培养条件	
平板划线	无菌操作控制、平皿标记	25
	试管、棉塞及平皿的持法	
	划线技术、包扎及培养	
革兰氏染色	无菌操作控制	25
	初染、媒染、脱色及复染	
	显微镜使用及结果判断	
检验报告	MPN检索表使用及报告	10
水质评价	标准使用及评价	10
合计		100

任务 4.3 大肠埃希氏菌检验

视频
大肠埃希氏菌的检验

一、任务目标

1. 掌握水体大肠埃希氏菌的测定流程。

2. 掌握水体大肠埃希氏菌的初发酵技术、复发酵技术、紫外灯照射产生荧光判断、MPN 查表技术、数据报告方法技能。

3. 能独立进行水体大肠埃希氏菌的检验项目,懂得利用实验结果评价水体情况。

二、任务相关知识

大肠埃希氏菌是指能产生 β-半乳糖苷酶(β-D-galactosidase)分解 ONPG(Ortho-nitrophenyl-β-D-galactopyranoside),使培养液呈黄色,能产生 β-葡萄糖醛酸苷酶(β-glucuronidase)分解 MUG(4-methyl-umbelliferyl-β-D-glucuronide),使培养液在波长 366nm 紫外光下产生荧光的细菌。

《生活饮用水标准检验方法》(GB/T 5750—2006)将大肠埃希氏菌列入检测项目中。并在解读《生活饮用水卫生标准》(GB 5749—2006)中阐述:“只有埃希氏大肠杆菌是粪源特异性的,是最准确和专一的粪便污染指示”。

致病性大肠埃希氏菌是指能使人、动物(尤其是婴儿和幼龄动物)感染及使人食物中毒的一群大肠杆菌。在自然界中该菌分布广泛,主要寄居场所是人和其他温血动物的肠道,是一类条件性致病菌。致病性大肠埃希氏菌的形态特点、培养特性和生化特性均与非致病性大肠埃希氏菌非常相似,以至于难以区分,只能通过血清学的方法,从抗原结构的差异来区别。在致病性大肠埃希氏菌中,有些血清型的菌株能够引起人食物中毒,有些血清型的菌株能够引起人的肠道内外感染,还有一些血清型的菌株能够使畜禽发病,危害畜牧业,降低畜产食品的质量。致病性大肠埃希氏菌可从饮用水、未消毒牛乳、病畜脏器、禽类及人畜粪便污染的各种食品中分离出来。

三、任务所需器材

(一)多管发酵法所需器材

1. 试剂

(1)EC-MUG 培养基

成分:胰蛋白胨 20.0g;乳糖 5.0g;3 号胆盐或混合胆盐 1.5g;磷酸氢二钾 4.0g;磷酸二氢钾 1.5g;氯化钠 5.0g;4-甲基伞形酮-β-D-葡萄糖醛酸苷(MUG)0.05g。

制法：将干燥成分加入水中，充分混匀，加热溶解，在 366nm 紫外光下检查无自发荧光后分装于试管中，68.95kPa（115℃）高压蒸汽灭菌 20min，最终 pH 值为 6.7～7.1。

（2）其他培养基同总大肠菌群检验。

2. 仪器

紫外光灯：6W、波长 366nm 的紫外灯，用于观测荧光反应。

其他仪器同总大肠菌群多管发酵法，即高压蒸汽灭菌器；干热灭菌箱；培养箱；显微镜；电炉；天平；冰箱；pH 计或精密 pH 试纸；灭菌试管；灭菌平皿（直径 9cm）；灭菌刻度吸管；灭菌采样瓶；小倒管。

（二）滤膜法所需器材

1. MUG 营养琼脂培养基（NA-MUG）

成分：蛋白胨 5.0g；牛肉膏 3.0g；琼脂 15.0g；4-甲基伞形酮-β-D-葡萄糖醛酸苷（MUG）0.1g；蒸馏水 1000mL。

制法：将干燥成分加入水中，充分混匀，加热溶解，103.43 kPa（121℃）高压灭菌 15min，最终 pH 值为 6.6～7.0，在无菌操作条件下倾倒于直径 50mm 平板上备用。倾倒好的平板在 4℃条件下可保存两个星期。本培养基也可不加琼脂，制成液体培养基，使用时加 2～3mL 于灭菌吸收垫上，再将滤膜置于培养垫上培养。

2. 仪器

紫外灯：6W、波长 366nm 的紫外灯，用于观测荧光反应。

其他仪器同总大肠菌群检验。

四、任务技能训练

（一）大肠埃希氏菌检验——多管发酵法

该法是指将总大肠菌群检验中初发酵结果为产酸产气的发酵液，在含有荧光底物的培养基上 44.5℃培养 24h，观察能否产生 β-葡萄糖醛酸酶（β-glucuronidase），分解荧光底物释放出荧光产物，使培养基在紫外光下产生特征性荧光的细菌，并以此来检测水中大肠埃希氏菌的方法。检验流程如图 4.12 所示。

1. 接种

将总大肠菌群多管发酵法初发酵产酸或产气的试管进行大肠埃希氏菌检测。用灼烧灭菌的金属接种环或无菌棉签将上述试管中液体接种到 EC-MUG 管中。

2. 培养

将已接种的 EC-MUG 管在培养箱或恒温水浴中（44.5±0.5）℃下培养（24±2）h。如果用恒温水浴，在接种后 30min 内进行培养，使水浴的液面超过 EC-MUG 管的液面。

3. 结果观察与报告

将培养后的 EC-MUG 管在暗处用波长为 366nm、功率为 6W 的紫外灯照射，如果有蓝色荧光产生，则表示水样中含有大肠埃希氏菌。

计算 EC-MUG 阳性管数，查表 4.4，报告每 100mL 水样中耐热大肠菌群的最可能数值（MPN）。

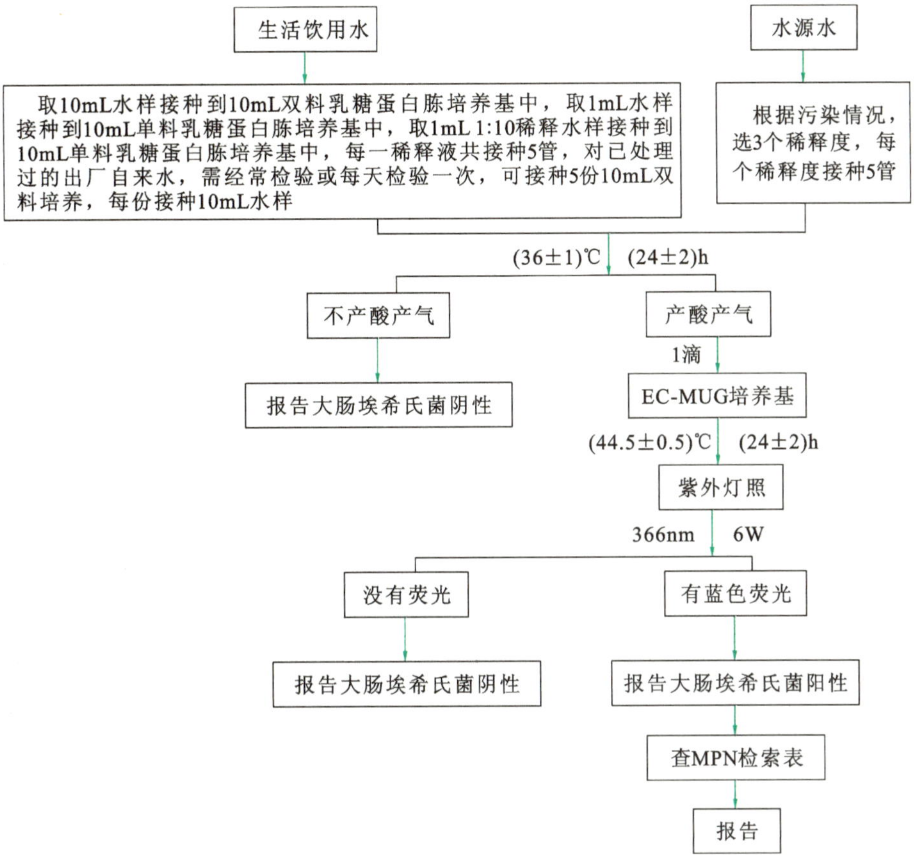

图 4.12 大肠埃希氏菌检验流程

(二)大肠埃希氏菌检验——滤膜法

是指水样经滤膜过滤后，将滤膜贴在含有荧光底物的培养基上培养，观察能否产生β-葡萄糖醛酸苷酶，分解荧光底物释放出荧光产物，使菌落能够在紫外灯照射下产生特征性荧光，并以此来检测水中大肠埃希氏菌的方法。

1. 接种

将有典型菌落生长的滤膜进行大肠埃希氏菌检测。在无菌操作条件下将滤膜转移到 NA-MUG 平板上，细菌截留面朝上，进行培养。

2. 培养

将已接种的 NA-MUG 平板于(36±1)℃下培养 4h。

3. 结果观察与报告

将培养后的 NA-MUG 平板在暗处用波长为 366nm、功率为 6W 的紫外灯照射，如果菌落边缘或菌落背面有蓝色荧光产生，则表示水样中含有大肠埃希氏菌。记录有蓝色荧光产生的菌落数并报告，报告格式同大肠菌群滤膜法格式。

五、讨论

进行大肠杆菌检测时，经乳糖初发酵实验，结果所有乳糖发酵管都产气，说明什么问题？接下来应该如何进行分析？

六、复习思考题

1. 简述大肠菌群、粪大肠菌群、大肠埃希氏菌的区别和联系。

2. 请问水质检验中大肠埃希氏菌和耐热大肠菌群到底有什么区别呢？（都是44.5℃培养）

3. 请查阅大肠菌群技术资料：酶底物法检验、快速测试片法、大肠菌群检测试剂盒。

七、自我评价表（表4.8）

表4.8　大肠埃希氏菌检验技术自我评价表

评价内容	考核指标	分值
初发酵结果判断	产酸产气	10
转接EC-MUG培养基	无菌操作环境控制	40
	发酵管持法及棉塞放置	
	接种量	
	培养条件	
紫外灯照	蓝色荧光判断	20
MPN检索表使用	使用方法	10
报告	报告	10
水质评价	标准使用及评价	10
合计		100

【小结】

本项目通过学习总大肠菌群检验、耐热大肠菌群检验、大肠埃希氏菌检验等来评价水体的环境卫生学状况；本项目学习内容的实践性和应用性较强，了解和掌握理论知识后，应以实际任务为驱动开展实验，锻炼和提高自己的实验设计、组织、开展能力。

【与工作任务相关的作业】

1. 检测自己所住寝室的自来水或桶装水是否符合生活饮用水标准。

2. 检测学校周边水源的总大肠菌群数量，判断寝室生活饮用水总大肠菌群数量是否达标。

3. 检测学校周边水源的粪大肠菌群数量，并判断其属于地表水的哪一类。

【知识窗】

快速检测法——酶底物法

经典的传统方法为多管发酵法，其检测周期较长，需2～5d，阳性结果需验证实验，使得实验操作步骤较为烦琐，不能对生活饮用水的卫生学状况作出快速评价，特别是在抗震救灾特殊时期，如能实现微生物指标的实时监测，将能极大地支持抗震救灾工作顺利实施，有力保障广大灾区人民群众生活饮用水的供水安全。因此，酶底物法作为一种快检方法，其快速简便的特点可以较好地弥补传统方法的不足。

酶底物法的原理：利用大肠菌群细菌产生的β-半乳糖苷酶分解ONPG，使培养液呈黄色，检测水样中是否含有大肠菌群。利用大肠埃希氏菌产生的β-葡萄糖醛酸苷酶分解MUG，使培养液在波长366nm紫外光下产生蓝色荧光，检测水样中是否含有大肠埃希氏菌。酶底物法有商品化试剂供应，实验操作简便，无须确认实验，可同时检测水样中大肠菌群和大肠埃希氏菌。如果改变培养温度，还可检测耐热大肠菌群。该方法检测周期短，18～24h即可报告最终结果。可见该方法最大的特点是节省了时间和人力。

酶底物法的主要缺点是培养基成分复杂，实验室配制困难，目前只有进口试剂可供选择，使得检测成本大为提高。如果能实现试剂的国产化，相信其应用会得到极大的推广。酶底物法的另一个缺点是在用于定量检测(51孔定量盘法)时，其定量范围比多管发酵法小。酶底物法的最大检测值为200.5 MPN/100mL，而多管发酵法为1600 MPN/100mL。对于污染比较严重的生活饮用水，酶底物法的定量检测能力不如多管发酵法。遇到这类情况时如需应用酶底物法，则只能先将水样适当稀释后再进行检测。酶底物法与多管发酵法的比较见表4.9。

表4.9　酶底物法与多管发酵法的比较

	多管发酵法	酶底物法
用途	生活饮用水中大肠菌群的定量测定	
水样接种量	55.5mL	100mL
检测范围	2～1600(MPN/100mL)	1.0～200.5(MPN/100mL)
灵敏度	每100mL样本中2CFU	每100mL样本中1CFU
检验步骤	多步骤测定，费时费力	一步测定，省时省力
耗时	阴性水样需24h报告结果 阳性水样需72h报告结果	阴性或阳性水样均可24h报告结果
费用	检测成本低廉	检测成本较高

练习

项目5 生物处理池运转效果监测与运行管理

知识目标

1. 了解污水生物处理的原理、类型；
2. 了解活性污泥法的原理、基本流程；
3. 掌握活性污泥的性状、组成；
4. 熟悉活性污泥的培养与驯化方法及影响因素；
5. 掌握活性污泥系统运行中的常见问题及处理方法；
6. 掌握生物相的观察方法及其对活性污泥系统的指导意义。

能力目标

1. 具备通过生物相观察，分析、评价污水处理系统的运行状态的能力；
2. 掌握活性污泥的培养、驯化、监测、调整能力；
3. 具备活性污泥异常情况的分析、处理能力。

微生物协同：微生物的团队合作和共生之道

微生物的微小身躯中蕴含着巨大的力量，正如团队中每个成员的个体能力汇聚成强大的集体作用。这启示着我们思考团队协作的力量，以及相互合作和共生对于实现共同目标的重要性。

例如，在污水处理过程中，有多种微生物参与了其代谢过程。

厌氧微生物：在污水处理的初期阶段，厌氧微生物通过厌氧消化反应，将有机废物分解为有机酸、氨气和二氧化碳等物质。例如，厌氧消化池中的厌氧菌会将有机废物分解为醋酸、甲酸等有机酸。这些有机酸是后续好氧处理阶段所需的营养物质。

好氧微生物：在厌氧消化的基础上，好氧微生物参与了氧化和降解有机物的过程。在好氧处理阶段，细菌通过氧化反应将有机酸、氨气等物质转化为氮气、水和二氧化碳。例如，活性污泥系统中的好氧微生物会分解醋酸等有机酸，将其转化为水和二氧化碳，减少有机物的负荷。

硝化细菌与反硝化细菌：在污水处理过程的后期，还有一类微生物扮演着重要角色，即硝化细菌和反硝化细菌。硝化细菌能够将氨氮转化为硝态氮，而反硝化细菌则可以将硝态氮还原为氮气。这个过程有助于去除污水中的氮素，减少对水体的污染。

这些微生物在污水处理过程中相互协作、互相转化，共同完成有机物的分解和降解，从而净化污水并降低环境污染。它们的活动为环境提供了一个健康和洁净的生态平衡，也为我们提供了可持续发展的模式和思维方式。

在团队中，每个成员都有自己的特长和能力，就像微生物一样。通过相互协作、互补和支持，团队成员可以共同解决问题、创造创新，并实现更大的成就。

案例导入

目前我国各大流域和各大湖泊、海洋水域都存在不同程度的污染，特别是辽河流域、淮河流域、滇池、太湖、巢湖、渤海、胶东湾等地区的水污染尤为严重。近几年我国对废水的处理能力增加了，如淮河流域、太湖周边、环渤海等的一些工厂被强制要求污水限期达到排放标准，否则工厂将被关闭或停产。

课前思考题

1. 污水生物治理与我们的生活环境有何关系？
2. 你知道的污废水的处理方法有哪些？

项目工作流程

任务5.1　好氧生物处理技术
↓
任务5.2　厌氧生物处理技术
↓
任务5.3　活性污泥培养与驯化技术
↓
任务5.4　生物膜或活性污泥中微生物的观察
↓
任务5.5　污水生物治理运转中活性污泥评价指标的测定

技能训练

视频
污水好氧生物处理

任务 5.1 好氧生物处理技术

一、任务目标

1. 了解好氧生物处理的原理、类型及微生物在污废水处理中的作用；
2. 了解活性污泥法的原理、基本工艺流程；
3. 了解活性污泥和生物膜的组成。

二、任务相关知识

（一）废水处理的概述

1. 废水处理的方法

废水处理的方法有物理法、化学法、生物法。

（1）物理法

废水物理处理法是通过物理作用分离和去除废水中不溶解的悬浮固体（包括油膜、油品）的方法。可分为废水气液交换处理法、废水高梯度磁分离处理法、废水吸附处理法、废水沉淀法（或重力分离法）、废水筛滤截留法、废水离心分离法、废水浮选法（气浮法）、废水吹脱法、废水反渗透法等。

（2）化学法

废水化学处理法是通过化学反应改变废水中污染物的化学性质或物理性质，使它或从溶液、胶体、悬浮等状态转变为沉淀或漂浮状态，或从固态转变为气态，进而从水中除去的废水处理方法。废水化学处理法可分为废水中和处理法、废水混凝处理法、废水化学沉淀处理法、废水氧化处理法、废水萃取处理法等。

（3）生物法

废水生物处理法是利用微生物的代谢作用去除废水中有机污染物的一种方法，又称废水生化法。它可分为需氧生物处理法和厌氧生物处理法。

废水生物处理法是20世纪初出现的污水治理技术。发展至今，已成为世界各国处理城市生活污水和工业废水的主要手段。它是目前最重要的废水处理方法。

2. 废水处理的级别

城市污水处理一般分为三个级别，分别为污水一级处理、二级处理、三级处理。

(1)一级处理

一级处理应用物理处理方法，即用格栅、沉砂池、沉淀池等构筑物，去除污水中的漂浮物、部分悬浮状态的污染物和寄生虫卵。一级处理后的水质一般达不到排放标准，所以一般以一级处理为预处理。

(2)二级处理

污水经过一级处理后进行二级处理，以除去污水中大量有机污染物，使污水得到进一步净化。长期以来，一直把生物处理作为污水二级处理的主体工艺，通过微生物的代谢作用，将污水中各种复杂的有机物氧化降解为简单的物质。生物处理对污水水质、水温、供氧量、pH值等都有一定的要求。

(3)三级处理

三级处理又称污水高级处理或深度处理。污水经过二级处理后，仍含有氮、磷和难以生物降解的有机物、矿物质、病原体等，需要进一步净化处理，以便彻底消除污染。三级处理通常是指用生物化学(硝化-反硝化)法、碱化吹脱法或离子交换法除氮，用化学沉淀法除磷，用臭氧-氧化法、活性炭法或超过滤法去除难降解的有机物，用反渗透法去除盐类，用氯化法消毒等单元过程的一种或几种组合成的污水处理工艺。在脱氮除磷中，生物处理的作用越来越大。

3.废水生物处理类型及比较

根据生物处理系统中的微生物种类，可把废水生物处理分为好氧生物处理(利用好氧微生物)、厌氧生物处理(利用厌氧微生物)和兼性生物处理(利用兼性厌氧微生物)。活性污泥法是好氧处理的代表，污泥厌氧消化法是厌氧处理的代表。好氧生物膜法则具有兼性生物处理的特点，在生物膜表层主要由好氧微生物起作用，而在生物膜内层主要由兼性厌氧微生物起作用。

好氧处理和厌氧处理的区别见表5.1。

表5.1　好氧生物处理法与厌氧生物处理法的区别

项目	好氧生物处理法	厌氧生物处理法
有机物降解	彻底	不彻底
耗时	短	长
臭气	无	臭气大且出水颜色深
曝气设备	需要、较复杂	不需要
动力消耗	大	小
处理有机物浓度	不能过高	很高
构筑物容积	很大	较大
处理对象	城市污水或其他低浓度有机废水	高浓度有机废水和污泥
达标排放	一般可以	需与好氧方法联用才能达标排放
常见类型	活性污泥法、生物膜法	厌氧消化法

一般废水中有机物浓度若低于1000mg/L，比较适于用好氧处理。水体中有机污染

物作为好氧微生物的营养基质而被氧化分解，使污染物浓度下降。污水中的有机污染物，首先被吸附在微生物的表面，小分子的有机物能够直接透过细胞壁进入微生物体内；而淀粉、蛋白质等大分子有机物，则必须在细胞外酶的作用下，被水解为小分子后再被微生物摄入细胞体内。微生物对一部分有机物进行氧化分解，最终形成 CO_2 和 H_2O 等稳定的无机物，并从中获取合成新细胞物质所需的能量。另一部分有机污染物被微生物用于合成新细胞，所需能量取自氧化分解过程。当有机污染物浓度低时，微生物会由于营养物质的缺乏而进入内源代谢阶段。有机物好氧分解过程如图 5.1 所示。

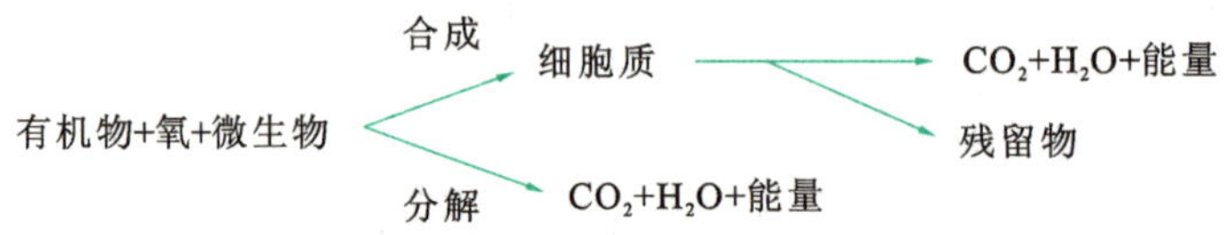

图 5.1　有机物好氧分解过程

根据生物处理系统中微生物的存在状态，可把废水生物处理分为悬浮生长系统（如好氧活性污泥法）和固定膜系统（如生物滤池）。生物接触氧化法和上流式污泥床工艺则是悬浮系统与固定膜系统的结合。

按照反应器的操作方式，可分为间歇式反应器和连续流反应器。按照反应器的水力流态，可分为全混合式反应器（如完全混合式曝气池）和推流式反应器（如推流式曝气池）。按照反应器中的物料状态，可分为固定床反应器（如生物滤池）和流化床反应器（如好氧流化床）等。

（二）活性污泥法处理原理及微生物

活性污泥法又称曝气法，微生物以污水中的有机污染物作为培养基，在有氧条件下培养各种微生物群体形成充满微生物的絮状物——活性污泥，通过采取一系列人工强化、控制技术措施，使活性污泥微生物所具有的，以对有机物氧化、分解为主体的生理功能得到充分发挥，通过凝聚、吸附、氧化、分解、沉淀等过程去除废水中的有机污染物，从而达到净化污水的目的。活性污泥法是目前处理生活污水、城市污水以及有机工业废水最常用的一种生物技术，在国内外污水处理中占据首要地位。

1. 传统活性污泥系统的组成

传统活性污泥系统由曝气池、二次沉淀池、回流系统、剩余污泥排放系统、曝气系统组成。如图 5.1 所示。

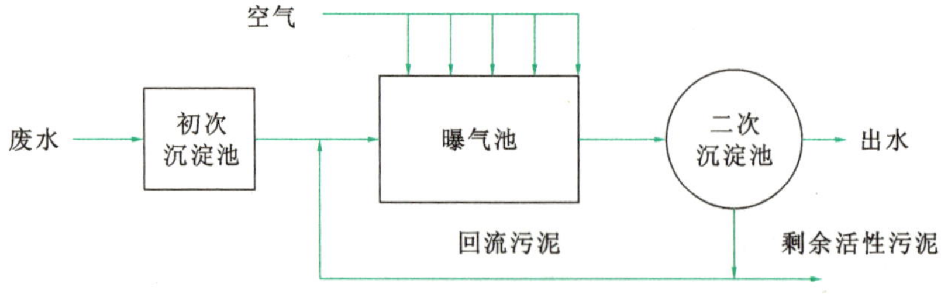

图 5.2　传统活性污泥系统的组成

2. 活性污泥法净化污废水原理

活性污泥中的每一颗絮状体，都是一个活跃的微生物群体。污水中需氧微生物对有机质的分解作用，可归纳为下列过程：

(1)生物吸附

由于活性污泥表面积很大(2000～10000m^2/m^3 混合液)，具有很强的吸附能力，可以吸附废水中的有机物。废水与活性污泥接触后，其中有机质可以在1～30min的短时间内被吸附到活性污泥上。还可以吸附某些金属离子，使之与有机物形成络合物而得以去除。

(2)氧化分解有机物

废水中的溶解性有机物直接被细菌吸收，在体内氧化分解，进而无机化；大分子的有机物先在细菌分泌的胞外酶作用下分解为小分子的化合物，然后透过细菌的细胞壁和细胞膜被细菌摄入体内，在胞内酶作用下，一部分被同化成细胞物质，另一部分被继续分解为 CO_2、H_2O、SO_4^{2-}、NH_3、PO_4^{3-} 等简单无机物及能量释出。

在该过程当中，细菌分解有机物获取营养，同时获取能量，合成自身细胞。分解的产物是稳定化的简单无机物。

(3)沉淀过程

在二次沉淀池中活性污泥和已处理的废水进行固液分离。

大多数原生动物是动物性营养，它们吞食有机颗粒和游离细菌及其他微生物，有利于改善水质。

由于原生动物数量远远少于细菌，吞食量并不影响细菌整体净化效果，相反随着大量游离细菌被吞噬，出水的含菌量、悬浮物、有机氮、BOD浓度降低，处理后的水质由浑浊变清澈。此外，原生动物分泌的黏液还具有促进絮凝的作用，提高了活性污泥的沉降性能。另外，原生动物吞噬游离细菌，从另一个方面起到了促进细菌絮凝的作用。

3.活性污泥的性状与微生物组成

(1)活性污泥的性状

活性污泥是由多种好氧微生物、兼性厌氧微生物以及少量其他生物与吸附态有机物或无机固形物交织在一起而形成的絮体。在活性污泥法废水处理系统中，它是特殊的生物吸附剂与生物催化剂。

正常的活性污泥在外观上是呈黄褐色、深灰色、灰褐色或灰白色的絮绒颗粒，又称为“生物絮凝体”，如图5.3所示。活性污泥含水率约99%，絮体颗粒大小为0.02～0.2mm，表面积为20～100cm^2/mL，呈弱酸性(pH值为6.7)，密度为1.002～1.006g/cm^3，混合液污泥和回流液污泥略有差异，前者为1.002～1.003g/cm^3，后者为1.004～1.006g/cm^3。活性污泥沉降性能好，具有生物活性，能吸附、氧化有机物。对于废水中的大分子基质，它可通过胞外酶将它们水解为小分子，进而吸收到体内氧化分解。

除了大量的微生物以外，活性污泥中还夹杂着由污水带入的有机和无机固体物质，在有机固体物质中，包括某些惰性的难以被细菌摄取、利用的所谓难降解物质。活性污泥中固体物质的质量分数在1%以下，其中有机与无机两部分的组成比例因原污水性质的不同而异，如城市污水的活性污泥，其中有机成分占75%～85%，无机成分则占15%～25%。

综合而言，活性污泥由四部分物质组成：①具有活性的微生物群体；②微生物自身氧化的残留物；③原污水挟入的不能降解的惰性有机物质；④原污水挟入的无机物质。

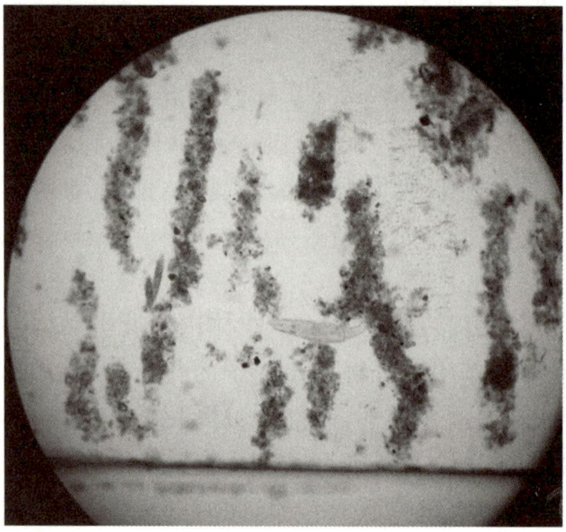

图 5.3　菌胶团形

(2)活性污泥中的微生物

废水净化的关键是其中有机污染物的矿化，矿化任务主要由活性污泥中的微生物承担。活性污泥中的生物相十分复杂，除大量细菌以外，尚有原生动物、霉菌、酵母菌、单胞藻类等微生物，以及轮虫、线虫等后生动物。

① 细菌。细菌是活性污泥在组成和净化功能上的中心，其数量为 $10^8 \sim 10^9$/mL。其中重要的细菌有动胶菌属、假单胞菌属、产碱杆菌属、无色杆菌属、黄杆菌属、芽孢杆菌属、棒状杆菌属、不动杆菌属、球衣菌属、短杆菌属、微球菌属、八叠球菌属、螺菌属、诺卡氏菌属等，多为革兰氏阴性菌。

在活性污泥形成初期，细菌多以游离态存在，随活性污泥成熟，细菌大多数包埋在菌胶团生成菌分泌的蛋白质和多糖等胞外聚合物中，形成菌胶团，进而形成活性污泥絮状体。随水质条件的不同，菌胶团絮状体可有球状、分枝、蘑菇、片状、椭圆及指形等各种形态。

② 原生动物。活性污泥中的原生动物以纤毛虫为主。原生动物是需氧性的生物，主要在活性污泥的表面活动，数量约为 50000 个/mL，以摄取游离细菌和有机物作为营养物质。常见的游泳型纤毛虫有草履虫、肾形虫、斜管虫、漫游虫、半眉虫、四膜虫、裂口虫、喇叭虫、板壳虫、管叶虫等；匍匐型纤毛虫有楯纤虫、尖毛虫、棘尾虫、游仆虫、弹跳虫等；固着型纤毛虫有钟虫、独缩虫、聚缩虫、累枝虫、盖纤虫及吸管虫等。此外，还会观察到鞭毛虫和肉足虫，如屋滴虫、波豆虫、异鞭虫、袋鞭虫、变形虫、表壳虫、磷壳虫和砂壳虫等。

③ 其他微生物。有毛霉属、曲霉属、青霉属、链孢霉属、枝孢霉属、木霉属、地霉属等丝状真菌和轮虫、线虫等后生动物。

通常构成活性污泥的微生物种群相对稳定，但营养、温度、溶解氧、pH 值等环境条件的改变会导致主要菌种(优势菌)变化。如含蛋白质的污水中，产碱杆菌属和芽孢杆菌属占优势，糖类废水中假单胞菌属占优势。

(三)生物膜法处理原理及微生物

生物膜法是根据土壤自净原理发展起来的，将废水通过某些载体，好氧微生物和原生动物、后生动物等在载体上生长繁殖形成生物膜(一般厚度为 1～3mm)，吸附和氧化分解有机物，使污水得以净化。生物膜法是与活性污泥法并列的一类废水好氧生物处理技术。生物膜呈蓬松的絮状结构，微孔多、表面积大，具有很强的吸附和降解有机物的能力。生物膜法是利用固着于固体介质表面的微生物来净化有机物的，因而这种方法也称为生物过滤法。与活性污泥法相比，生物膜法具有适应性强、管理方便、污泥量少的优点。

主要的生物膜法有：① 生物滤池，其中又可分为普通生物滤池、高负荷生物滤池、塔式生物滤池等；② 生物转盘；③ 生物接触氧化法；④ 好氧生物流化床等。

视频

污水的生物膜处理技术——生物滤池

1. 生物膜净化污水的原理

如图 5.4 所示，生物膜表面吸附着一薄薄的污水层，称为附着水层或结合水层，其外层是自由流动的水层。

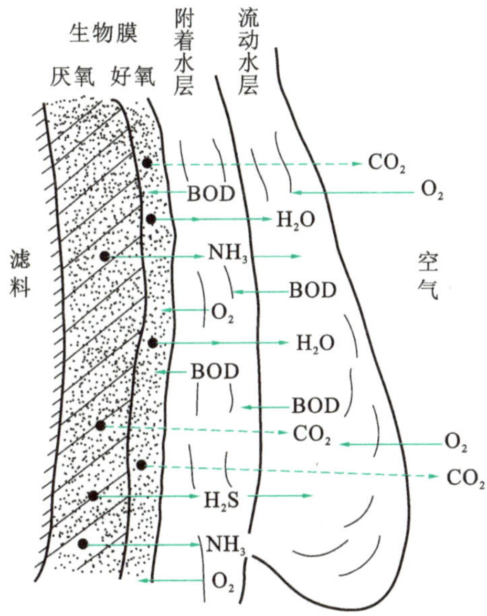

图 5.4 生物膜

当“附着水”中的有机物被生物膜中的微生物吸附、吸收、氧化分解时，附着在水层中的有机物浓度随之降低。由于流动水层中有机物浓度高，便向附着水层转移，并不断被微生物分解。微生物所需的氧气也沿空气→流动水层→附着水层途径进入生物膜。生物膜内微生物分解有机物的产物则沿反方向移出膜外。

生物膜不断地经历初生、生长、成熟及老化剥落的更新过程。开始形成的膜是需氧性的，但当膜的厚度增加，膜内部缺氧，厌氧微生物开始生长，生物膜就分成了两层，外部为好氧层，内部为厌氧层。当厌氧层逐渐增厚时，因气泡产生和水力冲刷使生物膜局部脱落，然后局部又开始新的生物膜形成过程，这是生物膜的正常更新。

脱落的生物膜随水流出，从而影响处理水的透明度，有时还会造成堵塞，这是生物膜法的不足之处。

2. 生物膜的微生物组成

生物膜由细菌、真菌、藻类、原生动物、后生动物以及一些肉眼可见的蠕虫、昆虫的幼虫组成，见表 5.2。生物膜是生物处理的基础，必须保持足够的数量。一般认为，生物膜厚度介于2～3mm时较为理想。

表5.2 生物膜和活性污泥中微生物种类与数量的比较

微生物	活性污泥法	生物膜法	微生物	活性污泥法	生物膜法
细菌	++++	++++	轮虫	+	+++
真菌	++	+++	线虫	+	++
藻类	+	++	寡毛虫	－	++
鞭毛虫	++	+++	其他后生动物	－	+
肉足虫	++	+++	昆虫类	－	++
纤毛虫	++++	++++			

(1)细菌

生物膜中的细菌也是常见于活性污泥中的一些种属，如动胶菌、假单胞菌、球衣细菌、贝氏硫菌、无色杆菌、黄杆菌、产碱菌等。

(2)丝状微生物

真菌较普遍，远多于活性污泥，常见的真菌主要有镰孢菌、青霉、毛霉、地霉、分枝孢霉及各种酵母菌等，霉菌是有机质的积极分解者，但有时过度繁殖，可引起滤池堵塞。

常见的藻类有席藻、丝藻、毛枝藻等丝状藻类，以及小球藻、硅藻等单胞藻类，它们多存在于生物膜表面。

(3)原生动物和后生动物

生物膜中的原生动物数量、种类也多于活性污泥，常见的纤毛虫有钟虫、累枝虫、独缩虫、楯纤虫、斜管虫、尖毛虫、豆形虫等，它们活跃在生物膜表面，以菌类为食，可促进滤池净化，提高处理效率，对滤池堵塞状况也有改善作用。

微型后生动物有轮虫、线虫、寡毛类的颤体虫、蛾蝇幼虫等，其中最重要的是蛾蝇。蛾蝇幼虫吞食生物膜，可抑制生物膜的过度增长，并可使生物膜疏松，但它的成虫经常出没在滤池周围，骚扰人群甚至携带病菌，传染疾病。在春夏秋季节，滤池中容易孳生灰蝇，它们是生物滤池中特有的一种昆虫，其幼虫以生物膜为食。幼虫的活动能起疏松生物膜的作用，有利于生物膜脱落更新。

3.生物膜的生物学特征

(1)微生物种群的多样性

在活性污泥法中，增殖较慢的生物会随水流失，难以栖息于污泥中。而在生物膜中，增殖很慢的生物也能生存。此外，有些微型后生动物对搅拌敏感，在活性污泥法中，这些种群容易受到冲击，在生物膜法中则可免受冲击。因此，与活性污泥相比，生物膜上微生物的种群多样性增加，在去除污染物上更具广谱性。

(2)优势微生物的区域性

在多段生物膜法处理系统中，与净化程度相对应，不同区域会出现不同的微生物优势种群。据研究，没有污泥回流是隔断微生物分异的重要原因。

(3)较长的食物链

与活性污泥相比，生物膜上原生和后生动物的比例提高。在生物膜上，不仅栖息着捕食细菌的生物，也存在更高营养级的生物，食物链明显长于活性污泥。

由于高营养级的生物多，食物链传递过程中能量消耗增大，污泥产量降低。实验证明，生物膜法的污泥产量比活性污泥法少 20%左右；而且动物性成分高的污泥，固液分离良好，上清液大多较为透明。

(4)固定硝化细菌和脱氮细菌

硝化细菌的增殖较慢，在一般的活性污泥法中，这类细菌很容易流失。然而在生物膜法中，即使比硝化细菌增殖更慢的细菌也能被持留并稳定地生长。在低浓度有机废水的膜法处理系统中，硝化细菌甚至可成为生物膜的优势菌群。生物膜内常有厌氧区域，在这里可发生脱氮作用。与活性污泥法相比，生物膜法的脱氮效率明显提高。

(5)较高的微生物浓度

在生物膜法反应器(如生物滤池)中，微生物分布于反应器的整个空间，单位体积生物量远比活性污泥法高。例如，在生物流化床反应器中，污泥浓度高达 10～50g/L，远远高于曝气池中的活性污泥浓度 2～4g/L。因此，单位容积的处理能力相对较高。

(四)氧化塘法处理原理及分类

氧化塘法又称稳定塘法、生物塘法，是一种利用水塘中的微生物和藻类对污水和有机废水进行生物处理的方法。稳定塘能够有效地用于生活污水、城市污水和各种有机工业废水的处理，能够适应各种气候条件。目前，稳定塘多作为二级处理技术使用，但它完全可以作为经活性污泥法或生物膜法处理后的深度处理技术，也可以作为一级处理技术。如将其串联起来，能够完成一级、二级以及深度处理全部系统的净化功能。

1.稳定塘的净化机理

细菌代谢所需的氧气由藻类通过光合作用提供，而其代谢产物二氧化碳又供藻类进行光合反应，细菌和藻类之间就是保持着这样的互相依存又互相制约的关系，形成所谓的菌藻共生系统。

图 5.5 所示为典型的兼性稳定塘生态系统，其中包括好氧区、厌氧区(污染层)及两者之间的兼性区。

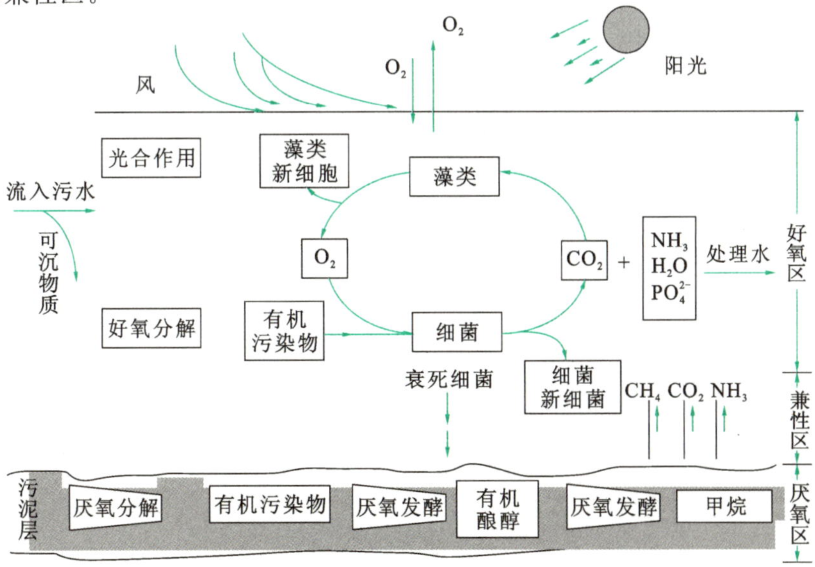

图 5.5　典型的兼性稳定塘生态系统

稳定塘可以通过多种途径对污水产生净化作用：

(1)稀释作用

污水进入稳定塘后，在风力、水流以及污染物的扩散作用下，与稳定塘内已有塘水进行一定程度的混合，使进水得到稀释，降低了其中各种污染物的浓度。

(2)沉淀和絮凝作用

污水进入稳定塘后，由于流速降低，其所挟带的悬浮物质在重力作用下沉于塘底，使污水的 SS、BOD_5、COD 等各项指标都得到降低。此外，在稳定塘的塘水中含有大量的生物分泌物，这些物质一般都具有絮凝作用，可以与污水中的细小悬浮颗粒产生絮凝作用，小颗粒聚集成大颗粒，沉于塘底成为沉积层。在沉积层中，有机污染物则可通过厌氧分解得到降解。

(3)好氧微生物的代谢作用

稳定塘对污水的净化，最关键的作用仍是在好氧条件下异养型的好氧菌和兼性菌对有机污染物的代谢作用，绝大部分的有机污染物都是在这种作用下而得以去除的。稳定塘由于好氧微生物的代谢作用，可去除 90%以上的 BOD_5，COD 去除率也可达 80%。

(4)厌氧微生物的代谢作用

在兼性塘的塘底沉积层和厌氧塘内，因无溶解氧，厌氧细菌得以生长。对有机污染物进行厌氧发酵，使之分解到一定程度，这也是稳定塘净化作用的一部分。

(5)浮游生物的作用

稳定塘内生活着的多种浮游生物，从不同的方面对稳定塘的净化功能发挥着作用。藻类的主要功能是供氧，同时也起到从塘水中去除某些污染物(如氮、磷)的作用；原生动物、后生动物及枝角类浮游动物在稳定塘内的主要功能是吞食游离细菌和细小的悬浮物颗粒，可使塘水进一步澄清，同时还分泌能够产生生物絮凝作用的黏液；底栖动物(如摇蚊等)摄取污泥层中的藻类或细菌，可使污泥层的污泥数量减少；放养鱼类的活动也有助于水质净化，它们捕食微型水生动物和残留于水中的污物。各种生物处于同一生物网中，互相制约，它们的动态平衡有利于水质净化。

(6)水生维管束植物的作用

在稳定塘内，水生维管束植物也可以从多方面对污水净化起到积极作用：①水生植物吸收氮、磷等营养，使稳定塘去除氮、磷的功能有所提高；②水生植物的根部具有富集重金属的功能，可提高重金属的去除率；③水生植物可以通过发达的维管束向塘水供氧，并通过根和茎为细菌和微生物提供生长介质，可以提高稳定塘去除 BOD 和 COD 的功能。

2. 影响稳定塘净化作用的因素

(1)影响氧转移的因素

在好氧塘中，氧的传输情况取决于以下因素：

① 塘面积与容积之比。氧经塘表面的扩散量与塘面积和容积的比值成正比，表面积越大，气-液界面越大，氧的传输越强。

② 流动状态。塘表面因波浪而产生紊动，促使更多液体与空气接触，故紊动越剧烈，复氧效果越好。

③ 温度。废水温度越低，液体内氧的溶解度越大，其扩散率也越大。但当温度下降到12～13℃时，则处理效果将急剧下降，因此需控制适宜的水温。

④ 细菌的吸氧速率。微生物消耗氧的速率越快，则氧的补充速率也就越快；反之，则越慢。

(2)光照

光是藻类进行光合作用的能源，藻类必须获得足够的光才能将各种物质转化为细胞的原生质。透过塘表面的阳光的光强与光谱构成对塘内微生物活性的影响很大。光合活性与光合作用速率均与光强成正比，与氧的产量成正比。

(3)温度

气温与进入塘内废水的温度，对稳定塘承受负荷的能力、净化效果以及塘内生态系统的演变、优势种群的更迭都有重要影响。好氧菌生存的最佳温度为30～40℃，藻类为30～35℃，微生物代谢活性速率随温度升高而加速，温度降低则代谢活性速率下降。

(4)营养物

为了确保稳定塘内生化代谢过程的顺利进行，必须给微生物供应必要的营养物，就BOD∶N∶P∶K而言，一般以100∶5∶1∶1为宜。

(5)有害物质

在厌氧塘和兼性塘中，产酸菌能将水中的硫酸盐还原成H_2S，有臭味。因此，必须控制进塘废水中的硫酸盐浓度。当废水中硫酸盐浓度小于100mg/L时，臭味不大。控制硫酸盐可以采取投加硝酸盐的措施，由于NH_3的产生及其化学反应可缓和H_2S臭气产生，但增加了NH_3臭味，因而从根本上解决问题的办法。最重要的措施是严格控制进塘废水中的硫酸盐含量，使之不超过100mg/L。

此外，水体的混合程度、水的蒸发与降雨以及污水预处理的程度等也都会影响稳定塘对污水的净化效果。

3.稳定塘的主要类型

稳定塘有多种分类方法，根据塘水中微生物优势群体类型和塘水的溶解氧状况，可以将稳定塘划分为以下主要类型：

(1)好氧稳定塘

好氧稳定塘简称好氧塘，塘水较浅，一般不超过0.5m，阳光能够透入塘底，主要由藻类供氧，全部塘水都呈好氧状态，好氧微生物在有机污染物的降解与污水净化作用中起主要作用。好氧塘对污水BOD_5的去除率一般可达80%以上。污水在塘内停留时间为2～6d。塘出水中一般含有大量的藻类和细菌，大都不能满足出水对悬浮固体的要求，因此，往往需要进行补充除藻处理。

(2)兼性稳定塘

兼性稳定塘简称兼性塘，塘水较深，一般在1.0m以上。从塘面到一定深度(0.5m左右)的区域，阳光能够透入，藻类光合作用旺盛，溶解氧比较充足，呈好氧状态；塘底为沉淀污泥，处于厌氧状态，有机物在厌氧微生物的作用下进行厌氧发酵；介于好氧区与厌氧区之间的区域为兼性区，存活大量的兼性微生物。所以，兼性塘的污水净化是由好氧、兼性、厌氧微生物协同完成的。兼性稳定塘是城市污水处理中最常用的一种稳定塘，其出水 BOD 值通常较低，但藻类细胞形式的 SS 值却较高。

(3)厌氧稳定塘

厌氧稳定塘简称厌氧塘，塘水深度一般在 2.0m 以上，有机负荷率高，整个塘水基本上都呈厌氧状态，在其中进行水解、产酸以及甲烷发酵等厌氧反应全过程，净化速度低，污水停留时间长。厌氧稳定塘一般用作高浓度有机废水的首级处理工艺，继之还需要设兼性塘、好氧塘甚至深度处理塘对其出水进行进一步的处理。

(4)曝气稳定塘

曝气稳定塘简称曝气塘，塘深在 2.0m 以上，由表面曝气器供氧，并对塘水进行搅动，在曝气条件下，藻类的生长与光合作用受到抑制。曝气塘又可分为好氧曝气塘及兼性曝气塘两种。好氧曝气塘与活性污泥处理法中的延时曝气法相近。

除上述几种类型的稳定塘以外，在应用上还存在一种专门用以处理二级处理后出水的深度处理塘。这种塘的功能是进一步降低二级处理水中残余的有机污染物(BOD 值、COD 值)、SS 值、细菌以及氮、磷等植物性营养物质等，在污水处理厂和接纳水体之间起到缓冲作用。深度处理塘一般采用大气复氧或藻类光合作用的供氧方式。

上述几种稳定塘，在一般情况下，都按连续出水方式运行，但也可根据需要对出水排放加以控制，或贮存或排放，此时便形成所谓的控制出水塘或贮存塘。

三、任务所需设备设施

1. 活性污泥(取自污水处理厂曝气池)；
2. 必要的水质分析仪器和玻璃仪器。

四、任务技能训练

1. 肉眼观察

取曝气池混合液 100mL 置于 100mL 量筒内，观察活性污泥在量筒中呈现的絮绒体外观及沉降性能，记录沉降 30min 时的污泥体积。

2. 制片

取曝气池混合液 1～2 滴，放在洁净载玻片中央(如混合液较稀，可待其沉淀后取沉淀区的污泥)。加盖玻片时注意不要在片内形成气泡，以免影响观察。

在制作生物膜标本时，可用镊子从填料上刮取一小块生物膜，用蒸馏水稀释，制成菌液，余下步骤与活性污泥标本的制备方法相同。

3. 镜检污泥性状及生物组成

在显微镜的低倍镜或高倍镜下观察生物相。

在正常的成熟的活性污泥中，细菌大多集中在菌胶团絮粒中，絮粒具有一定的形状，结构稠密，折光率高，沉降性能好。

(1)污泥絮粒

观察生物相的全貌，要注意污泥结构的松紧程度、菌胶团和丝状菌的比例及生长状况，观察微型动物的种类及活动状况，并加以记录和做出必要的描述。

① 形状：近似圆形的絮粒称为圆形絮粒，与圆形截然不同的称为不规则絮粒。

② 结构：絮粒中网状空隙与絮粒外面悬液相连的称为开放结构；无开放空隙的称为封闭结构。

③ 紧密度：絮粒中菌胶团细菌排列致密，絮粒边缘与外部悬液有清晰界限的称为紧密絮粒；絮粒边缘界线模糊的称为疏松絮粒。

实践证明，圆形、封闭、紧密的絮粒相互之间易于凝聚、浓缩，沉降性能良好；反之沉降性能差。

④ 大小：污泥絮粒大小按平均直径可分为三等。絮粒大的污泥沉降快。絮粒平均直径大于 500μm 的，称为大粒污泥；絮粒平均直径在 150～500μm 的，称为中粒污泥；絮粒平均直径小于 150μm 的，称为细小污泥。

(2)活性污泥丝状菌测量方法

活性污泥中的丝状细菌数量是影响污泥沉降性能最重要的因素。当污泥中丝状菌占优势时，会由絮粒中向外伸展，阻碍絮粒间的浓缩，活性污泥沉降性能恶化。

活性污泥丝状菌测量包括两种方法：一种是长度测量，另一种是丰度测量。

活性污泥丝状菌长度测量有一套标准的程序：取一定体积的混合液样，稀释至在显微镜下能辨清每个菌丝为止，测量被稀释的样品中伸出污泥絮体的所有丝状菌的长度，乘以稀释倍数，即为活性污泥丝状菌长度。一般来说，每克混合液污泥浓度(MLSS)对应的混合液中的丝状菌长度小于 10m 时，该种活性污泥沉降性能良好；大于 10m 时，沉降性能恶化。并不是丝状菌越少越好，因为丝状菌在污泥絮体中起骨架作用。当丝状菌长度小于0.5m/g MLSS 时，该种活性污泥沉降速度非常快，但不形成泥水界面，出水混浊。

丰度测量是将混合液放在显微镜下直接观察丝状菌的多少。按照丝状菌在污泥絮体上的丰富程度，将丰度分为七级，见表 5.3。

表 5.3 污泥絮体上丝状菌丰度分级

分级	丝状菌数量	具体表现
0	没有	所有絮体上都未见到丝状菌
a	很少	在个别絮体上发现丝状菌
b	一些	不是所有絮体上都有丝状菌
c	一般	所有絮体上都有菌丝，但密度较低 每个絮体上有 1～5 根菌丝
d	较多	所有絮体上都有菌丝，中等密度 每个絮体上有 5～20 根菌丝
e	丰富	所有絮体上都有菌丝，密度很高 每个絮体上菌丝超过 20 根
f	大量	大量菌丝形成丝网

活性污泥丝状菌丰度在 a～d 级时，污泥沉降浓缩性能良好。当为 e 级或 f 级时，活

性污泥处于膨胀状态，沉降性能恶化。当处于 0 级，即未发现丝状菌时，活性污泥絮体较松散，极易被曝气设备和回流设备打碎而形成很小的絮体。这种污泥在沉降时很可能沉速较快，但往往形不成泥水界面，上清液浑浊。

(3)微型动物

微型动物包括单细胞的原生动物和多细胞的微型后生动物，镜检时要注意观察它们的种类、形态、结构、数量。原生动物常作为污水净化指标。当活性污泥中固着型纤毛虫占优势时，可以认为生物处理系统运转正常。当活性污泥中出现轮虫时，说明处理效果良好，但数量过多则表明污泥极度老化，净化效果差。

将镜检结果填入表 5.4 中。

表 5.4　活性污泥观测结果

活性污泥来源	
采样日期	
污泥体积	
絮体形态	圆形 /不规则形
絮体结构	开放 /封闭
絮体紧密程度	紧密 /疏松
丝状菌数量	0 /± /+ / ++ /+++
游离细菌	几乎不见 / 少 /多
优势种动物名称及状态描述	
其他动物种名称	

五、讨论

1. 对于生活污水，污泥沉降比在 15%～30%较为适宜，如果不符合，分析系统存在哪些问题。

2. 通过镜检，判断活性污泥性状如何。

六、复习思考题

1. 什么叫自净？为什么在 20 世纪早期既没有集中污水处理系统，也没有现在的污染问题？

2. 废水的处理有哪些方法？各有什么优缺点？

3. 什么叫活性污泥法？活性污泥法对有机污染物的去除主要包括哪几个过程？

七、自我评价表（表5.5）

表5.5　好氧生物处理技术自我评价表

评价内容	考核指标	分值
生物处理	原理及类型	10
活性污泥法	活性污泥性能与生物相	40
生物膜法	特点	20
氧化塘	类型及特点	10
生物制片	制片方法	10
污泥性状观察	污泥观察判断标准	10
合计		100

任务5.2　厌氧生物处理技术

视频
污水厌氧生物处理

一、任务目标

1. 了解用厌氧生物处理技术来处理污废水的原理；
2. 熟悉厌氧生物处理的特点及微生物群种类；
3. 了解厌氧生物处理的工艺条件及影响因素。

二、任务相关知识

（一）厌氧生物处理原理

厌氧生物处理是在厌氧条件下，利用兼性厌氧和厌氧性微生物的代谢特性，在无须提供外源能量的条件下，处理高浓度有机废水及剩余活性污泥，将有机物转化为甲烷和二氧化碳、硫化氢、氨等的过程，又称为厌氧消化。厌氧生物处理法不仅适用于高浓度有机废水，进水BOD最高浓度可达10^4mg/L，也可适用于低浓度有机废水，如城市污水等。

厌氧生物处理过程能耗低；有机容积负荷高，一般为5～10kg COD/(m^3·d)，最高的可达30～50kg COD/(m^3·d)；剩余污泥量少；厌氧菌对营养需求低、耐毒性强，可降解的有机物分子相对分子量高；耐冲击负荷能力强；产出的沼气是一种清洁能源。

在废水的厌氧处理过程中，废水中的有机物经大量微生物的共同作用，最终转化为甲烷、二氧化碳、水、硫化氢和氨。如图5.6所示。

含可溶性、不溶性碳水化合物、脂肪、蛋白质的废水

水解阶段 ↓

溶解性单体（糖、氨基酸）

发酵阶段 ↓

H_2、CO_2、有机酸
乙酸、丙酸、丁酸、乳酸和乙醇

产氢产乙酸阶段 ↓

H_2、CO_2、乙酸

产甲烷阶段 ↓

CH_4、CO_2

图 5.6　厌氧生物处理过程

1. 水解发酵阶段（Ⅰ）

大分子有机物被胞外酶分解为小分子有机物，然后进入细胞内被分解为更简单的物质，如蛋白质被水解为氨基酸，脱氨基后转化为有机酸和氨；纤维素、淀粉等被水解为丙酮酸。

2. 产乙酸阶段（Ⅱ）

阶段Ⅰ产生的脂肪酸、醇类被进一步转化为乙酸及 H_2、CO_2。H_2 和 CO_2 则由同型产乙酸细菌转化为乙酸。

3. 产甲烷阶段（Ⅲ）

甲烷的产生有以下两种方式：

$$\left.\begin{array}{l} H_2+CO_2 \longrightarrow CH_4 \\ H_2+CO \longrightarrow CH_4 \end{array}\right\} \text{约占 28\%}$$

$$\left.\begin{array}{l} \text{乙酸} \longrightarrow CH_4+CO_2 \\ \text{甲酸、甲醇、甲基胺} \longrightarrow CH_4 \end{array}\right\} \text{约占 72\%}$$

（二）厌氧生物处理的优缺点

1. 主要优点

与废水的好氧生物处理工艺相比，废水的厌氧生物处理工艺具有以下主要优点：

（1）能耗大大降低，而且还可以回收生物能（沼气）

因为厌氧生物处理工艺无须为微生物提供氧气，所以不需要鼓风曝气，减少了能耗，而且在大量降低废水中有机物的同时，还会产生大量的沼气，其中主要的有效成分是甲烷，是一种可以燃烧的气体，具有很高的利用价值，可以直接用于锅炉燃烧或发电。

（2）污泥产量很低

这是由于在厌氧生物处理过程中废水中的大部分有机污染物都被用来产生沼

气——甲烷和二氧化碳，用于细胞合成的有机物相对来说要少得多；同时，厌氧微生物的增殖速率比好氧微生物低得多，产酸菌的产率为0.15～0.34kg VSS/kg COD，产甲烷菌的产率为0.03kg VSS/kg COD左右，而好氧微生物的产率为0.25～0.6kg VSS/kg COD。

(3)厌氧微生物有可能对好氧微生物不能降解的一些有机物进行降解或部分降解

对于某些含有难降解有机物的废水，利用厌氧工艺进行处理可以获得更好的处理效果，或者可以利用厌氧工艺作为预处理工艺，提高废水的可生化性，提高后续好氧处理工艺的处理效果。

2. 主要缺点

与废水的好氧生物处理工艺相比，废水厌氧生物处理工艺也存在着以下明显缺点：

(1)厌氧生物处理过程中所涉及的生化反应过程较为复杂，因为厌氧消化过程是由多种不同性质、不同功能的厌氧微生物协同工作的一个连续的生化过程，不同种属间细菌的相互配合或平衡较难控制，因此在运行厌氧反应器的过程中需要很高的技术要求。

(2)厌氧微生物特别是其中的产甲烷细菌对温度、pH值等环境因素非常敏感，也使得厌氧反应器的运行和应用受到很多限制。

(3)虽然厌氧生物处理工艺在处理高浓度的工业废水时常常可以达到很高的处理效率，但其出水水质通常较差，一般需要利用好氧工艺进行进一步的处理。

(4)厌氧生物处理过程中的气味较大。

(5)对氨氮的去除效果不好，一般认为，在厌氧条件下氨氮不会降低，而且还可能因原废水中含有的有机氮在厌氧条件下的转化导致氨氮浓度上升。

好氧工艺和厌氧工艺特性比较见表5.6。

表5.6　好氧工艺和厌氧工艺特性对比

	好氧生物降解	厌氧生物降解
微生物种类	好氧微生物(较简)	厌氧微生物(复杂)
降解速率	快	慢
降解途径	碳降解、氨降解	碳降解
对氧的要求	适当的溶解氧	无溶解氧
温度要求	常温	常温—中温—高温
环境条件	适应范围宽	适应范围较窄
营养物质	100∶5∶1	200∶5∶1
最终产物	H_2O、CO_2	CH_4、H_2O、CO_2
基建费用	较低	较高
运行费用	较高	较低、回收能源

(三)厌氧消化的微生物群落

1. 发酵细菌(产酸细菌)

第一阶段的微生物群落是水解、发酵性细菌群,主要是专性厌氧菌和少量兼性厌氧菌。专性厌氧菌主要有梭菌属、拟杆菌属、丁酸弧菌属、双歧杆菌属等;兼性厌氧菌有链球菌和肠球菌。

2. 产氢和产乙酸细菌

这群细菌包括互营单胞菌属、互营杆菌属、梭菌属和暗杆菌属、脱硫弧菌等。

3. 同型产乙酸细菌

同型产乙酸细菌有乙酸梭菌、甲酸乙酸化梭菌、乌氏梭菌、伍迪乙酸梭菌等。

4. 产甲烷细菌

甲烷细菌都是专性严格厌氧菌,对氧非常敏感,遇氧后会立即受到抑制,不能生长、繁殖,有的还会死亡。甲烷细菌在自然界中分布极为广泛,在与氧气隔绝的环境中都有甲烷细菌生长,在海底沉积物、河湖淤泥、沼泽地、水稻田以及人和动物的肠道、反刍动物瘤胃,甚至在植物体内也都有甲烷细菌存在。最常见的产甲烷细菌有产甲烷杆菌、产甲烷球菌、产甲烷八叠球菌、产甲烷螺菌和产甲烷丝菌等。甲烷细菌有球状、杆状、螺旋形,有的呈八叠球状,还有的能连成长链状。甲烷细菌只能利用很简单的物质,如 CO_2、H_2、甲酸、乙酸和甲基胺等,需几天乃至几十天才能繁殖一代。

此外,还有少数厌氧或兼性厌氧的游泳型纤毛虫,例如扭头虫、草履虫等。

(四)影响厌氧生物处理的因素

生物处理的主体是微生物,微生物的新陈代谢对环境因素有一定的要求,如果环境条件突然改变,超出正常的范围,会导致微生物的不适应,从而影响处理效果。在运行中常见的影响因素有温度、pH 值、有毒物质和营养配比。

1. 温度

对于大多数细菌,适宜的温度在 20～40℃之间。

好氧处理在水温 30～35℃时处理效果最佳,但实际工艺常在 15～30℃之间进行,在水温低于 10℃或高于 40℃时,仍有良好的处理效果。当水温比正常水温低很多时,可以调低负荷,所以好氧处理一般不对温度做特殊调整。某些工业废水水温太高,应设置调节池降温。

厌氧处理可根据温度的不同分为中温(30～35℃)及高温(50～60℃)两大类。高温消化比中温消化所需的时间短,但加热污泥所需的热量多。从经济角度考虑,一般采用中温消化方式。为解决冬季水温过低、代谢速率慢的问题,可采取设备增设保温层及水蒸气预热等措施。

2. pH 值

一般来说,好氧处理中 pH 值应在 6～9 之间,但是好氧微生物对 pH 值的适应能力较强,适宜的范围较大。

厌氧处理中 pH 值应在 6.5～7.8 之间,因为厌氧微生物对 pH 值较敏感,如果 pH 值降至 5 以下,对甲烷菌有很强的毒害作用,甚至会导致甲烷菌死亡。

一般情况下,如果进水的 pH 值远离正常值,应该在生物处理的构筑物前设置调节池，将 pH 值调整至正常范围后，才可进行生物处理。

3. 有毒物质

对微生物有毒害的物质都会影响微生物的处理效率，严重的会使微生物死亡。例如重金属、氰化物、硫化物、醛类、酚类等。

微生物对毒物的忍受能力因种类而异。细菌适应性较强，通过长期驯化可以承受较高浓度的毒物。所以，在处理过程中，逐步提高毒物浓度可使微生物适应这种水质，从而有效地达到净化废水的目的。

4. 营养配比

不同的微生物对营养元素的需求不同，并且对营养元素之间有一定的比例要求。

好氧处理的营养要求：BOD_5 ∶ N ∶ P＝100 ∶ 5 ∶ 1。

厌氧处理的营养要求：BOD_5 ∶ N ∶ P＝100 ∶ 6 ∶ 1。

在生活污水中，各种营养比较充足，比例符合要求，一般不需要做调整；某些工业废水可能缺乏氮、磷元素，可以用生活污水、粪便或化肥进行补充。

三、任务所需设备设施

小型污废水处理平台。

四、任务技能训练

参观小型污废水处理平台，了解污废水处理平台处理废水的类型及工艺流程；观察污废水处理平台运用哪几种生物处理类型，知道污废水处理平台处理过程中每一阶段的作用；明确该污废水处理平台处理污废水的最高浓度，同时还要了解处理后的废水一般浓度，能否达标排放；参观污废水处理平台的运行方法，询问该污废水处理平台常见的问题及处理方法。

五、讨论

1. 厌氧生物处理系统适合处理哪些种类的污废水？
2. 对该污废水处理平台常见问题及其处理方法是否了解？

六、复习思考题

1. 废水厌氧生物处理有哪些方法？
2. 颗粒污泥与絮状污泥相比有何优点？
3. 试说明好氧处理法与厌氧处理法各有什么特点。

七、自我评价表(表 5.7)

表 5.7 厌氧生物处理技术自我评价表

评价内容	考核指标	分值
纪律	参观过程中是否积极主动、是否遵守纪律	20
参观	对污废水处理平台的运行机制、工艺流程是否了解	60
绘图	是否能根据参观内容正确绘制工艺流程图	20
合计		100

任务 5.3 活性污泥培养与驯化技术

一、任务目标

1. 掌握活性污泥的培养和驯化方法及其影响因素；
2. 掌握生物膜培养方法。

二、任务相关知识

在活性污泥中，除了微生物外，还含有一些无机物和分解中的有机物。微生物和有机物构成活性污泥的挥发性部分(即挥发性活性污泥)，它占全部活性污泥的 70%～80%。活性污泥的含水率一般为 98%～99%，它具有很强的吸附和氧化分解有机物的能力。

活性污泥是通过一定的方法培养和驯化出来的。培养的目的是使微生物增殖，达到一定的污泥浓度；驯化则是对混合微生物群进行选择和诱导，使能降解污水中污染物活性的微生物成为优势菌群。

(一)活性污泥中的微生物的增殖规律及其应用

活性污泥中微生物的增殖是活性污泥在曝气池内发生反应、有机物被降解的必然结果，而微生物增殖的结果则是活性污泥的增殖。图 5.7 所示为活性污泥的增殖曲线。

1. 适应期

适应期是活性污泥微生物对于新的环境条件、污水中有机污染物的种类等的一个短暂的适应过程。经过适应期后，微生物可能没有增殖，但发生了一些质的变化：①菌体体积有所增大；②酶系统也已做了相应调整；③产生了一些适应新环境的变异等。BOD_5、COD 等各项污染指标可能并无较大变化。

2. 对数增长期

F/M 值高[<2.2kgBOD_5/(kgVSS · d)]，所以有机底物非常丰富，营养物质不是微

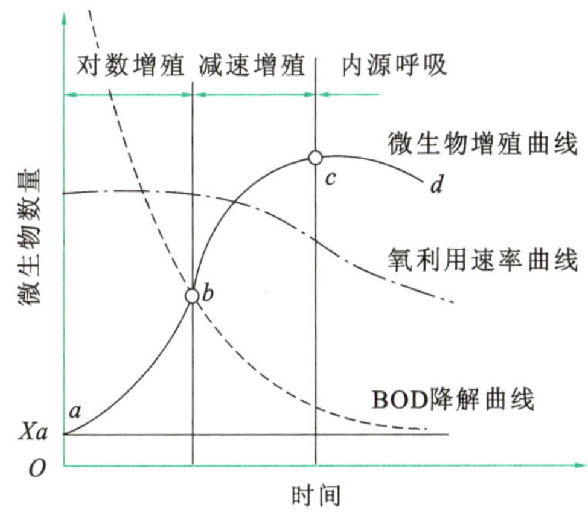

图 5.7 活性污泥的增殖曲线

（间歇静态培养；底物是一次投加；图中同时还表示了有机底物降解和氧的消耗曲线）

生物增殖的控制因素；微生物的增长速率与基质浓度无关，呈零级反应，它仅由微生物本身所特有的最小世代时间所控制，即只受微生物自身的生理机能的限制；微生物以最高速率对有机物进行摄取，也以最高速率增殖而合成新细胞；此时的活性污泥具有很高的能量水平，其中的微生物活动能力很强，导致污泥质地松散，不能形成较好的絮凝体，污泥的沉淀性能不佳；活性污泥的代谢速率极高，需氧量大。一般不采用此阶段作为运行工况，但也有采用的，如高负荷活性污泥法。

3.减速增长期

F/M 值下降到一定水平后，有机底物的浓度成为微生物增殖的控制因素；微生物的增殖速率与残存的有机底物呈正比，为一级反应；有机底物的降解速率也开始下降；微生物的增殖速率在逐渐下降，直至在本期的最后阶段下降为零，但微生物的量还在增长；活性污泥的能量水平已下降，絮凝体开始形成，活性污泥的凝聚、吸附以及沉淀性能均较好；由于残存的有机物浓度较低，出水水质有较大改善，并且整个系统运行稳定。一般来说，大多数活性污泥处理厂是将曝气池的运行工况控制在这一范围内的。

4.内源呼吸期

内源呼吸的速率在本期之初首次超过了合成速率，因此从整体上来说，活性污泥的量在减少，最终所有的活细胞将消亡，而仅残留内源呼吸的残留物，而这些物质多是难以降解的细胞壁等；污泥的无机化程度较高，沉降性能良好，但凝聚性较差；有机物基本消耗殆尽，处理水质良好。一般不用这一阶段作为运行工况，但也有采用的，如延时曝气法。

5.活性污泥增殖规律的应用

(1)活性污泥的增殖状况，主要是由 F/M 值所控制；

(2)处于不同增殖期的活性污泥，其性能不同，出水水质也不同；

(3)通过调整 F/M 值，可以调控曝气池的运行工况，达到不同的出水水质和不同性质的活性污泥；

(4)活性污泥法的运行方式不同，其在增殖曲线上所处位置也不同。

(二)活性污泥的培养

活性污泥处理系统投入运行前，都要经过活性污泥的培养阶段，活性污泥培养的实

视频

活性污泥的培养驯化

质就是要培养出适应待处理污废水水质的微生物，因此培养过程需要有菌种和营养物。

1.培菌方法

所谓活性污泥的培养，就是为活性污泥的微生物提供一定的生长繁殖条件，即营养物质、溶解氧、适宜的温度和酸碱度等，在这种条件下，经过一段时间就会有活性污泥形成，并且在数量上逐渐增长，最后达到处理废水所需的污泥浓度。

对于城市污水，其中菌种和营养物都具备，所以可直接用城市污水进行培养。可在温暖季节，先使曝气池充满生活污水，闷曝（即曝气而不进污水）数小时后即可连续进水。进水量从小到大逐渐增加，连续运行数天后即可见活性污泥开始出现并逐渐增多。由于生活污水营养合适，所以污泥很快就会增长至所需的浓度。为了加快这一进程，还可适当增加培菌初期所需营养物的浓度，例如投加一些浓质粪便或米泔水等以提高营养物浓度。设有初沉池的处理系统可让废水超越初沉池而直接进入曝气池。培菌时期（尤其是初期），由于污泥尚未大量形成，污泥浓度较低，故应控制曝气量，使之大大低于正常运行期的曝气量。根据曝气方式不同，有间歇曝气培养和连续曝气培养两种方式。

对一些含有毒物质的工业废水，还可以投入一定量的经筛选所得的菌种或废水流过的下水道里捞来的污泥，以利于以后的驯化。由于工业废水的水质及营养等，工业废水处理系统的培菌往往较困难。最好采用与本厂水质相同的污废水处理厂的活性污泥作菌种。

常用的活性污泥培菌方法有以下几种：

（1）采用数级扩大培菌

根据微生物生长繁殖快的特点，依照发酵工业中的菌种→种子罐→发酵罐数级扩大培养工艺，因地制宜，寻找合适的容器，分级扩大培菌。也就是说，可以先在一个容积较小的反应器中按上述方法培菌，培好的菌可以放在曝气池的一部分区域，然后加以扩大，直到扩大到整个曝气池。此法适用于规模较大的处理系统。

（2）干污泥培菌

取水质类型相同、已正常运行的处理系统中脱水后的干污泥作为菌种源进行培菌。取约占曝气池容积1%的干污泥，加少量水捣碎，然后按上述方法培菌。由于干污泥易于运输，本法适用于邻近无生化处理系统的偏僻地区。

（3）工业废水直接培菌

某些厂的工业废水营养成分较全，可用这类废水直接培菌。如果废水营养成分尚全，但浓度不足，培菌周期往往较长，此时可适当投加一些营养浓度较高的废水，以加快培菌的进程。

（4）有毒或难生物降解的工业废水的培菌

对有毒或难生物降解的工业废水，只能先以生活污水培菌，然后再用工业废水驯化。

2.培菌过程中生物演替

在培菌过程中，随着环境条件的变化，其中主要是BOD（即营养物浓度）不断降低，系统中微生物的数量也相应地发生着变化。

由于细菌和鞭毛虫类能通过细胞膜的渗透作用，将溶解于水中的有机物吸收到体内作为营养，因此它们能在高度污染的、未经处理的水域中大量繁殖。变形虫类能用伪足吞噬固体有机物碎屑以摄取营养，因此亦必须生存于有机物丰富、污染程度较高的水中。在培菌初期，水中有机物浓度(BOD)很高，污泥尚未形成，还没有明显的处理效果，这时，曝气池中可见大量游离细菌，接着出现的是植鞭毛虫的杆囊虫和动鞭毛虫的波多虫等，此外，还能看到一定数量的变形虫。但不久就出现了掠食细菌能力更强的纤毛虫类原生动物：先是小型的掠食细菌的游动型纤毛虫(如豆形虫、肾形虫等)大量出现，继而出现掠食小型纤毛虫的漫游虫、裂口虫和草履虫等。随着培菌的进展，水中有机营养逐渐被消耗，异养细菌的数量下降，游动型纤毛虫逐步让位给固着型纤毛虫，它们以尾柄固着在污泥絮体上生长。因此，钟虫类固着型纤毛虫的出现和增长就标志着活性污泥的逐步形成和增长。与此同时，匍匐型纤毛虫也出现于污泥间，它们以有机残渣和死的生物体为食。随着污泥日趋成熟，处理效果也越来越好，水中有机物减少到极低时，便相继出现了吞噬散落污泥的轮虫，故轮虫的出现是污泥成熟及净化程度高的标志。

(三)活性污泥的驯化

在工业废水处理系统的培菌阶段后期，生活污水和外加营养量逐渐减少，工业废水比例逐渐增加，最后全部转为受纳工业废水，这个过程称为驯化。

在污泥驯化过程中，污泥中的微生物发生着两个变化：其一是能利用该废水中有机污染物的微生物数量逐渐增加，不能利用的则逐渐死亡、淘汰；其二是能适应该废水的微生物在有机物的诱发下，产生能分解利用该物质的诱导酶。

细菌对有机物的分解，必须在酶的参与下才能进行。酶是一种蛋白质，相对分子量很大，还有很强的专一性。因此，要分解废水中的多种有机物，必须要有多种酶，并且每种酶要有一定的数量。但细菌的体积很小，不能容纳那么多的酶，因此，只有在某种有机物存在的情况下，使细菌诱发产生一定数量的对这种化学物质有催化作用的酶，这就是所谓的诱导酶。

在驯化时，需注意使工业废水比例减小。每调整一次配比时，须保持数天，待运行稳定后(指污泥浓度未减小，处理效果亦正常)，才可再次变动配比，直到驯化结束。对有毒成分较少、营养较全的工业废水，也可同时进行培菌和驯化，即在培菌一开始即投加一定数量的工业废水，随着污泥的增加，工业废水量及比例也逐渐增加。实践表明，这一方法可加速培菌及驯化的整个过程，并可减少对生活污水的需要量。

污泥驯化注意事项：

(1)活性污泥培菌过程中，应经常测定进水的pH值、COD、氨氮和曝气池溶解氧、污泥沉降性等性能指标。活性污泥初步形成后，就要进行生物相观察，根据观察结果对污泥培养状态进行评估，并动态调控培菌过程。

(2)活性污泥的培菌应尽可能在温度适宜的季节进行。温度适宜，微生物才可快速生长，缩短培菌时间。如果只能在冬季培菌，则应采用接种进行培菌，接种污泥数量比春秋季的要多。

(3)培菌过程中，特别是污泥初步形成后，要注意防止污泥过度自身氧化，特别是在夏季。这不仅增加了培菌时间和费用，甚至会导致污水处理系统无法按期投入运行。要避免污泥自身氧化，控制曝气量和曝气时间是关键，要经常测定池内的溶解氧含量，及时进水以满足微生物对营养的需求。若进水浓度太低，则要投加大粪等以补充营养，条件不具备时可采用间歇曝气。

(4)活性污泥培菌后期，适当排出一些老化污泥有利于微生物进一步生长繁殖。污泥老化程度是指活性污泥中死亡的细菌细胞所占比例。新生菌胶团颜色浅、无色透明、结构紧密，生命力旺盛，吸附和氧化能力强；老化的菌胶团颜色深、结构松散，活性不强，吸附和氧化能力差。根据观察到的污泥老化程度来调节剩余污泥排放量，使活性污泥处于最佳活性状态。

(5)工业废水处理厂在生产装置投产前往往没有废水进入，而一旦生产装置投产后，排放的废水就需及时处理。此时，应根据实际情况合理确定培菌时间，并提前准备污泥种及养料等。

(6)如曝气池中污泥已培养成熟(活性污泥 SV_{30} 高于 50%，SVI 在 100mL/g 左右，并出现大量钟虫类固着型纤毛虫和轮虫，表明活性污泥已培养成熟)，但仍没有废水进入时，应停止曝气使污泥处于休眠状态，或间歇曝气(延长曝气间隔时间、减小曝气量)以尽可能降低污泥自身氧化的速度。有条件时，应投加大粪、无毒性的有机下脚料(如食堂泔脚)等营养物。

(7)大部分废水处理厂都有两个(格)以上的曝气池。这种情况下可先利用一个曝气池培养活性污泥，然后再输送到相邻其他曝气池进行多级扩大培养。本法适用于规模较大的废水处理厂。

(四)好氧生物膜的培养

好氧生物膜的培养有自然挂膜法、活性污泥挂膜法和优势菌挂膜法。

1. 自然挂膜法

生物膜的培养通常采用自然挂膜法。用泵将污(废)水以慢流速引入生物滤池，循环 3～7d 后，改为慢速连续进水。在此过程中，污(废)水中的菌种和空气中的微生物附着在滤料表面，吸收水中的有机物作为营养进行生长繁殖。微生物的数量由少到多，从开始到成熟，生物膜要经过潜伏和生长两个阶段。当进水流量达到设计值时，滤料上形成正常的生物相，出水指标达到排放标准，培养可结束。对于一般的城市污水，在 15～20℃ 水温条件下，培养期为 30～50d。

2. 活性污泥挂膜法

取处理生活污水或处理工业废水的活性污泥作菌种，将本厂的污(废)水与其混合，用泵将混合液以慢流速引入生物滤池，循环 3～7d 后，改为慢速连续进水。培养过程与自然挂膜法相同。

3. 优势菌挂膜法

优势菌是从自然环境或废水处理中筛选、分离获得的，也可通过遗传育种获得，甚至通过基因工程构建的超级细菌作菌种。优势菌对待处理的废水有很强的降解能力，可以将废水与菌种充分混合，用泵将混合液以慢流速引入生物滤池，循环 3～7d，使菌种黏附于滤料表面，然后改用慢速连续进水，直至形成正常分层的生物相。

一般来说，当滤池进水 BOD_5 ＞200mg/L 时，常常需采取回流方式。利用回流出水与进水混合，这样既可提高水力负荷率，又可稀释进水的有机物浓度，保证出水水质，并可防止滤池堵塞。

(五)厌氧生物污泥的培育

厌氧反应器内的微生物颗粒污泥，主要由以产甲烷细菌为主体的厌氧微生物组成，形成的颗粒污泥粒径为 1～5mm。

厌氧反应器中颗粒污泥的形成过程可分为以下三个阶段：

1. 启动与污泥活性提高阶段

在此阶段，反应器的有机负荷一般控制在 2.0kgCOD/(m^3 · d)以下，运行时间需1～1.5个月。值得注意的是：①最初污泥负荷应低于 0.2kgCOD/(kgTS · d)；②在废水中的各种挥发性脂肪酸没有充分分解之前，不要增加反应器的负荷；③应将反应器内的环境条件控制在有利于厌氧微生物(主要是产甲烷细菌)繁殖的范围；④投产时，使反应器有效截留重质污泥，并允许多余(稳定性差的)污泥流出反应器。

2. 颗粒污泥形成阶段

在此阶段，有机负荷一般控制在 2.0～5.0kg COD/(m^3 · d)。由于有机负荷逐渐提高，粒径较小和沉降性较差的污泥随出水流出反应器，重质污泥则留在反应器内。由于产气及其搅拌作用，反应器内的污泥在重质污泥颗粒的表面富集、絮凝，并生长繁殖，最终形成粒径为 1～5mm 的颗粒污泥。此阶段需 1～1.5 个月。

3. 污泥床形成阶段

在此阶段，反应器的有机负荷大于 5kg COD/(m^3 · d)。随着有机负荷的不断增加，反应器内的污泥浓度逐步增大，颗粒污泥床的高度也相应增高。

正常运行时，有机负荷可逐渐增至 30～50kg COD/(m^3 · d)或更高。若接种污泥充足，操作控制得当，颗粒污泥床的形成需 3～4 个月。

三、任务所需器材

1. 实验所用工艺流程如图 5.8 所示。

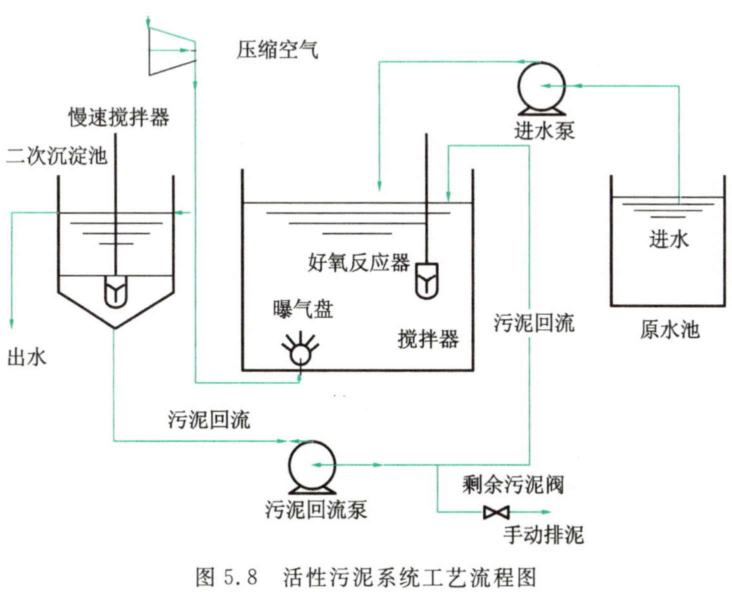

图 5.8　活性污泥系统工艺流程图

完全混合系统一套(或污废水处理厂):由进水槽、完全混合反应器、二次沉淀池、进水泵、污泥回流泵、空气压缩机、搅拌器、曝气盘、PLC控制器等组成。

2. 必要的水质分析仪器和玻璃仪器。

四、任务技能训练

活性污泥有多种培养方法,但不同的方法所要求的培养时间和人力、物力均不同。应根据废水水质、气候、实际许可的条件等情况来选择培养方法。

1. 培养前的准备工作

(1)各构筑物建成,并经清池清除建筑垃圾,静压实验证明无渗漏,无下沉位移,最后按有关规程验收合格。

(2)电气、机械、管路等全部设备建成并经单机试车、联动试车正常,最后按有关规程(说明书)验收合格。

(3)根据日后运行管理需要,有条件的污水处理厂(站)需进行最基本的常规化验测试,如pH值、水温、COD、DO值、生物相等,用以指导活性污泥的培养过程和日常运行。

(4)基础数据的调查摸底,包括污水流量昼夜变化情况、水质(pH值、水温、COD、BOD_5/CODCr、含氮、含磷、有毒物质等)及其变化情况、各种设施和设备的技术参数。有条件的地方最好对受纳水体(如接纳排污的河流等)的本地水质进行调查备案,为考察若干年后对受纳水体的影响提供依据。

(5)根据处理水质状况备足必需的营养物(碳源、氮源、磷源),以备缺什么补什么。采用接种培菌法还需备足与其他污水处理厂(站)相似的污水性质的干(或浓缩)污泥作为活性污泥微生物培养用的菌种。

(6)操作人员应熟悉整个系统的管道布置和公用工程方面的情况,了解污泥培养的基本过程和控制要求。

(7)人员到位,自培养和驯化后一般应使系统连续运行,不能脱人。

(8)编制必要的化验和运转的原始记录报表以及初步的建章立制。从培菌伊始,逐步建立较规范的组织和管理模式,确保启动与正式运行的有序进行。

2. 菌株培养与驯化

菌株培养与驯化也叫自然培养,指利用废水中原有的少量微生物,逐步繁殖的培养过程。常用的活性污泥培菌方法,适用于大部分工业废水处理厂,如附近有种泥,也可采用此法,以缩短培养时间。接种培养法常用的有两种:浓缩污泥接种培菌和干污泥接种培菌。

城市污水和一些营养成分较全、毒性小的工业废水,如食品厂、肉类加工厂废水,可以考虑这种培养方法,但培养时间相对较长。自然培菌又可分为间歇培菌和连续培菌两种。

(1)间歇培菌

将曝气池注满废水,进行闷曝(即只曝气而不进废水),数天后停止曝气,静置沉淀

1h,然后排出池内约1/5的上层废水,并注入相同量的新鲜污水。如此反复进行闷曝、静沉和进水三个过程,每次的进水量要比上次有所增加,而闷曝时间要比上次缩短。在春秋季节,两三周就可初步培养出污泥。当曝气池混合液污泥浓度达到1g/L左右时,就可连续进水和曝气。由于培养初期污泥浓度较低,沉淀池内积累的污泥也较少,回流量也要少一些,此后随着污泥量的增多,回流污泥量也要相应增加。当污泥浓度达到工艺所需的浓度后,即可开始正常运行,按工艺要求进行控制。

(2)连续培菌

先将曝气池注满废水,然后停止注水,闷曝半天至一天后可连续注水。连续曝气,进水量从小到大逐渐增加,连续运行一段时间(与间歇法差不多),就会有活性污泥出现并逐渐增多。曝气池污泥量达到工艺所需的浓度时,按工艺要求进行控制。由于自然培菌法是用废水直接培养活性污泥,其培菌过程也是微生物逐步适应废水性质并获得驯化的过程。

3. 活性污泥成熟

曝气池中污泥培养成熟指标:活性污泥 SV_{30} 高于50%,SVI在100mL/g左右,并出现大量钟虫类固着型纤毛虫和轮虫,表明活性污泥已培养成熟,可用于污水生物处理。

五、讨论

如何判断活性污泥是否可以用于正常运转?

六、复习思考题

1. 影响污水好氧生物处理效果的因素有哪些?
2. 通过本实验系统的观测和控制,阐述完全混合式活性污泥法的优缺点。

七、自我评价表(表5.8)

表5.8 活性污泥培养与驯化技术自我评价表

评价内容	考核指标	分值
活性污泥的培养	培菌方法	40
活性污泥的驯化	驯化注意事项	40
活性污泥成熟判断	判断指标	20
合计		100

任务5.4 生物膜或活性污泥中微生物的观察

一、任务目标

1. 掌握污废水生物处理系统中生物相的观察对活性污泥系统的指导意义。
2. 观察活性污泥或生物膜上微生物个体形态，学会生物图的绘制。

二、任务相关知识

生态演替是指生物群落经过一定的发展时期及环境内生态因子的改变，从一个群落类型转变成另一类型，或是一个群落被另一个群落所取代的现象。生物群落的演替具有一定的方向性，随着生态环境中各生物因子的变化，群落也必然随之按着一定的序列演变，某些种群的出现代替了原有种群构成，如自然水体（包括污水生物处理系统）中原生动物及后生动物随废水有机物浓度改变的演替现象。当 BOD_5 浓度为 60mg/L 左右时，常出现大量游泳型纤毛虫；当 BOD_5 浓度为 30mg/L 左右时，常见固着型纤毛虫；而 BOD_5 浓度为 15mg/L 时，常出现轮虫。值得注意的是，每个种群微生物尽管有特定的生态位，但是由于它们的耐性限度有一定幅宽，因而往往在某一特定群落中常会发现不同类群的原生动物，故本项目主要学习如何利用微生物对污水生物治理运转进行监测与评价。

（一）微生物在污水生物处理运转中的指示作用

1. 活性污泥中微生物的指示作用

（1）活性污泥的指示作用

通过絮状体的颜色、数量、颗粒大小及结构的松紧程度可衡量活性污泥的性能，例如新生的活性污泥颜色浅、无色透明、结构紧密，则说明其生命力旺盛，吸附和氧化能力强，沉降性能良好。

（2）原生动物和微型后生动物的指示作用

原生动物和微型后生动物便于通过普通光学显微镜观察和分辨，因而可以作为指示生物，依据种类、数量、形态上的变化，判断处理系统运行状况和出水水质状况。

在污水处理生态系统中形成了一条特定的食物链，即细菌→植物性鞭毛虫→肉足虫→动物性鞭毛虫→游泳型纤毛虫、吸管虫→固着型纤毛虫→轮虫。

在活性污泥中出现轮虫，往往表明处理效果良好，但当轮虫数量过多时，则可能破坏污泥结构，导致污泥松散上浮。

① 根据生物演替判断活性污泥的成熟程度。活性污泥培养初期以鞭毛虫、变形虫为优势种；活性污泥培养中期以游泳型纤毛虫、鞭毛虫为优势种；活性污泥培养成熟期以钟

虫类固着型纤毛虫、楯纤虫、轮虫为优势种。

② 根据生物种类判断活性污泥和处理水质的效果。如出现大量固着型纤毛虫和楯纤虫、轮虫时，说明活性污泥状况良好，废水中溶解氧适当，出水水质好；当游泳型纤毛虫和鞭毛虫、根足虫等出现时，说明活性污泥结构松散，出水水质差，运转不正常，必须采取调节措施；当出现线虫，则说明缺氧。

③ 根据生物形态和数量的变化判断处理条件。在生物处理过程中，运行条件的突然变化(如进水水量、有机物浓度、溶解氧、温度、pH 值、有毒物质等)，会影响处理效果。通过镜检中原生动物形态和数量的变化情况，了解进水水质及运行条件正常与否，进而采取相应的措施。如当溶解氧不足或其他环境条件恶化时，钟虫开始变得不活跃，随后发生虫体变态、尾柄脱落，最后产生次生纤毛环，呈游泳生活；继而虫体变成胞囊或虫体变长直至死亡。如废水水质改善，环境条件恢复正常，虫体可恢复原状及活力。

(3)丝状微生物的指示作用

丝状微生物附着于菌胶团上或与之交织在一起，成为活性污泥的骨架。其中，硫黄细菌能将水中 H_2S 氧化为硫，并以硫粒形式存于体内。当水中溶解氧浓度高时(大于 1mg/L)，体内硫粒可进一步氧化而消失。因此，通过硫黄细菌体内硫粒存在与否，可间接推测水中溶解氧的状况。

丝状微生物繁殖过多时，往往引起污泥膨胀。然而，由于指示生物与水质、浓度、负荷、季节等因素有关，故不同污水处理厂均应结合自身具体情况，通过长期的探索，找出指示生物及其变化的规律性，而不能将复杂过程简单对待。

2.生物膜中微生物的指示作用

不同环境的生物膜得到的营养(有机物的组分、浓度)是不同的，造成微生物种类、数量各不相同，即生物相是分层的，每层都生长着与进入本层污水水质相适应的微生物，并自然成为优势菌种属。

生物膜中的生物分布是有规律的：在进水端，有机物浓度高，微生物数量多但生物种类少且等级低，多是细菌，也有少数鞭毛虫；中段的有机物较上层低，还含有上层微生物的代谢产物，生物的种类比进水端稍多，等级稍高，有菌胶团、球衣细菌、鞭毛虫、变形虫、豆形虫、肾形虫等；出水端的有机物浓度进一步降低，其中低分子有机物较多，生物种类更多，除菌胶团、球衣细菌外，还有以钟虫为主的固着型纤毛虫和楯纤虫、漫游虫等游泳型纤毛虫，还出现了轮虫、线虫等更高级的生物，说明水质变好。

3.原生动物和后生动物的种类及其指示作用

根据原、后生动物与出水水质关联性，将其分为活性污泥类微生物和非活性污泥类微生物两类。

(1)活性污泥类微生物

活性污泥类原、后生动物种类最多，其指标对活性污泥所处状态具有较高的参考价值，此类原、后生动物作为优势种出现就可以认为此系统是较为成熟的活性污泥系统，处理效果较理想，常见的活性污泥类原、后生动物见表 5.9。

表 5.9 常见的活性污泥类原、后生动物

种类	指示作用
钟虫	以钟虫为代表的固着型纤毛虫类作为优势原生动物时，出水水质良好，清澈透明
吸管虫	运行工况由差逐渐变好的情况下可见，正常运行稳定的工况下少量出现。污泥培养成熟时吸管虫也会出现
累枝虫	水质澄清良好、出水清澈透明时与钟虫、盖虫、轮虫等同时出现。而在生活污水中累枝虫大量出现则是污泥膨胀、解絮的征兆
独缩虫	以细菌为主要食料，在废水生物处理过程中比较常见，具有促进污水澄清的作用。独缩虫出现优势繁殖时处理效果良好，出水透明、清澈
板壳虫	经常在 BOD 负荷较低、溶解氧浓度高、所处理的水中 BOD 较低的情况下出现
游仆虫	经常在较低 BOD 负荷时出现，此时处理出水 BOD 通常在 10mg/L 左右
尾棘虫	主要以藻类、鞭毛虫为食物，有时也兼食轮虫。在活性污泥中不常见，如果出现，则所处理的水中 BOD 通常较低
斜口虫	以藻类和细菌为食物，环境适应能力很强，主要在活性污泥由恶化到恢复的过程中出现
楯纤虫	以细菌为食物，生态范围较广，但对化学物质极为敏感，可作为判定有毒物质的指标生物。楯纤虫也可作为水质处理良好的指示生物，大量出现时，处理的水中 BOD 大多在 15mg/L 以下。但楯纤虫过多时(2000 个/ mL 以上)，它会不断地在活性污泥中翻来翻去，影响污泥的沉降效果

(2)非活性污泥类微生物

非活性污泥类微生物往往是在活性污泥系统发生故障，各种控制参数不合理的情况下才会大量繁殖并成为活性污泥内原、后生动物的优势种群，它的出现说明活性污泥系统出现了较大的问题，处理效果变差。常见的非活性污泥类原生动物见表 5.10。

表 5.10 常见的非活性污泥类原生动物

种类	指示作用
变形虫	在培养活性污泥的初期阶段，活性污泥很少或基本没用，这时存在大量的变形虫。另外，当入流污水量增大对系统造成水力冲击负荷，或污泥处理区的上清液、滤液大量回流对系统造成污染冲击负荷时，变形虫也会大量出现。当变形虫占优势时，对废水很少有或基本没有处理效果
草履虫	在活性污泥培养中期会作为优势原生生物出现。日常运营中当工况良好时也会出现少量草履虫。污泥恶化，活性污泥絮体较小时，草履虫属、豆形虫属、肾形虫属、瞬目虫属、尾滴虫属、滴虫属等一起作为优势原生动物出现
豆形虫	以细菌为主要食物，同时也兼食微型鞭毛虫；在自然环境中存在于中污性水体，在寡污性水体中很少发现；在活性污泥中，经常在高 BOD 负荷且低溶解氧的情况下出现，与此同时，也能观察到波动虫、滴虫等。豆形虫是非活性污泥类原生动物中具有代表性的一种
肾形虫	食物的来源以细菌为主，肾形虫喜好食大肠杆菌、锯杆菌。在 BOD 负荷高的条件下最常出现，系统正常运行情况下出现较少，污泥恶化时作为优势原生动物出现

续表 5.10

种类	指示作用
扭头虫	以细菌为食物，经常出现在只能检测出微量溶解氧的活性污泥中，对活性污泥系统而言，如果扭头虫数量占优势，则处理出水水质大多浑浊，BOD 升高
轮虫	培养期的活性污泥中出现轮虫，表明污泥基本培养成熟；运行中大量的轮虫出现可能预示着污泥要发生膨胀。而长期曝气过量、污泥老化，也会出现大量的无腔轮虫
线虫	污泥培养后期可见少量线虫；低溶解氧时可见线虫，大量线虫出现预示工况要变差。水力负荷突然增大时，往往会出现大量线虫（增加曝气量，减小水力负荷，配合剩余污泥排放可以抑制线虫生长）
摇蚊幼虫	当 BOD 负荷低时，表壳虫、鳞壳虫、轮虫、寡毛虫等成为优势生物，这些生物多时也是硝化反应进行的指标
红虫	将食物消化成腐殖质，同时分泌一种黏液，将污泥凝聚包裹全身，在里面运动、捕食，可强化污泥结构，帮助沉降，使污泥不易上浮

（二）活性污泥生物相的观察

活性污泥生物相是指活性污泥中微生物的种类、数量、优势度及其代谢活力等状况的概貌。生物相能在一定程度上反映曝气系统的处理质量及运行状况。当环境条件（如进水营养、pH 值、有毒物质、溶解氧、温度等）变化时，在生物相上也会有所反映。可通过活性污泥中微生物变化，及时发现异常现象或存在的问题，并以此来指导运行管理。一般来说，在运行城市污水处理厂的活性污泥中，污泥絮粒大、边缘清晰、结构紧密，具有良好的吸附及沉降性能。絮粒以菌胶团为骨架，穿插生长着一些丝状细菌，但其数量远少于菌胶团细菌。微型动物中以固着类纤毛虫为主，如钟虫、盖纤虫、累枝虫等，还可见到部分纤毛虫在絮粒上爬动，偶尔还可看到少量的游动纤毛虫等，在出水水质良好时，轮虫生长。对生物相的观察应注重以下几个方面：

1. 活性污泥的结构

先取曝气池新鲜活性污泥，盛放到 100mL 量筒中，静置 5～15min 后，观察在静置条件下污泥的沉降速率，沉降后泥、水界面是否分明，上清液是否清澈透明。凡是沉降速率快，泥、水界面清晰，上清液中未见细小污泥絮粒悬浮于其中的污泥样品，则性能较好。然后取污泥制成压片标本，置于显微镜载物台上，先用低倍镜观察污泥絮粒的大小、形状、结构紧密程度，然后再转换至高倍镜下观察污泥絮粒中菌胶团细菌与丝状细菌的比例和絮粒外游离细菌的多少，凡絮粒大、圆形、呈封闭状、絮粒胶体厚实、结构紧密、丝状菌数量较少、未见游离细菌的污泥沉降及凝聚性能较好。

2. 生物活动的状态

以钟虫为例，可观察其纤毛摆动的快慢，体内是否积累有较多的食物泡，伸缩泡的大小与收缩以及繁殖的情况等。微型动物对溶解氧的适应有一定的极限范围，当水中溶解氧过高或过低时，能见钟虫“头”端凸出一个空泡，俗称“头顶气泡”。进水中难以分解或抑制性物质过多以及过低时，可见钟虫体内积累有未消化颗粒并呈不活跃状态，长期下去，会引起虫体中毒死亡。进水 pH 值突变时，钟虫呈不活跃状态，纤毛环停止摆动，轮虫缩入甲内。此外，当环境条件不利于污泥中原生动物生存时，一般都能形成胞囊，这时，原生质浓缩，虫体变圆收缩，体外围有很厚的被囊，以便抵御不良的条件。在出现上述现象时，即应查明原因，及时采取适当措施。

活性污泥中经常出现的丝状硫细菌，如发硫细菌、贝氏硫细菌等，对溶解氧水平反应非常敏感。当水中溶解氧不足时，能将水中的 H_2S 氧化为硫，并以硫粒的形式积存于体内(可用低倍显微镜看到)，而当溶解氧大于 1mg/L 时，体内硫粒可被进一步氧化而消失。因此，通过对硫细菌体内硫粒的观察，可以间接地推测水中溶解氧的状况。

3. 同一种生物数量增减的情况

污泥膨胀往往与丝状细菌和菌胶团细菌的动态变化密切相关，可根据丝状细菌增长的趋势，及时采取必要措施，同时观察这些措施的效果。

在培菌阶段，固着型纤毛虫的出现，即标志着活性污泥已开始形成，出水已显示效果。轮虫及瓢体虫于培菌后期出现时，处理效果往往极好。但当污泥老化、结构松散解絮时，细小絮粒能为轮虫提供食料而促使其恶化繁殖，数量急剧上升，最后污泥被大量吞噬或流失，轮虫因缺乏营养而大量死亡。

4. 生物变化

培菌阶段，随着活性污泥的生成，出水由浊变清，污泥中生物有规律地演替，这是培菌过程的正常进程。在正常运行阶段，若污泥中生物突然发生变化，可以推测运行状况亦在发生变化。如污泥结构松散时，常可发现游动型纤毛虫大量增加。出水混浊、处理效果较差时，变形虫及鞭毛虫类原生动物的数量会大大增加。

应当指出，工业废水因种类繁多，成分各异，各厂生物相可有很大差异。生产中，应通过长期观察，找出本厂废水水质变化与生物相变化之间的相应关系，用以指导运行管理。

三、任务所需器材

活性污泥混合液、显微镜、载玻片、盖玻片、血球计数板、测微尺(镜台、目镜)、活性污泥。

四、任务技能训练

(一)采样

采集的活性污泥样本位置和监测活性污泥沉降比都是来自曝气池末端的混合液，此位置的活性污泥混合液不论从稳定性、絮凝性、种群数量还是原生动物代表性来讲都是最佳的。首先，在曝气末端，活性污泥处于减速增长期，活性污泥的活性降低，稳定性就变得更好。其次，活性污泥处于减速增长期，表现的活性污泥沉降性就更明显，自然絮凝性就更佳。

这里指的还是原、后生动物种群，微生物的主体细菌种群不在讨论之列。活性污泥中原、后生动物种群在曝气池前端是非活性污泥类原生动物占优势，在曝气池中段是中间性活性污泥原生动物占优势，而曝气池末端占优势的原生动物种类决定了活性污泥生物相所具有的功能性状。对在此位置采集的活性污泥混合液进行生物相显微镜观察，其结果更具代表性。

（二）玻片标本制备

1. 取活性污泥曝气池混合液一小滴于载玻片中央。

2. 盖上盖玻片，不要产生气泡，四周若有多余溶液，用吸水纸吸去。如是生物膜标本，可用镊子去小块生物膜，用蒸馏水稀释后再制片。

3. 显微镜观察并绘图

（1）低倍镜观察

观察生物相的全貌，注意活性污泥的大小、松紧程度等，以及菌胶团和丝状菌的比例等，加以记录。观察微型动物的种类、活动状况，并对主要种类进行计数。

（2）高倍镜观察

用高倍镜观察可以看清微型动物的结构特征，观察时注意微型动物的外形和内部结构，如钟虫体内是否存在食物泡，纤毛环是否摆动等。观察菌胶团时，要注意胶质的颜色、厚薄等；观察丝状菌时，要注意其生长状况。

4. 微型动物的计数

（1）稀释

视待测菌悬液浓度，加无菌水适当稀释（斜面一般稀释到 10^{-2}），以每小格的菌数可数为度。

（2）镜检计数室

取洁净的血球计数板一块，在计数区上盖上一块盖玻片。

（3）加样

将酵母菌悬液摇匀，用滴管吸取少许，从计数板中间平台两侧的沟槽内沿盖玻片的下边缘滴入一小滴（不宜过多），让菌悬液利用液体的表面张力充满计数区，勿产生气泡，并用吸水纸吸去沟槽中流出的多余菌悬液。也可以将菌悬液直接滴加在计数区上，不要使计数区两边平台沾上菌悬液，以免加盖盖玻片后，造成计数区深度的加大。然后加盖盖玻片（勿产生气泡）。

（4）显微镜计数

静置片刻，将血球计数板置载物台上夹稳，先在低倍镜下找到计数区后，再转换高倍镜观察并计数。由于生物细胞的折光率和水的折光率相近，观察时应减弱光照的强度。

血球计数板是一块特制的精密载玻片，其构造见图 5.9。在载玻片上有 4 条长槽，将玻片中间区域分隔成 3 个平台，中间平台比两边的平台低 0.1mm，此平台中间又有一条短槽将其分隔成 2 个短平台，在 2 个平台上各有 1 个相同的方格网。它被划分为 9 大格，其中央大格即为计数室，如图 5.9(c)所示。该计数室又被精密地划分为 400 个小格，但计数室还有 25 个中格（为 16 小格/每中格）或 16 个中格（为 25 小格/每中格）两种规格，每个中格的四周均有双线界限标志，以便在显微镜下区分，如图 5.10 所示。

因此，两种中格类型计数室的总体积是一样的。即计数室大方格的边长为 1mm，故面积为 $1mm^2$，计数室与盖玻片间的深度为 0.1mm，所以计数室的体积为 $0.1mm^3$。计数时，先计得若干（一般为 5 个）中格内的含菌数，再求得每中格菌数的平均值，然后乘以中格数（16 或 25），就可得出 1 大方格（$0.1mm^3$）计数室中的总菌数，若再乘以 10^4（换算成每毫升的含菌量）及菌液的稀释倍数，即可算出每毫升原菌液中的总菌数值。

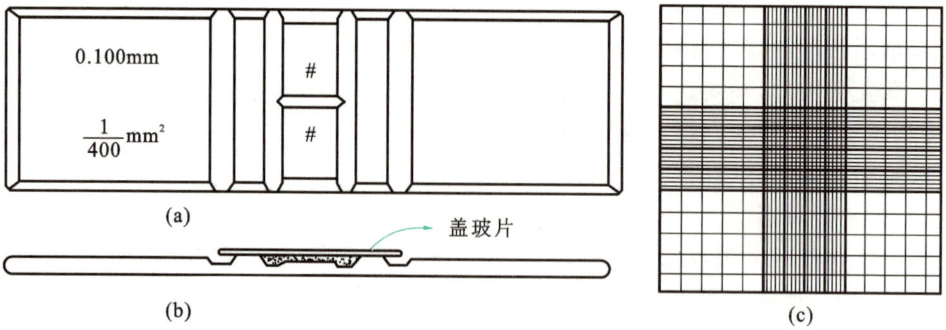

图 5.9　血球计数板正面与侧面及计数室的网格线示意图

(a)计数板的正面;(b)计数板的侧面;(c)中央方格网的大格为计数室

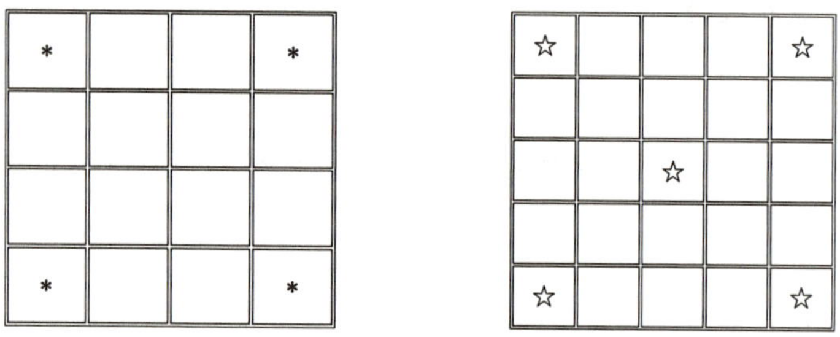

图 5.10　血球计数板的两种规格(16×25,25×16)

(5)清洗血球计数板

测数完毕,取下盖玻片,用水将血球计数板冲洗干净,切勿用硬物洗刷或抹擦,以免损坏网格刻度。洗净后自行晾干或用吹风机吹干,放入盒内保存。将实验结果填入表 5.11中。

表 5.11　血球计数板计数结果

计算次数	各中格中菌数					A	B	菌数/mL	二次平均数
	1	2	3	4	5				
第一次									
第二次									

注:A 表示五个方格中的总菌数;B 表示菌液稀释倍数。

五、讨论

活性污泥或生物膜中有哪些微生物?对系统运行状况有何指示作用?

六、复习思考题

1. 使用油镜前为什么要先用低倍镜和高倍镜检查?
2. 试分析比较所学过的两种微生物计数方法的优缺点。

3. 根据自身的实验体会，说明用血球计数板计数的误差主要来自哪些方面？应如何减少误差，力求准确？

4. 检查活性污泥或生物膜的生物相有何实际意义？

七、自我评价表（表5.12）

表5.12　生物膜或活性污泥中微生物的观察自我评价表

评价内容	考核指标	分值
活性污泥生物相	掌握生物相的概念	20
生物相检测	掌握生物相检测的指导意义	15
优势种名称及状态描述	能分清并正确绘制	30
微生物计数	血球计数板的加样方法是否正确	15
结果的判断	根据优势种的种类及数量初步判断水质情况是否正确	20
合计		100

任务5.5　污水生物治理运转中活性污泥评价指标的测定

一、任务目标

1. 掌握污泥沉降比（SV）、污泥指数（SVI）、污泥浓度（MLSS）、污泥负荷（F/M）、混合液挥发性悬浮固体浓度（MLVSS）的测定方法；

2. 学会综合运用SV、SVI、MLSS、F/M、MLVSS等数据分析好氧活性污泥性能；

3. 掌握活性污泥法系统运行中常见的问题及控制技术。

二、任务相关知识

（一）影响污泥微生物及处理效果的环境因素

在活性污泥中，微生物和它所处的环境条件是相适应的，在环境条件变化时，活性污泥中微生物的数量会发生相应的变化。在微生物的作用下，营养被消耗，产生了一些代谢产物，使环境也产生了一定的变化。此外，污泥中微生物之间也相互发生着影响。对活性污泥微生物影响较大的环境因素有温度、酸碱度、营养物质、毒物浓度和溶解氧。

1. 温度

活性污泥是一个由多种细菌组成的混杂群体。各种细菌都有其最适生长温度范围。

当水温在15～35℃范围内时，对污水处理厂的处理效果影响并不大。当水温低于13℃时，生物处理效果开始加速降低。当水温低于4℃时，几乎没有处理效果。因此在北方地区，冬季应注意保温，有条件的，可将构筑物建于室内或采用余热保温，同时还可在冬季水温低时维持曝气池有较高的MLSS，使之仍保留有一定的处理效果。

在由最适生长温度向最高生长温度过渡的温度范围，细菌的代谢速率很高，可使胶体基质作为呼吸基质而消耗，使污泥结构松散或解絮、吸附，并使出水飘泥、出水SS升高，结果出水BOD反而升高。温度升高还会使水体饱和溶解氧值降低，供氧跟不上时，会使溶解氧不足、污泥腐化而影响处理效果，故对水温高的工业废水应予以降温。在日常管理中应注意防止水温的突变。

2. 酸碱度

在生物体内的生化反应在酶的参与下进行，酶反应需要合适的pH值范围，因此废水的酸碱度对活性污泥中细菌的活力有很大的影响。

废水生化处理实践经验表明，废水酸碱度以pH值保持在6.0～9.0之间较为适宜。活性污泥中的细菌经驯化后对酸碱度的适应范围可进一步提高。

在生化处理中，若工业废水的pH值过高或过低时，须预先用酸、碱加以调整。在调整pH值时，可选用邻厂生产中排放的废酸、废碱液，但应注意防止带入难以生物降解的物质或重金属类污染物质。在日常管理时，应注意防止pH值的突变。

3. 营养物质

活性污泥中微生物的生长、繁殖及其代谢活动都离不开营养，此外营养还会影响污泥的结构。细菌所需的营养物质主要有碳源、氮源、磷源及硫、钾、锰等微量元素。有些工业废水中含有的营养成分不适合或不能满足微生物的需要，在这种情况下，要靠外加营养物质来合理调配。投加营养物质的合理比例通常为BOD_5∶N∶P＝100∶5∶1。

4. 毒物浓度

废水中的重金属和某些化学物质的浓度达到一定限度时，对细菌会产生较强的毒害作用。在工业废水处理中，应采用适当的物理、化学方法进行预处理，防止超过容许浓度的有毒物质进入生化装置。

在化工、农药等工业废水的处理中，常常发生浓脚水或浓废水事故性排放。为此应设置事故池，加强对废水的检测，在有毒成分含量超过容许值时将其导入事故池中贮存，在生产恢复正常时再将它掺到进水中逐步处理掉，添加量应以不影响活性污泥的活性为前提。

5. 溶解氧

好氧性微生物只有在有氧的情况下才能生长和繁殖。溶解氧过低必然会影响曝气池进水端或絮粒内部细菌的代谢速率，导致出水水质变差，BOD、ESS等指标升高。溶解氧过高，除能耗增加外，曝气翼轮高速转动或强烈的空气搅拌还会使絮粒被打碎，并易使污泥老化，这些也会使ESS增高而影响出水水质。一般认为，曝气池出口处溶解氧控制在2mg/L左右较为适宜，基本上可满足污泥中绝大多数好氧微生物对溶解氧的需求。

在鼓风曝气系统中，可采用控制进气量的方法来调节溶解氧；在机械曝气系统中，可通过调整曝气翼轮的浸水深度来调节溶解氧。

曝气池中溶解氧长期偏低时，可能有两种原因：其一是活性污泥负荷过高，活性污泥的耗氧速率往往大于 20mg O_2/(g MLSS · h)，这时须增大曝气池中活性污泥的浓度或增加曝气池的容积，适当降低污泥负荷。其二是供氧设施功率过小或效率过低，这时应设法改善。由于氧的转移效率是气、液间接触表面及接触时间的函数，故喷气口应使释放的气泡尽量小。

（二）活性污泥评价指标的测定

视频

活性污泥的评价指标

1. 活性污泥浓度（MLSS）

活性污泥浓度又称混合液悬浮固体浓度，即单位容积混合液内所含有的活性污泥固体物的总质量，单位通常是 g/L。

普通空气曝气活性污泥法的 MLSS 最佳值为 2g/L 左右，而纯氧曝气活性污泥法的 MLSS 最佳值为 5g/L 左右。MLSS 过低往往达不到预计的处理效果；过高时泥龄延长，维持这些污泥中的微生物正常活动所需的溶解氧数量自然会增加，导致对充氧系统能力的要求增大，同时曝气池混合液的密度会增大，也就会增加机械曝气或鼓风曝气的电耗。也就是说，虽然 MLSS 偏高可以提高曝气池对进水水质变化和冲击负荷的抵抗能力，但是在运行上往往不经济。而且有时还会导致污泥过度老化，活性下降，最后甚至影响处理效果。在实际运行中，有时需要通过加大剩余污泥排量的方式强制减小曝气池的 MLSS 值，刺激曝气池混合液中微生物的生长和繁殖，提高活性污泥分解氧化有机物的活性。

$$\mathrm{MLSS} = (G_{泥纸} - G_{纸})/V_{样} \tag{5.1}$$

式中 $G_{泥纸}$——水样抽滤后，截留物和滤纸烘干至恒重后的质量，mg；

$G_{纸}$——中速定量滤纸经抽滤后烘干至恒重后的质量，mg；

$V_{样}$——取样量，mL。

由于 MLSS 在测定上比较方便，所以工程上往往以它作为估量活性污泥中微生物数量的指标。在进行工程设计时，希望维持较高的 MLSS，以缩小曝气池容积，节省占地和投资，但 MLSS 浓度也不能过高，否则会导致氧气供应不足。一般反应器中污泥浓度控制在 2～6g/L。

2. 混合液挥发性悬浮固体浓度（MLVSS）

混合液挥发性悬浮固体浓度是指混合液悬浮固体中有机物的浓度，以 g/L 计。

$$\mathrm{MLVSS} = (G_{悬浮固体} - G_{灰分})/V_{样} \tag{5.2}$$

式中 $G_{悬浮固体}$—— 悬浮固体的质量，mg；

$G_{灰分}$—— 灼烧后剩余灰分的质量，mg；

$V_{样}$—— 取样量，mL。

MLVSS 扣除了活性污泥中的无机成分，能够较为准确地反映活性污泥中活性成分的数量。对于水质相对稳定的污水生物处理系统，MLVSS 与 MLSS 的比值是固定的。比如处理城市污水的活性污泥比值一般在 0.75～0.85 之间，但不同的工业废水，MLVSS 与 MLSS 的比值是有差异的。

3. 污泥沉降比（SV）

污泥沉降比又称 30min 沉降率（SV_{30}），是曝气池混合液在量筒内静置 30min 后所形成的沉淀污泥容积占原混合液容积的比例，以%表示。

SV 能反映好氧区正常运行时的污泥量和污泥的凝聚、沉降性能。通常，SV 越小，污泥的沉降性能越好，可用于控制剩余污泥的排放量，通过 SV 的变化可以判断和发现污泥膨胀现象的发生。SV 值与污泥种类、絮凝性能和污泥浓度有关，不同污水处理厂的 SV 值差别很大，因此每座污水处理厂要根据自己的运行经验数据确定本厂的最佳 SV 值，城市污水处理厂的正常 SV 值一般为 20%～30%。在丝状菌含量大和污泥过氧化而解絮时的 SV 值比正常值要高很多。

4. 污泥负荷(F/M)

营养物质或有机物(F)与微生物(M)的比值，以 BOD 污泥负荷率(N_s)表示，即

$$F/M = N_s = QLa/VX[\text{kg BOD}_5/(\text{kg MLSS}\cdot\text{d})] \tag{5.3}$$

式中 Q——污水流量，m^3/d；

La——进水有机物(BOD_5)浓度，mg/L；

V——曝气池废水体积，m^3；

X——混合液悬浮固体(MLSS)浓度，mg/L。

污泥负荷是反应器设计和运行的一个重要参数，它是指单位活性污泥所能去除的 5 d 生化需氧量，单位是 kg BOD_5/(kg MLSS · d)。进行工程设计时，对于污泥负荷的选择需要考虑预期运行的处理效率和出水效果、曝气量、泥龄等参数。根据污泥负荷的大小可分为以下三种情况：

低污泥负荷	0.1～0.25kg BOD_5/(kgMLSS · d)	BOD 去除率 90%～95%
常污泥负荷	0.3～0.6kg BOD_5/(kgMLSS · d)	BOD 去除率 85%～98%
高污泥负荷	1～5kgBOD_5/(kgMLSS · d)	BOD 去除率 50%～60%

对于城市生活污水生物处理，低污泥负荷法和常污泥负荷法之间无明显的分界，而常污泥负荷法和高污泥负荷法之间则分界明确。根据污水处理厂的一些运行资料，污泥负荷在 0.6～1.0kg BOD_5/(kg MLSS · d)之间时，丝状菌有相对的生长优势，而丝状菌的生长使污泥结构松散，最终导致污泥发生膨胀。但是当污泥负荷高于 1.5kgBOD_5/(kg MLSS · d)时，反应器中食料充足，非丝状菌也能获得足够的营养而生长，所以污泥又不易膨胀。

5. 污泥容积指数(SVI)

污泥容积指数是指曝气池出口处混合液经过 30min 静置沉淀后，每克干污泥所形成的沉淀污泥所占的容积，单位以 mL/g 计。

SVI 值能更准确地评价和反映活性污泥的凝聚、沉降性能。城市生活污水处理系统的 SVI 值正常范围是 50～150mL/g，若超过 200mL/g，则已经发生了污泥膨胀。一般来说，SVI 值过低说明污泥颗粒细小，无机物含量高，缺乏活性；SVI 值过高说明污泥沉降性能较差，将要发生或已经发生污泥膨胀。对于高浓度活性污泥系统，即使沉降性能较差，由于其 MLSS 值较高，因此其 SVI 值也不会很高。

SVI 值与污泥负荷有关，污泥负荷过高或过低[对于城市污水处理厂而言，污泥负荷 F/M 大于 0.5kgBOD_5/(kg MLSS · d)或者小于 0.05kgBOD_5/(kgMLSS · d)]，活性污泥的代谢性能都会变差，SVI 值也会变得很高，存在污泥膨胀的可能。

同时，利用污泥沉降比 SV 与活性污泥浓度 MLSS，可以计算出更有用的污泥容积指

数 SVI(注意 SV_{30} 的表示方法，直接影响其结果)：

$$SVI(mL/g) = SV_{30}(mL/L)/MLSS(g/L) \tag{5.4}$$

(三)活性污泥法系统运转中的常见问题及处理方法

1. 污泥膨胀

在二次沉淀池或曝气池的沉淀区，有时出现污泥的膨胀与上浮现象。这时，污泥结构松散，沉降性差，造成污泥上浮而随水流失。这样不仅影响出水水质，而且由于污泥大量流失，使曝气池中混合液浓度不断降低，严重时破坏整个生化处理过程。

广义地把活性污泥的凝聚性和沉降性恶化，以及处理水混浊的现象总称为活性污泥的膨胀。活性污泥的膨胀是指污泥体积增大而密度下降的现象。描述污泥膨胀程度的指标有 30min 沉降比(SV_{30})、污泥容积指数(SVI)和污泥密度指数。

污泥膨胀上浮的原因很多，除了理化、生物及生化方面的原因外，还有运行管理和构筑物结构型式等方面的因素。

污泥膨胀可大致分为丝状体膨胀和非丝状体膨胀两种。大多数污泥膨胀是由于丝状体膨胀，这是由于丝状微生物大量繁殖，菌胶团的繁殖生长受到抑制的结果。丝状体对活性污泥絮体起骨架作用，如果没有足够的丝状体，形成的绒絮不牢固，在曝气池紊动水流的冲击下，容易破碎成细小的针点体。这时，污泥沉降快，SVI 低，但出水混浊，这叫作非丝状体膨胀。

当丝状体过多，长出一般絮体的边界面伸入混合液体时，其架桥作用妨碍大絮体间的密切接触，致使沉降较慢，SVI 高，但这时的上清液可能很清。

当丝状体存在的数目足以形成适宜的絮体骨架而无显著分枝伸入溶液时，絮体大而浓密、沉降性好、SVI 低、上清液清净，这叫作非膨胀污泥。

(1)丝状体膨胀

① 导致丝状体大量繁殖的原因

a. 溶解氧浓度　曝气池内溶解氧在 0.7～2.0mg/L 范围内，虽然都可能出现丝状微生物，但在低溶解氧条件下却能生长良好，甚至能在厌氧条件下残存而不受影响。所以城市污水厂的曝气池溶解氧最低应保持在 2mg/L 左右。

b. 冲击负荷　当曝气池内有机物超过正常负荷时，絮体内部溶解氧消耗将增加。菌胶团内适于在低溶解氧条件下生长的丝状体大量繁殖。

c. 进水化学条件的变化　首先是营养条件变化，一般细菌在营养为 BOD_5：N：P＝100：5：1 的条件下生长，但若磷含量不足，C/N 升高，这种营养情况适宜丝状菌生活。其次是硫化物的影响，过多的化粪池的腐化水及粪便废水进入活性污泥设备，会造成污泥膨胀。含硫化物的造纸废水，也会产生同样的问题。一般是加入 5～10mg/L 氯加以控制或者用预曝气的方法将硫化物氧化成硫酸盐。再次是碳水化合物过多会造成膨胀。最后是有毒重金属的冲击负荷可抑制丝状菌的生长，但不能使丝状菌消失并产生针点絮体，造成出水悬浮物提高和 SVI 降低。还有 pH 值和水温影响，丝状菌宜在高温下繁殖，而菌胶团则要求温度适中；丝状菌宜在酸性环境(pH 值为 4.6～6.5)中生长，菌胶团宜在 pH 值为 6～8 的环境中生长。

解决污泥膨胀的办法因其产生原因而异，概括起来就是预防和抑制。

② 丝状菌污泥膨胀的抑制对策

通过各种条件控制，促使曝气池中的生态环境有利于选择性地发展菌胶团细菌，应用生物竞争的机制抑制丝状菌的过度增殖，从而控制污泥膨胀。丝状菌污泥膨胀的抑制对策见表5.13。

表5.13　丝状菌污泥膨胀的抑制对策

措施	方法	作用
临时控制措施	污泥助沉法	① 改善、提高活性污泥的絮凝性，投加絮凝剂如硫酸铝等 ② 改善、提高活性污泥的沉降性、密实性，投加黏土、消石灰等
	灭菌法	① 杀灭丝状菌，如投加氯、臭氧、过氧化氢等药剂 ② 投加硫酸铜，可控制球衣菌引起的膨胀
工艺运行调节措施	加强曝气	① 加强曝气，提高混合液的DO值 ② 使污泥常处于好氧状态，防止污泥腐化，加强预曝气或再生性曝气
	调节运行条件	① 调整进水pH值 ② 调整混合液中的营养物质 ③ 如有可能，可考虑调节水温（丝状菌膨胀多发生在20℃以上） ④ 调整污泥负荷
永久性控制措施（改造设施）	增加好氧选择器	在曝气池之前增加一个具有推流特点的预曝气池，其停留时间（HRT为5～30min，多采用20min）的选择非常重要
	增加缺氧选择器	高的基质浓度；菌胶团细菌在缺氧条件下（但有NO_3^-）有比丝状菌高得多的基质利用率和硝酸盐还原率
	增加厌氧选择器	其作用机制与缺氧选择器相似，即在厌氧条件下，丝状菌具有较低的多聚磷酸盐的释放速度，因而受到抑制

（2）非丝状体膨胀

非丝状体膨胀主要是黏性物质大量积累而导致的污泥膨胀。

① 高黏性污泥膨胀

现象：废水净化效果良好，但污泥难以沉淀，污泥颗粒大量随出水流失。

原因：进水中溶解性有机物浓度高，F/M值太高；氮、磷缺乏，或溶解氧不足；细菌将大量有机物吸入体内，不能及时降解，分泌过量的凝胶状多糖类物质，这些物质中含有很多羟基而具有很高的亲水性，导致污泥中含有很高的结合水，使泥水分离困难。

抑制对策：降低负荷、调整工况、加强曝气等。

② 低黏性污泥膨胀

原因：进水中含有毒性物质，使污泥中毒，使细菌不能分泌出足够的黏性物质，从而不能有效形成絮凝体，导致泥水分离困难。

抑制对策：控制进水水质，加强上游工业废水的预处理。

2. 污泥上浮

（1）污泥脱氮上浮

在曝气池负荷小而供氧量过大时，出水中溶解氧可能很高，使废水中的氨氮被硝化菌转化为硝酸盐，此过程称为硝化。这种混合液若在二沉池中经历较长时间的缺氧状态

(DO值在0.5mg/L以下)，则反硝化会使硝酸盐转化成氨和氮气，此过程称为反硝化。反硝化过程中形成的氨重新溶于水，只有氮以气体形式存在于水中，当活性污泥上氮气吸附过多时，由于相对密度降低，污泥就随气体浮上水面。

防止污泥脱氮上浮的办法：减少曝气，防止硝化出现；及时排泥，增加回流量，减少污泥在沉淀池中的停留时间；减少曝气池进水量，减少二沉池中的污泥量。

(2)污泥腐化上浮

在沉淀池内污泥由于缺氧而腐化(污泥产生厌氧分解)，产生大量甲烷和二氧化碳气体附着在污泥体上，使污泥相对密度变小而上浮，上浮的污泥发黑发臭。

造成污泥腐化的原因：二沉池内污泥停留时间过长；局部区域污泥堵塞。解决腐化的措施是加大曝气量，以提高出水溶解氧含量；疏通堵塞，适时排泥。

此外，对于曝气池和二沉池合建的系统，如果结构尺寸不合理，也能引起污泥上浮，主要是污泥回流缝隙太大，使大量微气泡从缝隙中窜出，携带污泥上浮；还有导流区断面太小，气水分离较差，影响污泥沉淀。

3.污泥的致密与减少

污泥体积指数减少会使污泥失去活性。在运行中，虽不及前一问题重要，但也应引起足够重视。

引起污泥致密、活性降低的原因：进水中无机悬浮物突然增多；环境条件恶化，有机物转化降低；有机物浓度减小。

造成污泥减少的原因：有机营养减少，曝气时间过长，回流比小而剩余污泥排放量大，污泥上浮而造成污泥流失等。

解决上述问题的方法有：投加营养料；缩短曝气时间或减少曝气量；调整回流比和污泥排放量；防止污泥上浮，提高沉淀效果。

4.泡沫问题

泡沫是活性污泥法处理厂中常见的运行问题。其危害表现为机械曝气时，大量的泡沫会影响曝气叶轮的充氧能力；在泡沫表面吸附大量活性污泥固体时，影响二次沉淀池沉淀效率，恶化出水水质；有风时随风飘散，影响环境卫生。

泡沫可分为以下两种：

(1)化学泡沫

当废水中含有合成洗涤剂、工业用表面活性物质及其他起泡物质时，就会在曝气池表面形成大量乳白色泡沫，严重时泡沫层可高达一米多。这种现象多发生在活性污泥培养初期，这主要是因为活性污泥尚未形成，所有产生泡沫的物质在曝气池作用下都形成了泡沫。随着活性污泥的增长，大量洗涤剂或表面物质会被微生物吸收分解掉，泡沫也会逐渐消失。正常运行的活性污泥系统中，某种原因造成污泥大量流失，导致 F/M 剧增，也会产生化学泡沫。

抑制化学泡沫的措施：在曝气池上安装喷洒管网，用压力水(处理后的废水或自来水)喷洒，打破泡沫；定时投加除沫剂(如机油、煤油等)以破坏泡沫。油类物质投加量控制在0.5～1.5mg/L范围内，油类也是一种污染物质，投加量过多会造成二次污染，且对微生物的活性也有影响。提高曝气池中活性污泥的浓度，是一种比较有效的控制泡沫的方法。

(2)微生物泡沫

微生物泡沫是由诺卡氏菌属的一类丝状菌引起的污泥泡沫，呈褐色。原因是诺卡氏菌在较高温、富油脂类物质的环境中易繁殖。对于生物泡沫采用水冲或消泡剂的方法除泡效果不甚理想，可采用加氯、排泥、缩短 SRT 的方法加以控制，同时应对上游油脂类废水的排放加强管理；其次要加强对初沉池浮渣的清除，特别是乳状浮渣。对于初沉池，除去除 SS 的功能外，去除油脂类漂浮物质的功能也应予以强化。另外，还应重视沉砂池的除油功能，适当调节曝气量，利于油水分离。

活性污泥法的常见问题及处理方法见表 5.14。

表 5.14　活性污泥法的常见问题及处理方法

常见问题	构筑物	原因	处理方法
污泥发黑	曝气池	曝气量不足，有机物厌氧分解析出 H_2S，其与 Fe 生成 FeS	增加曝气量
		负荷太高	减小负荷
		受氧传质速率限制	采用传质速率高的扩散器
污泥发白	曝气池	曝气量太大	减小曝气量
		负荷过低	采用间歇曝气方式
		丝状菌或固着型纤毛虫大量繁殖	如有污泥膨胀，参照污泥膨胀对策
		进水 pH 值过低，曝气池 pH 值小于或等于 6，丝状菌大量生成	提高进水 pH 值
污泥活性低	曝气池	泥龄过长	缩短泥龄
		进水中无机 SS 太高	前面增加固液分离措施
污泥浓度不够	曝气池	泥龄太短	增加泥龄
		负荷过低	采用间歇曝气方式
		有毒物抑制微生物生长	监测进水水质，降低毒物负荷
污泥膨胀	曝气池	丝状体和非丝状体膨胀	针对导致膨胀的原因采用相应的措施进行控制
污泥解体	曝气池	曝气过量	控制曝气
		进水含有毒物	控制进水有毒物浓度
污泥呈块状上浮	二沉池	气泡附在污泥上	控制曝气
		二沉池污泥反硝化	加大污泥回流量，控制泥龄
污泥腐败	二沉池	污泥停留时间过长，厌氧发酵	加大污泥回流量，及时排泥
泡沫问题	曝气池	化学泡沫	提高 MLSS；配高压水喷头；投加除沫剂
		生物泡沫	加强初沉池、沉砂池除油功能，适当调节曝气量

续表 5.14

常见问题	构筑物	原因	处理方法
曝气池有臭味	曝气池	曝气池供 O_2 不足，DO 值低，出水氨氮有时偏高	增加供氧，使曝气池出水 DO 值高于 2mg/L
二沉池泥面升高，初期出水特别清澈，流量大时污泥成层外溢	二沉池	SV＞90％、SVI＞200mg/L 污泥中丝状菌占优势，污泥膨胀	投加液氯，提高 pH 值，用化学法杀死丝状菌，投加颗粒炭、黏土、硝化污泥等活性污泥“重量剂”；提高 DO 值；间歇进水
二沉池泥面过高	二沉池	丝状菌未过量生长、MLSS 值过高	增加排泥
二沉池表面积累一层解絮污泥	二沉池	微型动物死亡，污泥絮解，出水水质恶化，COD、BOD 上升，OUR 低于 8mg O_2/(g VSS · h)，进水中有毒物浓度过高，或 pH 值异常	停止进水，排泥后投加营养物，或引进生活污水，使污泥复壮，或引进新污泥菌种
二沉池有细小污泥不断外漂	二沉池	污泥缺乏营养，使之减小 OUR＜8mg O_2/(g VSS · h)；进水中氨氮浓度高，C/N 比不合适；池温超过 40℃；翼轮转速过高使絮粒破碎	投加营养物或引进高浓度 BOD 水，使 F/M＞0.1，停开一个曝气池
二沉池上清液混浊，出水水质差	二沉池	OUR＞20mg O_2/(gVSS · h)，污泥负荷过高，有机物氧化不完全	减少进水流量，减少排泥
曝气池表面出现浮渣，似厚粥覆盖于表面	曝气池	浮渣中有诺卡氏菌或纤发菌过量生长，或进水中洗涤剂过量	清除浮渣，避免浮渣继续留在系统内循环，增加排泥
污泥未成熟，絮粒小；出水混浊，水质差；游动性小型鞭毛虫多	曝气池	水质成分浓度变化过大；废水中营养不平衡或不足；废水中含毒物或 pH 值偏低	使废水成分、浓度和营养物均衡化，并适当补充所缺营养
污泥过滤困难	污泥	污泥解絮	按不同原因分别处置
污泥脱水后泥饼松散	污泥	有机物腐败	及时处置污泥
		凝聚剂加量不足	增加剂量
进水 pH 值下降	曝气池	厌氧处理负荷过高，有机酸积累	降低负荷
		好氧处理中负荷过低	增加负荷
出水色度上升	二沉池	污泥解絮，进水色度高	改善污泥性状
出水 BOD、COD 升高	二沉池	污泥中毒	污泥复壮
		进水过浓	提高 MLSS
		进水中无机还原物（S_2O_3、H_2S）过高	增加曝气强度
		COD 测定受 Cl^- 影响	排除干扰

(四)生物膜法系统运转中的常见问题及处理方法

生物膜法的常见问题及处理方法见表5.15。

表5.15 生物膜法的常见问题及处理方法

常见问题	构筑物名称	原因	处理方法
挂膜困难	各类生物膜反应器	进水水质影响(难生物降解、B/C过低或有毒物质)	采用异步培驯法
		曝气过度	降低曝气量
		水力负荷太高	控制水力负荷
膜活性低	各类生物膜反应器	生物膜更新慢	增加曝气量或水力负荷
		进水毒物或代谢产物抑制	控制进水毒物负荷,促进生物膜更新
生物膜大量脱落	各类生物膜反应器	F/M过低	间歇曝气
		代谢产物抑制	促进生物膜更新
		水力冲刷作用过强	降低水力负荷
填料堵塞	生物滤池	膜太厚或水力冲刷弱	出水回流或增加回流量

(五)厌氧生物处理工艺的常见问题及处理方法

厌氧生物处理工艺的常见问题及处理方法见表5.16。

表5.16 厌氧生物处理工艺的常见问题及处理方法

常见问题	原因	处理方法
填料堵塞	进水SS高	增加固液分离的前处理
	水力负荷低	出水回流或增大回流量
	气泡滞留造成局部堵塞	间歇采用较大水力负荷
颗粒污泥培养时的污泥量大幅度减少	负荷增加太快	停止进水一段时间并降低负荷
	驱赶絮状污泥时随出水排出的量大于生长量	控制泥龄,一般应大于15d
污泥成团上浮	沟流	改进进水配水装置;促进产气
	气泡滞留	增加出水回流,提高水力负荷
水面发现规则的微细气泡	集气管出气压力大	调整水封井内集气管的浸没深度
产气量大幅度减少	进水冲击负荷	注意监控进水水量、水质
	有毒物质影响	控制毒物负荷
	反应器内温度变化	控制进水温度
	反应器内酸性末端增加	调控各种运行参数,尤其注意产气中的氢含量及VFA的变化
	出水pH值过低	考察原水碱度及缓冲能力

续表 5.16

常见问题	原因	处理方法
污泥生长过慢	营养物不足，微量元素不足	增加营养物和微量元素
	进液酸化度过高	减小酸化度
	种泥不足	增加种泥
反应器过负荷	反应器污泥量不够	增加种泥或提高污泥产量
	污泥产甲烷活性不足	减小污泥负荷
	每次进泥量过大、间断时间短	减少每次进泥量、加大进泥间隔
污泥活性不够	温度不够	提高温度
	产酸菌生长过快	控制产酸菌生长条件
	营养或微量元素不足	增加营养物和微量元素
	无机物 Ca^{2+} 引起沉淀	减少进泥中 Ca^{2+} 含量
污泥流失	气体集于污泥中，使污泥上浮	增加污泥负荷，增加内部水循环
	产酸菌使污泥分层	稳定工艺条件、增加废水酸化程度
	污泥脂肪和蛋白过大	采取预处理去除脂肪蛋白
污泥扩散、颗粒污泥破裂	负荷过大	稳定负荷
	过度机械搅拌	改水力搅拌
	有毒物质存在	废水清除毒素
	预酸化突然增加	应用更稳定酸化条件

【知识窗】

污水处理厂运转中常见问题的处理

污水处理厂的操作运转，对于废水处理的好坏是很重要的。特别是活性污泥法是依靠微生物的作用，降解废水中的有机物质，一般 pH 值应在 6.5～8.5 范围内，氨氮与磷酸盐均是生化过程中所需要的两种营养物质，一旦废水中的含氮量不足，则会导致废水处理不好。现将污水处理厂活性污泥法处理过程中常遇到的问题列入表 5.17 中，以供参考。

表 5.17 污水处理厂运转中常见问题的处理

废水类型	问题	原因	处理办法
市政污水	二沉池污泥上浮	二沉池的污泥停留时间过长	增加回流污泥率
	二沉池堰口和池壁上藻类过多	含磷量过高	投加明矾以去除磷
	二沉池出水带出污泥	出水堰不标准	将各出水堰修理到同一个水平位置
	二沉池表面上有泡沫积累	污泥循环时将泡沫一并带入	从污水厂污泥中去除泡沫

续表 5.17

废水类型	问题	原因	处理办法
市政污水＋造纸工业废水	污泥膨胀	因缺氮导致丝状菌生长繁殖	增加废水中氨氮量
市政污水＋肉类食品加工工业废水	二沉池沉淀效果很差	由有机物冲击负荷引起	增加曝气池中 MLSS 浓度
酿酒工业废水	出水浑浊	废水中氮营养物不足	增加氮营养物，使出水含有一定的氨氮残留量
纺织工业废水	曝气池及二沉池表面上有一层厚泡沫	空压机漏油，使油吹入曝气池是其原因之一	切断电源，修理漏油部件

三、任务所需设备设施

1. 完全混合系统一套（或污废水处理厂）：由进水槽、完全混合反应器、二次沉淀池、进水泵、污泥回流泵、空气压缩机、搅拌器、曝气盘、PLC 控制器等组成。

2. 必要的水质分析仪器和玻璃仪器。

四、任务技能训练

为了使系统保持良好的处理效果，除每日对系统运转情况进行观察外，还应定期对系统的进出水水质、反应器中活性污泥的性状进行检测。通常需测定以下参数：

① 进水流量，Q_i（L/h）；
② 污泥回流流量，Q_r（L/h）；
③ 污泥沉降比，SV（mL/L）；
④ 曝气池内溶解氧浓度，DO（mg/L）；
⑤ 进、出水的 COD 总浓度，COD_{tot}（mg/L）；
⑥ 进、出水的纸滤 COD 浓度，COD_{pf}（mg/L）；
⑦ 进、出水 BOD 浓度，BOD（mg/L）；
⑧ 混合液悬浮固体浓度，MLSS（g/L）；
⑨ 混合液可挥发性悬浮固体浓度，MLVSS（g/L）。

除此之外，还应对系统中的活性污泥不定期地进行镜检。

五、讨论

1. 将监测数据列入表 5.18 中。

表 5.18　活性污泥系统运行记录表

时间：

<table>
<tr><td rowspan="5">项目</td><td colspan="3">进水流量(L/h)</td><td colspan="3">污泥回流流量(L/h)</td><td colspan="3">DO(mg/L)</td></tr>
<tr><td colspan="3"></td><td colspan="3"></td><td colspan="3"></td></tr>
<tr><td colspan="3">COD_{tot}</td><td colspan="3">COD_{pf}</td><td colspan="3">BOD</td></tr>
<tr><td>进水(mg/L)</td><td>出水(mg/L)</td><td>去除率(%)</td><td>进水(mg/L)</td><td>出水(mg/L)</td><td>去除率(%)</td><td>进水(mg/L)</td><td>出水(mg/L)</td><td>去除率(%)</td></tr>
<tr><td></td><td></td><td></td><td></td><td></td><td></td><td></td><td></td><td></td></tr>
<tr><td>微生物镜检</td><td colspan="3"></td><td colspan="3"></td><td colspan="3"></td></tr>
<tr><td>备注</td><td colspan="3"></td><td colspan="3"></td><td colspan="3"></td></tr>
</table>

2. 计算以下参数，并分析系统运行问题。

① 污泥负荷率[单位：kg BOD_5/(kg MLSS · d)]

$$N_s = \frac{Q_{inf} \times BOD_{5inf} \times 24}{MLSS \times V}$$

② 容积负荷率[单位：kg BOD_5/(L · d)]

$$N_v = \frac{Q_{inf} \times BOD_{5inf} \times 24}{V}$$

③ 水力停留时间(单位：h)

$$HRT = \frac{V}{Q}$$

④ 污泥体积指数(单位：mL/g)

$$SVI = \frac{SV \times 10}{MLSS}$$

⑤ 污泥回流比

$$R = \frac{Q_r}{Q_i}$$

⑥ COD 去除率

$$COD\ 去除率 = \frac{(COD_{inf} - COD_{eff})}{COD_{inf}} \times 100\%$$

3. 根据以下两式对 COD 进行物料衡算，并解释为何要如此计算 COD 去除量。

① COD 随污泥流失量

$$gCOD_{wash\ out} = gCOD_{eff(tot)} - gCOD_{eff(pf)}$$

② COD 去除量

$$gCOD_{removal} = gCOD_{inf(tot)} - gCOD_{eff(pf)}$$

六、复习思考题

1. 影响污水好氧生物处理效果的因素有哪些？

2. 通过本实验系统的观测和控制，阐述完全混合式活性污泥法的优缺点。

3. 若曝气池中的污泥浓度为2200mg/L，混合液在100mL量筒内经30min沉淀的污泥量为18mL，计算污泥指数。

七、自我评价表（表5.19）

表5.19 污水生物治理运转中活性污泥评价指标的测定自我评价表

评价内容	评价指标	分值
SV的测定	取样是否具有代表性	10
	读数、计算、评价是否准确	10
MLSS的测定	烘干的温度及方法是否准确	10
	烘干过程中的称重、恒重方法是否准确	10
SVI的测定	结果的计算、评价是否准确	10
	对SVI值的计算是否准确	10
MLVSS的测定	对结果的评价是否准确	10
	对悬浮物体高温烧灼的温度及方法是否正确	10
计算与评价	结果的计算、评价是否准确	20
合计		100

【小结】

污废水的处理分三级进行，其中二级处理的主要方法是生物学方法。生物学处理方法按运行条件分为好氧和厌氧两大类，按运行形式分为活性污泥法、生物膜法、氧化塘法、厌氧消化法、土地处理法。

活性污泥的生物相主要有细菌、原生动物、真菌和后生动物，它们都具有净化和指示作用；活性污泥的性能监测指标有生物相、SV、MLSS、SVI、F/M、MLVSS等。运转中活性污泥的凝聚性和沉降性恶化，以及处理水混浊的现象总称为活性污泥的膨胀。污泥膨胀可分为丝状体膨胀和非丝状体膨胀两种，其产生与控制都与供氧、营养、pH值、BOD污泥负荷有关。

填料上引入微生物，俗称挂膜。挂膜方法有自然挂膜法、活性污泥挂膜法和优势菌挂膜法。

氧化塘分为好氧塘、兼性塘、厌氧塘、曝气塘。

厌氧生物处理经过水解发酵阶段、产乙酸阶段、产甲烷阶段，在其中发挥作用的微生物有发酵细菌、产氢产乙酸细菌、同型产乙酸细菌、产甲烷细菌。

【与工作任务相关的作业】

今有30万人口的城市污水，拟用自然条件下的生物处理法进行处理。在该城市地处华北京津唐地区和华南沿海地区的两种情况下，试分别拟定一个处理、利用方案。

【知识窗】

EM有效微生物

EM有效微生物(Effective Micro-organisms)是一种由酵母菌、放线菌、乳酸菌、光合细菌等十个属八十多种微生物复合而成的多功能微生物群。它既有分解性细菌，又有合成性细菌，既有厌氧菌、兼性菌，又有好氧菌。其特点是微生物类群多、结构稳定，对污染物分解能力强等。

EM生物技术即利用EM中各种共栖互利的微生物在同一环境中共存，协同分解、合成，进行物质综合转化的技术。

光合细菌在厌氧环境中生长，分解有机质，提供维生素等作为酵母菌的生长基质，而酵母菌在代谢中产生大量生物素，提供了光合细菌生长必需的条件，放线菌分解有机质，生成简单的有机质和H_2S，光合细菌可利用简单有机质和H_2S合成细胞物质，减少环境中H_2S对放线菌、酵母菌和其他生物的毒害。所以，EM作为多种细菌共存的一种生物体，在控制下强势生长繁殖，迅速降解污染物，同时依靠相互间共生增殖及协同作用，产生富营养及高抗氧化能力的物质，形成稳定而复杂的生态系统，抑制有害生物的生长繁殖，抑制含S、N与恶臭物质产生的臭味，激活水中具有净化功能的原生动物、微生物及水生植物，通过这些生物的综合效应起到净化水体及改良环境的作用。

EM在废水处理中具有以下几大功效：①降低COD、BOD、SS；②减少污水中的污泥量；③分解营养盐类物质；④除臭。EM有效微生物适用于江河湖泊、垃圾污水及工业废水的处理。

练习

项目 6　微生物降解污染物能力的测定

知识目标

1. 掌握微生物代谢中酶的特性，酶的种类、构成，影响酶促反应的因素；
2. 熟悉微生物代谢过程，包括生物氧化的发酵、无氧呼吸及好氧呼吸的类型，糖降解途径、三羧酸循环、电子传递链、脂肪酸β-氧化等基本知识；
3. 微生物遗传与变异的物质基础、基因突变及基因重组的基础知识；
4. 掌握有机污染物可生物降解性的测定方法；
5. 熟悉化合物的生物降解与转化途径；
6. 熟悉生物降解与转化的影响因素。

能力目标

1. 掌握淀粉、脂肪及蛋白质微生物降解实验的操作方法；
2. 掌握某一污染物降解细菌的分离、纯化、筛选方法；
3. 能独立进行有机污染物生物可降解性的测定项目；
4. 能独立进行分离、纯化和筛选降解某一污染物的细菌的项目；
5. 能进行各实验项目的设计、准备、组织、操作及数据处理。

微生物的勇气：挑战毒性，化解危机

在我们生活的环境中，苯酚是一种有毒有害的化学物质(难于降解)，对生态系统和人体健康都带来严重威胁。然而，微生物的力量展现了令人惊叹的潜能，通过降解苯酚这一困难的挑战，它们为我们提供了一种克服困难并取得成就的激励。

在数十年的研究中，科学家们发现了一些具有降解苯酚能力的微生物。这些微生物通过吸收、分解和利用苯酚分子，将其转化为无毒的物质或能量，从而彻底消除苯酚的毒性。这项任务并不容易，因为苯酚具有高度毒性和持久性，但微生物却能以其独特的酶系统和代谢途径迎接这个挑战。

微生物降解苯酚的过程不仅需要时间和适宜的环境条件，也需要微生物本身的适应性和适应能力。微生物通过进化和自我调节的方式，逐渐适应并克服苯酚对它们的抑制作用，从而发挥出生命力量的潜能。这种适应性鼓励大家在面对困难和挑战时，不断调整自己，迎接挑战并寻找解决问题的方法。

案例导入

神奇菌群可让秸秆 10 天肥田

近 30 年来，中国部分耕地由于大量使用化肥而黏结，农药残留增加，品质退化。收割完的水稻，农民将稻草一烧了之，我国近百座城市的空气质量因此遭受两天至三天的重度污染。秸秆自然腐熟的过程中，还可能产生“烧苗”现象。秸秆虽然可以制成生物燃料，但本身价格低廉，收集和运输的费用不菲，农民和企业无利可图。综上原因，造成秸秆被农工焚烧的现象。

现在可以在收割机边收割水稻的同时，把稻草切成段铺在田里。每亩地的稻草上只需撒上 1kg 腐熟剂，然后翻耕土地、浇足水，不出 10 天，稻草即成了肥料，就能种下一季庄稼。这种腐熟剂还能把油菜、小麦和玉米的秸秆都化成肥料。腐熟剂实际上是一种微生物菌群，包括枯草芽孢杆菌、酿酒酵母菌和黑曲霉菌等，它们的作用类似于人们做米酒的酒曲。使用腐熟剂，不仅可以提高土壤肥力，还可减少化肥用量。国内腐熟剂普遍使用发酵后的麸皮和米糠作载体，起到稀释和保持菌种活力的双重作用。

每千克只要十来块钱的腐熟剂用于改良土壤，秸秆还田每年可以使耕地的腐殖质含量增加 0.1%左右，连续坚持 10 年，就可能让原本长期使用化肥而退化的土壤基本恢复生机。

课前思考题

1. 如何判断有机污染物的生物降解性？
2. 如何从环境中分离、纯化和筛选降解某特定污染物的细菌？

项目工作流程

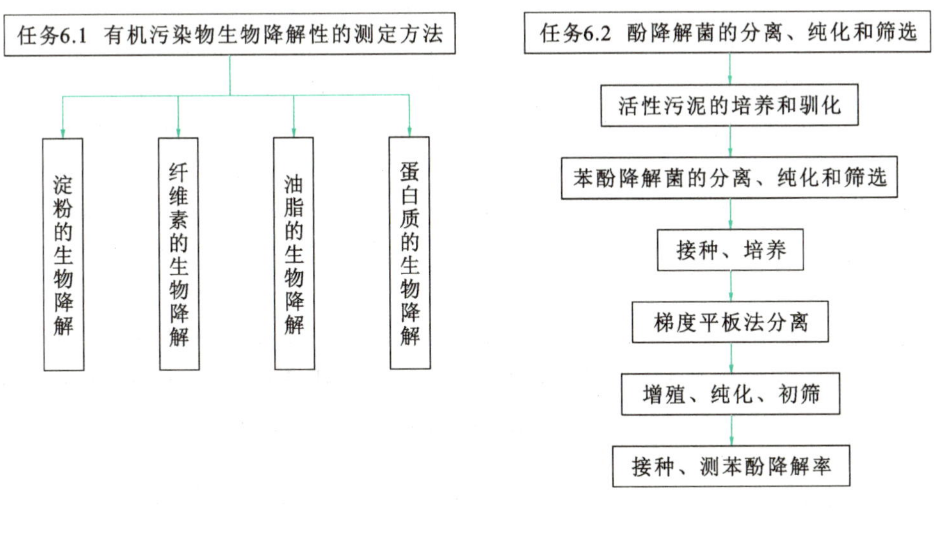

技能训练

任务 6.1　有机污染物生物降解性的测定方法

一、任务目标

1. 理解淀粉降解实验的反应原理和用途，学会淀粉降解实验的操作技术；
2. 理解纤维素降解的反应原理、用途，学会纤维素降解的操作技术；
3. 理解脂类降解的原理，学会脂类降解的操作技术；
4. 理解蛋白质降解的原理，学会蛋白质降解的操作技术。

二、任务相关知识

随着我国工农业的快速发展以及人口的不断增长，城市化进程的加快和人民生活水平的逐步提高，我国正面临环境污染日趋严重的巨大压力，污染治理的任务相当严峻。土壤污染主要以重金属污染和有机污染为主，大面积区域污染主要以有机污染为主，如农药、石油及其产品、固体废物及其渗滤液等。农药污染是我国影响范围最大的一种有机污染，不仅危害土壤环境质量和农作物品质，而且还进一步污染地表水、地下水以及海洋环境，直接威胁人类的生存环境和身体健康，例如，硝基芳香烃、氯代芳香烃等均广泛用于生产农药、燃料、炸药、医药、多聚体及其他化工产品。随着这些产品的制造和使用，这类污染物通过多种途径进入环境，污染土壤及水体。由于这类污染物对生物和人体具有高毒性，且在自然环境中较难降解，因此，对其进行治理是亟待解决的重大环境问题。

利用微生物降解、转化和去除环境中的污染物，可以减轻或消除污染物的毒性，降低污染物的健康风险。由于微生物对很多有机污染物具有一定的适应能力，可将其作为代谢底物降解和转化，因而与物理法、化学法相比，微生物法具有效果好、运行费用低、无二次污染等优点。用微生物法处理有机污染物的最终产物大都是无毒、无害、稳定的物质，如二氧化碳、水、氮气和甲烷等，可有效降低有机污染物的迁移性，因此微生物法被认为是一种较安全、彻底的污染治理方法。

此外，某些微生物处理技术的产物或副产品可作为资源加以利用，如生产单细胞蛋白。随着新的污染物种类不断出现，通过基因工程等手段获得的污染物降解菌，对特定种类的污染物具有较强的降解能力，微生物法在新型污染物的降解过程中起到不可替代的作用。

在生活垃圾、禽畜粪便、农业废弃物等非有毒有害固体废弃物的处理过程中，微生物法的作用是其他污染治理方法所不及的。例如，在堆制发酵中投加特定降解菌，可提高污染物去除率、缩短发酵周期。在有毒有害固体废弃物的处理过程中，投加具有专性降解功能的菌株，更是不可缺少的技术措施。

(一)微生物的分解代谢

新陈代谢简称代谢，是活细胞中进行的所有化学反应的总称。新陈代谢包括同化作用和异化作用。微生物把从环境中摄取的物质，经一系列的生物化学反应转变为自身物质的过程，称为同化作用，也叫合成代谢。同化作用是一个贮存能量的过程。微生物将自身的各种复杂有机物分解为简单化合物的过程，称为异化作用，也叫分解代谢，是由大分子物质转变为小分子物质的过程，它是一个释放能量的过程。同化作用与异化作用既有明显差别，又紧密相关。同化作用是异化作用的基础，异化作用为同化作用提供能量及原料，它们在细胞中偶联进行，相互对立而又统一。分解代谢是微生物对有机污染物降解的生物学基础。

1. 酶

酶是活细胞内合成的生物催化剂，主要成分是蛋白质。生物的一切活动，如吸收、代谢、生长、繁殖等，都离不开酶的作用，可以说没有酶就没有生命。各种污水和固体废弃物的生物处理，实际上就是利用处理系统中的微生物，将各种污染物代谢、分解。微生物降解污染物是通过一系列生化反应实现的，而这些生化反应则必须在各种酶的催化下才能完成。大量的科学研究表明，酶能以各种形式被直接用来净化污水，还可通过对某些酶类的活性测定来及时准确地反映生化处理效果。

(1)酶催化的特征

① 高效性 酶促反应的速率比非酶催化反应的速率高 $10^{8}\sim10^{20}$ 倍，比一般催化效率高 $10^{7}\sim10^{13}$。例如，1mol 过氧化氢酶在 1s 时间内可催化 10^{5}mol H_2O_2 分解，而铁离子在相同的条件下，只能催化 5～10mol H_2O_2 分解，又如在常温下淀粉酶催化淀粉水解的速率比用盐酸催化高 $10^{7}\sim10^{10}$ 倍。

② 专一性 酶的催化作用具有高度专一性。一种酶往往只能催化一种反应或一类反应，作用于一种或一类物质。如蛋白酶只能催化蛋白质的分解，脂肪酶只能催化脂肪的分解。

③ 温和性 与一般的催化剂需要在高温、高压、强酸、强碱等剧烈条件下起催化作用不同，酶是在常温、常压、近中性的水溶液等温和条件下催化生化反应，这与酶较脆弱，易受环境变化的影响，在高温、强酸、强碱、重金属等作用下失活或钝化的特点相对应。

④ 可控性 酶的催化活性可被调节控制。通过改变现成的酶分子活性来调节新陈代谢的速率，包括酶活性的激活和抑制两个方面。酶的种类很多，不同酶的调控方式也不同。

(2)酶的分类

① 按酶的分子组成，可将酶分成单成分酶和全酶两种。单成分酶只含蛋白质，如水解酶类，全酶由酶蛋白和非蛋白质的辅酶或辅基组成。酶蛋白和辅酶、辅基是酶表现催化活性不可缺少的两部分，酶蛋白起加速生物化学反应的作用，辅酶和辅基起传递电子、原子、化学基团的作用。

【知识窗】

几种重要的辅基和辅酶

铁卟啉:是细胞色素氧化酶、过氧化氢酶、过氧化物酶等的辅基,通过铁离子的变价传递电子,催化氧化还原反应。

辅酶 A(CoA 或 CoASH):通过巯基的受酰和脱酰参与转酰基反应,在糖代谢和脂肪代谢中起重要作用。

NAD(辅酶Ⅰ)和 NADP(辅酶Ⅱ):两者是多种脱氢酶的辅酶,在反应中起传递氢的作用。

FMN(黄素单核苷酸)和 FAD(黄素腺嘌呤二核苷酸):两者是氨基酸氧化酶和琥珀酸脱氢酶的辅基,是电子传递体系的组成部分,其功能是传递氢。

辅酶 Q(CoQ):是电子传递体系的组成部分,其功能为传递电子和氢。

硫辛酸(L)和焦磷酸硫胺素(TPP):两者结合成 LTPP,是 α-酮酸脱羧酶和糖类转酮酶辅酶。参与丙酮酸和 α-酮戊二酸的氧化脱羧反应,起传递酰基和氢的作用。

磷酸腺苷及其他核苷酸类:磷酸腺苷包括 AMP、ADP、ATP;其他核苷酸包括 GTP、UTP、CTP。

磷酸吡哆醛和磷酸吡哆胺:前者是氨基酸的转氨酶、消旋酶、脱羧酶的辅酶;后者与转氨有关。

生物素(维生素 H):是羧化酶的辅基,催化 CO_2 固定和转移及脂肪合成反应。

四氢叶酸(辅酶 F,THFA):传递甲酰基及羟甲基。

金属离子:是酶的辅基和激活剂。如 Fe^{2+} 是铁卟啉环的辅基,Mg^{2+} 是叶绿素的辅基。

② 按所催化的反应类型,可把酶分成六大类。

a. 氧化还原酶类。氧化还原酶是催化底物氧化还原的酶,其反应通式为

$$AH_2 + B \longrightarrow A + BH_2$$

b. 转移酶类。转移酶是催化底物的基团转移到另一物质上的酶,其反应通式为

$$AR + B \longrightarrow A + BR$$

c. 水解酶类。水解酶是催化大分子有机物水解反应的酶,其反应通式为

$$AB + H_2O \longrightarrow AOH + BH$$

d. 裂解酶类(裂合酶类)。裂解酶是催化有机物裂解为小分子有机物的酶,其反应通式为

$$AB \longrightarrow A + B$$

e. 合成酶类,是催化底物发生合成反应的酶。其反应通式为

$$A + B + ATP \longrightarrow AB + ADP + Pi$$

f. 异构酶类。异构酶是催化同分异构分子内的基团重新排列的酶,其反应通式为

$$A \longrightarrow A'$$

③ 按酶存在于细胞的不同部位,可把酶分为胞内酶和胞外酶。固定在细胞内部不能向外分泌的酶称为胞内酶。少数可分泌到细胞外的酶,称为胞外酶,如淀粉水解酶、纤维

素水解酶、蛋白质水解酶、脂肪水解酶等。

④ 结构酶与诱导酶　微生物细胞中含有上千种酶，绝大多数酶存在于细胞的一定部位，推动细胞的物质变化，这些酶称为结构酶或固有酶。还有一些酶，并非微生物所固有，但在一定条件下可经诱导产生，称为诱导酶。诱导酶的产生在污水生物处理中有重要意义。

(3)影响酶促反应的因素

凡是在酶参与下发生的化学反应都称为酶促反应。被酶作用的物质，称为底物。酶促反应速率取决于酶和底物的浓度，同时也受温度、pH 值、激活剂及抑制剂等因素的影响。

① 酶浓度　当底物浓度充足且其他条件都合适时，酶促反应速率在一定范围内与酶的浓度成正比(图 6.1)。但当酶浓度很高时，并不保持这种关系，速度曲线逐渐变平缓。

② 底物浓度　当酶浓度一定而其他条件不变时，酶促反应速率随底物浓度的增加而增加。但底物增加到一定浓度后，反应速率便不再增加(图 6.2)。

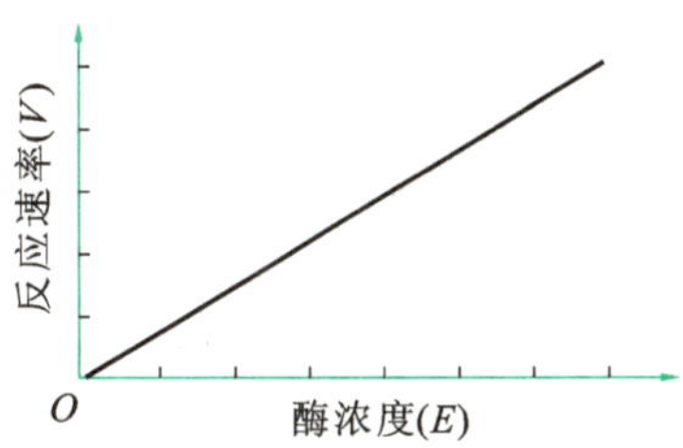

图 6.1　酶浓度与酶促反应速率的关系

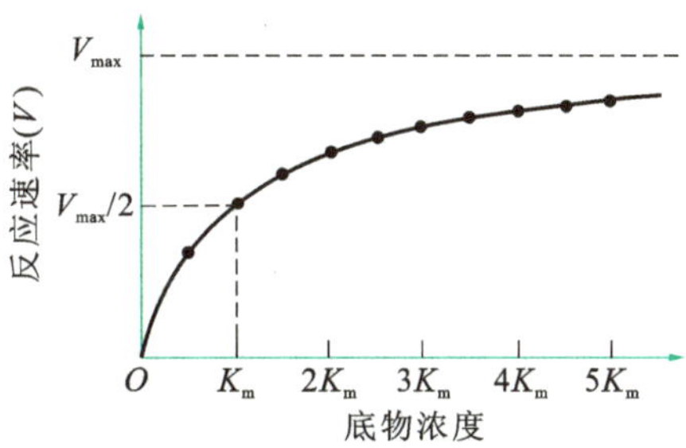

图 6.2　底物浓度与酶促反应速率的关系

③ 温度　每种酶都有一个最适温度。如图 6.3 所示，各种酶在最适温度范围内活性最强，酶促反应的速率最高。温度大于或小于最适温度，酶的活性都会降低。在达到最适温度之前，温度升高，酶促反应速率加快，一般温度每升高 10℃，酶促反应速率可相应提高 1～2 倍，当超过酶的最适温度，继续提高温度，酶则容易变性失活。

中温微生物体内各种酶的最适温度一般在 25～60℃，高温性微生物酶的最适温度在 60℃以上。例如，黑曲霉糖化的最适温度为 62～64℃；巨大芽孢杆菌、短乳酸杆菌、产气杆菌等体内的葡萄糖异构酶，最适温度为 80℃；枯草杆菌的糖化淀粉酶的最适温度为 85～94℃。微生物体内酶的热稳定性高是其耐高温的基础。

④ pH 值　每种酶都有最适的 pH 值。如图 6.4 所示，环境酸碱度大于或小于最适 pH 值，酶的活性都会降低。一般微生物酶的最适 pH 值为 6～8，酵母菌和霉菌的最适 pH 值一般是 3～5。大多数微生物在 pH 值为 4～9 时也能生存。

pH 值对酶活性的影响主要表现在两个方面：一是影响底物分子和酶分子的带电状态，从而影响酶和底物的结合；二是影响酶的稳定性，甚至使酶结构发生不可逆的破坏。

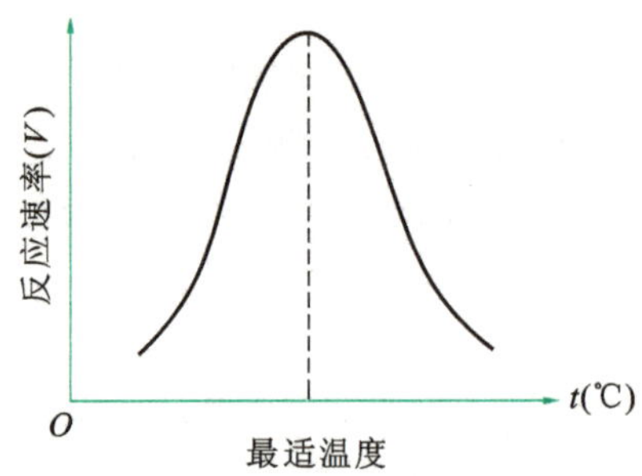

图 6.3 温度对酶促反应速率的关系

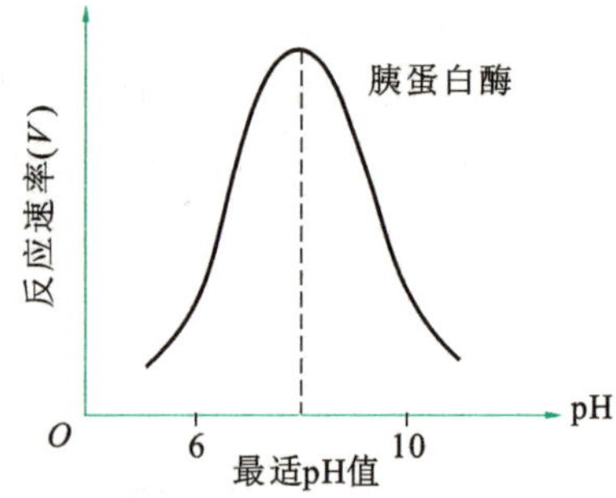

图 6.4 pH 值对酶促反应速率的关系

⑤ 激活剂 使酶表现活性和增强活性的过程称为酶的激活，能激活酶的物质称为酶的激活剂。激活剂大致分三类，即无机阳离子(Na^+、K^+、Rb^+、Cs^+、NH_4^+、Mg^{2+}、Fe^{2+}、Cd^{2+}、Mn^{2+}、Co^{2+}、Al^{3+}、Ni^{2+}、Cr^{3+}等)、无机阴离子(如Cl^-、Br^-、I^-、CN^-、NO_3^-、S^{2-}、SO_4^{2-}、AsO_4^{3-}等)、有机化合物(如蛋白质、谷胱甘肽、半胱氨酸、EDTA、维生素C、维生素B_1、B_2和B_6等)。新合成的酶原，必须经过激活剂激活后才具催化活性。

⑥ 抑制剂 凡能减弱、抑制甚至破坏酶活性的物质叫酶的抑制剂。抑制剂的种类很多，如重金属离子(Ag^+、Cu^{2+}、Hg^+)、CO、H_2S、氢氰酸、氟化物、碘化乙酸、有机磷、生物碱、染料、对氯汞、苯甲酸、表面活性剂等。

抑制方式有竞争性抑制和非竞争性抑制两种。两种或两种以上物质争先与酶活性中心结合，从而降低各种物质酶促反应的速率，称为竞争性抑制。抑制剂与酶活性中心以外的位点结合，使酶不显示对底物的活性，称为非竞争性抑制。竞争性抑制具可逆性，非竞争性抑制是不可逆的。

2.微生物的呼吸作用

微生物的呼吸作用实质上就是细胞内物质的分解、氧化和释放能量的过程，是新陈代谢的异化作用。呼吸作用中物质的氧化主要是以脱氢方式(同时失去电子)实现的，即在化学反应中一种物质脱氢同时失去电子被氧化，另一种物质得到氢和电子被还原。在此过程中释放的能量主要被贮存在ATP(三磷酸腺苷)中，满足各代谢反应的需要，未被贮存的能量则以热量形式散发。

根据生物氧化中最终氢受体(或最终电子受体)性质的不同，可以把呼吸类型分为发酵、有氧呼吸和无氧呼吸三类(图 6.5)。

根据微生物与氧气的关系，微生物可分为好氧微生物、厌氧微生物和兼性微生物。好氧微生物生活时需要氧气，没有氧气就无法生存。它们在有氧的条件下，可以将有机物分解成CO_2和H_2O。这种物质分解的过程叫好氧分解。厌氧微生物只在没有氧气的环境中才能生长，甚至氧气对它还有毒害作用。原因是在有氧存在的环境中，由脱氢酶活化的氢将和氧结合成过氧化氢，而这类微生物缺乏好氧微生物和兼性微生物所具有的过氧化氢酶，故所形成的过氧化氢将逐渐积累起来，对细胞产生毒害作用。厌氧微生物在无氧条件下，可以将复杂的有机物分解成简单的有机物和CO_2等，这个过程称为厌氧分解。兼性微生物则既可在有氧环境中生活，也可在无氧环境中生长，既能营好氧呼吸也能营厌氧呼吸。在自然界中，大部分细菌属于这一类(应当指出，理论上根据微生物与

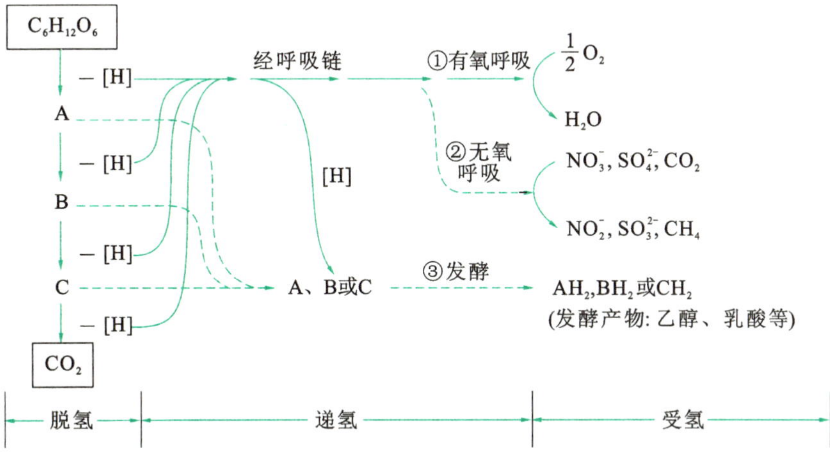

图 6.5　有氧呼吸、无氧呼吸和发酵示意图

氧气的关系来划分它们的类型是不够全面和确切的，但在实际应用中，这样的分类仍然是有意义的）。

(1)发酵

发酵是微生物在缺氧条件下进行的生命活动，是厌氧和兼性厌氧微生物获得能量的一种方式。发酵是指在厌氧条件下，底物脱氢后所产生的 H^+ 不经过呼吸链而直接交给中间代谢产物的一类低效产能反应。一般以有机物作为最终氢受体（最终电子受体）。在此过程中，由于有机物只是部分被氧化，所以释放的能量少，其余能量保留在最终产物中。

葡萄糖是微生物常利用的发酵基质，糖酵解（EMP 途径）是葡萄糖分解成丙酮酸的过程，是具有细胞结构的生物所共有的主要代谢途径。此反应系列发生在微生物的细胞中，并且在厌氧和有氧的条件下均能发生。EMP 途径的具体步骤见图 6.6 和图 6.7。

通过 EMP 途径，1 分子葡萄糖变成 2 分子丙酮酸、2 分子 NADH 和 2 分子 ATP。

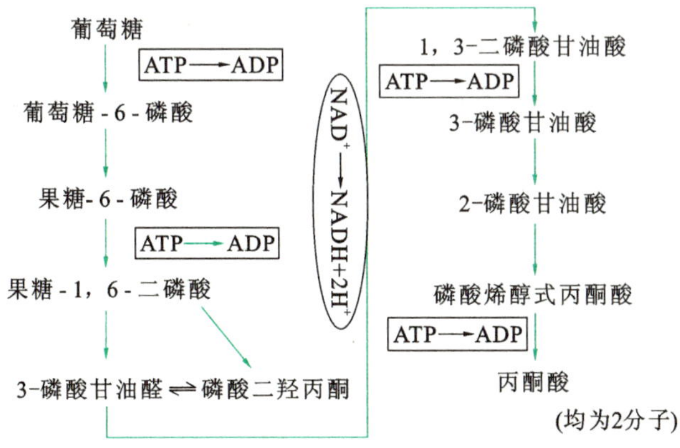

图 6.6　EMP 途径详解

糖酵解发生在细胞质中，在厌氧或有氧条件下均能发生。EMP 途径的总反应式为

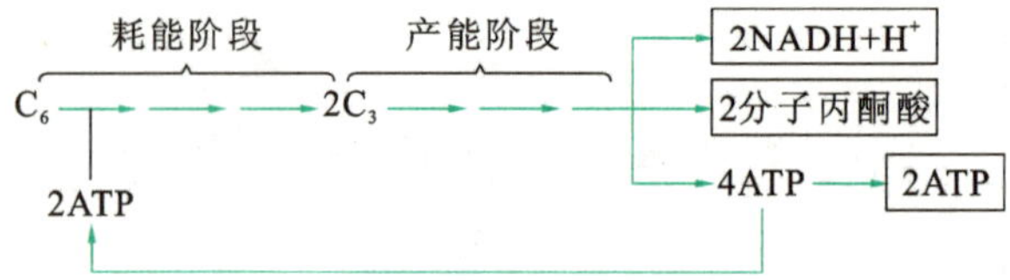

图 6.7　EMP 途径简图

C_6—葡萄糖；C_3—甘油醛-3-磷酸

$$C_6H_{12}O_6+2Pi+2ADP+2NAD^+ \longrightarrow 2CH_3COCOOH+2ATP+2NADH+2H^++2H_2O$$

葡萄糖　　　　　　　　　　　　　　丙酮酸

根据葡萄糖发酵产物和代谢途径不同，有不同的发酵类型，主要有如下几类：

① 乙醇发酵　进行乙醇发酵的微生物主要是酵母菌。酵母菌在厌氧条件下，通过EMP途径将葡萄糖分解成丙酮酸，丙酮酸再经脱羧放出 CO_2 生成乙醛，乙醛接受糖酵解过程放出的氢而被还原成乙醇。因此，乙醇发酵过程中，1 分子葡萄糖最终转变成 2 分子乙醇和 2 分子 CO_2，净产 2 分子 ATP。

$$C_6H_{12}O_6+2ADP+2Pi \longrightarrow 2C_2H_5OH+2ATP+2CO_2+2H_2O$$

② 乳酸发酵　乳酸细菌和明串珠菌属以葡萄糖为基质时，通过 EMP 途径产生丙酮酸，在乳酸细菌的作用下丙酮酸接受糖酵解过程中脱下的氢，使之还原成乳酸，称为同型乳酸发酵（见反应式）。在明串珠菌属作用下，最终产物为乳酸、乙醇或乙酸、CO_2 等多种产物，称为异型乳酸发酵。

$$C_6H_{12}O_6+2ADP+2Pi \longrightarrow 2C_3H_6O_3+2ATP+2H_2O$$

③ 混合酸发酵　混合酸发酵是指在厌氧条件下，葡萄糖代谢的多种中间产物转化成多种有机酸，如甲酸、乙酸、乙醇、乳酸、CO_2 和 H_2 等的反应。

此外，还有丁酸分解、丁二酸发酵、丙酮-丁酸发酵、丙酸发酵等。

(2)有氧呼吸

有氧呼吸是一种最普遍又最重要的生物氧化或产能方式，是以分子氧为最终电子受体的生物氧化过程。许多好氧微生物能利用各种有机物作为氧化底物进行有氧呼吸，从而获得所需能量。有氧呼吸的特点是底物脱下的氢经完整的呼吸链（又称电子传递链）传递，经逐步释放出能量后再交给最终氢受体（最终电子受体）外源氧分子，产生水并释放 ATP 形式的能量，因此，有氧呼吸的产能效率高。以葡萄糖为例，在微生物有氧呼吸过程中，葡萄糖先经 EMP 途径（糖酵解）降解为丙酮酸（图 6.6），然后丙酮酸经氧化脱羧生成乙酰辅酶 A。乙酰辅酶 A 经 TCA 循环（三羧酸循环）（图 6.8、图 6.9）被彻底氧化为 CO_2 和 H_2O。在此过程中底物氧化释放的电子先通过电子传递链（图 6.10），最后传递给氧，氧得到电子被还原，与底物脱下的 H^+ 结合生成 H_2O。在电子传递过程中释放的能量合成 ATP，称为电子传递磷酸化或氧化磷酸化。好氧微生物氧化分解 1mol 葡萄糖分子总共可生成 38mol ATP。其总反应式为

$$C_6H_{12}O_6+6O_2+38ADP+38Pi \longrightarrow 6CO_2+6H_2O+38ATP$$

丙酮酸经过一系列循环反应而彻底氧化脱羧，形成 CO_2、H_2O 和 $NADH_2$。

TCA 循环在各种好氧微生物中普遍存在。在真核微生物中，在线粒体（基质）内进行；在原核生物中，在细胞质中进行。只有琥珀酸脱氢酶，在线粒体或原核细胞中都是结

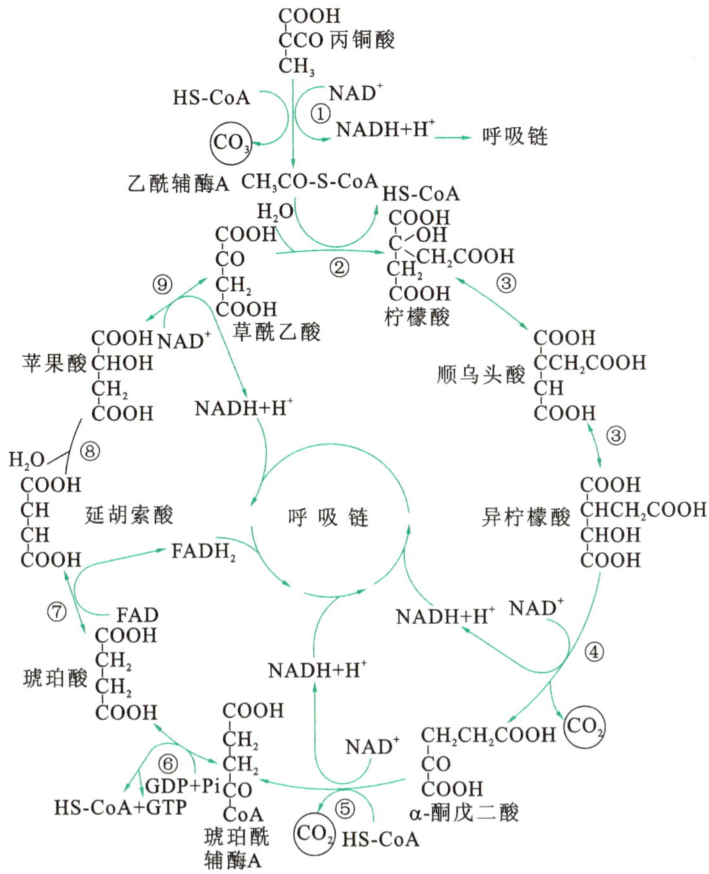

图 6.8　三羧酸循环详图

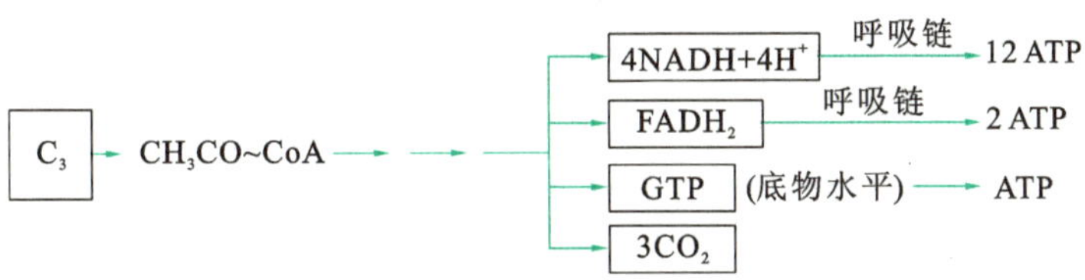

图 6.9　TCA 循环结果示意图

合在膜上。事实上，经丙酮酸进入三羧酸（TCA）循环被彻底氧化，是糖类、脂肪、蛋白质的共同归宿，如图 6.11 所示。

呼吸链是位于原核生物细胞膜上或真核生物线粒体膜上，由一系列氧化还原电势呈梯度差的、链状排列的氢或电子的传递体组成。能把氢（或电子）从氧化还原电势低的化合物逐级传递给氧化还原电势高的分子，如 O_2 或其他无机、有机氧化物，并使它们还原等。

有氧呼吸可分为外源性呼吸和内源性呼吸两种。微生物利用外界供给的能源进行呼吸，叫外源呼吸，即通常所说的呼吸。如果外界没有供给能源，而是利用自身内部贮存的能源物质，如多糖、脂肪、聚 β-羟基丁酸等进行呼吸，则叫作内源呼吸。内源呼吸的速率取决于细胞原有营养水平，有丰富营养的细胞具有相当多的能源储备和较强的内源呼

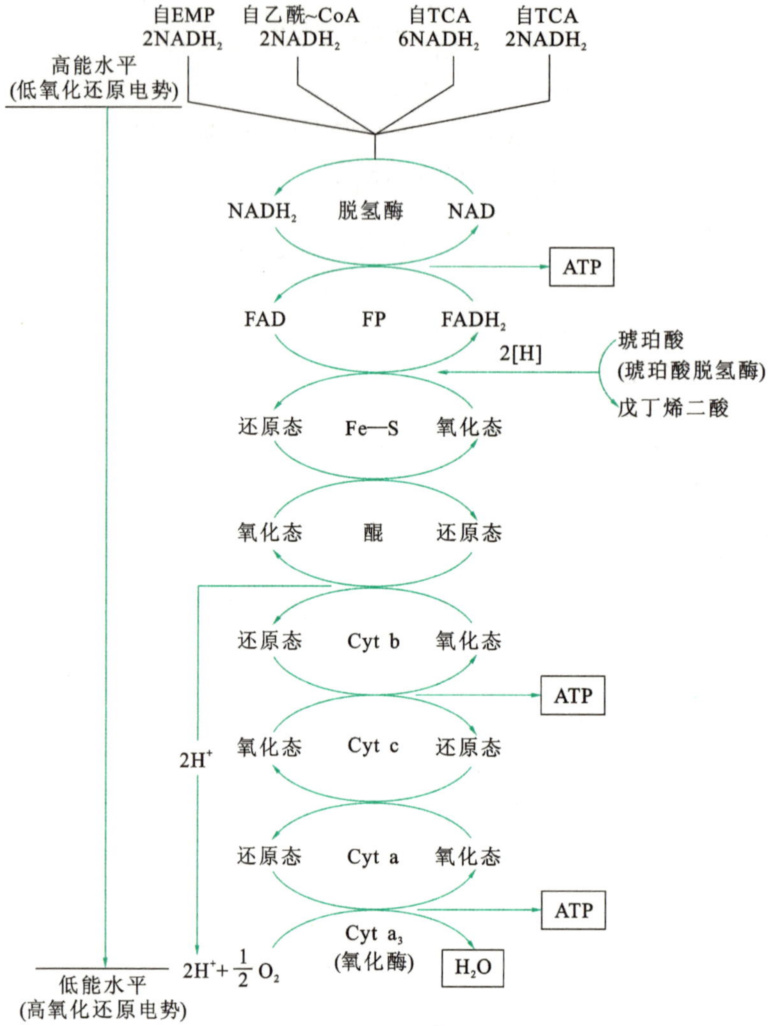

图 6.10　有氧呼吸中的电子传递体系

吸，而饥饿细胞的内源呼吸速率很低。

有氧呼吸能否进行取决于氧的浓度。一般而言，当氧浓度低于 0.2%(大气氧浓度的 1%)时，有氧呼吸不能进行。

(3)无氧呼吸

无氧呼吸又称厌氧呼吸，是某些厌氧和兼性厌氧微生物在无氧条件下进行的一类产能效率较低的呼吸。其特点是底物脱氢后，经呼吸链传递氢，最终由氧化态的无机物受氢，其最终氢受体(最终电子受体)不是氧，而是硝酸盐、硫酸盐、碳酸盐等外源受体。无氧呼吸中作为氧化底物的一般是有机物，如葡萄糖、乙酸和乳酸等，通过无氧呼吸被彻底氧化成 CO_2，并伴随 ATP 产生。

① 硝酸盐呼吸

硝酸盐在微生物生命活动中具有两种功能：其一是在有氧或无氧条件下作为微生物生长的氮源营养物，称为同化性硝酸盐还原作用；其二是在无氧条件下，某些厌氧或兼性

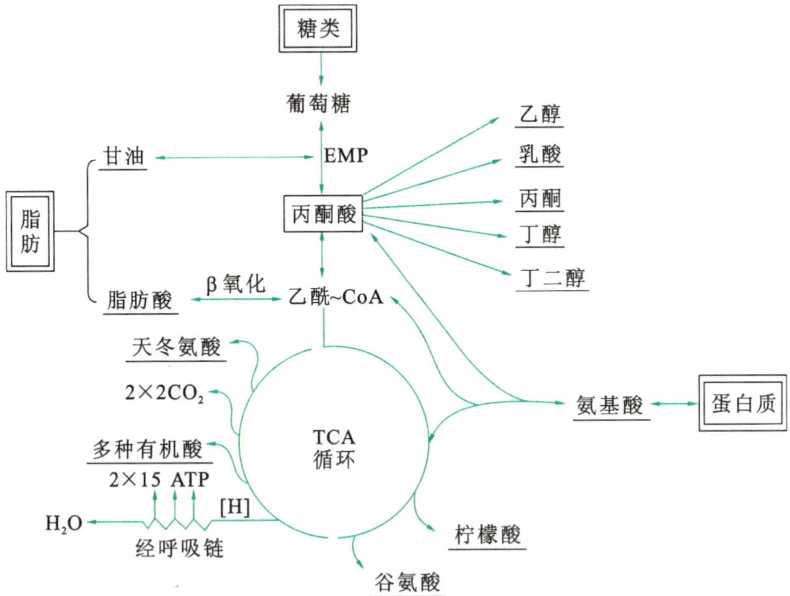

图 6.11　三羧酸循环在微生物代谢中的地位

（注：双框内为主要营养物，单框内为重要中间代谢物，下画线者为微生物发酵产物）

厌氧微生物利用硝酸盐作为最终电子受体，把它还原为 NO_2、NO、N_2O，直至 N_2 的过程。在此过程中微生物获得能量，称异化性硝酸盐还原作用，又称硝酸盐呼吸、反硝化作用。这类微生物称为反硝化细菌或硝酸盐还原细菌。

② 硫酸盐呼吸

硫酸盐呼吸是指无氧条件下硫酸盐还原菌（也称反硫化细菌）以 SO_4^{2-} 为受氢体（最终电子受体），将 SO_4^{2-} 还原为 H_2S。该菌氧化有机物不彻底，如普通脱硫弧菌氧化乳酸时产物为乙酸。

③ 碳酸盐呼吸

碳酸盐呼吸是指以 CO_2 和 CO 为最终电子受体，被还原为 CH_3COOH 和 CH_4 的过程。能进行碳酸盐呼吸的是一些厌氧微生物，如产乙酸菌和产甲烷菌等。

（二）有机污染物的生物降解性

1. 有机污染物生物降解性的概念

有机污染物生物降解性是指污染物在微生物作用下转变成结构较简单的化合物或被完全分解为简单无机物的特性。

有的污染物不容易被微生物所降解，有的则对微生物有毒害作用。为了合理选择污染物处理方法，或确定进入生化处理构筑物的有毒物质的容许浓度，就需要进行污染物的生物降解性测定。根据微生物对污染物降解的难易程度，可将污染物分为可生物降解、难生物降解、不可生物降解三类。

① 可生物降解物质：单糖、蛋白质、淀粉、核糖等降解较快的物质。这些有机物在酶的作用下可被最终分解成 CO_2、H_2O、NH_3 等。

② 难生物降解物质：纤维素、烃类等降解较慢的物质。

③ 不可生物降解物质：塑料、尼龙、腈纶、涤纶、聚酯、氟利昂、多环及杂环芳烃、高聚物等一些高分子合成化合物。对于这类化合物应严格控制其生产和排放。

2. 生物降解性的测定

(1)测定基质的生物氧化率

微生物分解基质所消耗的氧与基质(待测物)完全彻底氧化所消耗的理论需氧量的比值，称为基质生物氧化率。

$$\text{基质生物氧化率}=\frac{\text{微生物分解基质的耗氧量}}{\text{基质完全氧化的耗氧量(理论)}}\times 100\%$$

用活性污泥作为测定用微生物，单一的被测有机物作为底物，使用瓦氏呼吸仪测定其耗氧量，然后比上与该底物完全氧化的理论需氧量，即可求得被测化合物的生物氧化率。

在测定条件完全相同的情况下，不同底物的生物氧化率的大小在一定程度上可反映这些化合物的生物降解性差异。经测试得到有机物的生物氧化率见表 6.1。

表 6.1 有机物的生物氧化率

被测有机物	生物氧化率(%)
甲苯	53
醋酸乙烯酯	34
苯	24
乙二胺	24
二甘醇	5
乙基-己基丙烯盐	0

(2)测定基质的生化呼吸曲线——耗氧曲线

测定基层的生化呼吸曲线即测定基质的耗氧曲线，并把活性污泥微生物对基质的生化呼吸线与其内源呼吸线相比较而作为基质可生物降解性的评价。

当活性污泥微生物处于生长曲线的衰亡期时，细菌处于内源呼吸阶段，此时细菌利用的基质是微生物自身的细胞物质，其呼吸速度是恒定的，耗氧量与时间的变化呈直线关系，这称为内源呼吸线。当供给活性污泥微生物外源基质时，耗氧量随时间的变化是一条特征曲线，称为生化呼吸线。把各种有机物的生化呼吸线与内源呼吸线加以比较，可能出现图 6.12 所示的三种情况。

① 生化呼吸线位于内源呼吸线之上，说明该有机物或废水可被微生物氧化分解。两条呼吸线之间的距离越大，该有机物或废水的生物降解性越好；反之亦然。如图 6.12(a)所示。

② 生化呼吸线与内源呼吸线基本重合，表明该有机物不能被活性污泥微生物氧化分解，但对微生物的生命活动无抑制作用，如图 6.12(b)所示。

③ 生化呼吸线位于内源呼吸线之下，说明该有机物对微生物产生了抑制作用，生化呼吸线越接近横坐标，则抑制作用越大，如图 6.12(c)所示。

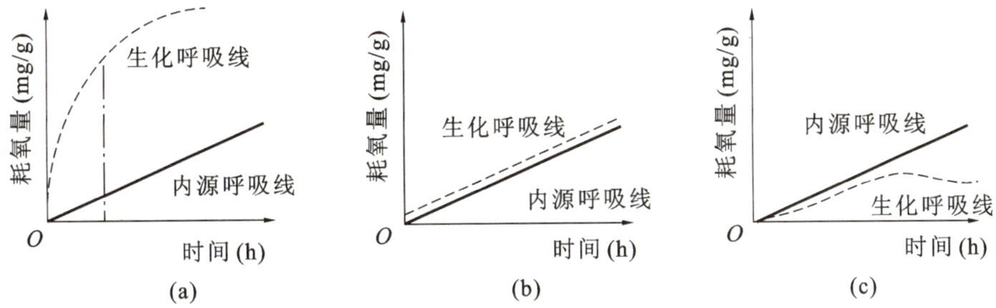

图 6.12　活性污泥的生化呼吸曲线

(3)测定相对耗氧速率曲线

耗氧速率就是单位生物量(可用活性污泥的质量、浓度或含氮量来表示)在单位时间内的耗氧量。如果测定时生物量不变,改变底物浓度,便可测得某种有机物在不同浓度下的耗氧速率,然后比上内源呼吸耗氧速率,就可得出相应浓度下的相对耗氧速率,据此可作出相对耗氧速率曲线。

以有机物或废水浓度为横坐标,以相对耗氧速率为纵坐标,所作的不同物质(或废水)的相对耗氧速率曲线可能有图 6.13 所示的 4 种情况。

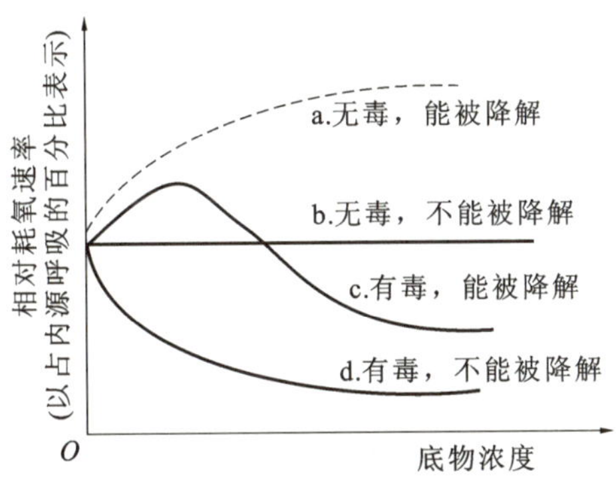

图 6.13　相对耗氧速率曲线

a. 表明基质无毒,且能被活性污泥微生物所利用,在一定范围内相对耗氧速率随基质浓度增加而增加;

b. 基质无毒无害,但不能被活性污泥微生物降解;

c. 表明基质有毒,但在低浓度时可被生物降解,并随基质浓度的增加,相对耗氧速率可逐渐增加,超过一定浓度后相对耗氧速率逐渐降低,说明生物降解逐渐受到抑制。当相对耗氧速率降到 100 时,便到了活性污泥微生物的限界浓度,这时,对外源底物的生物降解已完全被抑制。

d. 表明基质有毒,不能被微生物利用。

(4)测定 COD_{Cr} 与 BOD_5 之比

BOD 是废水中可生物降解部分的有机物在微生物作用下氧化分解所需的氧量,BOD_5 为 5d 生化需氧量,它相当于比较容易被异养微生物分解利用的有机物量。COD 是有机物在化学氧化剂作用下氧化分解所需的氧量。当采用重铬酸钾作氧化剂时,除一部分长链脂肪族化合物、芳香族化合物和吡啶等含 N 杂环化合物不能氧化外,大部分有机物(80%～100%)能被氧化。

根据BOD_5与COD_{Cr}比值的大小，可推测废水的生物降解性能，见表6.2。

表6.2　BOD_5与COD_{Cr}比值与可生物降解性的关系

BOD_5/COD_{Cr}	可生物降解性
>0.45	生物降解性较好
>0.30	生物降解性一般
<0.30	生物降解性较差
<0.25	难生物降解

表6.2中的划分主要针对低浓度有机废水而言。高浓度有机废水，即使$BOD_5/COD_{Cr}<0.25$，其BOD的绝对值并不低，仍可采用生化法降解，只不过废水中的COD_{NB}(指难生物降解的COD)可能占较大比例，要使生化出水的COD_{Cr}达标，尚需考虑进一步的处理措施。

(5)测定COD_{30}

取一定量的待测废水，接种少量活性污泥，连续曝气，测起始COD_{Cr}(即COD_0)和第30d的COD_{Cr}(即COD_{30})。废水经生化处理后COD的最高去除率大致为

$$\text{COD去除率}(\%)=\frac{(COD_0-COD_{30})}{COD_0}\times 100\%$$

据此可推测废水的可生化性，及估计用生化法处理可能得到的最高COD_{Cr}去除率。

(6)培养法

通常采用生物处理的小模型接种适量的活性污泥，对待测废水进行序批式处理实验。测定进水、出水的COD_{Cr}、BOD_5等水质指标，观察活性污泥的增长，镜检活性污泥生物相。根据测试结果可作出废水可生化性的判断。

在上述诸多测定方法中，作为生物降解菌种源的活性污泥性状，是否经过驯化或驯化的程度如何等，对生物降解性的测试结果有很大影响。表6.3所列为部分化合物的5d生物氧化率，可见活性污泥驯化与否对其测试结果有较大的影响。这说明，通过驯化有可能大大提高活性污泥降解污染物的能力。

表6.3　活性污泥驯化与否对生物氧化率测试结果的影响

化合物	5d生物氧化率(%)	
	未驯化	驯化
苯	24	58
甲苯	53	73
二癸基苯二甲酸盐	1	7
2-乙基己基苯二甲酸盐	0	13
乙基己基丙烯盐	0	9

(三)有机污染物的生物降解与转化

在自然生态系统中，来自于生物体的每一种天然的有机物都有相对应的降解微生

物。只要具备合适的条件，微生物就可以沿着一定的途径降解这些有机物。

1.不含氮有机物的生物降解与转化

污水中可能含有的不含氮有机物有醛类、酮类、醇类、有机酸、酚类等化合物和油脂等。无论在有氧或无氧的情况下，它们在自然界中的分解都不是一两步就可完成的，而是包含一系列的反应，有着各种酶的参与。

(1)多糖类的生物降解途径

多糖类有机物是异养微生物的主要能源，也是生物细胞重要的结构物质和贮藏物质。这类有机物广泛存在于动植物尸体及废料中，如纤维素、半纤维素、淀粉、果胶质等。

碳水化合物可分为三类，其通式为 $C_x(H_2O)_y$。单糖是最简单的一类碳水化合物，其通式为$(C \cdot H_2O)_n(n \geqslant 3)$，葡萄糖就是单糖的一种。双糖是水解后能生成两个分子单糖的碳水化合物，如蔗糖、乳糖和麦芽糖等，它们的分子通式是 $C_{12}H_{22}O_{11}$。多糖是水解后能生成很多个单糖分子的碳水化合物，如淀粉、纤维素等，它们的分子通式是$(C_5H_{10}O_5)_n$。

① 淀粉的生物降解途径　淀粉是植物中普遍存在的多糖，有直链淀粉和支链淀粉两种结构形式，直链淀粉由 α-葡萄糖通过 α-1,4 糖苷键连接组成，支链淀粉中除有α-1,4糖苷键外，还有 α-1,6 糖苷键，如图 6.14 所示。淀粉厂、酒厂废水、印染废水、抗生素发酵废水及生活污水等均含有淀粉。

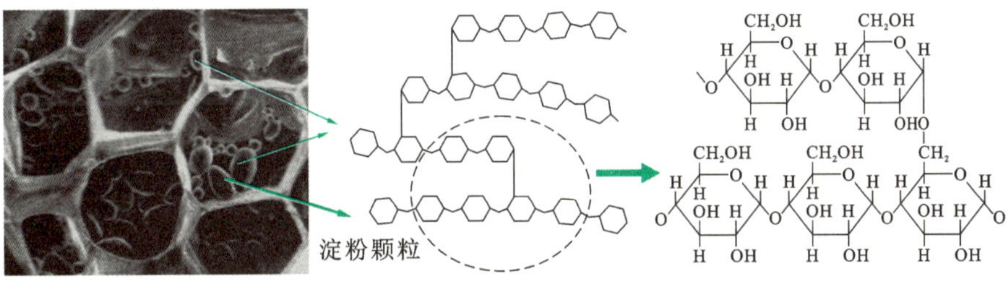

图 6.14 淀粉颗粒结构示意图

降解淀粉的微生物能产生水解淀粉酶，将淀粉水解为葡萄糖，降解淀粉的细菌有枯草芽孢杆菌、梭状芽孢杆菌，真菌中的酵母菌、根霉、曲霉、镰孢酶等。淀粉分解过程如下：

$$淀粉 \longrightarrow 糊精 \longrightarrow 麦芽糖 \longrightarrow 葡萄糖$$

葡萄糖的分解，如前所述，糖酵解后在有氧条件下进入 TCA 循环，被彻底氧化为 CO_2 和 H_2O。在厌氧条件下发酵可产生丙酮、丁醇、丁酸、乙酸等小分子有机物和无机物。

② 纤维素的生物降解途径　纤维素是植物细胞壁的主要成分，是自然界中分布最广、含量最多的一种多糖，占植物界碳含量的 50%以上。如图 6.15 所示，纤维素大分子的基环是 D-葡萄糖以 β-1,4 糖苷键组成的大分子多糖，不溶于水及一般有机溶剂。

棉纺印染废水、造纸废水、人造纤维废水及城市垃圾等污染物中均含有大量纤维素。

分解纤维素的微生物种类很多。好氧细菌有黏细菌、镰状纤维菌、纤维单胞菌属和纤维弧菌，厌氧细菌有产纤维二糖芽孢梭菌、无芽孢厌氧分解菌及嗜热纤维芽孢梭菌，放线菌中的链霉菌属和真菌中的青霉、曲霉、镰刀霉、木霉及毛霉等都可以降解纤维素。纤维素在微生物分泌的胞外酶作用下水解成具有可溶性的、较简单的物质(如葡萄糖)后，才能被微生物吸收。图 6.16 表示纤维素在微生物作用下的降解过程。

视频 纤维素的微生物降解

葡萄糖是具有可溶性的、较简单的有机物质，被微生物吸收进入细胞后借胞内酶的作用，除一部分组成细胞物质外，另一部分则根据环境中是否有氧气存在而进行不同过程的降解与转化。

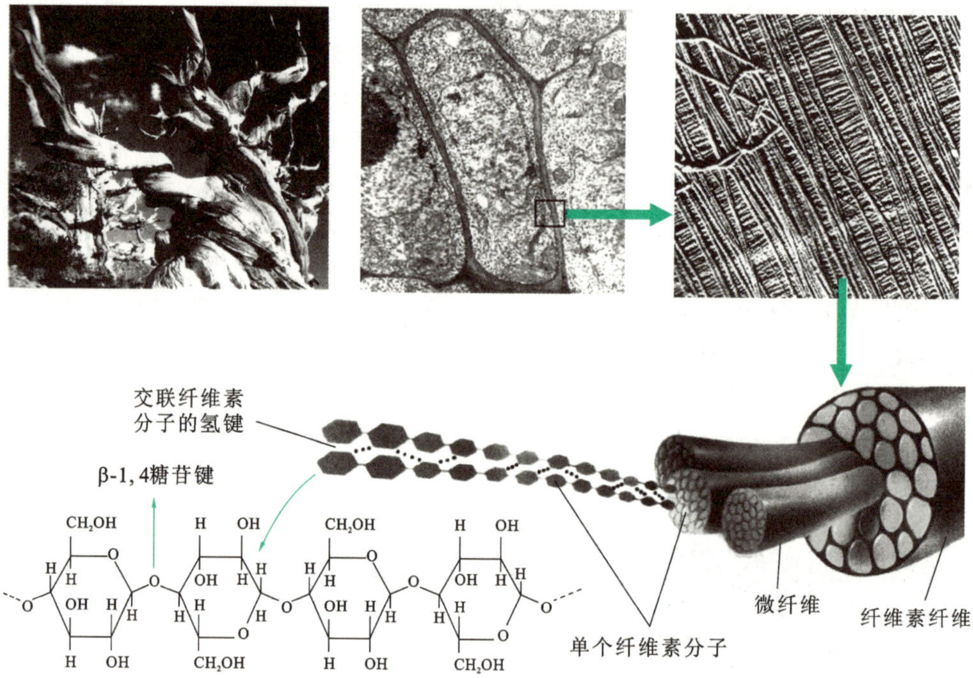

图 6.15 纤维素的结构示意

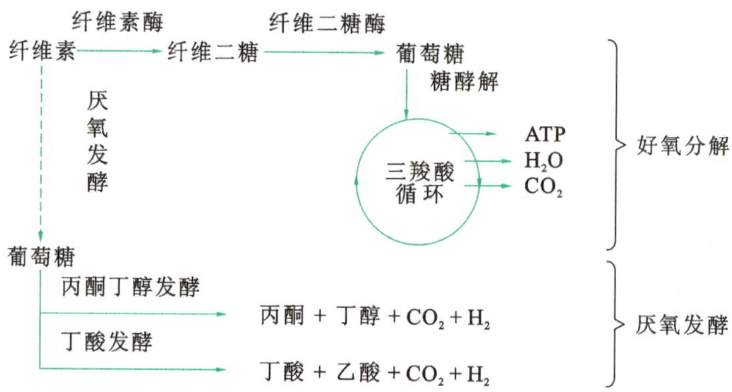

图 6.16 纤维素的降解过程

③ 半纤维素的生物降解途径 半纤维素是在植物细胞壁中与纤维素共生，其含量仅次于纤维素。半纤维素的组成中含有聚戊糖、聚己糖及聚糖醛酸，溶于碱溶液，是遇酸后比纤维素更易水解的杂多糖。半纤维素在聚糖酶的作用下水解成单糖和糖醛酸，在好氧条件下通过 TCA 循环途径氧化为 CO_2 和 H_2O，厌氧发酵时产生各种发酵产物。分解纤

维素的微生物大多数能分解半纤维素。许多芽孢杆菌、假单胞菌、节杆菌及放线菌能分解半纤维素。霉菌有根霉、曲霉、青霉及镰刀霉等。

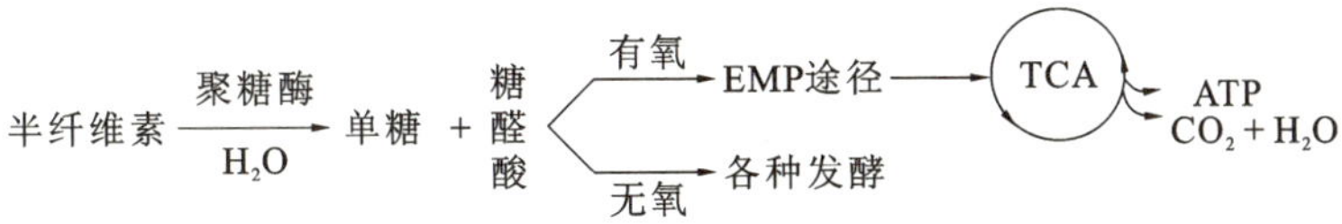

④ 果胶质的转化　果胶质是由 D-半乳糖醛酸以 α-1,4 糖苷键构成的直链高分子化合物。分解果胶质的微生物主要有枯草芽孢杆菌、多黏类芽孢杆菌等好氧菌和蚀果胶梭菌等厌氧菌，放线菌及真菌中的青霉、曲霉、木霉、毛霉和根霉等。

原果胶⟶可溶性果胶⟶果胶酸⟶半乳糖醛酸 {好氧分解；丁酸发酵}

(2)木质素的生物降解途径

木质素是在植物细胞壁中与纤维素、半纤维素镶嵌在一起的，在植物组织中具有增强细胞壁及黏合纤维的作用，主要是由化学结构复杂的芳香族化合物松柏醇、香豆醇和芥子醇等苯丙烷的衍生物交联联合而成的高分子化合物。

虽然在 100 多年前人们就已经发现了木质素，但对它的结构、合成与生物分解机理还远远没有弄清。其原因是木质素在物理上和化学上与纤维素、半纤维素和果胶等的细胞壁成分结合紧密，难以萃取出一种化学性质稳定的木质素组分。它极难被动物消化吸收，在土壤中能转化成腐殖质。降解木质素的微生物主要有真菌中的担子菌等。

(3)脂类的生物降解

由脂肪酸和醇作用生成的酯及其衍生物统称为脂类，是机体内的一类有机大分子物质，主要有脂肪、类脂和蜡质，不溶于水而溶于有机溶剂，毛纺废水、油脂废水、印染废水及乳制品废水等都含有大量的脂类。

脂肪是由甘油和脂肪酸脱水形成的酯，在脂肪酶的作用下降解为甘油和脂肪酸。类脂包括磷脂、糖脂和固醇，蜡质是由高级脂肪酸和醇化合而成的。其降解途径表示如下：

脂肪＋H_2O $\xrightarrow{\text{脂肪酶}}$ 甘油＋高级脂肪酸

类脂质＋H_2O $\xrightarrow{\text{磷脂酶类}}$ 甘油或其他醇类＋高级脂肪酸＋磷酸＋有机碱类

蜡质＋H_2O $\xrightarrow{\text{酯酶类}}$ 高级醇＋高级脂肪酸

①甘油的转化　水解产物甘油可被环境中的大多数微生物降解为丙酮酸，通过 TCA 循环降解为 CO_2。在脂肪酶的作用下，脂肪被水解为甘油和高级脂肪酸。甘油可作为微生物的碳源和能源而进一步分解。

甘油 $\xrightarrow{\text{甘油磷酸激酶}}$ α-磷酸甘油 $\xrightarrow{\text{磷酸甘油脱氧酶}}$ 磷酸二氧丙酮⟶丙酮酸

② 脂肪酸的 β-氧化　脂肪酸相对稳定，其分解通常按照 β-氧化的方式进行。脂肪酸被活化成脂酰辅酶 A，再通过一系列酶的催化，在脂酰辅酶 A 的 β-碳原子上进行脱氢、加水、再脱氢、硫解等步骤，使 β-碳原子被氧化，通过 TCA 循环，生成 CO_2 和 H_2O，同时释放能量合成 ATP，这一过程称为脂肪酸的 β-氧化，如图 6.17 所示。

细菌中的荧光假单胞菌、铜绿假单胞菌、色杆菌、无色杆菌、黄杆菌及芽孢杆菌等，真

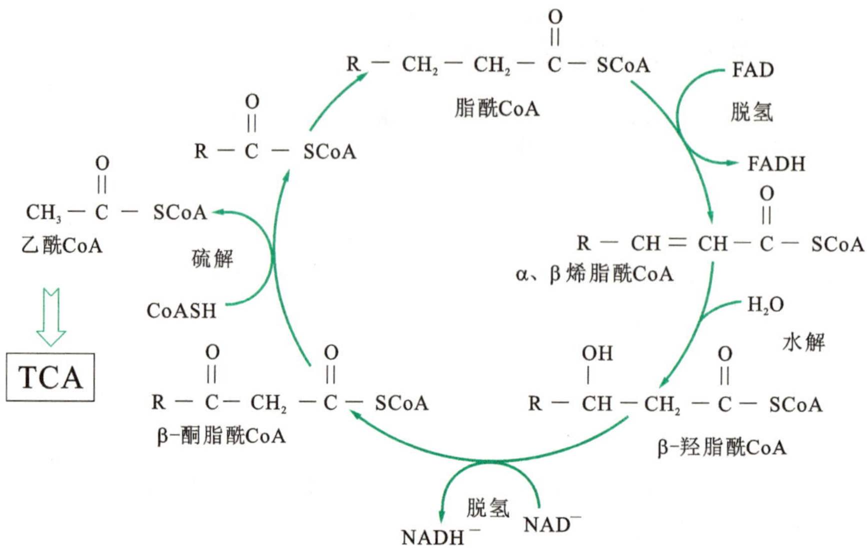

图 6.17　脂肪酸的 β-氧化途径

菌中的青霉、曲霉、枝孢霉等都可降解脂类，放线菌中能分解脂肪的也为数不少。

(4)石油的生物降解

石油是未能进行降解的有机物质积累，经地质变迁而形成的。石油是含有烷烃、环烷烃、芳香烃及少量非烃化合物的复杂混合物，是一类高度还原性的物质。其在厌氧条件下相当稳定，但在好氧条件下可被一些微生物分解。

石油的生物降解性因其所含烃分子的类型和大小而异。烯烃最易分解，烷烃次之，芳香烃难降解，多环芳烃更难，脂环烃类对微生物的作用最不敏感。烷烃中 C_1～C_3 化合物(如甲烷、乙烷、丙烷)只能被少数专一性微生物所降解，直链烃容易降解，支链烃抗性较强。芳香烃常与沉积物结合，降解过程较为复杂。所以，石油含有的烃类物质组成不同，其降解的速度和过程有较大差异。

① 烷烃的降解　正烷烃先转化成羧酸，再通过 β-氧化进行深入降解，形成二碳单位的短链脂肪酸和乙酰辅酶 A，放出 CO_2。多支链的烯烃主要转化成二羧酸再进行降解。环烷烃的降解需要两种氧化酶的协同氧化，一种氧化酶先将其氧化为环醇，接着脱氢形成环酮，另一种氧化酶再氧化环酮，环断开之后进一步降解。芳香烃一般通过烃基化形成二醇，然后形成邻苯二酚，环断开后，邻苯二酚继而降解为三羧环的中间产物。真菌和细菌降解石油烃类化合物可形成具有不同立体化学构型的中间产物，真菌将石油烃类化合物降解成反式二醇，而细菌往往将之降解成顺式二醇。

正烷烃的降解途径以烷烃末端氧化最为常见，如图 6.18 所示。烷烃的分解通常从一个末端的氧化形成醇开始，然后继续氧化形成醛，再氧化形成羧酸，羧酸经 β-氧化后进入三羧酸循环，被彻底氧化成 CO_2 和 H_2O，这样羧酸链不断缩短。

无支链环烷烃的降解(以环己烷为例)如图 6.19 所示。

② 烯烃的降解　微生物对烯烃的降解途径有多种可能。主要途径是烯烃的饱和末端氧化，再经与正烷烃相同的途径成为不饱和脂肪酸；或者是烯烃的不饱和末端双键环

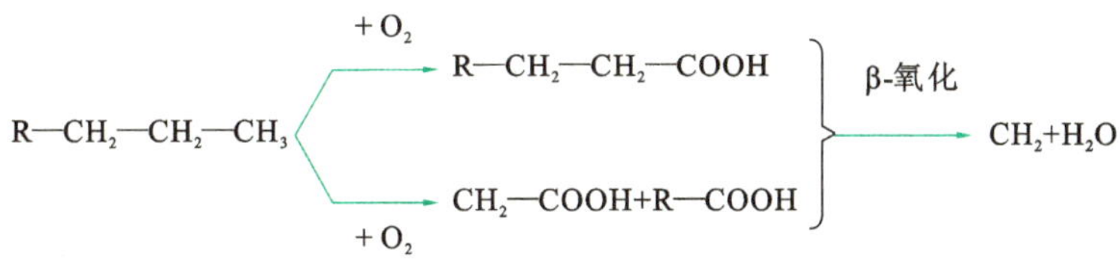

图 6.18 正烷烃的降解途径

氧化成为环氧化合物，再经开环所成的二醇饱和脂肪酸，然后通过β-氧化进入三羧酸循环，降解成二氧化碳和水，如图6.20所示。

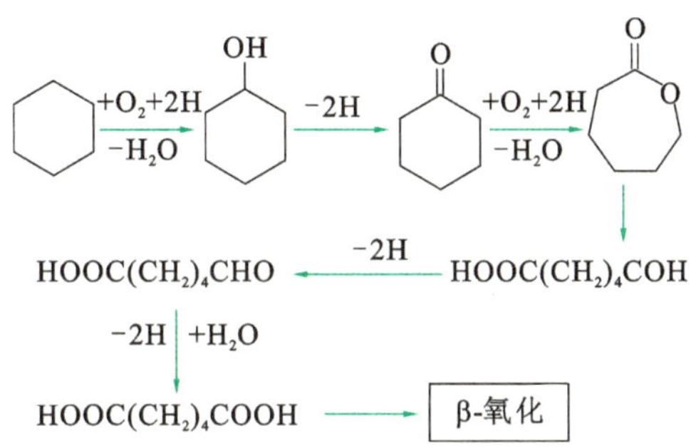

图 6.19 环己烷的降解途径

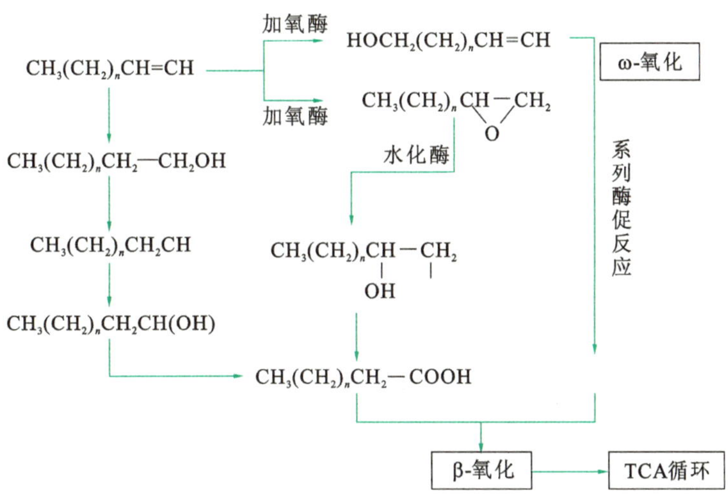

图 6.20 烯烃的微生物降解途径

微生物降解石油，主要是在加氧酶的催化作用下，将分子氧组合入基质中，形成一种含氧的中间产物，然后转化成其他物质而参与代谢过程。例如，微生物降解烷烃类的最初产物为相应的醇类，然后被进一步转化为脂肪酸类；另外，微生物降解芳烃类和脂环烃类的起始反应也是加氧，在芳烃的降解中是将氧气的两个原子均组合入芳香环中，而在烷烃和脂环烃的降解中是将氧气中的一个原子组合进去。

③ 芳香烃的降解　芳香烃普遍具有生物毒性，但在低浓度范围内它们可以不同程度地被微生物分解。单环芳烃是一类很重要的环境污染物，多种细菌和真菌可以降解苯系物，但是降解的难易程度和生成的产物有较大的差别。苯的好氧降解途径如图6.21所

示。微生物降解芳香烃化合物，一般先分解侧链，然后对芳香环氧化(羟化)、开环，余下的过程与降解脂肪族化合物相同，最终也分解为 CO_2 和 H_2O。

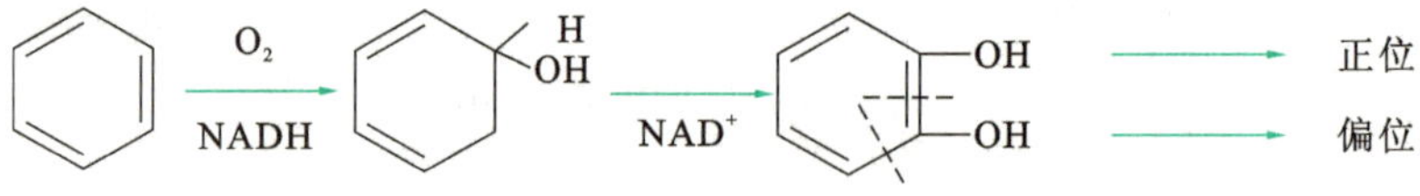

图 6.21　苯的好氧降解途径

多环类物质结构更稳定，降解过程更漫长。多环芳烃的降解途径是先打开一个环(开环方式和单环相似)，使 n 环芳烃变为带支链的 $n-1$ 环芳烃，依次类推，直到成为带多个支链的单环类物质，然后降解转化为邻苯二酚，再依单环类物质邻苯二酚的降解途径彻底氧化为 CO_2 和 H_2O。能够降解多环芳烃的微生物见表 6.4。

表 6.4　能够降解多环芳烃的微生物

污染物	苯类、酚类	萘	菲	蒽
微生物名称	荧光假单胞菌、铜绿色假单胞菌及苯杆菌	铜绿色假单胞菌、溶条假单胞菌、诺卡氏菌、小球菌、无色杆菌及分枝杆菌	菲杆菌、菲芽孢杆菌	荧光假单胞菌和铜绿色假单胞菌、小球菌及大肠埃希氏菌

降解石油的微生物很多，已报道的有 70 余属 200 多种。土壤真菌和细菌以及海洋细菌、丝状真菌等都是石油的重要降解者，其中以灰绿青霉、产朊假丝酵母等真菌和假单胞菌属、诺卡氏菌属、分枝杆菌属中的一些种类降解能力最强。同时，由于石油是多种烃类的混合物，一般是由多种微生物共同作用而使其降解。

2. 含氮有机物的生物降解与转化

污水中可能存在的含氮有机物主要有蛋白质、尿素、胺类、腈化物、硝基化合物等。生活污水中所含的氮主要以铵离子或尿素的形式存在。此外，还存在约 10%的更为复杂的有机化合物，包括蛋白质和氨基酸。蛋白质不仅存在于生活污水中，也存在于多种工业废水中，例如，食品工业、屠宰场、制革工业等生产废水。

自然界中蕴含着大量的氮。首先，空气中就有 80%左右的氮气。其次，一切生物体中也都含有氮(以有机氮化物，主要是以蛋白质的形式存在)。这些氮都不能被植物直接吸收利用。再次，土壤中有硝酸盐和铵盐，这些无机氮化物是高等植物所能吸收的有效氮，但是土壤中的储量不多，不能满足植物营养的需要。然而，在自然界中这三种基本类型的氮由于微生物的作用在不断进行转化，由一种形态转化为另一种形态，使有效氮能持续供应。所以，如果没有微生物的作用，植物不能生长，人和动物也就无法生活。

图 6.22 所示为自然界中的氮素循环示意图。从图中可以看出，有机物中的氮在微生物作用下先被转化成氨，氨被氧化成亚硝酸盐及硝酸盐。氨和硝酸盐可被植物吸收而变成植物性蛋白质。动物吃了植物产生动物蛋白质，而动物的排泄物又能被分解氧化成氨、亚硝酸盐和硝酸盐。动植物死亡后的残体又都是有机物质。由于反硝化作用，硝酸盐又可转化成亚硝酸盐和自由氮，而自由氮在氮固定作用下又可产生植物性蛋白质。

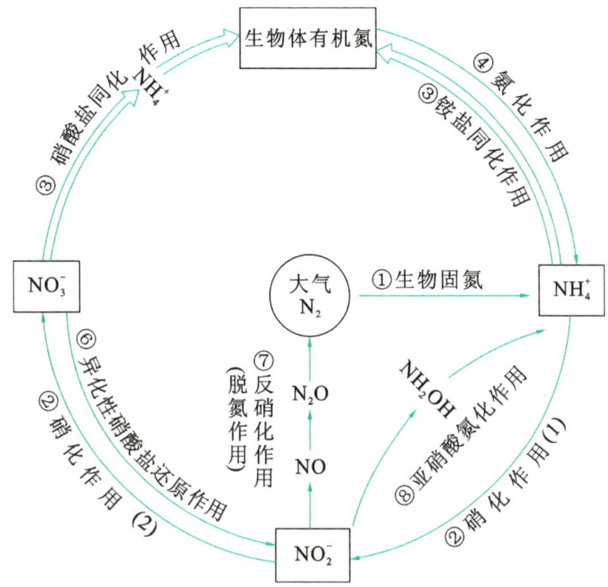

图 6.22 氮素循环示意图

(1)蛋白质的生物分解

蛋白质由许多氨基酸分子所组成。氨基酸可用通式 $RCHNH_2COOH$ 表示(R 代表不同的基团)。构成蛋白质的天然氨基酸有 20 余种,这些氨基酸以各种组合构成蛋白质。蛋白质的相对分子量高达几万到几百万,除含碳、氢、氧和氮四种元素外,有的还含有硫等,其中氮的含量平均约为 16%。

① 氨化作用

微生物分解有机化合物产生氨的过程称为氨化作用。

蛋白质生物化学变化的第一步是水解。能产生蛋白酶的微生物,可以把蛋白质逐渐水解成简单的产物,最后形成氨基酸:

$$蛋白质 \longrightarrow 朊 \longrightarrow 胨 \longrightarrow 肽 \longrightarrow 氨基酸$$

蛋白质必须水解成氨基酸,才能进入细胞内。在细胞内氨基酸可以再合成菌体的蛋白质,也可以转变成另一种氨基酸,或者进行脱氨基作用。

脱氨基作用能在有氧条件下进行,也能在厌氧条件下进行,例如:

在有氧条件下:$RCHNH_3COOH + O_2 \longrightarrow RCOOH + CO_2 + NH_3$

在厌氧条件下:$RCHNH_3COOH + H_2 \longrightarrow RCH_2COOH + NH_3$

从上两式中可以看出,不论在有氧还是在厌氧情况下,氨基酸的分解结果都产生氨和一种不含氮的有机物。这些不含氮的有机物可再按上述所讨论的不含氮有机物生物降解的规律而被分解,或者参与合成作用变成细胞的碳水化合物、蛋白质或脂类物质的一部分,氨则能作为微生物所需氮的来源。

参与氨化作用的细菌称为氨化细菌。在自然界中,它们的种类很多,主要有好氧性的荧光假单胞菌和灵杆菌,兼性的变形杆菌和厌氧的腐败梭菌等。除细菌外,有些真菌在有氧条件下也能分解蛋白质,但产生氨的能力则很不一致,有的比较活跃,大部分真菌在分解蛋白质的过程中只能产生少量的氨。

氨基酸的分解过程，除脱氨基产生氨外，含硫的氨基酸同时还可以脱去硫，产生有臭味的硫化氢。如果氧气不足、不畅，还会有一些硫醇等产生。但是这些化合物大部分仅在厌氧环境中才会积累到一定程度而影响环境卫生，在有充分氧气存在时，一般都会被氧化成无臭的物质。

② 硝化作用

氨和硫化氢的进一步转化都需要氧气。氨在硝化细菌的呼吸过程中先氧化成亚硝酸，再氧化成硝酸。在此氧化过程中，硝化细菌获得所需的能量。

$$2NH_3 + 3O_2 \longrightarrow 2HNO_2 + 2H_2O + 619.6\text{kJ}$$

$$2HNO_2 + O_2 \longrightarrow 2HNO_3 + 201\text{kJ}$$

这种由氨氧化成硝酸的过程称为硝化作用。硝化作用是由两类不同的硝化细菌分工进行的，分别称为亚硝酸菌（氨氧化菌）和硝酸细菌（亚硝酸氧化菌）。这两类细菌都是革兰氏阴性菌，无芽孢的球状或短杆状细菌，有强烈的好氧性；适宜于中性或碱性环境，不能在强酸条件下生长，生活时不需要有机养料，是自养菌；氨氧化菌具有单生鞭毛，亚硝酸氧化菌则不生鞭毛。

硝化细菌对毒质十分敏感。极少量的铁质能促进其生长，但锰即使量很少也对它们有害。硝化作用的进行，除有氧和氨的存在外，还要有细菌生活所需的磷素和某些碱性物质以中和所产生的亚硝酸和硝酸，而有机物质，如上所述，却不是必要的。

与硝化作用相类似，硫化氢氧化成硫和硫酸的过程称为硫化作用。硫化作用的进行也需要氧气。参与硫化作用的细菌主要是硫黄细菌和硫化细菌，它们也都是自养菌，在有氧的环境里通过代谢作用会有硫酸产生。

从以上可以看出，在有氧的情况下，蛋白质最后被氧化成二氧化碳、水、硝酸、硫酸（若蛋白质中含有硫）等产物。所产生的酸与水中的碱性物质作用可形成相应的盐，见图 6.23。

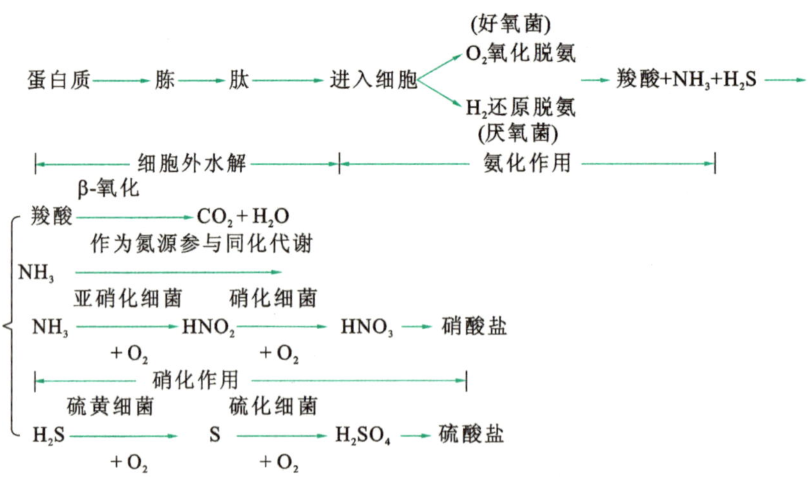

图 6.23　蛋白质的降解机理

（2）尿素的分解

尿素含氮 47%，是人畜尿中的主要含氮有机物。人体一昼夜排出的尿素约达 30g。尿酸也是尿的组成部分，尿酸水解时会产生大量尿素。

微生物先通过尿素酶将尿素水解成碳酸铵，后者很不稳定，易分解成氨与二氧化碳和水，反应式如下：

$$CO(NH_2)_2 + 2H_2O \longrightarrow (NH_4)_2CO_3 \longrightarrow 2NH_3 + CO_2 + H_2O$$

分解尿素的细菌称尿素细菌，有芽孢八叠球菌、巴斯德芽孢杆菌等。一般都是好氧菌，但对氧的需要量不大，并且若干菌种在无氧条件下也能生长。

3. 人工合成有机物的生物降解

人工合成的有机化合物多种多样，其中大多与天然存在的化合物结构极其相似。但它们是外源性化学物质，如稳定剂、表面活性剂、合成聚合物、农药以及各工艺过程中的废物等。它们有些可以通过生物或非生物的途径进行降解，有些则抵抗微生物攻击或被不完全降解，因为微生物已有的降解酶不能识别这些物质的分子结构。

(1)农药的生物降解

视频

农药的生物降解

人工合成的农药如杀虫剂、除草剂、杀菌剂等物质的出现，确实给人类的生活带来了许多的方便。但是这些物质有的能迅速降解，有的则在环境中长期存留。各种化学农药进入环境后，有它们共同的危害特性：

①有毒性，对侵染农作物的病、虫、菌、草有杀灭或抑制作用；

②多数在自然界中比较稳定，不易分解，如有机氯农药，具有足够长的有效期；

③具有脂溶性，易于被病、虫、菌、草吸收并在体内积累，沿食物链传递到人和其他生物体内，在脂肪、肝、肾等部位富集。

降解农药的微生物中，细菌主要有假单胞菌、芽孢杆菌属、产碱杆菌属、黄杆菌属、节杆菌属等；放线菌有诺卡氏菌属；霉菌以曲霉属为代表。能够直接降解农药的微生物种类和数目在自然界还为数不多，主要途径是对农药进行转化，通过产生适应性酶、利用降解性质粒、组建超级菌株、共代谢等方式将农药转化，再经联合代谢的方式进行降解。例如 2,4-D(2,4-二氯苯氧乙酸)是高级低残留的除草剂，在土壤中降解得相当迅速，半衰期仅为几天或几周。

DDT(4,4′-二氯二苯三氯乙烷)是在环境中长期存留的一种农药，半衰期在半年以上。已有证据表明产气杆菌和一种氢单胞菌可通过共代谢作用，将 DDT 转变为对氯苯乙酸，后者可被土壤和水中其他微生物通过联合代谢继续降解。

目前使用的农药主要是有机磷、有机氮和有机氯农药。有机氯农药不易降解，最具危险性。有机磷和有机氮农药一般都具有水溶性，因此在环境中容易被降解，在土壤中残留的时间只有几天或几周。但据有关资料显示，有机磷和有机氮农药被微生物转化的中间产物可以在环境中长期残留，其中有些种类具有致畸、致癌、致突变的作用。

【知识窗】

真菌孢子生物杀虫剂成为蝗虫克星

世界粮农组织(FAO)在坦桑尼亚的实验表明，通过大规模使用一种由真菌孢子制成的名为 Green Muscle 的生物杀虫剂，可以使农作物免受蝗灾。

根据世界粮农组织的统计，1t 蝗虫一天吃掉的粮食相当于 2500 人一天的口粮。Green Muscle 由悬浮在矿物油中的绿僵菌真菌孢子组成，这种真菌可以在蝗虫体内生长，产生毒素，削弱其活力，从而使其成为鸟类和蜥蜴易于捕获的食物。大多数受真菌感染的蝗虫会在1～3周内死亡，死亡速度因温度和湿度条件不同而略有差异，总致死率为80%左右。与化学杀虫剂不同，Green Muscle只杀死蝗虫和蚱蜢，对鸟类和蜥蜴等不会产生副作用。

(2)多氯联苯

多氯联苯(PCB)是人工合成的有机氯化物(润滑油、绝缘油、增塑剂、热载体、油漆、油墨等都含有)，作为稳定剂用途很广。PCB有毒，对人体的皮肤、肝脏、神经、骨骼等都有不良影响，而且是一种致癌因子。其化学性质极其稳定，在环境中很难分解，由于它是脂溶性的，很容易在脂肪中大量积累。

已有充分证据表明，微生物能降解持久性污染物多氯联苯。日本科学家从湖泊污泥中分离到两种能降解多氯联苯的细菌，它们是产碱杆菌和不动杆菌，都能分泌一种特殊的酶，把PCB转化为联苯或对氯联苯，然后吸收这些分解产物，排出苯甲酸或取代苯甲酸，再由环境中其他微生物继续降解。

三、任务所需器材

(一)淀粉降解实验所需器材

1. 淀粉培养基：蛋白胨10g；NaCl 5g；牛肉膏5g；可溶性淀粉2g(先溶解)；琼脂15～20g；蒸馏水1000mL；pH值7.4～7.6，121℃高压灭菌20min，倒平板备用。

2. 鲁哥氏碘液：碘1g；碘化钾2g；蒸馏水300mL。

3. 菌种：枯草芽孢杆菌、大肠杆菌、金黄色葡萄球菌、铜绿假单胞菌、普通变形杆菌。

4. 无菌平板、无菌试管、接种环、接种针、试管架。

(二)纤维素降解实验所需器材

1. 培养基

培养基的设计以适于测定细菌生长而不含碳源的培养基为宜，下面的培养基为其中两个。

(1)蛋白胨水基础培养基：蛋白胨5g；自来水1000mL；pH值7.0～7.2，分装试管，121℃高压灭菌20min。

(2)无机盐培养基：NH_4NO_3 1.0g；$K_2HPO_4 \cdot 3H_2O$ 0.5g；KH_2PO_4 0.5g；$MgSO_4 \cdot 7H_2O$ 0.5g；NaCl 1.0g；$CaCl_2$ 0.1g；$FeCl_3$ 0.02g；酵母菌0.05g；蒸馏水1000mL；pH值7.2，121℃高压灭菌20min。

2. 滤纸、实验菌种、接种培养用具。

(三)脂肪降解实验所需器材

1. 菌种：枯草芽孢杆菌、大肠杆菌、金黄色葡萄球菌、铜绿假单胞菌、普通变形杆菌。

2. 固体油脂培养基：蛋白胨10g；NaCl 5g；牛肉膏5g；香油或花生油10g；中性红(1.6%水溶液)约0.1mL；琼脂15～20g；蒸馏水1000mL；pH值7.2，121℃高压灭菌20min，倒平板备用。

3. 无菌平板、无菌试管、接种环、接种针、试管架。

(四)蛋白质降解实验所需器材

1. 菌种：枯草芽孢杆菌、大肠杆菌、金黄色葡萄球菌。

2. 明胶培养基试管：牛肉膏 0.5g；蛋白胨 10g；NaCl 0.5g；明胶 12～18g；蒸馏水 100mL；pH 值 7.2，121℃高压灭菌 20min。

3. 无菌平板、无菌试管、接种环、接种针、试管架。

四、任务技能训练

(一)淀粉降解实验

1. 实验原理

淀粉遇碘呈蓝紫色，在淀粉酶作用下，淀粉可分解为遇碘不显色的糊精等小分子化合物，用碘测定不再产生蓝色，表明细菌产生淀粉酶。因而可根据培养基在加入碘液后的颜色变化来观察淀粉降解情况。

2. 实验操作步骤

① 将固体淀粉培养基溶化后冷却至 50℃左右，无菌操作制成平板。将倒好的培养基平板放在 37℃恒温箱中过夜，检查无杂菌污染后，烘干冷凝水。

② 用记号笔将平板底部划成四部分，然后将枯草芽孢杆菌、大肠杆菌、金黄色葡萄球菌、铜绿假单胞菌分别在不同的部分划线接种，分别在平板反面的四部分写上菌名。

③ 将平板倒置在 37℃温箱中培养 24h。形成明显菌落后，在平板上滴加碘液，轻轻旋转平板，使碘液均匀铺满整个平板。

④ 如菌苔周围出现无色透明圈，说明淀粉已被水解；根据透明圈的大小可初步判断该菌降解淀粉能力的强弱，即产生胞外淀粉酶活力的大小。

(二)纤维素降解实验

1. 实验原理

某些微生物产生纤维素酶，可以分解培养基或环境中的纤维素。选择适当的培养基，加入纤维素作为碳源，然后观察加入的纤维素是否被分解。

2. 实验操作步骤

(1)纤维素的加入有两种方法。一种方法是将基础培养基分装试管，培养基中浸泡一条长 5～7mm、宽度以易放入试管为准的优质滤纸，测定好氧微生物时，要把部分纸条露于液面外；测定厌氧微生物时，纸条全部浸于培养基中。另一种方法是在基础培养基中加 0.8%纤维素粉和 1.5%琼脂，倒置平板，凝固后点接菌种。注意：在接种时，无论采用上述哪种方法，都要有未接种的空白对照。

(2)室温培养 48h，观察。

① 试管法：滤纸条变薄、折断或分解为一堆纤维素者为阳性，滤纸条无变化者为阴性。

② 平板法：菌落周围有澄清的晕环出现者为阳性，无晕环出现者为阴性。

(3)观察分析

观察测试菌是否具有纤维素水解能力，根据平板透明圈大小比较各菌纤维素水解能力大小。

(三)脂肪降解实验

1. 实验原理

微生物对脂肪不能直接利用，必须靠胞外酶将大分子物质分解才能被微生物吸收利用。胞外酶主要为水解酶，通过加水将大分子物质分解为小分子的化合物，使其能被运输至细胞内。脂肪酶水解脂肪为甘油和脂肪酸，该过程均可通过观察细菌菌落周围的物质变化来证实：脂肪水解产生脂肪酸可改变培养基的 pH 值，使 pH 值降低，加入培养基的中性红指示剂会使培养基从淡红色变为深红色，说明胞外存在着脂肪酶。

2. 操作步骤

(1)将溶化的固体油脂培养基冷却至 50℃左右时，充分摇荡，使油脂均匀分布。无菌操作倒入平板，待凝。

(2)用记号笔将平板底部划成四部分，分别标上菌名。

(3)将上述四种菌分别用无菌操作画“十”字接种于平板相对应部分的中心。

(4)将平板倒置，于 37℃温箱中培养 24h。

(5)取出平板，观察菌苔颜色，如出现红色斑点，说明脂肪被水解。

(四)蛋白质降解实验

1. 实验原理

微生物通过产生的蛋白酶将蛋白质分解为氨基酸。明胶是由胶原蛋白经水解产生的蛋白质，在 25℃以下可维持凝胶状态，以固体形式存在。而在 25℃以上明胶就会液化。有些微生物可产生一种称作明胶酶的胞外酶，水解这种蛋白质，从而使明胶液化，甚至在 4℃仍能保持液化状态。有些微生物能水解牛奶中的蛋白质酪素，酪素的水解可用石蕊牛奶来检测。石蕊培养基由脱脂牛奶和石蕊组成，是浑浊的蓝色。酪素水解成氨基酸和肽后，培养基就会变得透明。石蕊牛奶也常被用来检测乳糖发酵，因为在酸存在下，石蕊会转变为粉红色，而过量的酸可引起牛奶的固化(凝乳形成)。氨基酸的分解会引起碱性反应，使石蕊变为紫色。此外，某些细菌能还原石蕊，使试管底部变为白色。

2. 实验步骤

(1)明胶水解实验

① 取三支明胶培养基试管，用记号笔标明各管欲接种的菌名。

② 用接种针分别穿刺接种枯草芽孢杆菌、大肠杆菌、金黄色葡萄球菌。

③ 将接种后的试管置 20℃ 中培养 2～5h。

④ 观察明胶液化情况。

(2)石蕊牛奶实验

① 取两支石蕊牛奶培养基试管，用记号笔标明各管欲接种的菌名。

② 分别接种普通变形杆菌和金黄色葡萄球菌。

③ 将接种后的试管置 35℃中培养 24～48h。

④ 观察培养基颜色变化。石蕊在酸性条件下为粉红色，在碱性条件下为紫色，而被还原时为白色。

五、讨论

将试验结果填入表 6.5 中，"＋"表示阳性，"－"表示阴性。并讨论下列问题：

1. 淀粉、油脂能否不经分解而直接被细菌吸收？为什么？

2. 明胶液化实验中，为什么只能将接种后的培养基置于 20℃恒温箱中培养？

表 6.5 实验结果记录表

菌种	淀粉降解实验	纤维素降解实验	脂肪降解实验	蛋白质降解实验
大肠杆菌				
枯草杆菌				
金黄色葡萄球菌				
普通变形杆菌				
假单胞菌				
铜绿假单胞菌				

六、复习思考题

1. 什么是酶？酶有哪些类型？酶的催化作用有哪些特性？影响酶促反应的因素有哪些？

2. 微生物呼吸作用的本质是什么？它可分为几种类型？各呼吸类型有什么特点？

3. 何为生物降解性？如何确定并比较不同有机化合物的生物可降解性？

4. 哪些因素能影响微生物对废水中有机物的降解与转化？

5. 微生物在污染治理、环境保护方面起着巨大的作用，如何进一步发挥微生物在这方面的潜力，请谈谈你的看法。

6. 试述淀粉的好氧分解过程和厌氧分解过程有哪些微生物和酶参与。

7. 各种烃类是如何降解的？影响它们降解的因素有哪些？

8. 什么是氨化作用、硝化作用、反硝化作用、固氮作用？

七、自我评价表(表 6.6)

表 6.6　有机污染物生物降解性测定自我评价表

考核内容	考核指标	分值
准备工作	对实验原理是否理解	20
	培养基、菌种的准备是否正确、全面	
实验过程	实验过程是否规范、有条理	60
	实验过程中接种操作是否正确、规范	
	各类实验的培养温度和时间是否正确	
实验结果的观察	实验结果是否鲜明	20
	对实验结果的判断是否正确	
	对异常问题的分析是否准确	
	结果的记录是否清楚	
合计		100

任务 6.2　酚降解菌的分离、纯化和筛选

一、任务目标

1. 学会活性污泥的培养和驯化方法；

2. 以降解含酚废水的细菌分离、纯化与筛选为例，学会某些特殊污染物降解细菌的筛选方法及性能测定方法。

二、任务相关知识

污染物降解转化的方式很多，包括物理、光化学、化学及生物作用等，而生物降解特别是微生物降解在各种降解方式中占有极其重要的地位。

(一)微生物的遗传变异

生物产生与自己相似的后代的现象称为遗传，而生物的亲代与子代之间或子代与个体之间，在形态结构或生理机能方面存在差异的现象称为变异。

1. 遗传与变异的物质基础

微生物的遗传物质主要是 DNA(少数病毒为 RNA)。一个 DNA 分子由许多单核苷

酸组成。每个核苷酸由脱氧核糖、碱基和磷酸构成。碱基有腺嘌呤(A)、鸟嘌呤(G)、胞嘧啶(C)和胸腺嘧啶(T)四种。

DNA 是由大量的脱氧核糖核苷酸组成的线状或环状大分子。两条多核苷酸链整齐地排列成双螺旋结构，一个链上的碱基与另一个链上的碱基按 A—T、C—G 的配对原则连接。图 6.24 所示为一小段 DNA 双螺旋立体结构图。

DNA 分子以特有的半保留方式进行复制，通过其复制过程将遗传信息传递给子代。图 6.25 所示为 DNA 半保留复制示意图。

具有特定核苷酸顺序的核苷酸片段称为基因，每个基因一般含有 1000 个碱基对，每三个核苷酸上的碱基构成一个三联体，称为一个密码子，是遗传信息的基本单位。

在生物体内，蛋白质是各种生理功能的执行者，但却没有自我复制的能力，必须按 DNA 分子上的遗传信息来合成，即先形成一条与 DNA 碱基顺序互补的 mRNA，把 DNA 分子上的遗传信息转移到 mRNA 上，再由 mRNA 上的核苷酸序列去决定合成蛋白质时的氨基酸排列顺序。由于不同的密码子决定不同的氨基酸，不同的氨基酸顺序就决定了蛋白质分子的特异性。

2. 微生物的变异

微生物比高等生物容易发生变异，这是因为微生物个体微小，结构简单，比表面积大，与外界环境接触密切，加之繁殖迅速，在较短时间内其遗传过程多次受外界条件的影响，变异机会加大。

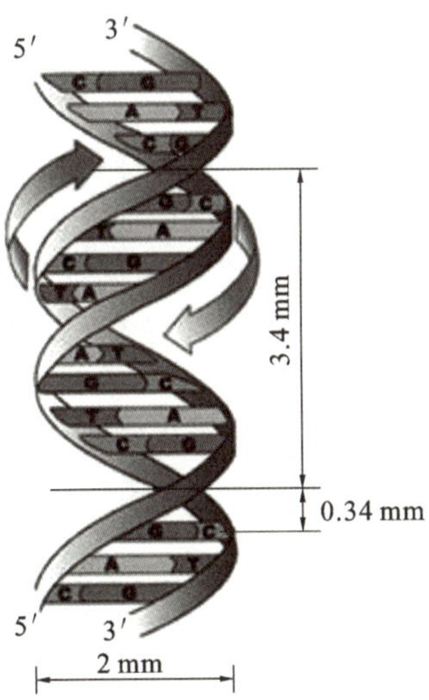

图 6.24　DNA 双螺旋结构示意

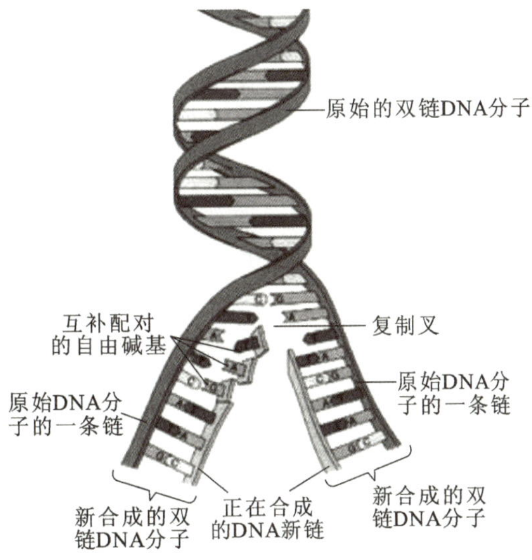

图 6.25　DNA 的半保留复制

(1)基因突变

基因突变是指微生物的 DNA 由于某种原因发生了碱基的缺失、置换或插入，基因内部原有的碱基排列顺序发生了改变，从而引起后代表现型的改变，这种改变是可遗传的。凡是遗传性状发生改变的微生物都称为变种或变株。

根据突变发生的过程是否受人为诱变剂影响可分为自发突变和诱发突变两大类。

① 自发突变

自发突变是由外界环境的自然作用(如辐射或微生物体内的生理和生化变化)而发生的基因突变。有的有益,有的无益甚至有害,如果任其自然发展,往往会导致菌种退化。

自发突变具有如下特性:不对应性(无定向性),即突变性状与引起突变的原因间无直接对应关系;自发性,即可以在自然条件下自发地发生;稀有性,即自发突变的频率是较低和稳定的,一般在 10^{-9}～10^{-6}之间;独立性,即某一基因突变,既不提高也不降低其他任何基因的突变率,说明突变不仅对某个细胞是随机的,而且对某一基因也是随机的;诱变性,在诱变剂的作用下,自发突变率可提高 10～10^5 倍;稳定性,由于突变的根源是遗传物质结构上发生了稳定的变化,所以产生的新的变异性状也是稳定的、可遗传的;可逆性,由原始的野生型基因变异为突变型基因的过程称为正向突变,相反的过程则称为回复突变。任何性状都可以发生正向突变,也可以发生回复突变。

② 诱发突变

诱发突变也称诱变,是利用物理或化学因素处理微生物群体,促使细胞的遗传物质 DNA 分子结构发生改变,所利用的物理化学因素称为诱变剂。常用的诱变剂有紫外线、X 射线、γ 射线和激光,以及 5-溴尿嘧啶、亚硝酸、吖啶类染料等。

适当控制微生物的生活条件,利用物理因素和化学药品等来诱导微生物向着人们需要的方向变异,称为定向培育,在工业废水生物处理中也叫驯化。它是指在某一特定环境下长期处理某一微生物群体,同时不断地将它们进行移种传代,以达到积累和选择合适的自发突变体的一种育种方法。

在污水生物处理中用定向培育的方法培育菌种。例如,处理炼油厂废水、印染废水、煤气厂含酚和氰等废水的菌种,多来自生活污水处理厂的活性污泥。由于生活污水无毒,含有大量的有机物,可以为微生物生长繁殖提供必需的营养物质和较为适宜的水温、pH 值等条件。生活污水处理厂的微生物有其固有的遗传性,当它们在各种废水中生活时,营养、水温、pH 值均已改变,有的废水甚至有毒。例如,印染厂废水中含有染料、淀粉、尿素、棉纤维及一些无机盐,冬季水温 10～20℃,夏季水温高达四十多摄氏度,pH 值为7～10。然而这些微生物经过长时间的定向培育(又称驯化)后改变了原来对营养、温度、pH 值等的要求,改变了其代谢途径,产生了适应酶,能利用印染废水中各种成分。这些微生物不仅能在印染废水中生存,而且处理印染废水的能力强。这时,微生物发生了变异,成为变种或变株。

(2)基因重组

凡把两个不同性状个体内的遗传基因转移到一起,使基因重新组合,形成新遗传型个体的方式,称为基因重组。基因重组可通过转化、转导、杂交等手段实现。

① 转化　受体菌直接吸收来自供体菌的 DNA 片段,并把它整合到自己的基因组里,从而获得供体菌部分遗传性状的现象,称为转化。在原核生物中,转化是一个较普遍的现象。在芽孢杆菌属、假单胞菌属、葡萄球菌属、根瘤菌属中尤为多见。在某些放线菌和蓝细菌以及少数真核微生物(如酿酒酵母、黑曲霉)中也发现有转化现象。

② 转导　通过缺陷噬菌体的媒介作用,把供体菌的 DNA 片段携带至受体菌细胞中,使后者获得前者部分遗传性状的现象,称为转导。

③ 杂交　杂交是通过双亲细胞的融合，使整套染色体的基因重组，或者是通过双亲细胞的沟通，使部分染色体重组。在真核微生物和原核微生物中可通过杂交获得有目的的、定向的新品种。

(3)基因工程

基因工程是 20 世纪 70 年代初发展起来的育种新技术，是用人工方法将所需的某一供体生物的遗传物质(DNA)提取出来，在离体条件下用适当的工具酶切割后，与作为载体的 DNA 分子连接，然后导入受体细胞，使之进行正常的复制和表达，从而获得新物种，即基因工程菌。切割的供体 DNA 可与同种、同属或异种、异属甚至异界的基因连接，因而有望实现超远缘杂交。基因工程的主要操作步骤包括基因分离、体外重组、载体传递、复制、表达及筛选、繁殖等。

【知识窗】

利用基因工程培育新型微生物获得成功

通过巧妙的基因操纵行为，美国克雷格·文特尔研究所的研究人员将一个细菌基因组移植到酵母中，经改造后再将其移植到一个中空的细菌壳中，从而产生了一个新的微生物。此项技术为对实验室中很少研究的生物体进行基因改造提供了一种更简易的途径，对培育生产燃料或清除有毒化学品的微生物也有重要价值。科学家们希望能够设计像光合微生物这样的目标有机物，更有效地将光转化为燃料。目前，研究人员正在致力于对其他细菌进行测试，以便将生产技术转移到与生物燃料行业更为相关的有机物上。研究人员表示，有机物的遗传路径可分解环境污染物，其通过基因工程移植入细菌后，就可以生存在酸性池塘这样恶劣的和被污染的环境中，然后就可用于对这些区域进行清理。

(二)微生物分解有机污染物的巨大潜力

1. 极其多样的代谢类型

由于微生物的代谢类型极其多样，作为一个整体，微生物分解有机物的能力是惊人的，使自然界存在的有机物几乎都能被微生物所分解。自然界存在的各种有机化合物，几乎都可找到能使之降解或转化的微生物。如洋葱伯克氏细菌甚至能降解 90 种以上的有机物，它能利用其中任何一种作为唯一的碳源和能源进行代谢。再如，对生物毒性很大的甲基汞，能被抗汞微生物(如 Pseudomonas K62 菌株)分解、转化为单质汞。有毒的氰(腈)化物、酚类化合物等也能被不少微生物作为营养物质利用、分解。

【知识窗】

一株从太平洋深海沉积物中分离的细菌能够有效地清除重金属污染

华中农业大学王革娇教授研究证实，一株独特的 Brachybacterium 菌株 Mn32 能够高效地清除溶液中的重金属锰，并将其转化为不溶态的锰氧化物。这株细菌不仅能直接氧化重金属锰，而且生成的锰氧化物自身也能够吸附溶液中的其他金属。该特性使 Brachybacterium 菌珠 Mn32 能够作为潜在的有益候选细菌用于生物修复和污染治理。

除了可以除锰，这株细菌也能够吸附大量的锌和镍。在受到炼钢等重工业污染的水体和土壤中，这些重金属是主要的污染物质。化学合成的锰氧化物也能够吸附锌和镍，而Mn32产生的锰氧化物吸附的重金属量比前者多2～3倍。

2.产生诱导酶

微生物能合成各种降解酶，酶具有专一性，又有诱导性。在正常代谢的情况下，许多酶以恒量存在于细胞内，但是在有特殊底物（诱导物）存在时，会诱导酶的大量合成，酶的数量至少会增加10倍。脂酶是微生物体内脂类物质转化过程中不可缺少的催化剂，其催化活性和存在量受到底物的诱导。石油开采过程中产生的油泄漏、食品加工过程中产生的含脂废水及食品业产生的废物，都可以用亲脂微生物进行处理。

另一种情况是底物的存在会诱导适应性的酶产生。这一过程最好的例证是乳糖酶的产生过程。将乳糖加入大肠杆菌的培养基中可以诱导大肠杆菌产生β-半乳糖苷透性酶、β-半乳糖苷酶和半乳糖苷转乙酰酶。

3.很强的变异性

微生物因个体小、繁殖迅速、比表面积大等特点，较其他生物更易受环境影响，并可通过遗传物质变化，从而自然变异产生新菌种，产生新的酶系统，具有新的代谢功能，使很多微生物获得降解人工合成大分子有机物的能力，从而可参与对人工新合成化合物（如杀虫剂、除草剂、洗涤剂、增塑剂等）的降解与转化。

通过近年来的研究，已发现许多微生物能降解人工合成的有机物，甚至原以为不可生物降解的合成有机物，也找到了能降解它们的微生物。研究表明，可从污染环境中筛选、分离出一些污染物的高效降解菌株，这些菌株经过驯化、富集、筛选和培养后，可以使不可降解的或难降解的污染物转变为能降解的物质，甚至能迅速、高效地去除该污染物。如已发现酚类降解细菌有30个属，66种；卤素有机物降解细菌有27个属，40种；合成表面活性剂降解细菌有18个属，43种；石油烃类降解细菌有100多个属，200多种。

4.利用降解性质粒

质粒是存在于细菌等原核生物体内能独立进行自主复制的一类小型闭合环状DNA分子。携带数个到数十个甚至上百个基因的质粒，可以在细胞质中独立于染色体之外呈游离态存在，也可以通过交换掺入染色体上，以附加体的形式存在。质粒可以通过转化、转导或接合作用而由一个细菌细胞转移到另一个细菌细胞中，使两个细胞都成为带有质粒的细胞；质粒转移时，它可以单独转移，也可以携带着染色体片段一起进行转移，所以它可成为基因工程的载体。质粒上携带着某些染色体上所没有的基因，使细菌等原核生物拥有了不少特殊的功能，如产生毒素、抗药性、固氮、产生酶类、降解功能等。

代表性质粒有F因子（致育因子）、R因子（抗药性质粒）、Col因子（产大肠杆菌素因子）、Ti质粒（诱癌质粒）、巨大质粒、降解性质粒等。

污染物的生物降解反应和其他生物反应本质上都是酶促反应，降解过程中大部分降解酶是由染色体编码的，但其中有些酶，特别是降解难降解化合物的酶类是由质粒控制的，这类质粒被称为降解性质粒。降解性质粒使得某些微生物可利用一般细菌难以分解的物质作碳源。这些质粒以其所分解的底物命名，如樟脑质粒、二甲苯质粒、水杨酸质粒、萘质粒和甲苯质粒等。细菌中的降解性质粒与细菌所处环境的污染程度密切相关，从污染地分离到的细菌 50%以上含有降解性质粒，相比从清洁区分离的细菌质粒，不但数量多，其相对分子最也大(信息量大)。

降解性质粒被应用于基因工程中，其重组菌株在环境治理方面有广阔的发展前景。如将降解 2,4-二氯苯氧乙酸的基因片段组建到质粒上，将质粒转移到快速生长的受菌体体内，构建具有快速高效降解能力的工程菌，减少土壤中 2,4-二氯苯氧乙酸的积累量。尼龙寡聚物在化工厂污水中难以被一般微生物分解，黄杆菌属、棒状杆菌属和产碱杆菌属具有分解尼龙寡聚物的质粒，但上述三个属的细菌不易在污水中繁殖。而污水中普遍存在的大肠杆菌又无分解尼龙寡聚物的质粒。将分解尼龙寡聚物的质粒基因移植到大肠杆菌内，使其获得该基因指令的遗传性状。转化后的大肠杆菌生长繁殖迅速，对尼龙寡聚物具有较好的降解能力。

许多有毒的化合物，尤其是复杂芳香烃类化合物的生物降解，往往需要多种质粒参与，将各种供体的不同降解性质粒转移到同一受体中，可构建多质粒超级菌株。如将降解芳香烃、降解萜烃和降解多环芳烃的质粒，分别移植到降解脂烃的假单胞菌体内，构成的新菌株只需几个小时就能将原油中 2/3 的烃降解，而天然菌株则需 1 年以上的时间。

【知识窗】

超级微生物

利用基因工程技术，把具有降解多种难降解物质的质粒剪切后，转到受体细胞中，使之用以处理污水中难降解的物质。这种人工方法选出的多质粒、多功能的新菌种称为“超级微生物”。例如，20 世纪 70 年代，美国生物学家查克拉巴蒂(Chakrabarty)针对海洋输油造成浮油污染，影响海洋生态等问题进行研究，开发出能降解多种石油烃的超级微生物。石油成分复杂，是由饱和、不饱和、直链、支链、芳香烃类等组分组成的，不溶于水。当时已发现有 90 多种微生物有不同程度降解烃类的能力，但通常一种菌仅具有氧化少数几种烃的能力。如将它们混合培养在一起进行原油降解，由于原油组分复杂，各组分降解难易程度各异，不同菌种对石油组分的利用性又差别很大，降解过程十分缓慢。而且海水含盐量高，这些微生物不一定能在海水中大量繁殖生存。鉴于以上情况，经过研究比较，查克拉巴蒂选择一株可降解 16 烷以上的烷烃，又可生活在污水环境中的铜绿假单胞菌 PAO1 作为各种质粒的受体细胞(含质粒 A)，分别将能降解芳烃(质粒 B)、萜烃(质粒 C)和多环芳烃(质粒 D)的质粒，用接合的方法人工转入受体细胞，此时该铜绿假单胞菌便成为带有多种质粒的“超级微生物”。它具有降解直链脂肪烃、芳烃、萜烃及多环芳烃的能力，可除去原油中 2/3 的烃。浮油在一般条件下降解需 1 年以上时间，用“超级微生物”只需几小时即可去除，速度快、效率高。

5. 共代谢

共代谢机制的存在大大拓展了微生物对难降解有机污染物的作用范围。有些污染物难以被微生物降解，但若有另一种可供作碳源和能源的污染物(作为辅助基质)或其他微生物存在，则这些污染物可被降解。微生物在其他因子的协同作用下降解某些污染物的方式称为“共代谢”或“联合氧化”。

共代谢的这种协同作用具体表现如下：

(1)依靠环境提供营养物质

例如，只有在蛋白质类物质存在时，直肠梭菌才能降解“六六六”(六氯环己烷)；有些杀虫剂、杀菌剂和除草剂需添加一些有机物作为初级能源，才能被各种细菌或真菌降解。

(2)依靠其他微生物协同作用

例如，链霉菌和节杆菌可协作降解农药二嗪农，而两菌单独存在则均不能降解。

(3)先经相似物诱导产生诱导酶，使污染物得以降解

例如，只有经正庚烷诱导后，铜绿假单胞菌才能产生羟基化酶，使链烷羟基转化为相应的醇。

研究表明，微生物这种共代谢降解方式对有机污染物，特别是一些难降解污染物的彻底分解起着重要的作用。如图 6.26 所示，3-氯苯甲酸酯的降解依赖于功能互补的三种微生物的作用，三种微生物中任何一种缺少或失活，其降解就不能进行。

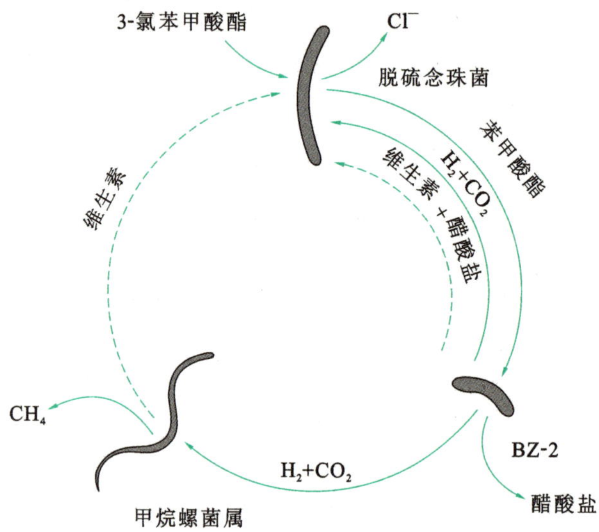

图 6.26　3-氯苯甲酸酯的共代谢降解

在实践中，已有某些难降解的有机物经合适的微生物菌种的一系列共代谢作用而彻底降解。共代谢在难生物降解的化合物降解中起着重要作用。

(三)影响生物降解的因素

1. 污染物的化学特性的影响

不同有机物的化学特性上的微小差异，能造成其可生物降解性极大的差别。生物降解性与以下化学特性密切相关：

(1)分子大小

有机化合物相对分子量的大小对生物降解能力有重要的影响。聚合物和复合物的分子能抵抗生物降解，主要是因为微生物所必需的酶不能靠近并破坏化合物分子内部敏感的反应键。

(2)分子结构

生物降解有机污染物的难易程度首先取决于生物本身的特性，同时也与有机物结构

特征有关。结构简单的有机物一般先(易)降解,结构复杂的一般后降解;链烃比环烃易被降解;不饱和烃类比饱和烃类易降解;直链比支链易降解,支链脂肪族和环状化合物较芳香化合物容易被生物降解。

(3)具有被取代基团的有机化合物,其异构体的多样性可能影响生物的降解能力

如伯醇、仲醇非常容易被生物降解,而叔醇则能抵抗生物降解。

增加或去除某一功能团会影响有机化合物的生物降解程度。例如,羟基或胺基取代到苯环上,新形成的化合物比原来的化合物容易被生物降解,而卤代作用能抵抗生物降解。很多种有机化合物在低浓度时能被生物降解;而在高浓度时,生物的活动会受到毒性的抑制,酚便是一例。

污染物的浓度、化学结构、毒性、溶解性和吸附性能都影响其生物降解性能。生物降解过程中微生物对污染物的转化率依赖于微生物对污染物的吸收、代谢及物质转化程度。如多环芳烃(PAHs),特别是3环以上高分子多环芳烃具有憎水、亲脂的特性,使其极易吸附在颗粒物上,这使得传质作用在它们的生物降解过程中成为限制因素。研究表明,随着高分子PAHs在土壤中存在时间的延长,其矿化率降低,原因在于PAHs与土壤有机颗粒的聚合,这种聚合减缓了PAHs从有机物脱离进入溶解相的过程,而环境因子如pH值、温度、颗粒大小、有机物含量及溶质的类型和浓度等都会影响PAHs的吸附作用。

2.微生物的活性

微生物的活性强烈地影响生物降解的效果。生物降解的成功与否很大程度上取决于降解微生物群落在环境中的数量及生长繁殖速率。在许多情况下,微生物会逐渐适应污染区的特定条件,为了缩短适应期限,提高特定污染物的降解速率,常从污染的环境中分离并培育降解速率最大的微生物菌群,然后再把它们用于该污染物的生物降解。

环境污染物常成为微生物潜在的能量来源。然而,天然的微生物并不一定都具备降解污染物的能力,引入的菌种较易进入该种环境,其生存依赖于污染物的浓度。一旦污染物的生物降解过程完成,这些菌株最终也会在环境中消亡。采用外来微生物接种时,会受到"土著微生物"的竞争,需要用大量的接种微生物形成优势,以便迅速开始生物降解过程。

微生物活性会受到环境中诸多因素的影响,如能源(电子供体)、电子受体、营养盐、pH值、温度、底物或代谢抑制等非生物因素及微生物之间的竞争、捕食等生物因素。提高引入菌株生存概率的方法包括引入足够的数量、以适当的方式引入、同时引入一种选择性的底物、创造一个新的生态位等。

3.环境因子的影响

影响有机污染物生物降解的环境因子包括污染物的存在状态、温度、溶解氧、营养盐、pH值、盐度等。有机污染物在实际的环境系统中多是以混合物的形式存在的,复杂的多底物混合状态势必会影响微生物的生理生态以及微生物对混合组分中单个底物的利用,进而影响降解效率。混合污染物可能导致抑制、共代谢等效应。

温度对有机污染物生物降解的影响主要表现在其对有机物的理化性质、化学组成,微生物对有机污染物的代谢以及微生物群落结构等的影响。低温下由于酶活性的降低使有机污染物的生物降解受到抑制。

细菌和真菌对有机污染物(如PAHs)代谢的第一步都需要电子受体。好氧降解时环境中充足的氧对于PAHs的生物降解是十分重要的。除极端环境外,环境中的pH值对大多数微生物都是适合的,气候和季节的变化会对pH值产生一定的影响。不同的环境中,微生物生长的最适pH值不一定相同。

此外,光照、季节变化、水动力、其他有害物质的存在等因素也会影响有机污染物的生物降解。

【知识窗】

英国研究人员成功培育出抑制蓝藻毒性的无害细菌

英国研究人员培养出一些新型细菌,可以有效分解蓝藻释放到水中的毒素,且不会对环境造成影响。他们利用节杆菌、短杆菌和红球菌等细菌,培育出了约10种新型细菌,可有效分解蓝藻释放的微囊藻毒素。研究人员在含蓝藻的水中对其中6种细菌进行了实验,结果显示它们都能有效降低水中的微囊藻毒素含量。常规的净水措施,如沉淀、过滤和氯化消毒等,都无法去除水中的微囊藻毒素,而一些高级净水措施的成本又偏高,不利于广泛使用。研究培养出的新型细菌提供了一种便宜可靠的解决方案,并且不会对环境造成影响。

4.污染物降解和转化产物

某些污染物的降解或转化后的产物可能是更难降解的物质。在镰刀霉的作用下,除草剂敌稗的脂肪烃部分被彻底氧化分解,但其芳香烃部分由于苯环上的氢原子被氯取代而更难被降解,并且苯环上的氨基可参与多种化学反应,从而生成更复杂的、难以降解的物质,其中新生成的偶氮化合物为致癌物,其毒性比敌稗更大。

【知识窗】

法国科学家发现两种治理土地污染的细菌

法国发展研究所的科学家新近研究发现两种具有降解土壤中污染物作用的固氮根瘤菌。两种根瘤菌与至今发现的所有根瘤菌在基因结构方面有所不同,它们在降解某些污染物方面有很强的能力。这两种根瘤菌是伯克霍尔德氏菌和β-蛋白菌菌族。

豆科植物是地球上最为普遍的植物,它们的成长需要靠根部结节吸收空气中的氮,而根部结节的形成离不开根瘤菌(共生关系)。研究人员认为,如果豆科植物与他们所发现的固氮根瘤菌共生,则会构成一个天然的除污细菌库,从而使受污染的土地重新充满生机。因此,他们的发现在土壤保护方面将有很大的应用潜力。

三、任务所需器材

(一)活性污泥培养及驯化所需器材

活性污泥培养及驯化装置一套,如图6.27所示。

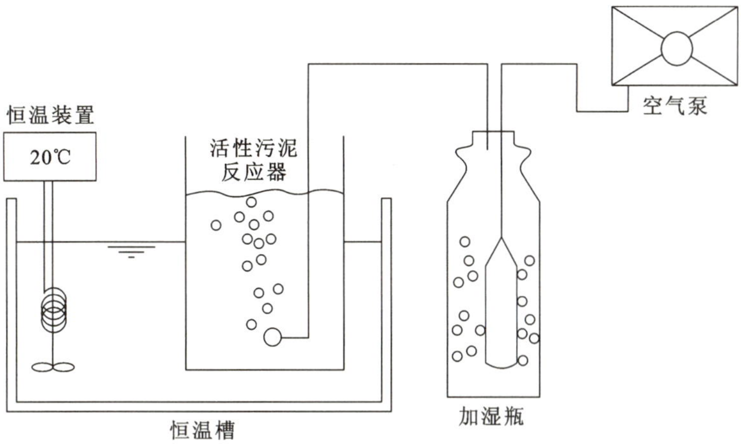

图 6.27 活性污泥培养及驯化装置示意

(二)酚降解细菌的分离、纯化和筛选所需器材

1. 菌源

经驯化培养的活性污泥或含酚工业废水、含酚废水曝气池中的活性污泥。

2. 培养基

(1)耐酚细菌培养基:牛肉膏 5g;蛋白胨 10g;NaCl 5g;蒸馏水 1L;琼脂16g;pH 值 7.2,121℃灭菌 20min。实验中需用的苯酚,可按所需量加至已熔化并冷却至 50℃左右已灭菌的上述培养基中。分装三角瓶,每瓶 150mL,然后制成斜面,每支斜面中加0.4mL 苯酚溶液(6g/L)。

(2)苯酚无机培养液:苯酚 25mg(或 100mg 或 250mg),$MgSO_4 \cdot 7H_2O$ 0.3g,KH_2PO_4 0.3g,蒸馏水 100mL,pH 值 7~7.2,分装三角瓶,每瓶 30mL,121℃灭菌 20min。

(三)酚降解细菌的性能测定所需器材

1. 试剂:酚标准使用液,2% 4-氨基安替比林溶液,20%氨性氯化铵缓冲液,8%铁氰化钾溶液,0.10mol/L 溴酸钾-溴化钾溶液,0.10mol/L 硫代硫酸钠溶液,1%淀粉溶液。

2. 器皿:721 分光光度计、显微镜、无菌培养皿、无菌移液管、无菌试管、无菌采样瓶(500mL)、无菌涂布棒、测定酚所用的移液管、容量瓶、三角瓶、试剂瓶、酸式滴定管等。

3. 碳源对照培养液 A:葡萄糖 25~75mg(不同浓度);尿素 0.1g;微量元素液 10mL;蒸馏水 90mL;pH 值 7.0~7.2,121℃灭菌 20min;$MgSO_4 \cdot 7H_2O$ 0.3g;KH_2PO_4 0.3g;$FeSO_4 \cdot 7H_2O$ 0.005g;$CaCl_2$ 0.005g。将以上药品溶于 100mL 水中。

4. 苯酚培养液 B:苯酚 25~75mg;尿素 0.1g;微量元素液 10mL;蒸馏水 90mL;pH 值 7.0~7.2,121℃灭菌 20min。

四、任务技能训练

(一)活性污泥培养及驯化

1. 取污水厂活性污泥或带菌土壤为菌种,在间歇式培养瓶中以含酚合成废水为营养,曝气或搅拌,以培养活性污泥。

2.每天停止曝气1h,沉淀后去除上清液,加入新鲜含酚合成废水,并逐步提高酚的浓度,达到驯化活性污泥的目的。

3.当活性污泥数量足够,且对酚具有相当去除能力后,即认为活性污泥的培养和驯化已完成。停止投加营养,空曝24h,使活性污泥处于内源呼吸阶段。

4.取上述活性污泥在3000rpm的离心机上离心10min,倾去上清液,加入蒸馏水洗涤,在电磁搅拌器上搅拌均匀后再离心,反复三次,用pH=7的磷酸盐缓冲液稀释,配制成所需浓度的活性污泥悬浊液。

(二)酚降解细菌的分离、纯化和筛选

1.采样

从含酚废水的曝气池中取活性污泥和含酚废水(或已培养驯化的活性污泥),装于无菌采样瓶中,速带回实验室进行菌种分离。记录采样日期、地点、曝气池的水质分析(如挥发酚、溴化物、BOD_5、COD、焦油、硫化物、氰化物、总氮、氨态氮、磷、pH值、水温等)。

2.梯度平板法分离纯化含酚废水中苯酚耐受细菌

苯酚是一种杀菌剂,一般微生物不能在含有苯酚的培养基上生长。苯酚耐受细菌具有抗一定剂量苯酚的能力,因而它们可在一定剂量苯酚的平板上生长繁殖并形成菌落。所以,可采用梯度平板法进行耐酚菌株的筛选。

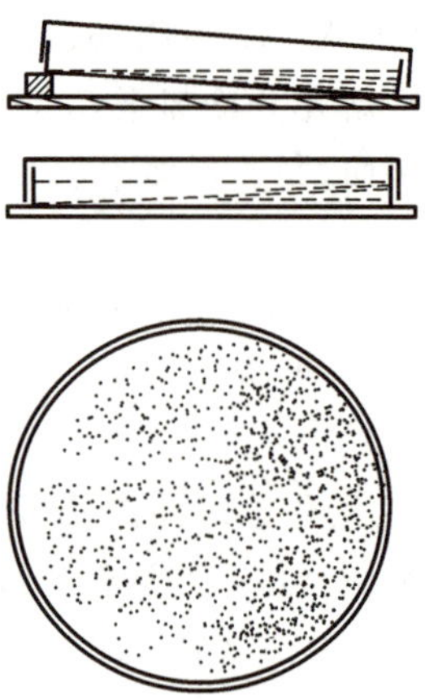

图6.28 梯度平板的制备

(1)梯度平板的制备:12mL不含苯酚的无菌耐酚细菌培养基倾于一直径为9cm的培养皿中,立即将此培养皿斜放,使皿中的培养基呈斜面,且刚好完全盖住培养皿底部,待凝固后将此培养皿平放,再加入12mL无菌的含苯酚(苯酚终质量浓度为75mg/100mL)耐酚细菌培养基,使培养基完全盖住下层斜面。注意:在皿底做一个“↑”符号标记,以示苯酚浓度由低到高的方向(由于苯酚的扩散作用,上层培养基薄的部分苯酚浓度较低,造成上层培养基由厚到薄苯酚浓度呈递减的梯度),如图6.28所示。

(2)稀释涂布法分离

① 样品液稀释:将采集的含酚废水样品做10倍系列稀释(至10^{-3})。

② 样品液涂布平板:用无菌1mL移液管分别吸取上述10^{-3}、10^{-2}、10^{-1}稀释液和原液4种样品液0.2mL,依次滴加于上述相应编号的梯度平板上,并用无菌涂布棒将样品液自平板中央均匀向四周涂布,每种浓度液做2个重复。

③ 培养:将上述涂布了样品液的平板倒置于30℃恒温箱中培养2d。

④ 涂布法分离结果观察:从30℃恒温箱中取出分离平板,肉眼观察平板上耐酚细菌生长情况。一般地,平板上生长的菌落也形成密度梯度,即上层培养基薄的部分,苯酚低浓度区形成的菌苔较多,反之则出现较少的菌落。

⑤ 耐酚细菌纯化:用无菌接种环挑取苯酚高浓度区的单菌落的菌苔,在含苯酚的耐酚细菌平板(75mg/100mL)上划线纯化,培养后挑取单菌落接种到耐酚细菌斜面上,30℃培养3d。

3. 耐酚细菌增殖及分离纯化

(1)活性污泥中耐酚细菌增殖：将采集的含酚废水曝气池中的 1～2g 活性污泥加入含 30mL 苯酚无机培养液的三角瓶中(苯酚终浓度 25mg/L、$MgSO_4 \cdot 7H_2O$ 终浓度 0.3%、KH_2PO_4 终浓度 0.3%)，30℃振荡培养 6～10d(220r/min)，以增殖苯酚降解细菌。淘汰对酚敏感的微生物后分别添加 3 次苯酚无机培养液：第 1 次使苯酚终浓度增加至 100mg/L，30℃振荡培养 4～6d；第 2 次使苯酚终浓度增加至 200mg/L；最后再添加苯酚无机培养液，使苯酚终浓度增加至 250mg/L，30℃振荡培养 4d 后，从中选出对苯酚耐受力强的苯酚降解细菌。

(2)活性污泥中耐酚细菌分离纯化：同含酚废水。

4. 初筛

(1)含不同浓度苯酚平板制备：按常规方法制备，苯酚终浓度分别为 25mg/100mL、45mg/100mL、60mg/100mL 和 75mg/100mL。

(2)接种、培养和结果观察：将上述分离纯化的耐酚能力强的菌株分别划线接种于上述制备的平板上，经 30℃培养 3～4d，观察各菌种生长情况。含高浓度酚平板上长出的细菌菌落，初步可认为是苯酚降解能力强的菌株。

(三)酚降解细菌的性能测定

1. 苯酚降解原理

苯酚降解首先是经某些微生物体内单加氧酶氧化转变为邻苯二酚，细菌中邻苯二酚的降解大多数沿着邻位裂解途径进行，生成酮基己二酸后，最终生成乙酰 CoA 和琥珀酸，再进一步通过三羧酸循环氧化成 CO_2 和 H_2O，如图 6.29 所示。

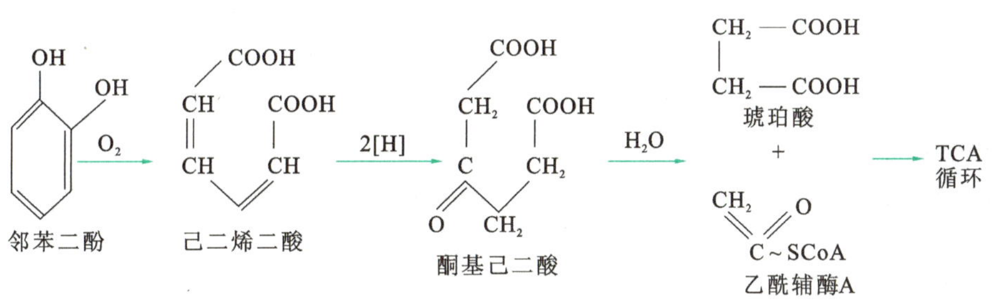

图 6.29　苯酚的微生物邻位裂解途径图

2. 酚降解细菌的性能测定

(1)菌种培养及菌悬液制备：用无菌接种环挑取一环经初筛获得的菌种菌苔，转接于含 30mL 不含苯酚的耐酚细菌培养液的三角瓶中，30℃振荡培养 20～24h 后，将培养液离心(4000r/min)5min，弃去上清液，用无菌生理盐水离心洗涤 1 次(4000r/min，5min)，最后再弃去上清液(并将此离心管倒置于一无菌滤纸上 5min)，然后称取该菌的湿菌体量，最后用无菌生理盐水制备一定浓度的菌悬液。

(2)接种及生长曲线测定：将上述菌悬液分别接入含 30mL 碳源对照液 A 和苯酚培养液 B 的三角烧瓶中(接种量为 50mg 湿菌体/100mL 培养液)，30℃振荡培养 48h。期间分别于发酵的 0h、12h、24h、36h、48h 取样，测定光密度值(A_{600})，并绘制在上述两种培养液中的生长曲线。在 25mg/100mL 苯酚培养液中生长速度下降不明显者为耐酚菌株。

(3)苯酚降解率的测定：以高浓度苯酚培养液中生长速度下降不明显者为出发菌株，按上述接种量接入含苯酚培养液B的三角瓶中，振荡培养48h，并分别于0h和48h(发酵终止时)测定发酵液苯酚浓度，计算苯酚降解率。

$$苯酚降解率=\frac{未接种前发酵液苯酚含量-发酵终止时发酵液苯酚含量}{未接种前发酵液苯酚含量}\times 100\%$$

发酵液中苯酚含量的测定：发酵液中苯酚具有在NH_4OH-NH_4Cl缓冲液中游离出来的特点。当游离出的苯酚与4-氨基安替比林混合时，两者可发生缩合反应。在氧化剂铁氰化钾作用下，酚被氧化成醌，并与4-氨基安替比林偶合而显色(注意：测定中不能颠倒试剂的添加顺序)。将适量发酵液(含酚量大于10μg)加入50mL容量瓶中，同时分别吸取酚标准液(1.00mL=0.01mg酚)0.0mL、0.5mL、1.0mL、2.0mL、3.0mL、4.0mL和5.0mL于各50mL容量瓶中，用蒸馏水稀释至50mL，然后向标准酚溶液和发酵的稀释液中各加入0.25mL 20%氨性氯化铵缓冲液、0.5mL 2%4-氨基安替比林溶液和0.5mL 8%铁氰化钾溶液，每次加入试剂后需混匀，放置15min后在A_{510}处比色测定，并制定苯酚标准曲线，从曲线图中可查出发酵液中苯酚含量。

$$苯酚含量=\frac{V_1\times 1000}{V}$$

式中 V_1—— 相当于标准酚溶液中的含酚量(mg)；

V—— 发酵液体积(L)。

3.苯酚降解细菌个体形态和菌落特征的观察

将上述分离到的数株苯酚降解细菌划线接种于不含苯酚的耐酚细菌培养基平板上，于30℃培养1d，用显微镜观察各菌株的个体形态、革兰氏染色反应结果(1d)；3d后用肉眼观察各菌株菌落的特征(包括形态、大小、颜色、隆起情况、表面状况、质地、透明度、光泽、边缘，以及是否产生水溶性色素等特征)。

4.结果记录

(1)将分离到的各苯酚降解细菌菌株在不同酚浓度平板上的生长情况及测定的降解率记录于表6.7中。

表6.7 苯酚降解细菌菌株降解性能记录表

菌源	菌株号	不同含酚浓度平板上的生长情况				苯酚降解率			
		0.025%	0.045%	0.060%	0.075%	≤70%	71%~80%	81%~90%	91%~100%

注："—"没有菌落生长，"+"有少数菌落生长，"+ +"有中等菌落生长，"+ + +"有大量菌落生长。

(2)将不含苯酚的耐酚细菌培养基平板上苯酚降解细菌的菌落特征、个体形态特征及苯酚降解能力等记录在表 6.8 中。

表 6.8　苯酚降解细菌的生长情况记录表

菌株号	菌落特征	个体形态特征	苯酚降解能力

五、自我评价表(表 6.9)

表 6.9　酚降解菌性能测定自我评价表

考核内容	考核指标	分值
菌悬液的制备	菌种培养方法是否正确	30
	获取菌种及制备菌悬液的方法是否正确	
接种及生长曲线的测定	接种方法是否正确	40
	发酵过程中生长曲线的测定方法是否正确	
	发酵过程中生长曲线的测定结果是否正确	
苯酚降解菌降解率的测定	对苯酚降解菌的菌落特征描述是否准确	30
	苯酚降解率的测定、结果的计算是否准确	
	对异常问题的分析是否准确	
合计		100

【小结】

本章节内容实践性较强,同时要求必须掌握一定的理论知识,如有机污染物的来源、降解有机污染物的微生物、生物降解有机污染物的机理、影响生物降解的因素等基础理论。在理解基本理论的基础上,以实际任务为驱动开展实验,通过有机污染物生物降解性能的测定,微生物在有机污染物降解中的应用等实验的设计、组织和操作,使学生具备一定的理论知识,实践动手能力也不断得到锻炼和提高。

【与工作任务相关的作业】

取一定量待测废水(如校园生活污水),分别测定 COD_{CR}/BOD_5 及 COD_{30},根据结果判断该废水的生物降解性。

【知识窗】

利用微生物燃料电池净化污水及脱盐

清华大学和宾夕法尼亚州立大学联合开发出了利用微生物燃料电池同步净化污水、产电和脱盐的技术。这种微生物脱盐电池(Microbial Desalination Cell)为低能耗的海水和苦咸水淡化提供了一个新途径。

科研团队在微生物燃料电池的现有阴阳两室间加入一组阳、阴离子交换膜(可选择性地分别让正离子或负离子通过),形成中间脱盐室,从而将微生物燃料电池改造成微生物脱盐电池,实现上述功能。在这种三室型的微生物燃料电池中,一方面阳极产电微生物消耗污水中的有机物,产生电子并向水中放出质子时,由于这些质子无法穿过紧邻阳极的阴离子交换膜,中心脱盐室咸水中的阴离子则会转移到阳极室;另一方面微生物燃料电池阳极产生的电子通过外电路到达阴极,消耗水中的质子,脱盐室咸水中的阳离子则会通过紧邻阴极室的阳离子交换膜移动到阴极室,这使得脱盐室中的盐水在没有任何加压或外加电场的条件下得到了淡化。在实验室条件下,咸水含盐量高达 35g/L 时,该微生物脱盐池的脱盐率可达 90%以上。

练习

视频
微生物实验室建设

项目7　微生物实验室建设

知识目标

1. 掌握构建微生物实验室各室的基本要求和特点；

2. 掌握常用设备的名称、工作原理、使用、维护、安全保护知识和仪器正确使用知识；

3. 掌握安全性和规范性的实验操作；

4. 掌握实验室设计理念，熟悉微生物实验室的布设原则。

能力目标

1. 掌握构建微生物实验室各功能区的基本要求；

2. 掌握微生物实验室各个功能区所需要的仪器设备、试剂、玻璃器皿及其他物品；

3. 掌握常用设备的使用方法、维护技术、安全保护技术等；

4. 学会建设微生物实验室。

案例导入

食品、药品、水质安全等关系到公民的身体健康及生活品质，一直以来受到国家、社会的高度关注。在我国，各级卫生防疫部门依法承担食品、化妆品、饮用水等相关产品的检验工作，其中微生物检验结果作为产品安全性和卫生学指标之一，为卫生监督执法和卫生学评价提供了依据与技术支持，检验结果的客观、公正、科学、准确与否是进行安全评价的关键因素。而微生物实验室作为检验工作中重要的实施场所，其设计建造及布局与无菌操作息息相关。

与此同时，随着技术的不断发展，微生物实验室的使用越来越广泛，许多学校、科研机构及企业利用微生物实验室进行微生物收集、培养、保藏及理化检测等多种项目。本章从微生物实验室的建设流程、建设标准以及仪器配备等方面入手，带领大家初步掌握微生物实验室的建设方法。

课前思考题

某单位主要负责各类食品中微生物项目的检测，主要检测项目有菌落总数、大肠菌群、霉菌、酵母菌、乳酸菌、双歧杆菌、罐头商业无菌、致病菌（如沙门氏菌、志贺氏菌、溶血性链球菌、金黄色葡萄球菌等）。现该单位要进行微生物实验室建设项目招标，假如你是该项目的竞标人之一，将如何撰写项目策划书？又将如何对实验室进行规划和布局？

项目工作流程

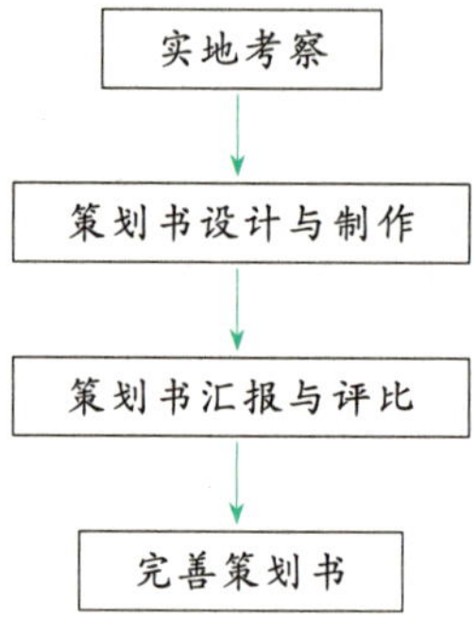

技能训练

任务　××食品厂微生物实验室建设策划书

一、任务目标

学生完成本项目的学习后，能够做到通过自己仔细观察，认真搜集资料，对食品工厂微生物实验室的布局、所需设备和常用物品有较全面的了解。初步认识实验室策划的步骤与重点，了解多种微生物实验室布局图，熟悉实验室设计任务的相关知识。

二、任务相关知识

（一）项目建设基本步骤

1. 初步策划

根据微生物实验室的功能，大致可以将微生物实验室划分为动物实验室、霉菌分离鉴定实验室、食品、化妆品水质实验室、消毒实验室以及食源性病原菌鉴定实验室。承载不同功能的微生物实验室在实验室建设方面有不同的标准和要求，例如，无菌实验、卫生用品和医院检测产品应在100级洁净无菌室检验，食品、化妆品、消毒剂和水质微生物检测应在1000级无菌室检验。

【知识窗】 洁净实验室技术参数（表7.1）

表7.1 空气洁净度分级

级别	静态空气洁净度（≥0.5μm的微粒数/m^3）	浮游菌（菌落数/m^3）	沉降菌（ϕ90mm 0.5h）
100级	≤3500	≤5	≤1
1000级	≤35000	≤75	≤2
10000级	≤350000	≤100	≤3
100000级	≤3500000	≤500	≤10
300000级	≤10500000	—	≤15

2.实验室建设

微生物实验室的建设方案包括建筑布局和装修、空气调节、给排水、气体供应、电气设计、集中控制、安防、施工工艺、检测和培训等多方面内容。建设一座功能完善的实验室，要由专业的实验室装修设计人员进行专业设计，要全面综合考虑，遵循以人为本的原则，建成正规化、标准化的实验室，达到最佳的使用效果。根据实验对象、洁净度级别不同，生物安全实验室的技术指标也不同，应合理设计实验室电路、水路、气路、排风、装备。

实验室建设规划应遵循以下几个原则：一是充分利用空间；二是设计上要美观、舒适、宽敞、明亮，还要做到防火、防潮、防腐等性能；三是增加通风、净化、消毒、无菌等功能，达到环保、安全、可靠、经久耐用；四是对实验中产生的有毒有害气体、液体要做到二次处理排放，达到排放标准；五是根据布局归放与实验相关的仪器和试剂等。

3.实验室验收与评估

实验室建成后，验收小组依据相关标准进行项目验收，重点对实验室规模布局、仪器标准、安全设施等进行检验和评估。

（二）微生物实验室建设标准

1.建筑与装修的指导思想

在微生物实验室的建设过程中，应注重实验室的功能性和安全性，结合不同实验室的标准，合理规划。与此同时，要将实验室建设与人文建设相结合，设计满足人的生理、心理、健康学及美学的需要，确保实验室的安全、舒适，达到安静、整洁、明亮、庄重的效果。

2.实验室选址

微生物实验室选址是实验室建设的第一步，在进行微生物实验室建设前，设计人员需进行详细的实地考察。一般来说，实验室的选址应注意以下几点：

① 实验室应选择在清洁安静的场所，远离生活区，避让饮用水源保护区；

② 场地地形规整，交通方便；

③ 场地光线充足，通风良好；

④ 实验室要与生产加工车间有一定的距离，以确保检验不受污染；

⑤ 实验室应方便抽样与检验，水、电供应充足，畅通，排污设施与安全设施齐全。

3. 微生物实验室设计

微生物实验室的功能区主要由办公室、准备室、洗涤室、灭菌室、更衣室、缓冲室、无菌室、恒温培养室和普通实验室九部分组成。其中要求较为严格的是灭菌室和无菌室，将在后面做详细介绍。

由于微生物功能区的特殊性和复杂性，功能区的建筑围护结构和装潢应选择气密性良好，且受温度、湿度影响小的材料，室内墙壁的表面、地面也应平整、光滑、耐磨，避免眩光，便于清洗。

（三）微生物实验室基本要求

1. 办公室

实验室的办公室是检验工作人员办公、信息查询和进行实验室管理工作的地方，其面积应在 $20m^2$ 左右（可根据人员数量进行调整），通风采光好，内设基本的办公桌、椅、电脑、打印机、存放资料和留样的柜子等。检验工作人员可以在办公室里登记待检验的样品、出检验报告和处理有关的文件资料等，也可在工作过程中放松休息，以便更清醒地思考、分析和解决问题，极大地提高了工作效率。

2. 准备室

准备室用于配制培养基、药品和样品处理等，主要设备有药品柜、存放器具或材料的专柜、实验台。实验台材料应以耐热、耐酸、耐碱为宜。边台上放置电炉，药品柜可分门别类地存放一些一般药品及试剂。易挥发刺激性气味或有害气体的药品应在通风橱中使用。冰箱用于储存需冷藏的实验样品、药品或试剂。各种玻璃器皿（如试管、烧杯、容量瓶、试剂瓶、锥形瓶、玻璃棒）可分类放置。室内需设有多处水龙头、下水道、电源插座。准备室应设有水电总控制阀。

3. 洗涤室

洗涤室主要用于洗刷器皿。由于使用过的器皿已被微生物污染，有时还会存在病原微生物。因此，在条件允许的情况下，最好设置洗涤室。洗涤室应设有洗涤区、制水区。室内应备有加热器、蒸锅、超声波清洁器，及洗刷器皿用的盆、桶等，回收用的废物缸、废液缸。还应有各种瓶刷、玻璃珠、试管架、晾干架、洗瓶、喷壶、洗涤剂（去污粉、肥皂、洗衣粉、洗洁精）、消毒液（新洁尔灭、酒精、次氯酸、过氧乙酸）。

4. 灭菌室

灭菌室是培养基及有关的检验材料灭菌的场所。灭菌设备是高压设备，具有一定的危险性，所以灭菌室应与办公室保持一定距离以保证安全，使用时应有专人操作，但也要方便工作，通常设在通用实验室附近并与之保持一定距离（如隔一条走廊的距离或隔一间房的距离），以减少影响。灭菌室内安装有灭菌锅等灭菌设备。另外，灭菌室里应水电齐备并有防火措施和设备，人员要遵守安全操作制度。

灭菌室主要用于培养基、各种器具及使用后被污染的物品的灭菌，室内应备有高压蒸汽灭菌器、干热灭菌烘箱等灭菌设备。一般产品分装至包装容器后再灭菌，也可选用过滤除菌法达到无菌保证要求。气体灭菌法是在充有灭菌气体的高压腔室内进行。灭菌室中应备有化学杀菌剂，如重金属离子、某些强氧化剂、抗生素。

5. 更衣室

更衣室是进行微生物检验时进入无菌室之前工作人员更衣、洗手的地方，室内设置无菌室及缓冲室的电源控制开关和放置无菌操作时用到的工作服、鞋、帽子、口罩等。有时还设有装有鼓风机的小型房间，其作用是减少工作人员带入的杂菌，但相应其成本也很高。

6. 缓冲室

缓冲室是进入无菌室之前所经过的房间，安装有鼓风机，以减少操作人员进入无菌室时的污染，保证实验结果的准确性。进口和出口通常呈对角线位置，以减少空气直接对流造成的污染。要求比较高的微生物检验项目，如致病菌的检验，应设有多个缓冲室。

7. 无菌室

无菌室也称接种室，是系统接种、纯化菌种和微生物检验过程等无菌操作的专用实验室。在微生物检验工作中，菌种的接种移植是一项主要操作，这项操作的特点就是要保证菌种为纯种，防止杂菌的污染。在一般环境的空气中，由于存在许多尘埃和杂菌，极易造成污染，对接种工作干扰很大。因此，接种工作要在经过灭菌的环境里进行，小规模的可利用超净工作台，大规模的则在无菌室里操作。无菌室是用于无菌操作的场所，要求密封、清洁，安装紫外灯和空调设备（带过滤设备）及传递物品用的传递小窗。传递小窗应向缓冲室内开口以减少污染和方便工作。另外，无菌室内还应配备超净工作台和普通工作台。有条件的实验室还可设置生物安全柜。

无菌室设置及使用的正确与否直接影响了项目检验的成败，我们在这里对无菌室进行重点介绍。

（1）无菌室的设置

无菌室应根据既经济又科学的原则来设置。其基本要求有以下几点：

① 无菌室应有内、外两间，内间是无菌室，外间是缓冲室。房间容积不宜过大，以便于空气灭菌。内间面积 2m×2.5m，外间面积 1m×2m，高以 2.5m 以下为宜，都应设有天花板。墙壁与地面和天花板连接处无缝隙，不留死角。无菌室六面光滑平整，能耐受清洗、消毒。

② 内间应当设拉门，以减少空气的波动，门应设在离工作台最远的位置；外间的门最好也用拉门，门缝要封紧，两门应错开，以免空气对流造成污染。外间的门要设在距内间最远的位置。

③ 在分隔内间与外间的墙壁或“隔窗”上应开一个小窗，作为接种过程中必要的内外传递物品的通道，以减少人员进出内间的次数，降低污染程度。小窗宽 60cm、高 40cm、厚 30cm，内外都挂对拉的窗扇。

④ 无菌室容积小而严密，使用一段时间后，室内温度很高，故应设置通气窗。通气窗应设在内室进门处的顶棚上（即离工作台最远的位置），最好为双层结构，外层为百叶窗，内层可用抽板式窗扇。通气窗可在内室使用后、灭菌前开启，以流通空气。有条件可安装恒温设备。

（2）无菌室内设备和用具

① 无菌室内的工作台，不论是什么材质何种用途，都要求表面光滑和台面水平。光

滑是便于用消毒药剂擦洗，水平是在倒琼脂平板时可以保证培养皿内平板的厚度一致。

② 在内室和外室各安装一个紫外灯(多为 30W)。内室的紫外灯应安装在经常工作的座位正上方，离地面 2m，外室的紫外灯可安装在外室中央。

③ 外室应有专用的工作服、鞋、帽、口罩，以及盛有来苏尔水的瓷盆和毛巾、手持喷雾器和 5%石炭酸溶液等。

④ 内室应有酒精灯、常用接种工具、不锈钢制的刀(剪、镊子)、70%酒精棉球、工业酒精、载玻片、特种蜡笔、记录本、铅笔、标签纸、胶水、废物筐等。

⑤ 试管、培养皿、枪头、锥形瓶、EP 管等器皿和培养基均可用高压蒸汽灭菌器灭菌。首先将待灭菌的器皿或培养基分装好，用报纸包裹严实，通过棉线捆扎牢固，避免空气污染。检查灭菌器中蒸馏水量是否充足，检查每个阀门及开关是否工作正常，然后将待灭菌的物品放入高压蒸汽灭菌锅，打开电源，调制温度和时间。干热灭菌箱可用于制药行业的西林瓶、安瓿瓶、铝盖、金属及玻璃器皿(件)灭菌去热和固体物料干燥灭菌。

8. 恒温培养室

每一类微生物生长所需的温度范围各不相同，且各有其最适温度。如果温度较低，则微生物代谢低下，生长缓慢。如果温度适宜，则微生物代谢旺盛，生长快。如果温度太高，则会因为高温导致蛋白质变性，使酶失去活力而抑制其生长，甚至引起死亡。恒温培养室就是对接种微生物提供恒定适宜温度进行培养的场所。

(1)培养室的设置

① 培养室应有内、外两间，内室是培养室，外室是缓冲室。房间容积不宜太大，以利于空气灭菌，内室面积 3.2m×4.4m，外室面积 3.2m×1.8m，高以2.5m左右为宜，都应有天花板。

② 分隔内室与外室的墙壁上部应设带空气过滤装置的通风口，使内室有良好的空气供应，以满足好氧微生物对氧的需要。

③ 为满足微生物对温度的需要，需安装恒温恒湿机。恒温恒湿机的主机部分应安装在内室以外。

④ 内外室都应在室中央安装紫外灯，以供灭菌用。

(2)培养室内设备及用具

① 内室通常配备培养架和摇瓶机(摇床)。常用的摇瓶机有旋转式、往复式两种。

② 外室应有专用的工作服、鞋、帽、口罩，以及手持喷雾器和 5%石炭酸溶液、70%酒精棉球等。

③ 培养室的灭菌、消毒，同无菌室的灭菌、消毒措施。小规模的培养可不启用恒温培养室，而是在恒温培养箱中进行。

9. 通用实验室

通用实验室是进行微生物检验准备工作和非无菌操作实验时使用，也可供进行微生物的观察、计数和生理生化测定及科研工作使用。室内的陈设因工作侧重点不同而有很大的差异。一般均配备实验台、显微镜、柜子及凳子。实验台要求平整、光滑，实验柜要足以容纳日常使用的用具及药品等。通用实验室应设有较大的长方形工作台作为实验操作台，台下设计各专用仪器柜，台面用石板加塑胶垫等不易腐蚀和稳固耐用的材料设置，并设有专用搁物架。另外，还应设置一个适当大小的通风橱，内配有排气系统和安装给排水系统，如水槽及水槽上的各种水龙头。实验室的地面设计为水磨石地面，这样容易清洁，不易积水，方便工作。实验室应有良好的通风照明设备和消防设施。通用实验室为了方便实验工作的开展，通常配备了常用的仪器（分光光度计、pH计、烘箱、电炉等）及常用的各种玻璃器皿和常用的各种化学试剂、药品。此外，还应配有清洁用工具和工作服。如果工厂条件许可，检验人员可以根据分工来划分专用的实验工作台或工作地方，以快速、高效地完成检验任务。

教学用的微生物实验室，通常按$80m^2/40$人设计，最好是长方形，应设置讲台、黑板、实验桌。实验桌上配有药品架，在药品架的适当高度安装日光灯，作为观察微生物时的光源。

10. 实验室其他要求

总的来说，在非专业化实验或条件有限时，准备室、洗涤室、通用实验室的划分并不十分明确，甚至合而为一。在专业化研究或条件允许的情况下，上述九室最好都单独设置。

微生物实验很重要的一点是要保持实验的安全性、有效性及连续性。在实验室的建设过程中，要确保水力、电力、动力等的充足供应，同时要合理安置排污系统，便于实验废弃物及污染物的排放。

（四）常用仪器及其使用要领

实验仪器是实验室必备设施，也是检验实验功能的重要指标。我们将从实验整体步骤和功能来描述实验所需仪器，依次为冷藏、冷冻用的冰箱，配置药剂所需的天平，灭菌相关的设备，培养微生物所需的培养箱和水浴锅，离心分离收集样品的离心机，观察所需的显微镜。

1. 冰箱

冰箱是用于储存培养基和培养物的设备。储存病毒必须使用低温冰箱，储存一般培养基和培养物用普通冰箱即可。

低温冰箱整个箱壁内侧围绕冷却管，可保持−70～−20℃的低温。

使用冰箱时，必须注意以下事项：

① 冰箱适用电压必须与所供电压一致。如所供电压为220V，而冰箱适用110V电压时，必须用变压器调压。

② 供电线路和保险丝满足冰箱的工作电流要求。

③ 使用时，应将温度调节至所需要的温度。一般应使水在冷却室中结冰，使储藏箱下部温度为5～10℃。

④ 当冰箱冷却室结冰太厚时，会导致温度调节器不灵敏，此时必须停电融冰后，再投入使用。

⑤ 冰箱门打开时间愈短愈好，打开次数越少越好。

⑥ 不宜将温度过高的物品放入冰箱内，以免消耗电能过大、机件工作时间过长，缩短冰箱的使用寿命。

⑦ 冰箱内应保持整洁，如箱内有霉菌生长，应清洗并用福尔马林熏蒸消毒。

⑧ 保存烈性病菌、病毒的冰箱，要由专人保管，并要加锁。

2. 天平

(1)粗天平

粗天平又称工业天平或药物天平，是用于粗略称量的仪器。常用的有100g、200g、500g、1000g四种，感量为1/1000，供配制普通试剂和粗略称量之用。这种天平结构简单、操作方便、坚固耐用、价格低廉，是微生物实验室不可缺少的常用低级天平，见图7.1。

(2)电子天平

这类天平只有一个盘，构造比一般天平复杂，但使用起来十分方便，见图7.2。

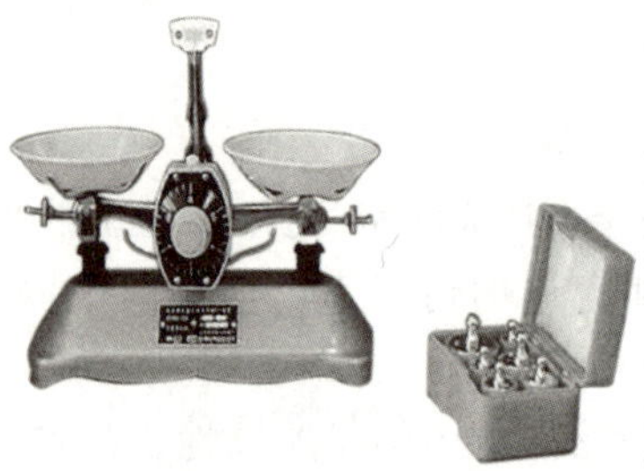

图 7.1 粗天平

图 7.2 电子天平

3. 高压蒸汽灭菌锅

高压蒸汽灭菌锅又名高压灭菌锅，是利用电热丝加热使水产生蒸汽，并能维持一定压力的装置，可分为手提式灭菌锅和立式高压灭菌锅。主要由一个可以密封的桶体、压力表、排气阀、安全阀、电热丝等组成，见图7.3。

(1)使用方法

① 在外层锅内加适量的水，将需要灭菌的物品放入内层锅，盖好锅盖并对称地扭紧螺旋。

② 加热使锅内产生蒸汽，当压力达到33.78kPa时，打开排气阀，将冷空气排出，此时压力表指针下降，当指针下降至零时，即将排气阀关好。

③ 继续加热，锅内蒸汽压力增加，压力表指针又上升，当锅内压力增加到所需压力时，将火力减小，按所灭菌物品的特点，使蒸汽压力维持所需压力一定时间，然后将灭菌器断电或断火，让其自然冷却后再慢慢打开排气阀以排除余气，然后才能开盖取物。

图 7.3 高压蒸汽灭菌锅

(2)使用注意事项

① 待灭菌的物品放置不宜过挤；

② 必须将冷空气充分排除，否则锅内温度达不到规定温度，影响灭菌效果；

③ 灭菌完毕后，不可放气减压，否则瓶内液体会剧烈沸腾，冲掉瓶塞而外溢，甚至导致容器爆裂，须待灭菌器内压力降至与大气压相等后才可开盖；

④ 已有微电脑自动控制的高压蒸汽灭菌锅，只需放去冷气后，仪器即可自动恒压定

时，时间一到则自动切断电源并鸣笛，使用起来很方便。

4. 干热灭菌烘箱(图 7.4)

将装满物料的烘箱、瓶子或小车放入箱内，启动 PLC 可编程序控制系统，内循环风机工作，加热，蝶阀同时开启，干燥箱迅速升温。在内循环风机作用下，热空气通过耐高温高效过滤器进入箱体，在微孔调节下形成均匀分布的空气向箱体内传递，干燥空气吸收瓶子(物料、物品)表面的水分，进入加热通道蒸发排出，干空气在风机作用下定向循环流动，水蒸气排出。随着水蒸气逐渐减少，同时间歇性补充新鲜过滤空气，箱体内呈微正压状态，恒温结束，过程控制完毕。开启送风或(进水)强制冷却，自动蝶阀进入关闭状态，声光提示开门出瓶。

图 7.4 干热灭菌烘箱

5. 电动抽气机

电动抽气机又叫真空泵，由电动机转轮、轮带和偏心轮等组成。通电后，电动机带动偏心轮，即可将与其相关的容器内的空气抽出。如图 7.5 所示。

图 7.5 电动抽气机

电动抽气机主要供细菌过滤、厌氧培养、培养基过滤和真空干燥时抽气使用。使用抽气机时，应注意以下事项：

① 抽气机的适用电压要与所供电压一致，否则要经变压器变压后才能使用。

② 要保持机油箱内的油量，防止机器损坏。

③ 必须使用硬质的连接管，保证气路畅通以确保器皿内抽真空效果。冷冻干燥抽真空时，需要在连接管上连一只麦氏真空针。

④ 被抽气的器皿必须有良好的抗压性能，以防内部真空后被外部空气压破。

⑤ 如果在抽滤过程中滤液出现大量气泡，可以暂时停机，待气泡消失后再开机继续抽气。

⑥ 如果要做冷冻干燥，则需用精密度高、功率大的抽气机。

6. 超净工作台

超净工作台是一种局部层流装置，它由工作台、过滤器、风机、静压箱和支撑体等组

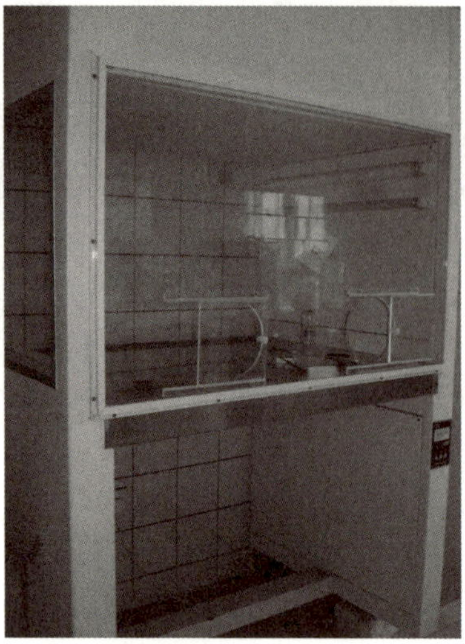

图 7.6　超净工作台

成，是用于创造局部无菌环境的设备，如图 7.6 所示。超净工作台是没有建设无菌室的微生物实验室的必备设备，也可用于有更严格无菌要求或其他小环境条件要求的微生物接种、分离和鉴定等操作。超净工作台具有占地面积小、使用简单方便、无菌效果可靠、无消毒剂、可移动等优点，现在已被广泛采用。

超净工作台的原理是借助箱内鼓风机将外界空气强行通过一组过滤器，净化的无菌空气连续不断地进入操作台面，并且在台内设有紫外线杀菌灯，可对环境进行杀菌，保证了超净工作台面的正压无菌状态，能在局部形成高洁度的工作环境。以气流方向来分，现有的超净工作台可分为垂直式（较优越）、由内向外式以及侧向式。超净工作台内的小环境工作中人的活动要尽量少，以防改变台内的空气循环系统。

（1）使用超净工作台时应注意以下几点：

① 清除工作台内的灰尘、杂物。

② 在使用超净工作台进行无菌操作前 30min 启动过滤、通风装置，检测操作区气流速度、洁净度，并灭菌。

③ 穿紧口工作服，戴紧口罩、帽。

④ 严禁在超净工作台前做任何可能增加空气灰尘量的动作。

⑤ 必须在超净工作台内使用的物品要放在下风侧。

⑥ 在超净工作台内使用的物品必须是不易起纤尘的。

⑦ 在全部无菌操作结束后，才能停止工作台运转。

⑧ 定期进行性能检测，如在超净工作台内操作区气流速度、洁净度等出现问题，应立即检修。

（2）超净工作台的操作方法如下：

① 使用前将所用物品事先放入超净台内，并提前 50min 开启无菌风，同时打开紫外灯照射，处理操作区内积累的微生物。30min 后关闭紫外灯，开启日光灯，并用 75％酒精或 0.5％过氧乙酸喷洒擦拭，消毒双手和工作台面。

② 最好在操作区的中心位置上进行操作，在设计上这是一个安全的区域。保持超净工作台整洁、干燥，不要堆积杂物，物品的放置不应妨碍气流正常流动。尽量避免明显扰乱气流流型的动作，如对着台面说话、咳嗽等，以免造成人身污染。

③ 工作完毕后熄灭酒精灯，将台面清理干净，取出培养物品及废物，再次用酒精棉擦拭台面，再打开紫外灯照射 30min，然后关闭无菌风，放下防尘帘，切断电源后方可离开。

④ 定期做无菌实验，以测定净化台是否符合无菌要求。

⑤ 定期（一般为一周）对环境周围进行灭菌工作，同时经常用纱布蘸酒精或丙酮等有机溶剂将紫外线杀菌灯表面擦拭干净，保持表面清洁，否则会影响杀菌效果。

(3)超净工作台的维护

① 放置超净工作台的房间要求清洁无尘,应远离有振动及噪声大的地方,以防止振动对它的影响。

② 超净工作台用三相四线 380V 电源,通电后检查风机转向是否正确。风机转向不对,则风速很小,调整电源输入线即可。

③ 每 3～6 个月用仪器检查超净工作台性能有无变化,测试整机风速时,采用热球式风速仪(QDF-2 型)。如操作区风速低于 0.2m/s,应对初、中、高三级过滤器逐级做清洗除尘。根据环境的洁净程度,可定期(一般 2～3 个月)将粗滤布(涤纶无纺布)拆下清洗或给予更换。

7. 培养箱

培养箱是培养微生物的主要设备,可用于细菌、细胞的培养繁殖。其原理是应用人工的方法在培养箱内营造微生物和细胞、细菌生长繁殖的人工环境,如控制一定的温度、湿度、气体等。目前使用的培养箱主要分为四种:直热式恒温培养箱、隔水式恒温培养箱、生化培养箱和 CO_2 培养箱。

视频
恒温培养箱使用方法

(1)直热式恒温培养箱

直热式恒温培养箱为直接加热空气方式的培养箱,采用"继电器控温电加热空气"技术,结构为保温板材箱内装继电器控温电加热器。这种培养箱造价低,制造工艺简单,但恒温效果较差,温度波动大。

(2)隔水式恒温培养箱

隔水式恒温培养箱为间接加热空气方式的培养箱,采用"继电器控温电加热水控制空气温度"技术,结构为薄钢板外壳内衬玻璃棉,内置紫铜板水箱,水箱内装继电器控温电加热器,设双层门。这种培养箱制造工艺复杂、造价高,但由于先用电加热水层,再由水传热至箱内空气,因而温度上升和下降缓慢,加之可通过双层门的玻璃内门观察,对箱内温度影响小,故恒温效果好,调温为[(20～60)±0.5]℃,很适合微生物培养之用。

使用注意事项:

① 箱内不应放入过热、过冷的东西,以免箱内温度急剧变化,阻碍培养物的生长。取放培养物时,应随手关闭箱门,以保持箱内恒温。

② 箱内应放入水容器一只,以维持培养箱内湿度或减少培养物中水分的大量蒸发。

③ 培养箱底部因接近电源,温度较高,故培养物不宜放在底层,以免较高温度影响微生物的生长繁殖。

④ 箱内培养物不宜太挤,以免空气不流通,而使箱内温度不均匀。

⑤ 箱内要保持清洁,并经常用 3%来苏尔液消毒,再用清洁抹布擦净。

(3)生化培养箱

生化培养箱广泛适用于环境保护、卫生防疫、药检、农畜、水产等研究所、院校、企业生产部门,是水体分析和 BOD 测定,细菌、霉菌、微生物的培养、保存,植物栽培、育种实验的专用恒温设备。工作室容积为 70L、150L、250L、350L、500L;温度范围为 4～60℃;控温精度为 0.1℃;温度均匀度为≤±1℃;温度波动度为≤±0.5℃。

使用注意事项：

① 可燃性和挥发性的化学物品切勿放入箱内。

② 如在使用过程中出现异常、气味、烟雾等情况，请立即关闭电源，用户切勿盲目修理，应通知相关公司修理部，由专业人员查看修理。

③ 箱壁内胆和设备表面要经常擦拭，以保持清洁，增加玻璃的透明度。切勿用酸、碱或其他腐蚀性溶液来擦拭外表面。

④ 设备停机不用时应做驱潮处理，具体方法如下：将箱内底部接水盘的水倒掉，将温度设定在 42℃，运行 5h，并每隔 2h 开一次箱门放掉潮气，处理完毕后拔掉电源插头存放。

⑤ 若设备长期不用，应拔掉电源线以防止设备损伤人。并应定期（一般一季度）按使用条件运行 2～3d，以驱除电器部分的潮气，避免损坏有关器件。

（4）CO_2 培养箱

CO_2 培养箱是通过在培养箱箱体内模拟形成一个类似细胞/组织在生物体内的生长环境，如稳定的温度（37℃）、稳定的 CO_2 水平（5%）、恒定的酸碱度（pH 值为7.2～7.4）、较高的相对饱和湿度（95%），来对细胞/组织进行体外培养的一种装置。使用过程中应注意以下事项：

① CO_2 培养箱未注水前不能打开电源开关，否则会损坏加热元件。

② 培养箱运行数月后，水箱内的水因挥发可能减少，当低水位指示灯（WLow12）亮时应补充加水。先打开溢水管，用漏斗接橡胶管从注水孔补充加水，使低水位指示灯熄灭，再计量补充加水（CP-ST200A 加水 1800mL，CP-ST100A 加水 1200mL），然后堵塞溢水孔。

③ CO_2 培养箱可以当作高精度恒温培养箱使用，这时须关闭 CO_2 控制系统。

④ 因为 CO_2 传感器是在饱和湿度下校正的，因此加湿盘必须时刻装有灭菌水。

⑤ 当显示温度超过置定温度 1℃时，超温报警指示灯（OverTemp7）亮，并发出尖锐的报警声，这时应关闭电源 30min；若再打开电源（温控）开关（Power20）仍然超温，则应关闭电源并报维修人员。

⑥钢瓶压力低于 0.2MPa 时应更换钢瓶。

8. 摇床

摇床（图 7.7）主要由一组驱动机构及一个控制系统组成，通过面板上的调节旋钮调速，设定电压，通过 PID 闭环调节系统控制，改变驱动装置工作的电源电压，从而改变电

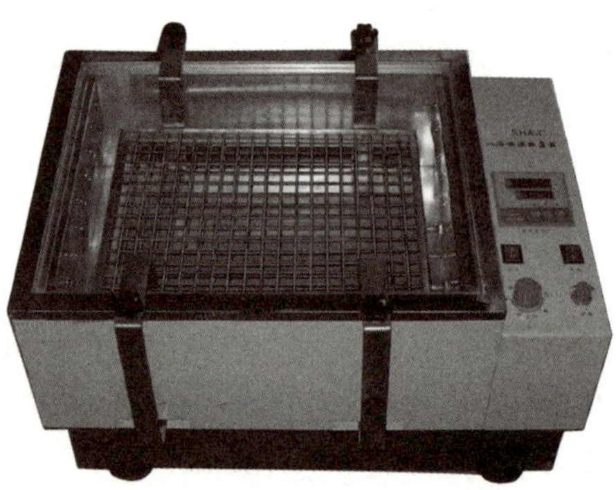

图 7.7　摇床

机的输出转速，由偏心机构牵拉摇床按设定转速作周转运动。摇床的类型虽然很多，但是最常用的是周转式摇床和往复式摇床两种。

(1)周转式摇床

周转式摇床是容器随摇床在水平面上旋转振摇，多用于锥形瓶内细菌培养。周转式摇床进行振荡培养时，固定在摇床上的容器随摇床以 200～250r/min 的转速运动，由此带动培养物围绕着容器内壁平稳转动。周转式摇床具有传氧速率较好、功率消耗小、培养物不会溅到瓶口等优点，因此实验室常用。其旋转速度为 40～350r/min，偏心距为 3～6cm。也有 500r/min 高转速的摇床，其传氧速率与液体深层搅拌培养相近。

(2)往复式摇床

往复式摇床是容器随摇床在水平面上往返振摇，多用于在试管内细菌增殖。往复式摇床进行振荡培养时，培养物被前后抛掷，引起较为激烈的搅拌和冲击，从而可以使培养物获得更高的氧供应。往复式摇床的转速和冲程对氧的吸收率有显著影响。往复式摇床的往复频率为 80～120r/min，适用于培养细菌和酵母等单细胞菌体，培养丝状菌时，往往在培养物表面形成固体菌膜。其缺点是由于液体冲击所产生的雾沫，容易使棉花潮湿而造成培养物的污染。

9.水浴箱

水浴箱也叫水温箱，用于溶解培养基和各种保温操作。该设备是由金属制成的长方形箱，箱内盛水，箱底装有电热丝，并有自动调节温度装置控制温度恒定。如图 7.8 所示。

图 7.8 水浴箱

10.电动离心机

离心机是进行病菌、病毒检验鉴定时不可缺少的工具。离心机的种类很多，实验室常用小型倾斜电动离心机。小型倾斜电动离心机机顶正中有孔盖，以便放入和取出离心试管，内有离心管座四个或六个，均匀地绕离心轴排列，底座上装有开关和调速器。如图 7.9所示。

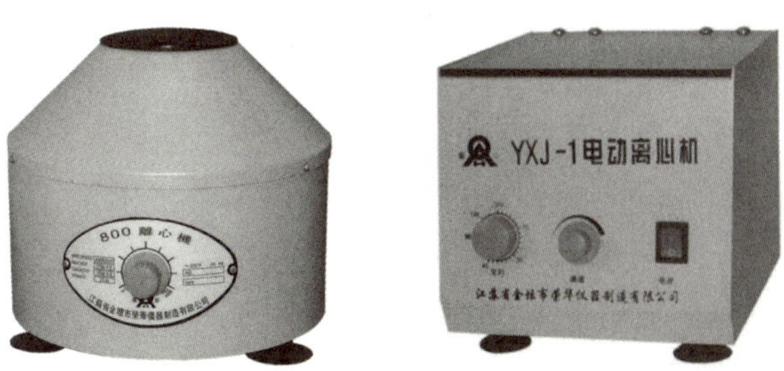

图 7.9 小型电动离心器

使用离心机时应注意：

① 应放在平稳的地方，并保持水平。

② 将装有标本的离心试管放入离心管座的套管内，两两成对，每个重量基本平衡。

③ 放好试管后，盖上孔盖。

④ 开启电源开关，先用最低转速，逐渐调节到最高转速。

⑤ 达到离心时间后，逐步降低转速，待降到最低转速后，关闭电源开关。

⑥ 待离心机自然停止转动，打开孔盖，取出离心试管。

⑦ 离心试管须加棉塞时，离心前应将棉塞上端用橡皮圈在试管外扎紧，或用大头针别住，以免离心时棉塞沉入管内。

⑧ 应经常保持转轴润滑。

（五）微生物实验室常用器皿

1. 常用的玻璃器皿的规格

微生物实验室常用的玻璃器皿见表 7.2。

表 7.2　微生物实验室常用的玻璃器皿

名称	规　　格
试　管	18mm×180mm，15mm×150mm，10mm×100mm，还有反应管（杜氏小管），以厚管壁为宜
培养皿	常用的培养皿直径为 900mm，高为 15mm
吸　管	0.1mL，0.2mL，0.5mL，1.0mL，5.0mL，10.0mL 的刻度吸管
量　筒	10.0mL，50.0mL，100mL，500mL，1000mL
漏　斗	直径 3.0cm、6.0cm、10.0cm
烧　杯	50mL，100mL，250mL，500mL，800mL，1000mL
容量瓶	各种容量
试剂瓶	各种容量（白色和棕色）
滴　瓶	一般用 125mL（白色和棕色）
载玻片	2.5cm×7.5cm，厚 0.01～0.13cm
盖玻片	1.8cm×1.8cm，厚 0.17cm
干燥器	不同直径的普通干燥器

2. 常用的玻璃器皿的洗涤与消毒

微生物实验中常用的培养皿、试管和三角瓶等的洗涤、消毒质量，直接影响实验结果，因此，这项工作不容忽视。

（1）新玻璃器皿的洗涤法

新购置的玻璃器皿含有游离碱，应用 2% 的盐酸溶液浸泡数小时，再用水充分冲洗干净。

（2）含有琼脂培养基的玻璃器皿的洗涤法

先用小刀或铁丝将器皿中的琼脂培养基刮下。如果琼脂培养基已经干燥，可将器皿放在水中蒸煮，使琼脂熔化后趁热倒出，用水洗涤，并用刷子蘸肥皂擦洗内壁，然后用自来水洗去肥皂残留物。要确定是否已将油垢完全除去，可以这样检查：将瓶子或试管的外壁擦干，如果水在内壁均匀地分布一薄层，可以认为已将油垢除去了。如果经过这样洗涤的器皿，油垢还未洗净，就需用洗涤液来清洗。

经过这样洗涤的器皿可盛放一般实验的培养基和无菌水等。如果器皿要盛高纯度的化学药品或者做较精确的实验，则在自来水洗涤之后，还须用蒸馏水淋洗 3 次，烘干备用。

对于恒温培养异养菌以及盛放有机物的玻璃器皿，可以用高锰酸钾和重铬酸钾溶液浸泡洗涤。一些含铁锈的玻璃瓶通常用草酸浸泡 3d 左右，再用试管刷或毛刷等刷洗干净。

盛用液体培养物的器皿，应先将培养物倒在废液缸中，然后按以上方法洗涤。切勿将培养液倒入洗涤槽中，否则会逐渐阻塞下水道。

(3)载玻片及盖玻片的洗涤法

新载玻片和盖玻片先在 2%的盐酸溶液中浸泡 1h，然后用自来水冲洗 2～3 次，最后用蒸馏水换洗 2～3 次。也可用 1%的洗衣粉液洗涤，新载玻片用洗衣粉洗涤时，先将洗衣粉液煮沸，然后将要洗的新载玻片散入煮沸液中，持续煮沸 15～20min(注意煮沸液一定要浸没玻片，否则会使玻片钙化变质)，待冷后用自来水冲洗至中性。新盖玻片用洗衣粉液洗涤时，将盖玻片散入 1%的洗衣粉液中，煮沸 1min，待沸点泡平息后，再煮沸 1min，如此2～3次(如煮沸时间过长会使玻片钙化变白且变脆易碎)，待冷却后用自来水冲洗干净。

用过的载玻片和盖玻片应用纸擦去油垢，再放在 5%的肥皂水(或 1%的苏打液)中煮沸 10min，立即用自来水冲洗，然后放在洗涤液(注意用稀配方洗液)中浸泡 2h，再用自来水冲洗至无色为止。如用洗衣粉液洗涤，也须先用纸擦去油垢，然后将玻片浸入洗衣粉液中，方法同新载玻片洗衣粉液洗涤法，只不过时间要长些(30min 左右)。

(六)课外拓展——小型微生物厂主要仪器及设备

小型微生物厂的主要仪器及设备见表 7.3。

表 7.3 小型微生物厂的主要仪器及设备一览表

名称	数量	规模	制造材料	备注
无菌柜	1	长 110～120cm，宽 80cm，高 70cm		
摇瓶机	1	往复式或旋转式，能放 500mL 三角瓶 20 个	钢木	须放在恒温室内
显微镜	1	可放大 1000～1500 倍		须带血球计数板，载玻片和盖玻片
分析天平	1	感量 1/1000		
恒温箱	1	100cm×130cm×80cm		可自制
电冰箱	1			
恒温干燥箱	1	鼓风机		
种子罐	2	立式圆筒形蝶底盖具夹套及搅拌		
发酵罐	3	立式圆筒形蝶底盖具夹套及搅拌		

续表 7.3

名称	数量	规模	制造材料	备注
空压机	2	固定水冷式压力 2～3kg/cm²，风量 0.4m³/min		两台轮换使用
总空气过滤器	2	立式圆筒形 φ360mm×1200mm	钢	
锅炉	1	蒸发量 0.3t/h，压力 4kg/cm²		
消毒柜	1	柜式容积 1m³	钢	每 4h 消毒一柜，每柜 200kg，每日两班
其他	温度表、酒精灯、小天平、试管、试管架(自制)、漏斗架、吸管(mL)、三角瓶、培养皿、烧杯、量筒、玻璃棒、牛皮纸、夹子、小骨勺、橡皮管、紫外灯、钟表、石棉网、洗瓶刷等			

(七)实验环境的无菌控制

1.无菌室的灭菌消毒方法

(1)紫外线杀菌

缓冲间和操作间所设置的紫外线杀菌灯(2～2.5W/m³)，应定期检查其辐射强度，要求在操作面上达 40μW/m²，不符合要求的紫外线杀菌灯应及时更换。无菌室在使用前应首先搞好清洁卫生，再打开紫外灯照射 20～30min，就基本可以使室内空气、墙壁和物体表面上无菌。为了确保无菌室经常保持无菌状态，可定期打开紫外灯进行照射杀菌，最好每隔 1～2d 照射一次。

(2)喷洒石炭酸

常用 3%～5%的石炭酸溶液来进行空气喷雾消毒。喷洒时，用手推喷雾器在房间内由上而下、由里至外进行喷雾，最后退出房间，关门，作用几个小时就可使用了。需要注意的是，石炭酸对皮肤有强烈的毒害作用，使用时不要接触皮肤。喷洒石炭酸可与紫外线杀菌结合使用，这样可增加其杀菌效果。

(3)熏蒸

主要采用甲醛熏蒸消毒法。先将室内打扫干净，关闭，进行熏蒸灭菌。打开进气孔和排气窗通风干燥后，重新关闭，进行熏蒸灭菌。

熏蒸常用的方法有两种，分为加热熏蒸和氧化熏蒸。

加热熏蒸——常用的灭菌药剂为福尔马林(含 37%～40%甲醛的水溶液)，按 6～10mL/m³ 的标准计算用量，取出后盛在小铁筒内，用铁架支好，在酒精灯内注入适量酒精(估计能蒸干甲醛溶液所需的量，不要超过太多)。将室内各种物品准备妥当后，点燃酒精，关闭门窗，任甲醛溶液煮沸挥发。酒精灯最好能在甲醛液蒸完后自行熄灭。

氧化熏蒸——称取高锰酸钾(甲醛用量的 1/2)于一瓷碗或玻璃容器内，再量取定量的甲醛溶液。室内准备妥当后，把甲醛溶液倒在盛有高锰酸钾的器皿内，立即关门。几秒钟后，甲醛溶液即沸腾挥发。高锰酸钾是一种强氧化剂，当它与一部分甲醛溶液作用时，由氧化作用产生的热可使其余的甲醛溶液挥发为气体。

甲醛液熏蒸后关门密闭应保持 12h 以上。甲醛对人的眼、鼻有强烈的刺激作用，在相当长的一段时间内不能入室工作。为减弱甲醛对人的刺激作用，在使用无菌室前 1～2h 在一瓷盘内加入与所用甲醛溶液等量的氨水，迅速放入室内，使其挥发中和甲醛，同时打开门窗以放出剩余刺激性气体。

2. 无菌室无菌程度的测定方法

为了检验无菌室灭菌的效果以及在操作过程中空气污染的程度，需要定期在无菌室内进行空气中杂菌的检验。一般在两个时间进行：一是在灭菌后、使用前；二是在操作完毕后。

(1)平板检验法

杂菌检验多采用平板检验法，检验步骤如下：

① 制平板：用于培养微生物主要类群的常规培养基，如牛肉膏蛋白胨琼脂培养基、高氏 1 号培养基、马丁氏培养基、马铃薯蔗糖培养基，分别倒成平板。

② 采样：取无菌的牛肉膏蛋白胨平板和马铃薯蔗糖平板，开启皿盖暴露于无菌室内或以开启状态在超净工作台上放置 5min 后，盖好皿盖。在无菌室不同地方取样，共做三套。另有一套未打开的做对照。

③ 培养：将培养皿倒置，于 37℃ 培养 24h 后，观察菌落情况，统计菌落数。

(2)斜面检验法

将常用的牛肉膏蛋白胨培养基斜面(与上相同)各取 2 管，放入无菌室。按无菌操作各将其中的一管打开棉塞，将棉塞放入灭菌的培养皿内。经过预定时间后，再将棉塞通过火焰塞好试管。连同对照一起培养，48h 后检验有无杂菌生长。

3. 检验时间

(1)空气灭菌后的检验

无菌室用甲醛或其他药剂熏蒸后，在开始使用前 30min 或 1h 打开培养皿盖，在使用无菌室时盖好，其目的是为了检验无菌室内空气灭菌的效果。

(2)操作过程中空气污染情况的检验

为了检验在使用无菌室的过程中，因人员的进出、器材的搬放、接种操作的动作等造成空气污染的情况，可在准备工作结束后接种操作开始时打开盖子，经 5min、30min 或直到工作结束时再盖好，以检验在不同的使用时间内空气污染的程度。

(3)紫外线灭菌效果的检验

无菌室用紫外灯照射后，可在不同高度和不同位置用琼脂平板检验空气中的杂菌，以判断紫外线的灭菌效果。必要时应调整照射时间或紫外灯的高度。

4. 检验结果分析

平板检验法：平板开盖 5min，如果每个皿内菌落不超过 3 个，则可以认为无菌程度良好。

斜面检验法：斜面开塞 30min，不长菌落则为合格。

从空气中杂菌的种类可以考虑采取更加有效的措施，以增进灭菌效果。如果长出的杂菌多为霉菌时，表明室内湿度过大，应先通风干燥，再用 5%石炭酸灭菌，最后用甲醛熏蒸；如杂菌以细菌为主时，可采用乳酸与甲醛交替熏蒸，效果较好。

5.无菌室的使用与管理

① 无菌室每周和每次操作前用0.1%新洁尔灭或2%甲酚液或其他适宜消毒液(常用消毒剂的品种有5～20倍稀释的碘伏水溶液、0.1%新洁尔灭溶液、1∶50的84消毒液、75%乙醇溶液、3%碘酒溶液、5%石炭酸消毒溶液、2%戊二醛水溶液等,所用的消毒剂品种要进行有效性验证后方可使用,并定期更换消毒剂的品种)擦拭操作台及可能污染的死角,方法是用无菌纱布浸渍消毒溶液,清洁超净台的整个内表面、顶面及无菌室、人流、物流、缓冲间的地板、传递窗、门把手。清洁消毒程序应从内向外,从高洁净区到低洁净区,逐步向外退出洁净区域。然后开启无菌空气过滤器及紫外灯杀菌1～2h,以杀灭存留微生物。每次操作完毕后,同样用上述消毒溶液擦拭工作台面,除去室内湿气,用紫外灯照射杀菌30min。

② 无菌室使用前开启紫外灯照射30～60min,同时打开吹风,净化工作台。

③ 实验人员进入无菌室前,必须于缓冲间更换消毒过的工作服、工作帽及工作鞋,戴好口罩,然后用肥皂洗手,再用2%煤酚皂溶液将手浸洗2min。

④ 各种需用物品搬进内室清点、就位,用5%石炭酸在工作台面上方和操作员站位空间进行喷雾,返回外室,5～10min后再进内室工作。

⑤ 接种操作前,用70%酒精棉球消毒手心手背。进行无菌操作时,动作要轻缓,尽量减少空气波动和地面扬尘。

⑥ 操作时应严格按照无菌操作规定进行,操作中少说话,不喧哗,以保持环境的无菌状态。工作中应注意安全,如遇棉塞着火,用手紧握或用湿布包裹熄灭,切勿用嘴吹,以免扩大燃烧;如遇有菌培养物洒落或打碎有菌容器时,应用浸润5%石炭酸的抹布包裹并丢到废物筐内,并用浸润5%石炭酸的抹布擦拭台面或地面,用酒精棉球擦手后再继续操作。工作中用完的火柴、废纸等,应丢到废物筐内。

⑦ 工作结束后,立即将台面收拾干净,将不应在无菌室存放的物品和废弃物全部拿出无菌室后,将带有菌液的吸管、玻片等器材及时置于盛有5%来苏尔溶液的消毒桶内消毒。

⑧ 对无菌室用5%石炭酸喷雾,或开紫外灯照射30min。定期检查室内空气无菌状况,发现不符合要求时,应立即彻底消毒灭菌。

三、任务所需器材

1.学院的教学用微生物准备室、无菌室、灭菌室、实验室等场地;
2.各场地内仪器设备、药品、实验材料;
3.实验公共区域现有布置。

四、任务技能训练

为某新建食品厂策划微生物实验室建设方案(可适当参考图7.10和图7.11所示的微生物实验室平面布局设计样图)。

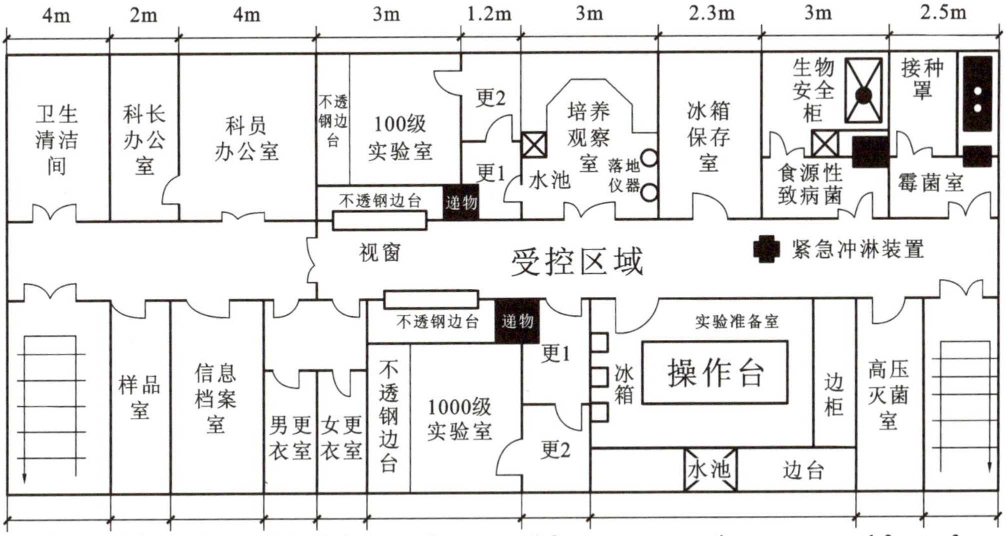

图 7.10　微生物实验室平面布局设计样图 1(中廊式 12m×25m)

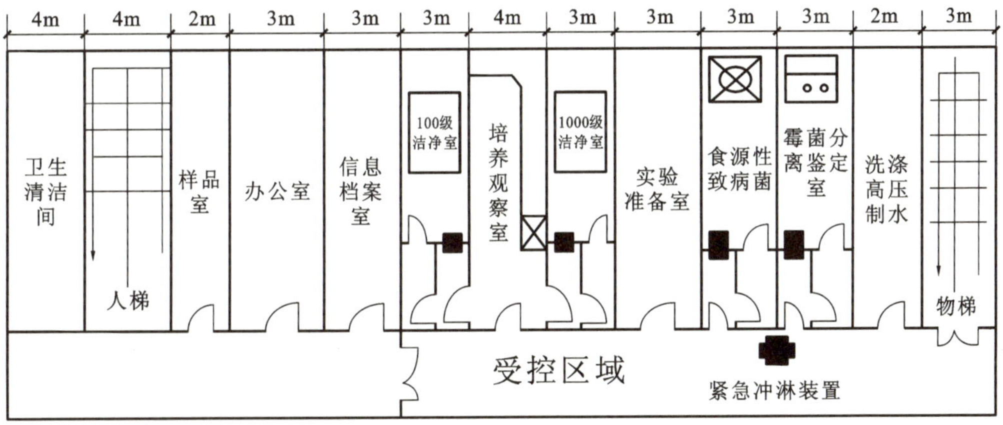

图 7.11　微生物实验室平面布局设计样图 2(外廊式 75m×40m)

1. 学生分组；
2. 设定学生为实验室主管；
3. 考察学院现有的微生物实验教学用房、仪器设备及涉及物品；
4. 描绘出几间微生物实验室的相对位置图，列出实验室常用设备及物品清单；
5. 草拟微生物实验室建设方案；
6. 每组选派一名学生代表主动推介自己的策划(限时 3min)，其他同学补充完善；
7. 采用相互评比方式进行投票，选出最佳策划；
8. 取长补短，进一步完善各组策划书。

五、讨论

某县监测站将建设一个微生物实验室，主要检测项目是细菌总数和大肠菌群，需要购置哪些仪器和相关物品？

六、复习思考题

1. 微生物实验室标识是什么样的(可查阅资料)？
2. 微生物实验室功能区域分为哪几个模块来设计？
3. 微生物实验室设计理念是什么？
4. 微生物实验室主要设备有哪些？
5. 微生物实验室主要化玻耗材及其他物品有哪些？

七、自我评价表(表7.4)

表7.4 微生物实验室建设技能自我评价表

评价内容	考核指标	分值
场地考察	表格设计	20
	考察全面、仔细	
方案制定	布局合理	70
	设备满足需要	
	物品齐备	
简答题	电力系统是否需要同步考虑	10
	各场地的装饰要求是否应该一致	
合计		100

【小结】

科学合理的微生物实验室建设和布局是开展微生物检测的前提，是确保检测数据可靠的先决条件，是保护实验人员身体健康和环境的基础条件。微生物实验室的规划要尽量做到科学合理、流程简洁、洁污分明、层次清晰，同时也要注重人文环境的建设。

【与工作任务相关的作业】

完成一家饮用水生产企业的微生物实验室建设策划书。

练习

附录 1　部分藻类彩图

附录 2　部分原生动物彩图

附录 3　模拟试题

1. 模拟试题一（扫码查看或下载）

2. 模拟试题二（扫码查看或下载）

3. 模拟试题三（扫码查看或下载）

4. 模拟试题四（扫码查看或下载）

5. 模拟试题五（扫码查看或下载）

参考文献

[1] 约翰·郝瑞克.微生物的奥秘[M].北京:中国环境科学出版社,2012.
[2] 周孝虎.回归大自然的生物防治[M].北京:中国环境科学出版社,2011.
[3] 周凤霞.环境微生物[M].4版.北京:化学工业出版社,2020.
[4] 顾夏声,胡洪营,文湘华,等.水处理生物学[M].6版.北京:中国建筑工业出版社,2018.
[5] 孙剑刚,邓毛子.医学微生物学实验教程[M].北京:科学出版社,2011.
[6] 王雪平,张宝军.水污染控制技术[M].2版.北京:中国环境科学出版社,2022.
[7] 朱亦仁.环境污染治理技术[M].3版.北京:中国环境科学出版社,2008.
[8] 王有志.环境微生物技术[M].广州:华南理工大学出版社,2008.
[9] 马放,杨基先,魏利,等.环境微生物图谱[M].北京:中国环境科学出版社,2010.
[10] 周凤霞,陈剑虹.淡水微型生物与底栖动物图谱[M].3版.北京:化学工业出版社,2020.